NITE 国家软件与集成电路公共服务平台信息技术紧缺人才培养工程指定教材

Android 项目实战——手机安全卫士（Android Studio）

黑马程序员◎编著

中国铁道出版社有限公司
CHINA RAILWAY PUBLISHING HOUSE CO., LTD.

内 容 简 介

本书为《Android 项目实战——手机安全卫士》的升级版，是一本以项目为导向的中级开发书籍。本书使用当前最新版本的 Android Studio 作为开发工具，通过一个“手机安全卫士”项目讲解了一个完整的 Android 项目实现流程（产品设计、UI 设计、逻辑实现到项目打包）。

本书共 10 章，第 1 章对项目进行了整体介绍，第 2~9 章分别讲述了首页、手机清理、骚扰拦截、病毒查杀、软件管理、程序锁、网速测试、流量监控等模块的实现内容，各模块不仅分析了原型图与 UI 设计思想，而且逐个实现了功能，让读者不仅可以掌握如何开发 Android 项目，而且还能了解项目中各个界面的策划与设计理念，第 10 章介绍了项目上线及其发布的过程，让读者完整体会项目的上线发布过程。

本书附有配套视频、源代码、教学课件等教学资源，同时为了帮助初学者更好地学习书中的内容，还提供了在线答疑服务，希望能够得到更多读者的关注。

本书适合作为高等院校计算机相关专业的“移动互联网”课程专用教材，也可作为 Android 爱好者的自学教材，是一本适合有一定 Android 基础读者的图书。

图书在版编目（CIP）数据

Android 项目实战：手机安全卫士：Android Studio/ 黑马程序员编著．—2 版．—北京：中国铁道出版社有限公司，2019.12（2020.8 重印）

国家软件与集成电路公共服务平台信息技术紧缺人才培养工程指定教材

ISBN 978-7-113-26279-2

Ⅰ．① A… Ⅱ．①黑… Ⅲ．①移动终端 - 应用程序 - 程序设计 - 高等学校 - 教材 Ⅳ．① TN929.53

中国版本图书馆 CIP 数据核字（2019）第 238646 号

书　　名：Android 项目实战——手机安全卫士（Android Studio）
作　　者：黑马程序员

策　　划：秦绪好　　**读者热线**：010-83517321
责任编辑：翟玉峰　贾淑媛
封面设计：刘　颖
责任校对：张玉华
责任印制：樊启鹏

出版发行：中国铁道出版社有限公司（100054，北京市西城区右安门西街 8 号）
网　　址：http://www.tdpress.com/51eds/
印　　刷：三河市兴博印务有限公司
版　　次：2015 年 1 月第 1 版　2019 年 12 月第 2 版　2020 年 8 月第 2 次印刷
开　　本：787 mm×1 092 mm 1/16　**印张**：22.5　**字数**：543 千
书　　号：ISBN 978-7-113-26279-2
定　　价：58.00 元

江苏传智播客教育科技股份有限公司（简称传智播客）是一家致力于培养高素质软件开发人才的科技公司。经过多年探索，传智播客的战略逐步完善，从IT教育培训发展到高等教育，从根本上解决以“人”为单位的系统教育培训问题，实现新的系统教育形态，构建出前后衔接、相互呼应的分层次教育培训模式。

1. “黑马程序员”——高端IT教育品牌

“黑马程序员”的学员多为大学毕业后，想从事IT行业，但各方面条件还不成熟的年轻人。“黑马程序员”的学员筛选制度非常严格，包括了严格的技术测试、自学能力测试，还包括性格测试、压力测试、品德测试等。百里挑一的残酷筛选制度确保学员质量，并降低企业的用人风险。

自“黑马程序员”成立以来，教学研发团队一直致力于打造精品课程资源，不断在产、学、研3个层面创新自己的执教理念与教学方针，并集中“黑马程序员”的优势力量，有针对性地出版了计算机系列教材90多种，制作教学视频数十套，发表各类技术文章数百篇。

“黑马程序员”不仅斥资研发IT系列教材，还为高校师生提供配套学习资源与服务。

为大学生提供的配套服务

（1）请登录http://yx.ityxb.com，进入“高校学习平台”，免费获取海量学习资源。平台可以帮助高校学生解决各类学习问题。

（2）针对高校学生在学习过程中存在的压力等问题，我们还面向大学生量身打造了IT技术女神——“播妞学姐”，可提供教材配套源码、习题答案及更多学习资源。同学们可关注“播妞学姐”的微信公众号boniu1024，也可扫描下方二维码进行关注。

“播妞学姐”微信公众号

为教师提供的配套服务

针对高校教学，“黑马程序员”为IT系列教材精心设计了“教案+授课资源+考试系统+题库+教学辅助案例”的系列教学资源。高校老师请登录http://yx.ityxb.com，进入“高校教辅平台”，可关注“码大牛”老师微信/QQ：2011168841，获取配套资源；扫描下方二维码，关注专为IT教师打造的师资服务平台——“教学好助手”微信公众号，可获取最新的教学辅助资源。

“教学好助手”微信公众号

2. “传智专修学院”——高等教育机构

传智专修学院是一所由江苏省宿迁市教育局批准、江苏传智播客教育科技股份有限公司投资创办的四年制应用型院校。学校致力于为互联网、智能制造等新兴行业培养高精尖科技人才，聚焦人工智能、大数据、机器人、物联网等前沿技术，开设软件工程专业，招收的学生入校后将接受系统化培养，毕业时学生的专业水平和技术能力可满足大型互联网企业的用人要求。

传智专修学院借鉴卡内基梅隆大学、斯坦福大学等世界著名大学的办学模式，采用“申请入学，自主选拔”的招生方式，通过深入调研企业需求，以校企合作、专业共建等方式构建专业的课程体系。传智专修学院拥有顶级的教研团队、完善的班级管理体系、匠人精神的现代学徒制和敢为人先的质保服务。

传智专修学院突出的办学特色如下：

（1）立足“高精尖”人才培养。传智专修学院以国家重大战略和国际科学技术前沿为导向，致力于为社会培养具有创新精神和实践能力的应用型人才。

（2）项目式教学，培养学生自主学习能力。传智专修学院打破传统高校理论式教学模式，将项目实战式教学模式融入课堂，通过分组实战，模拟企业项目开发过程，让学生拥有真实的工作能力，并持续培养学生的自主学习能力。

（3）创新模式，就业无忧。学校为学生提供“1年工作式学习”，学生能够进入企业边工作边学习。与此同时，我们还提供专业老师指导学生参加企业面试，并且开设了技术服务窗口给学生解答工作中遇到的各种问题，帮助学生顺利就业。

如果想了解传智专修学院更多的精彩内容，请关注下方“传智专修学院”微信公众号。

“传智专修学院”微信公众号

黑马程序员

前　言

为什么要升级《Android项目实战——手机安全卫士》

随着Andriod的迅速发展，开发Android项目使用的工具也在不断更新，由原来的低版本Android Studio工具替换为高版本工具、低版本的Android系统替换为高版本的系统，相比而言，高版本工具会提供更多设置操作方便用户使用，高版本的系统会提供更多API实现比较炫酷的效果与功能。为了适应市场的需求，让读者看到最新的技术和开发工具，本书在《Android项目实战——手机安全卫士》基础上进行了升级，将开发工具与系统替换为目前流行的新版本Android Studio 3.2与Android 8.0系统。本书还添加了一些产品与UI设计的讲解，例如，如何设计手机清理模块，模块中的界面上设计有哪些功能，界面上设计有哪些颜色与图形等。同时，对原项目中的模块进行大部分更改，并增加了一些新模块，例如，首页模块、网速测试模块、流量监控模块、项目上线等。

如何使用本书

本书以项目为导向，通过手机安全卫士讲解了一个完整的从项目设计到项目发布的流程，该项目是对Android基础知识的一个综合运用，不仅实现了市面上主流手机卫士的功能，而且还对各个功能的策划与界面的UI设计进行了详细讲解，本书适合具备一定Android基础并需要提高项目经验的开发人员使用。

本书共10章，每章针对一个功能模块进行讲解，具体如下：

- 第1章　项目综述，主要讲解了手机安全卫士项目的分析、项目概述、项目功能结构、开发环境以及项目的效果展示，在效果展示任务中介绍了项目中9个功能模块的详细信息。
- 第2章　欢迎模块与首页模块，主要讲解如何实现欢迎界面与首页界面的功能。
- 第3章　手机清理模块，主要讲解如何获取手机中的垃圾信息，并对获取的垃圾信息进行清理。
- 第4章　骚扰拦截模块，主要讲解如何添加黑名单与创建黑名单数据库，并通过骚扰拦截服务实现骚扰拦截功能。
- 第5章　病毒查杀模块，主要讲解如何查询病毒数据库信息，并对手机中的所有应用进行病毒扫描与查杀。
- 第6章　软件管理模块，主要讲解如何对手机中安装的应用进行启动、卸载、分享等操作。

- 第7章　程序锁模块，主要讲解如何切换未加锁与已加锁列表界面，并对已加锁应用程序进行密码锁保护的相关操作。
- 第8章　网速测试模块，主要讲解如何测试当前网络的上传与下载文件的速度。
- 第9章　流量监控模块，主要讲解如何获取指定时间内的流量数据，并通过柱状图的形式显示本月流量详情。
- 第10章　项目上线，主要讲解如何混淆项目代码并对项目进行打包与加固，接着将项目发布到市场供用户下载使用。

致谢

本书的编写和整理工作由传智播客教育科技股份有限公司完成，主要参与人员有柴永菲、闫文华、高美云等，研发小组全体成员在这近一年的编写过程中付出了很多辛勤的汗水，在此一并表示衷心的感谢。

意见反馈

尽管我们尽了最大的努力，但书中难免会有不妥之处，欢迎各界专家和读者朋友们来信来函给予宝贵意见，我们将不胜感激。您在阅读本书时，如发现任何问题或有不认同之处，可以通过电子邮件与我们取得联系。

请发送电子邮件至：itcast_book@vip.sina.com。

黑马程序员

2019年7月于北京

目　录

第1章 项目综述

学习目标：

◎ 熟悉项目的分析，了解项目的背景、需求分析以及可行性分析。

◎ 熟悉项目简介内容，了解手机安全卫士的项目结构与开发环境。

◎ 掌握项目各个界面的效果展示，熟悉各个界面之间的关系与包含的功能。

手机在我们日常生活中扮演的角色越来越重要了，各种社交软件、娱乐软件的兴起，在丰富我们生活的同时，也带来了安全隐患。比如移动支付，带来了大家出门不带钱包的便捷，也带来了手机钱包被盗刷的隐患。特别是现在各种个人隐私信息被泄露的现象频繁出现，更是刺痛了很多人手机安全方面的神经。手机安全软件的出现有效地保护了用户信息的安全。本章我们将针对大量用户的需求，设计一款基于Android系统的手机安全卫士应用软件。

任务1 项目分析

任务1-1 需求分析

Android系统作为移动互联网的主要平台，其开放性构筑了软件生态的繁荣与多样性。随着Android手机的普及，用户需要知道如何保护自己的隐私、手机流量的使用情况以及如何拦截骚扰来电等，以便能在享用手机所带来方便的同时尽可能减少利益损失与骚扰烦恼。

为了解决前面提到的安全隐患问题，我们开发了一款功能强大的手机安全卫士软件，这款软件可以管理手机中安装的软件、保护用户隐私、拦截骚扰电话、清理垃圾、查杀病毒、监控流量与测试网速等，这些简便的操作、友好的用户体验以及极强的实用性是Android手机安全卫士软件所必备的。

任务1-2 可行性分析

在手机安全卫士项目的可行性分析方面，我们分为三种可行性分析，分别是技术可行性分析、经济可行性分析以及操作可行性分析，这三种分析的具体介绍如下：

1．技术可行性分析

本书开发的手机安全卫士采用的是Android SDK+Android Studio开发环境，这种Google官方推荐的开发环境在技术上已经十分成熟，并且可以免费下载。

本书开发的手机安全卫士选择Java作为开发语言。Java作为目前主流的一种开发语言，成熟的体系和开发模式受到很多开发者的青睐，简单易学的特性可以使开发者短时间内掌握Android应用开发的基本技能。除此之外，目前Android应用市场上已经有一些成熟的手机安全软件，证明本系统在技术上是可行的。

2．经济可行性分析

本书开发的手机安全卫士，从开发的硬件措施来看，只需要一台计算机，开发环境只需要从Google官方网站免费下载开发工具。由于是个人自学开发的软件，节省了开发人员工资等费用，而且我们会提供专门的开发素材，无须研发经费。

3．操作可行性分析

手机安全卫士软件采用Android软件研发的风格，使用Android系统的原生组件与自定义组件进行研发，使界面效果更炫酷，用户体验更友好。Android 6.0以上的手机都能够正常安装运行，因此在操作上也是可行的。

任务2　项 目 简 介

任务2-1　项目概述

手机安全卫士项目是一个保护Android手机安全与提高手机运行性能的项目，其中包含手机清理、骚扰拦截、病毒查杀、软件管理、程序锁、网速测试、流量监控等功能模块。这些模块实现了扫描与清理手机中存在的垃圾信息、拦截骚扰电话、查杀手机中存在的病毒、“启动、卸载、分享手机中已安装的软件”、对手机中的应用进行加锁、测试当前网络的速度、监控手机流量的使用情况等功能，根据这些功能可以很好地管理手机中的软件与监控网络的使用情况。

任务2-2　开发环境

操作系统：Windows 7系统（64位）。

开发工具：

- JDK 8。
- Android Studio 3.2+ Android 8.0手机。

数据库：SQLite。

API版本：Android API 27

任务2-3　项目功能结构

手机安全卫士主要分为9个功能模块，根据这些模块与其中的功能，我们绘制了一个项目结构图，如图1-1所示。

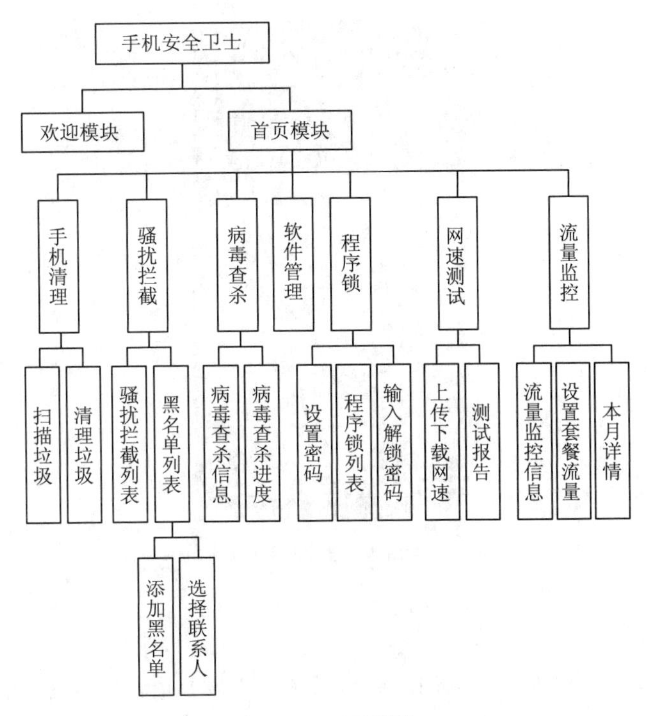

图1-1　项目结构

图1-1中，手机安全卫士分为两个模块，分别是欢迎模块和首页模块，其中，首页模块中包含了7个功能模块，具体介绍如下：

- 手机清理：该模块包含扫描垃圾与清理垃圾的功能。
- 骚扰拦截：该模块包含骚扰拦截列表与黑名单列表的显示、添加黑名单与选择联系人等功能。
- 病毒查杀：该模块包含病毒查杀信息显示与病毒查杀进度等功能。
- 软件管理：该模块包含对手机中的软件进行启动、卸载、分享等功能。
- 程序锁：该模块包含设置密码、程序锁列表显示以及输入程序锁密码并进行解锁等功能。
- 网速测试：该模块包含测试上传与下载文件的网速以及测试报告信息的显示等功能。
- 流量监控：该模块包含流量监控信息显示、设置套餐流量以及本月流量详情显示等功能。

任务3　效 果 展 示

Android手机安全卫士的功能与界面较多，为了方便大家熟知每个功能的作用，接下来，本节针对各个功能模块的界面效果进行详细讲解。

任务3–1　欢迎模块

当启动手机安全卫士程序时，首先映入眼帘的是欢迎界面，此界面会显示程序的Logo以及广告信息等，程序在欢迎界面停留几秒后会进入首页界面，欢迎界面效果如图1-2所示。

图1-2　欢迎界面

任务3-2　首页模块

首页模块主要包含首页界面，该界面主要显示手机内存与SD卡内存的剩余大小信息，同时显示“手机清理”按钮、“骚扰拦截”按钮、“病毒查杀”按钮、“软件管理”按钮、“程序锁”条目、“网速测试”条目以及“流量监控”条目，这些按钮和条目是对应界面的入口，首页界面效果如图1-3所示。

图1-3　首页界面

任务3-3　手机清理模块

手机清理模块主要包含扫描垃圾界面与清理垃圾界面，这两个界面的具体介绍如下：

1. 扫描垃圾界面

扫描垃圾界面用于扫描手机外置SD卡中的各软件包下files文件夹中是否有垃圾信息，如果扫描到垃圾信息，则将扫描到存在垃圾信息的软件以列表的形式显示在扫描垃圾界面上。如果没有扫描到垃圾信息，则在扫描垃圾界面会提示用户“您的手机洁净如新”，扫描垃圾界面效果如图1-4所示。

图1-4　扫描垃圾界面

2. 清理垃圾界面

垃圾扫描完成后，点击扫描垃圾界面上的“一键清理”按钮，程序会跳转到清理垃圾界面，该界面会对扫描到的垃圾信息进行清理，在清理过程中，会以动态的形式显示当前已清理了多少垃圾。清理完成后会提示用户成功清理多少垃圾。点击界面底部的“完成”按钮，程序会关闭当前界面。清理垃圾界面效果如图1-5所示。

图1-5　清理垃圾界面

任务3-4　骚扰拦截模块

骚扰拦截模块包含骚扰拦截界面、黑名单界面、添加黑名单界面以及选择联系人界面，这些界面的具体介绍如下：

1．骚扰拦截界面

骚扰拦截界面主要用于显示拦截黑名单界面的电话信息，如果没有拦截到电话信息，则此界面会显示“暂无拦截信息”，如果拦截到电话信息，则界面上会以列表的形式显示拦截到的姓名、电话号码、电话归属地以及拦截次数等信息，骚扰拦截界面效果如图1-6所示。

图1-6　骚扰拦截界面

2．黑名单界面

点击骚扰拦截界面右上角的“黑名单”文本，程序会跳转到黑名单界面，该界面主要显示需要拦截的电话信息，如果该界面有数据信息，则会以列表的形式进行显示，否则，会显示空白。黑名单界面底部有一个“添加黑名单”按钮，点击此按钮，会弹出一个对话框，该对话框上会显示2个按钮，分别是“手动添加”按钮与“从通讯录添加”按钮，黑名单界面效果如图1-7所示。

3．添加黑名单界面与黑名单界面

点击黑名单界面弹出的“手动添加”按钮，程序会跳转到添加黑名单界面，该界面用于输入要拦截的电话号码与备注信息。当输入完电话号码与备注信息后，点击“添加”按钮，程序会将输入的拦截信息保存到本地数据库中，并跳转到黑名单界面，此时该界面会显示添加的黑名单信息，添加黑名单界面与黑名单界面效果如图1-8所示。

4．选择联系人界面与黑名单界面

点击黑名单界面弹出的“从通讯录添加”按钮，程序会跳转到选择联系人界面，该界面以列表的形式显示手机通讯录中的联系人信息，任意选择一个联系人即可将此联系人添加到黑名单列表中，选择联系人界面与黑名单界面效果如图1-9所示。

图1-7　黑名单界面

图1-8　添加黑名单界面与黑名单界面

图1-9　选择联系人界面与黑名单界面

任务3–5　病毒查杀模块

病毒查杀模块包含病毒查杀界面与病毒查杀进度界面，这两个界面的具体介绍如下：

1. 病毒查杀界面

病毒查杀界面主要用于显示扫描病毒的图片、提示用户“您还没有查杀病毒！”或上次查杀病毒的具体时间信息以及全盘扫描的条目，病毒查杀界面效果如图1-10所示。

图1-10　病毒查杀界面

2. 病毒查杀进度界面

点击病毒查杀界面的“全盘扫描”条目，程序会跳转到病毒查杀进度界面，该界面会对手机中已安装的所有程序进行扫描，扫描到的程序会显示到界面的列表中，同时将扫描到的程序的APK文件路径的MD5数据与提供的病毒数据库中的MD5数据进行比对。如果比对成功，则会在列表中用红色字体显示带病毒的应用名称，此时用户可以手动卸载带病毒的应用。病毒查杀进度界面效果如图1-11所示。

图1-11　病毒查杀进度界面

任务3-6　软件管理模块

软件管理模块包含软件管理界面，该界面主要用于显示剩余手机内存与SD卡内存信息，同时以列表的形式显示手机中已安装的用户程序与系统程序，点击列表中每个条目时，条目下方会弹出三个按钮，分别是“启动”按钮、“卸载”按钮和“分享”按钮，点击这三个按钮会进行相应操作。软件管理界面效果如图1-12所示。

图1-12　软件管理界面

任务3-7 程序锁模块

程序锁模块包含设置密码界面、程序锁界面以及输入程序锁密码的界面，这些界面的具体介绍如下：

1. 设置密码界面

当点击首页界面的“程序锁”条目时，程序会跳转到设置密码界面，此界面主要用于设置程序锁的密码。设置密码界面效果如图1-13所示。

2. 程序锁界面

密码设置完成后，点击设置密码界面上的“确定”按钮，程序会跳转到程序锁界面，此界面显示两个选项卡。一个是未加锁选项卡，另一个是已加锁选项卡。这两个选项卡下方分别以列表的形式显示对应的未加锁与已加锁的应用程序，当点击未加锁列表中的条目时，此条目对应的应用会被加锁，并添加到已加锁的列表中。当点击已加锁列表中的条目时，此条目对应的应用会解除加锁，添加到未加锁的列表中。程序锁界面效果如图1-14所示。

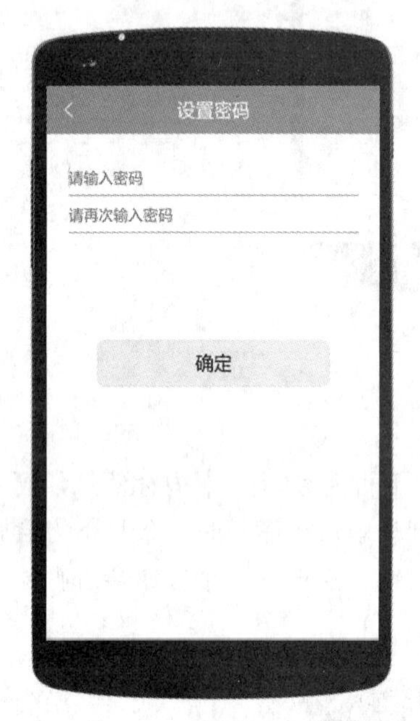

图1-13 设置密码界面

图1-14 程序锁界面

3. 输入程序锁密码的界面

在手机中点击已加锁的应用，此时应用不会直接被打开，首先会弹出输入程序锁密码的界面，密码输入正确才会进入到应用的首界面，否则一直会在输入程序锁密码的界面。输入程序锁密码的界面效果如图1-15所示。

任务3-8 网速测试模块

网速测试模块包含网速测试界面和测试报告界面，这两个界面的具体介绍如下：

1. 网速测试界面

网速测试界面主要通过一个仪表盘的形式显示当前的下载速度与上传速度，上传与下载速度是通过程序上传与下载一个文件来测试当前的网速。网速测试界面效果如图1-16所示。

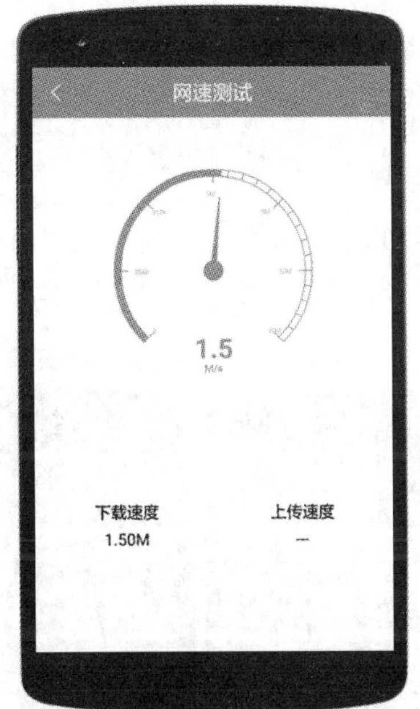

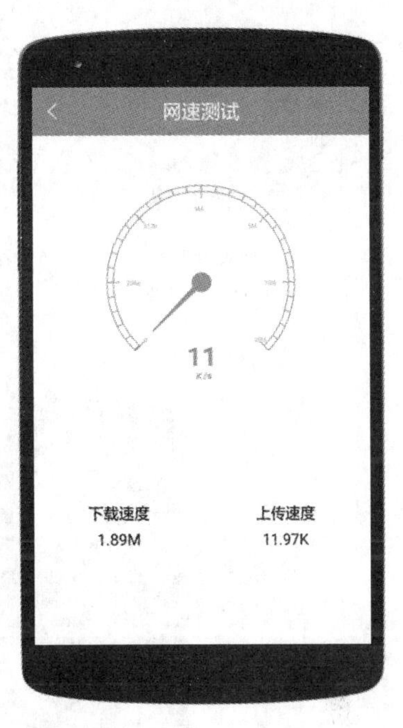

图1-15　输入程序锁密码的界面

图1-16　网速测试界面

2. 测试报告界面

当测试完上传与下载速度后，程序会自动跳转到测试报告界面，该界面显示网速测试的时间、下载速度以及上传速度信息。测试报告界面效果如图1-17所示。

图1-17　测试报告界面

任务3-9 流量监控模块

流量监控模块包含流量监控界面、设置套餐流量界面、本月详情界面，这几个界面的具体介绍如下：

1．流量监控界面

流量监控界面主要用于显示当前剩余的流量、本月已用的流量大小、今日已用的流量大小、今日建议的流量上限大小以及通过柱状图显示本月的流量使用信息。流量监控界面效果如图1-18所示。

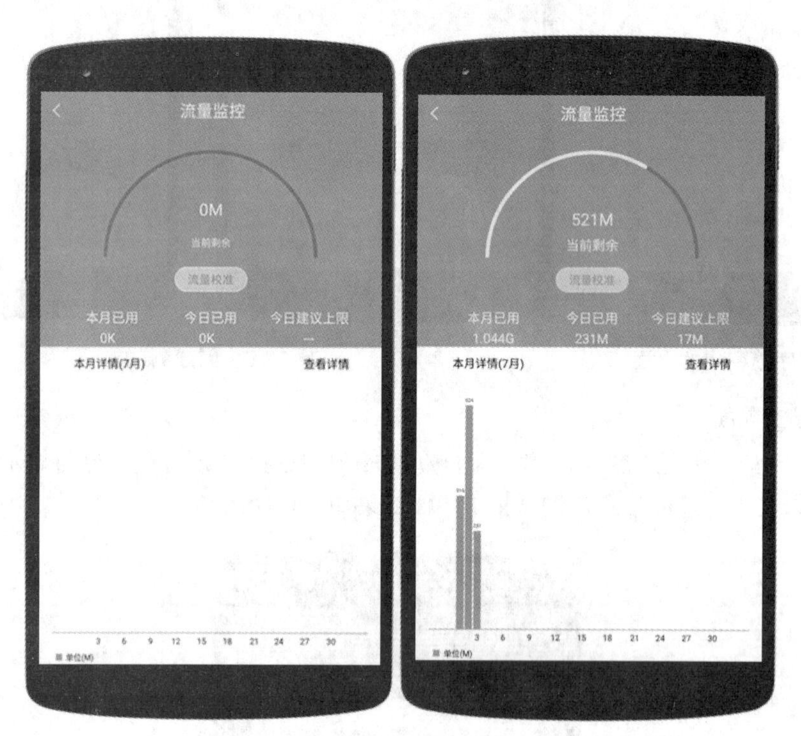

图1-18　流量监控界面（设置流量套餐前与后）

2．设置套餐流量界面

点击流量监控界面的“流量校准”按钮，程序会跳转到设置套餐流量界面，此界面主要用于设置月套餐的总流量信息。设置套餐流量界面效果如图1-19所示。

3．本月详情界面

点击流量监控界面的“查看详情”文本时，程序会跳转到本月详情界面，在此界面会以列表的形式显示具体的日期使用的移动网络与Wi-Fi的流量大小信息，本月详情界面效果如图1-20所示。

设置套餐流量
完成
月套餐总量：
请输入总流量(单位为M)

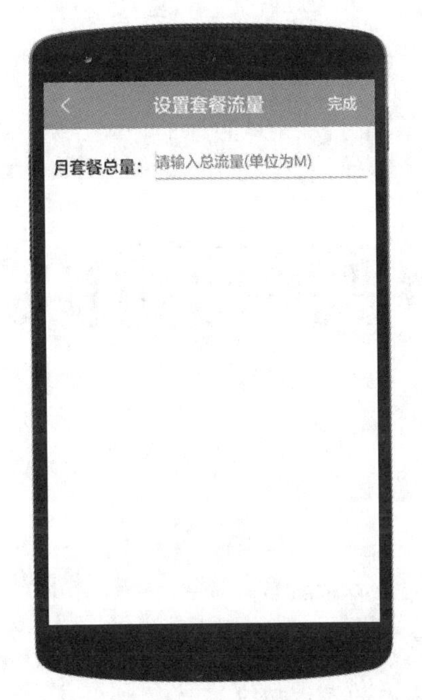

图1-19　设置套餐流量界面

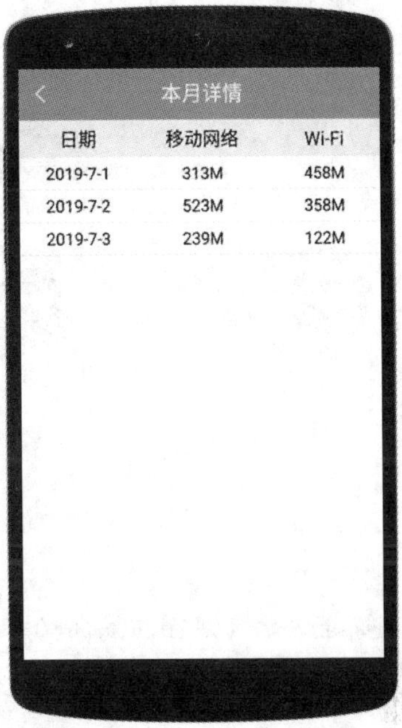

本月详情
日期
移动网络
Wi-Fi
2019-7-1
313M
458M
2019-7-2
523M
358M
2019-7-3
239M
122M

图1-20　本月详情界面

本 章 小 结

本章主要讲解了手机安全卫士项目的综述，首先通过项目分析与项目简介进行简单介绍，其次在效果展示任务中介绍了项目中9个功能模块的详细信息。本章内容主要是让读者了解手机安全卫士项目的结构与模块中各个界面的效果展示，方便后续通过逻辑代码对每个模块进行实现。

第2章　欢迎模块与首页模块

学习目标：

◎ 掌握欢迎界面与首页界面布局的搭建，能够独立制作欢迎界面与首页界面。

◎ 掌握欢迎模块的开发，能够实现欢迎界面的显示效果。

◎ 掌握首页模块的开发，能够实现设备的存储空间与内存的显示功能。

很多Android应用启动时会呈现欢迎界面，它会停留若干秒后再进入首页界面。欢迎界面主要用于展示产品Logo或广告等信息，首页界面主要用于显示应用中一些界面的入口按钮。本书开发的手机安全卫士应用也不例外，接下来，本章将针对欢迎模块与首页模块进行详细讲解。

任务1　“欢迎”界面设计分析

任务综述

欢迎界面通常用于展示程序的Logo与版本信息。在当前任务中，我们将使用Axure RP 9 Beat工具来设计欢迎界面，使之达到用户需求的界面效果。为了让读者学习如何设计欢迎界面，本任务将针对欢迎界面的原型和UI设计进行分析。

任务1–1　原型分析

为了让用户开启应用后首先看到华丽的Logo与版本信息，我们在欢迎界面设计了Logo与版本信息的显示功能。通过情景分析后，总结用户需求，欢迎界面设计的原型图如图2-1所示。

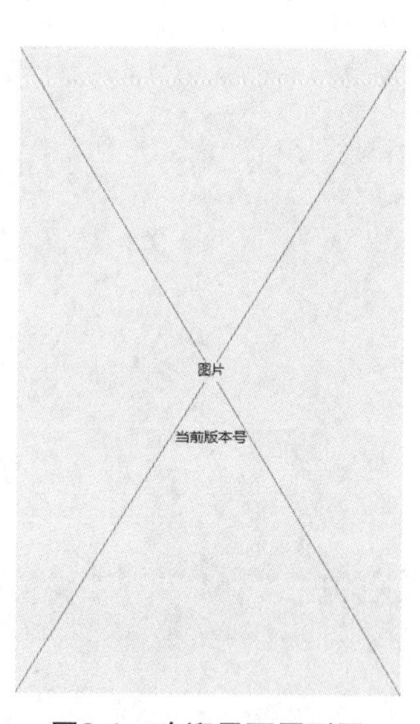

图2-1　欢迎界面原型图

根据图2-1所示的欢迎界面原型图设计，分析界面上各个功能的设计与放置的位置，具体如下：

1. 图片设计

由于欢迎界面需要让用户知道当前应用的Logo信息，通常我们的Logo会显示在一个设计好的图片上，此图片就是欢迎界面的背景图片，因此我们通过占位符使图片占据了整个欢迎界面。

2．当前版本号显示设计

在欢迎界面除了显示Logo信息之外，我们还需要显示当前应用的版本号信息，此信息一般设计在界面中间稍往下一点的位置，此位置视觉效果较好。

任务1–2　UI分析

通过原型分析可知欢迎界面具体有哪些功能，需要显示哪些信息，根据这些信息，设计欢迎界面的效果，如图2-2所示。

根据图2-2展示的欢迎界面效果图，分析该图的设计过程，具体如下：

1．主题颜色设计

在手机安全卫士软件的主题颜色选择上，我们选择以蓝色为主题色。因为蓝色给人的视觉较好，比较受用户的欢迎，在全球范围来讲，蓝色也是最安全的颜色，给人一种平衡感，同时带有沉稳的特性。

2．图片形状与颜色设计

（1）图片设计

Logo图片与文本信息的UI设计效果如图2-3所示。

图2-2　欢迎界面效果图

图2-3　Logo图片与文本信息UI效果

我们以一个盾牌的图片作为Logo图片，表示此应用可以保护用户的信息，在Logo图片下方设计了文字“扫清你的前路 守护你的未来”表示此应用的作用。

（2）当前版本号显示设计

当前版本号显示的UI设计效果如图2-4所示。

当前版本：V1.0

图2-4　当前版本号显示的UI效果

欢迎界面的背景以蓝色为主，为了让应用的版本号信息更容易被观察到，我们将版本号信息的文本显示为白色，字体大小为14 sp。

任务2　搭建欢迎界面

任务综述

为了实现欢迎界面的UI设计效果，在布局代码中通过RelativeLayout 布局与TextView控件完成欢迎界面的背景图片与版本号信息的显示。接下来，本任务将通过布局代码搭建欢迎界面的布局。

【知识点】

- 布局文件的创建与设计。
- TextView控件。

【技能点】

- 创建手机安全卫士项目。
- 使用TextView控件显示应用版本号信息。

本任务要搭建的欢迎界面效果如图2-5所示。

图2-5　欢迎界面

搭建欢迎界面布局的具体步骤如下：

1. 创建项目

首先创建一个工程，将其命名为MobileSafe，指定包名为com.itheima.mobilesafe。

2. 创建欢迎界面

在com.itheima.mobilesafe包下创建一个home包，在home包中创建一个Empty Activity类，命名为SplashActivity，并将布局文件名指定为activity_splash。

3. 导入界面图片

在Android Studio中将选项卡切换到Project选项，首先选中res文件夹，右击选择【New】→【Directory】创建一个drawable-hdpi文件夹，其次将欢迎界面需要的图片launch_bg.png导入到该文件夹中。将项目的icon图标mobilesafe_icon.png导入到mipmap文件夹中的mipmap-hdpi中。

小提示：

mipmap文件夹通常用于存放应用程序的启动图标，它会根据不同手机分辨率对图标进行优化，其他图片资源要放到drawable文件夹中。将图片复制到mipmap文件夹时会弹出一个对话框，显示mipmap-hdpi、mipmap-mdpi、mipmap-xhdpi、mipmap-xxhdpi、mipmap-xxxhdpi五个文件夹，按照分辨率不同选择合适的文件夹存放图片即可。

4. 放置界面控件

在activity_splash.xml文件中，放置1个TextView控件用于显示当前应用的版本号信息，具体代码如【文件2-1】所示。

【文件2-1】activity_splash.xml

```
1  <?xml version="1.0" encoding="utf-8"?>
2  <RelativeLayout xmlns:android="http://schemas.android.com/apk/res/android"
3      android:layout_width="match_parent"
4      android:layout_height="match_parent"
5      android:background="@drawable/launch_bg"
6      android:gravity="center">
7      <TextView
8          android:id="@+id/tv_version"
9          android:layout_width="wrap_content"
10         android:layout_height="wrap_content"
11         android:layout_marginTop="230dp"
12         android:textColor="@android:color/white"
13         android:textSize="14sp" />
14 </RelativeLayout>
```

5. 修改清单文件

每个应用程序都会有属于自己的icon图标，同样，手机安全卫士项目也有属于自己的icon图标，在AndroidManifest.xml的<application>标签中修改roundIcon属性，引入手机安全卫士图标，具体代码如下：

```
android:roundIcon="@mipmap/mobilesafe_icon"
```

项目创建后所有界面需要使用蓝色标题栏，因此需要在<application>标签中修改theme属性，去掉默认标题栏，具体代码如下：

```
android:theme="@style/Theme.AppCompat.NoActionBar"
```

手机安全卫士项目启动时，首先进入的是欢迎界面，因此需要将欢迎界面指定为程序的默认启动界面。在配置文件中将<activity>标签中的属性name值对应的MainActivity与SplashActivity替换位置，具体代码如下：

```
<activity android:name=".home.SplashActivity">
    <intent-filter>
        <action android:name="android.intent.action.MAIN" />
        <category android:name="android.intent.category.LAUNCHER" />
    </intent-filter>
```

```
</activity>
<activity android:name=".MainActivity"></activity>
```

任务3　实现欢迎界面功能

任务综述

为了实现欢迎界面设计的功能，在界面的逻辑代码中需要调用getPackageInfo()方法、Timer类与TimerTask类，分别获取应用的包信息与实现界面延迟跳转的功能。接下来，本任务将通过逻辑代码实现欢迎界面的功能。

【知识点】

- PackageManager类。
- Timer类与TimerTask类。

【技能点】

- 通过PackageManager获取程序版本号。
- 通过Timer类与TimerTask类实现界面延迟跳转功能。

任务3-1　实现版本号信息显示功能

由于欢迎界面需要显示应用的版本号信息，因此需要在SplashActivity中创建一个init()方法，在该方法中实现显示应用版本号信息的功能，具体代码如【文件2-2】。

【文件2-2】SplashActivity.java

```
1  package com.itheima.mobilesafe.home;
2  ......
3  public class SplashActivity extends Activity {
4      private TextView tv_version; //应用版本号
5      @Override
6      protected void onCreate(Bundle savedInstanceState) {
7          super.onCreate(savedInstanceState);
8          setContentView(R.layout.activity_splash);
9          init();
10     }
11     private void init() {
12         tv_version = findViewById(R.id.tv_version);
13         try {
14             //获取程序包信息
15             PackageInfo info = getPackageManager().getPackageInfo
16                                        (getPackageName(), 0);
17             tv_version.setText("当前版本：V" + info.versionName);
18         } catch (PackageManager.NameNotFoundException e) {
19             e.printStackTrace();
20             tv_version.setText("当前版本：V");
21         }
22     }
23 }
```

上述代码中，第15~17行代码首先通过PackageManager的getPackageInfo()方法获取PackageInfo对象，其次通过该对象的versionName属性获取程序的版本号（版本号是build.gradle文件中的

versionName的值），然后通过setText()方法将获取到的版本号设置到TextView控件上。

任务3-2　实现跳转延迟功能

由于欢迎界面主要展示产品Logo和版本信息，通常会在该界面停留一段之后自动跳转到其他界面，因此需要在SplashActivity的init()方法中，使用Timer以及TimerTask类实现欢迎界面延迟3秒再跳转到首页界面（HomeActivity所对应的界面，此界面目前尚未创建）的功能，具体代码如下所示。

```
1  package com.itheima.mobilesafe.home;
2  ......
3  public class SplashActivity extends Activity {
4      ......
5      private void init() {
6          ......
7          // 利用 Timer 让此界面延迟 3 秒后再跳转, timer 中有一个线程, 这个线程不断执行 task
8          Timer timer = new Timer();
9          //timertask 实现 runnable 接口, TimerTask 类表示一个在指定时间内执行的 task
10         TimerTask task = new TimerTask() {
11             @Override
12             public void run() {
13                 // 跳转到首页界面
14             }
15         };
16         timer.schedule(task, 3000);// 设置这个 task 在延迟 3 秒之后自动执行
17     }
18 }
```

上述代码中，第8~16行代码实现了在欢迎界面停留3秒后自动跳转的功能。

第8行代码创建了Timer类的对象，Timer类是JDK（JavaSE Development Kit是Java开发工具包）中提供的一个定时器工具，使用时会在主线程之外开启一个单独的线程执行指定任务，任务可以执行一次或多次。

第10~15行代码创建了TimerTask类的对象，TimerTask类是一个实现了Runnable接口的抽象类，同时代表一个可以被Timer执行的任务，因此跳转到首页界面的任务代码写在TimerTask类的run()方法中。

第16行代码调用了schedule()方法，实现延迟3秒之后调度TimerTask实现延迟跳转的功能。

欢迎界面的逻辑代码文件SplashActivity.java的完整代码详见【文件2-3】所示。

完整代码：文件 2-3

扫码看代码

任务4 “首页”设计分析

任务综述

软件的首页界面通常用来展示软件中各个功能界面的入口按钮或一些相对较重要的信息，在当前任务中，我们将使用Axure RP 9 Beat工具来设计首页界面使之达到用户需求的界面效果。为了让读者学习如何设计首页界面，本任务将针对首页界面的原型与UI设计进行分析。

任务4-1 原型分析

为了手机的安全与用户的需求，我们在手机安全卫士应用中设计了手机清理、骚扰拦截、病毒查杀、软件管理、程序锁、网速测试以及流量监控等功能。在首页界面，我们设计了这些功能界面对应的入口按钮与条目，还设计了2个类似仪表盘样式的开口圆环，这2个圆环可以动态显示手机设备的存储空间与内存信息。通过情景分析后，总结用户需求，首页界面设计的原型图如图2-6所示。

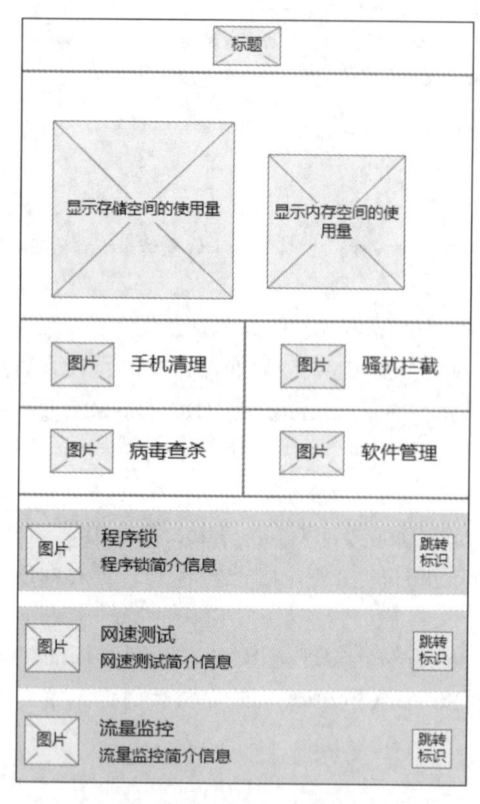

图2-6 首页界面原型图

根据图2-6中设计的首页界面原型图，分析界面上各个功能的设计与放置的位置，具体如下：

1. 标题栏设计

标题栏原型图设计如图2-7所示。

为了让用户知道当前界面是哪个界面，我们在首页界面最上方设计了一个标题栏，主要用于显示返回键和界面标题，首页界面的标题栏只需显示一个标题即可，在标题栏中以一个占位符表示标题。

图2-7　标题栏原型图

2．存储空间与内存使用量的设计

存储空间与内存使用量原型图设计如图2-8所示。

存储空间与内存的使用状态信息是手机设备运行的重要信息，需要放在比较醒目的地方，在此设计中，我们将其放在标题下方，分别用两个占位符表示存储空间与内存空间的使用量信息。

3．手机清理、骚扰拦截、病毒查杀、软件管理的设计

手机清理、骚扰拦截、病毒查杀、软件管理原型图设计如图2-9所示。

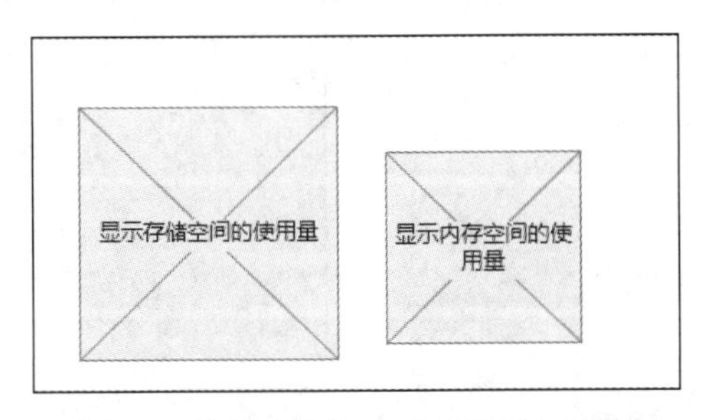

图2-8　存储空间与内存使用量原型图

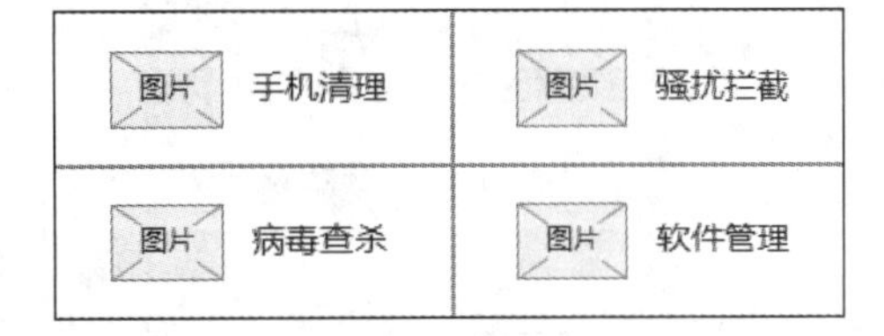

图2-9　手机清理、骚扰拦截、病毒查杀、软件管理原型图

手机清理、骚扰拦截、病毒查杀、软件管理在手机安全卫士中是4个比较常见的功能，为了让这4个常见的功能入口按钮容易被看到，我们以相同的样式来显示。将这4个按钮以大小相同的白色矩形背景显示，每个矩形的宽度在水平方向占手机设备宽度的1/2，在每个矩形中，放置了对应的功能图片和文本信息，这些信息在矩形中是居中显示的，通常会将图片放在左侧显示，文本信息放在右侧显示。

4．程序锁、网速测试、流量监控设计

程序锁、网速测试、流量监控原型图设计如图2-10所示。

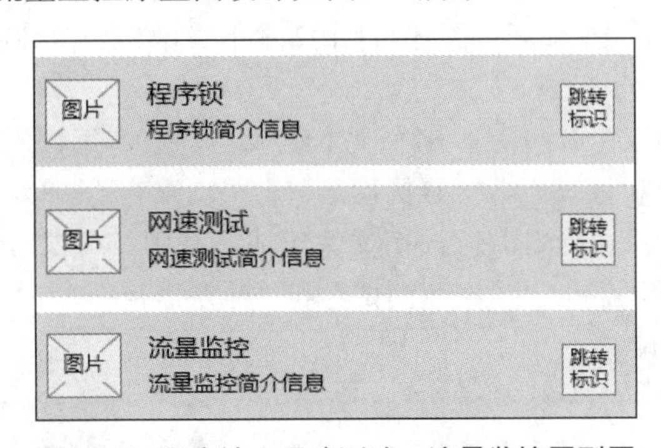

图2-10　程序锁、网速测试、流量监控原型图

为了区别于手机清理、骚扰拦截、病毒查杀、软件管理4个按钮的样式，我们将程序锁、网速测试、流量监控功能入口的按钮以条目的形式显示，每个条目上显示一个功能界面的入口，以程序锁条目为例，如图2-10所示，在条目的左侧放置一个程序锁图片，条目的中间位置以上下顺序放置条目的名称与简介信息，条目的右侧放置一个跳转图标，该图标用于提示用户此条目可以被点击。

任务4-2 UI分析

通过原型分析可知首页模块具体有哪些功能，需要显示哪些信息，根据这些信息，设计首页界面的效果，如图2-11所示。

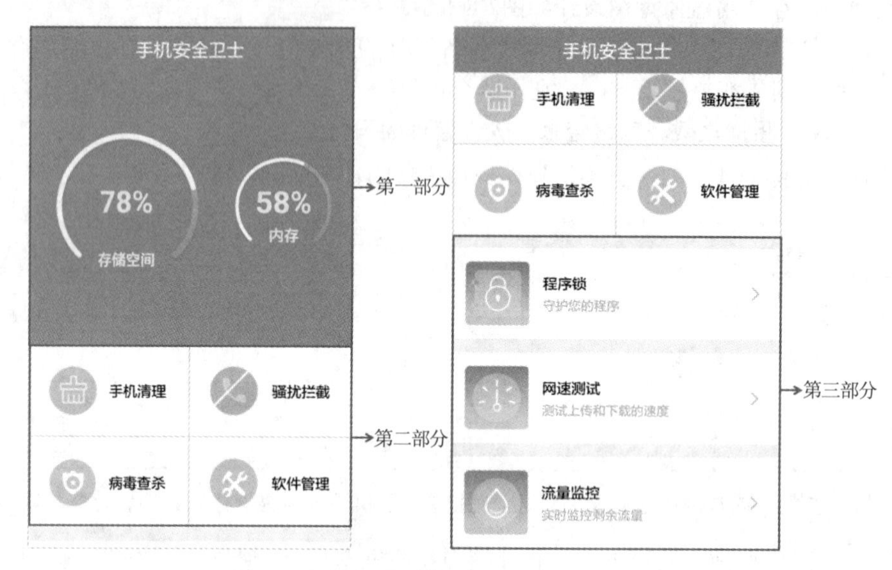

图2-11 首页界面效果图（分屏截图）

根据图2-11展示的首页界面效果图，分析该图的设计过程，具体如下：

1. 首页界面布局设计

由图2-11可知，首页界面显示的信息有标题、存储空间信息、内存信息、手机清理按钮、骚扰拦截按钮、病毒查杀按钮、软件管理按钮、程序锁条目、网速测试条目、流量监控条目。根据界面效果的展示，将首页界面以效果的相似度划分为3部分，接下来详细分析这3个部分。

第1部分（头部布局）：由2个开口圆环与1个文本组成，2个开口圆环分别用于显示存储空间与内存信息，1个文本用于显示标题。

第2部分（中部布局）：由4个图片与4个文本组成，其中，每1个图片与1个文本组成一个按钮，分别组成的按钮有“手机清理”、“骚扰拦截”、“病毒查杀”以及“软件管理”。

第3部分（底部布局）：由6个图片与6个文本组成，其中，每2个图片与2个文本组成一个条目，分别组成的条目有“程序锁”、“网速测试”和“流量监控”。

2. 图片形状与颜色设计

（1）标题栏设计

标题栏UI设计效果如图2-12所示。

手机安全卫士

图2-12 标题栏UI效果

由于手机安全卫士软件的主题颜色设计的是蓝色，因此标题栏背景设置为蓝色，标题文本的颜色设置为白色，与蓝色形成鲜明对比，这样可以使标题更醒目。

（2）存储空间与内存显示设计

存储空间与内存显示UI设计效果如图2-13所示。

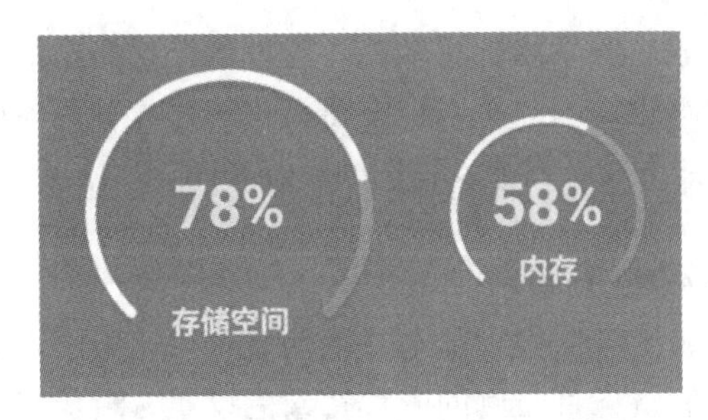

图2-13　存储空间与内存显示UI效果

如图2-13可知，存储空间与内存的容量显示使用2个开口的仪表盘显示，仪表盘的背景设置为灰色，前景设置为白色，这样可以明显地看到存储空间与内存的使用量数据占各自总量的比例信息，同时将存储空间与内存显示信息的背景设置为蓝色，可以更清晰地看到数据信息的显示。

（3）手机清理按钮设计

“手机清理”按钮UI设计效果如图2-14所示。

手机清理、骚扰拦截、病毒查杀、软件管理4个功能是手机安全卫士软件相对使用较频繁的功能，为了使这些功能界面的入口按钮以不同的视觉风格显示，在此软件中以圆形图片来显示这些按钮，圆润的线条和角度，可以让视线自然的追随与运动，从而提高界面的视觉效果。手机清理是清除手机软件产生的垃圾信息，清除的动作类似用扫把扫地的动作，因此这里以圆形蓝色为背景，以扫把的白色图标为前景。

（4）骚扰拦截按钮设计

“骚扰拦截”按钮UI设计效果如图2-15所示。

图2-14　手机清理按钮UI效果

图2-15　骚扰拦截按钮UI效果

从功能角度来讲，骚扰拦截主要是拦截骚扰电话（诈骗电话、推销电话等），拦截动作在颜色选择上可以使用红色或黄色，含义是停止、警告等。在此设计中，我们选择以黄色为背景色，以浅黄色的电话图标为前景。由于需要拦截骚扰电话，因此在电话图标上方设计一条斜线，用于表示拦截的意思。

（5）病毒查杀按钮设计

“病毒查杀”按钮UI设计效果如图2-16所示。

病毒查杀主要是扫描并消除手机中存在的病毒，保证手机的安全性，从安全性方面来讲，该功能对应的入口按钮的图片背景可以使用绿色显示，绿色代表安全，同时，图片的前景设置为一个白色的盾牌图标，表示抵挡外界病毒入侵的意思。

（6）软件管理按钮设计

“软件管理”按钮UI设计效果如图2-17所示。

图2-16　病毒查杀按钮UI效果

图2-17　软件管理按钮UI效果

软件管理包括开启、卸载、分享软件等功能，管理这个动作在颜色选择上可以使用主题颜色蓝色，给人以沉稳、安全的感觉，因此该入口按钮设置的背景颜色为蓝色，前景设置为一个白色的锤子和扳手交叉的图标，表示可以管理该软件的一些功能。

（7）程序锁条目设计

程序锁条目UI设计效果如图2-18所示。

由于程序锁、网速测试、流量监控功能与其他功能有明显不同，需要在界面上以不同的视觉效果显示，在此设计中，我们将条目左侧的图片背景色设置为渐变蓝色，前景设置为不同含义的图标。条目中间的文本设置为黑色和灰色，文本大小分别为16 sp与14 sp。条目右侧使用灰色的箭头图标表示条目可以被点击。程序锁条目的主要核心含义是锁，因此将程序锁条目左侧图片的前景设置为一个锁的图标，为了提高界面的视觉效果，将锁的颜色设置为白色，锁的背景颜色设置为一个半透明的灰色矩形。

（8）网速测试条目设计

网速测试条目UI设计效果如图2-19所示。

图2-18 程序锁条目UI效果

图2-19 网速测试条目UI效果

网速测试是主要通过上传与下载文档来测试当前网络的速度，在此设计中，我们使用带有刻度的开口圆环表示网速的数据，指针用于指向当前测试的网速数据，带有刻度的圆环与指针的颜色都设置为白色，背景设置为半透明的灰色圆。

（9）流量监控条目设计

流量监控条目UI设计效果如图2-20所示。

图2-20 流量监控条目UI效果

流量监控主要用于监控每天使用的流量信息，在此设计中，我们使用水滴状的图标表示流量，该图标的背景设置为半透明的灰色圆。

任务5 搭建首页界面

任务综述

为了实现首页界面的UI设计效果，在界面的布局代码中通过TextView控件、ImageView控件完成首页界面的文本与图片的显示，通过创建并使用自定义控件ArcProgressBar，完成手机存储空间与内存容量信息的显示。接下来，本任务将通过布局代码搭建首页界面的布局。

【知识点】

- 布局文件的创建与设计。
- 自定义控件ArcProgressBar。

【技能点】

- 创建标题栏。

- 创建自定义控件ArcProgressBar。

任务5-1　搭建标题栏布局

标题栏主要用于显示界面标题与返回键，界面标题主要提醒用户当前界面是哪一个界面，返回键主要用于关闭当前界面，程序会返回到上一个界面。由于手机安全卫士软件的所有界面中都会有标题栏，为了便于代码的重复利用，将标题栏单独放在一个布局文件main_title_bar.xml中，方便后续布局代码的调用，标题栏界面由2个TextView控件组成，分别显示返回键与标题，标题栏界面效果如图2-21所示。

图2-21　标题栏界面（标题暂未显示）

搭建标题栏布局的具体步骤如下：

1．创建标题栏布局

在res/layout文件夹中，创建一个布局文件main_title_bar.xml。

2．放置界面控件

在main_title_bar.xml文件中，放置2个TextView控件，分别用于显示返回键（返回键的样式采用背景选择器的方式）和当前界面标题（界面标题暂未设置，需要在代码中动态设置），具体代码如【文件2-4】所示。

【文件2-4】main_title_bar.xml

```
1  <?xml version="1.0" encoding="utf-8"?>
2  <RelativeLayout xmlns:android="http://schemas.android.com/apk/res/android"
3      android:id="@+id/title_bar"
4      android:layout_width="match_parent"
5      android:layout_height="50dp"
6      android:background="@android:color/transparent">
7      <TextView
8          android:id="@+id/tv_back"
9          android:layout_width="50dp"
10         android:layout_height="50dp"
11         android:layout_alignParentLeft="true"
12         android:layout_centerVertical="true"
13         android:background="@drawable/go_back_selector"
14         android:visibility="gone" />
15     <TextView
16         android:id="@+id/tv_main_title"
17         android:layout_width="wrap_content"
18         android:layout_height="wrap_content"
19         android:layout_centerInParent="true"
20         android:textColor="@android:color/white"
21         android:textSize="20sp" />
22 </RelativeLayout>
```

3. 创建背景选择器

标题栏界面中的返回键在按下与弹起时会有明显的区别，这种效果可以通过背景选择器实现。首先将图片iv_back_selected.png、iv_back.png导入项目中的drawable-hdpi文件夹中，然后选中drawable文件夹并右击，选择【New】→【Drawable resource file】选项，创建一个背景选择器go_back_selector.xml，根据按钮按下和弹起的状态来切换其背景图片，给用户一个动态效果。当按钮按下时显示灰色图片（iv_back_selected.png），当按钮弹起时显示白色图片（iv_back.png），具体代码如【文件2-5】所示。

【文件2-5】go_back_selector.xml

```
1  <?xml version="1.0" encoding="utf-8"?>
2  <selector xmlns:android="http://schemas.android.com/apk/res/android">
3    <item android:drawable="@drawable/iv_back_selected" android:state_pressed="true"/>
4    <item android:drawable="@drawable/iv_back"/>
5  </selector>
```

任务5-2 实现仪表盘效果

当程序进入首页界面时，首页界面会显示2个类似仪表盘样式的开口圆环，这2个圆环是根据手机内置SD卡容量与手机内存容量的信息进行进度变化，由于使用普通的ProgressBar控件难以实现此进度的变化效果，因此需要自定义一个ArcProgressBar控件来实现。实现仪表盘效果的具体步骤如下：

1. 创建自定义控件ArcProgressBar的属性

由于自定义控件ArcProgressBar需要拥有一些属性来设置对应的效果，因此在styles.xml文件中创建一个名为XCRoundProgressBar的属性资源，在该资源中定义控件ArcProgressBar的属性，具体代码如下所示。

```
<!-- 开口圆形进度条 -->
<declare-styleable name="XCRoundProgressBar">
    <attr name="roundColor" format="color"/>                 // 圆环颜色
    <attr name="roundProgressColor" format="color"/>    // 圆环进度颜色
    <attr name="roundWidth" format="dimension"></attr> // 圆环宽度
    <attr name="innerRoundColor" format="color" />       // 圆环内部圆颜色
    <attr name="textColor" format="color" />             // 圆环中心文字颜色
    <attr name="textSize" format="dimension" />          // 圆环中心文字大小
    <attr name="max" format="integer"></attr>            // 圆环最大进度
    <attr name="textIsDisplayable" format="boolean"></attr>  // 中心文字是否显示
    <attr name="style">                        // 圆环进度的风格，0/1 表示空心或实心
        <enum name="STROKE" value="0"></enum>
        <enum name="FILL" value="1"></enum>
    </attr>
</declare-styleable>
```

上述代码中，标签<attr/>中name的值表示自定义控件ArcProgressBar的属性名称，format的值表示属性值的类型。<enum/>标签中的值为枚举值，也是属性style必须要设置的值，其中，name值为STROKE，value值为0表示圆环是空心的。name值为FILL，value值为1表示圆环是实心的。

2. 创建ArcProgressBar类

选中com.itheima.mobilesafe.home包，在该包中创建一个view包，在view包中创建一个ArcProgressBar类继承View类，接着创建该类的三个构造函数，并获取自定义控件ArcProgressBar

的属性和默认值，具体代码如下所示。

```
1  package com.itheima.mobilesafe.home.view;
2  ......
3  public class ArcProgressBar extends View{
4      private Paint paint;                          //画笔对象的引用
5      private int textColor;                        //中间进度百分比字符串的颜色
6      private float textSize;                       //中间进度百分比字符串的字体
7      private int max;                              //最大进度
8      private int progress;                         //当前进度
9      private boolean isDisplayText;                //是否显示中间百分比进度字符串
10     private String title;                         //标题
11     private Bitmap bmpTemp = null;
12     private int degrees;
13     public ArcProgressBar(Context context){
14         this(context, null);
15     }
16     public ArcProgressBar(Context context, AttributeSet attrs){
17         this(context,attrs,0);
18     }
19     public ArcProgressBar(Context context, AttributeSet attrs, int defStyleAttr) {
20         super(context, attrs, defStyleAttr);
21         degrees =  0;
22         paint  =  new Paint();
23         //获取自定义属性和默认值
24         TypedArray typedArray = context.obtainStyledAttributes(attrs,
25                                    R.styleable.XCRoundProgressBar);
26         textColor  =typedArray.getColor(R.styleable.XCRoundProgressBar_
27                                            textColor,Color.RED);
28         textSize = typedArray.getDimension(R.styleable.
29                                    XCRoundProgressBar_textSize,15);
30         max = typedArray.getInteger(R.styleable.XCRoundProgressBar_max, 100);
31         isDisplayText = typedArray.getBoolean(R.styleable.
32                     XCRoundProgressBar_textIsDisplayable, true);
33         typedArray.recycle();
34     }
35 }
```

3. 重写onDraw()方法

首先将需要的图片arc_bg.png与arc_progress.png导入到项目中的drawable-hdpi文件夹中，然后在ArcProgressBar类中重写onDraw()方法，该方法中的代码主要用于实现仪表盘的效果，这些代码了解即可，具体代码如下所示。

```
1  @Override
2  protected void onDraw(Canvas canvas) {
3      int width = getWidth();
4      super.onDraw(canvas);
5      int height = getHeight();
6      int centerX = getWidth() / 2;// 获取中心点 X 坐标
7      int centerY = getHeight() / 2;// 获取中心点 Y 坐标
8      Bitmap bitmap = Bitmap.createBitmap(width, height, Config.ARGB_8888);
9      Canvas can = new Canvas(bitmap);
10     // 绘制底部背景图
11     bmpTemp = decodeCustomRes(getContext(), R.drawable.arc_bg);
12     float dstWidth = (float) width;
```

```
13      float dstHeight = (float) height;
14      int srcWidth = bmpTemp.getWidth();
15      int srcHeight = bmpTemp.getHeight();
16      can.setDrawFilter(new PaintFlagsDrawFilter(0, Paint.ANTI_ALIAS_FLAG
17                                      | Paint.FILTER_BITMAP_FLAG));// 抗锯齿
18      Bitmap bmpBg = Bitmap.createScaledBitmap(bmpTemp, width, height, true);
19      can.drawBitmap(bmpBg, 0, 0, null);
20      // 绘制进度前景图
21      Matrix matrixProgress = new Matrix();
22      matrixProgress.postScale(dstWidth / srcWidth, dstHeight / srcWidth);
23      bmpTemp = decodeCustomRes(getContext(), R.drawable.arc_progress);
24      Bitmap bmpProgress = Bitmap.createBitmap(bmpTemp, 0, 0, srcWidth,
25                                      srcHeight, matrixProgress, true);
26      degrees = progress * 270 / max - 270;
27      //遮罩处理前景图和背景图
28      can.save();
29      can.rotate(degrees, centerX, centerY);
30      paint.setAntiAlias(true);
31      paint.setXfermode(new PorterDuffXfermode(Mode.SRC_ATOP));
32      can.drawBitmap(bmpProgress, 0, 0, paint);
33      can.restore();
34      if ((-degrees) >= 85) {
35         int posX = 0;
36         int posY = 0;
37         if ((-degrees) >= 270) {
38            posX = 0;
39            posY = 0;
40         } else if ((-degrees) >= 225) {
41            posX = centerX / 2;
42            posY = 0;
43         } else if ((-degrees) >= 180) {
44            posX = centerX;
45            posY = 0;
46         } else if ((-degrees) >= 135) {
47            posX = centerX;
48            posY = 0;
49         } else if ((-degrees) >= 85) {
50            posX = centerX;
51            posY = centerY;
52         }
53         if ((-degrees) >= 225) {
54            can.save();
55            Bitmap dst = bitmap.createBitmap(bitmap, 0, 0, centerX, centerX);
56            paint.setAntiAlias(true);
57            paint.setXfermode(new PorterDuffXfermode(Mode.SRC_ATOP));
58            Bitmap src = bmpBg.createBitmap(bmpBg, 0, 0, centerX, centerX);
59            can.drawBitmap(src, 0, 0, paint);
60            can.restore();
61            can.save();
62            dst = bitmap.createBitmap(bitmap, centerX, 0, centerX, height);
63            paint.setAntiAlias(true);
64            paint.setXfermode(new PorterDuffXfermode(Mode.SRC_ATOP));
65            src = bmpBg.createBitmap(bmpBg, centerX, 0, centerX, height);
66            can.drawBitmap(src, centerX, 0, paint);
```

```
67          can.restore();
68       } else {
69          can.save();
70          Bitmap dst = bitmap.createBitmap(bitmap, posX, posY, width
71                                      - posX, height - posY);
72          paint.setAntiAlias(true);
73          paint.setXfermode(new PorterDuffXfermode  (Mode.SRC_ATOP));
74          Bitmap src = bmpBg.createBitmap(bmpBg, posX, posY,
75                                      width - posX, height - posY);
76          can.drawBitmap(src, posX, posY, paint);
77          can.restore();
78       }
79    }
80    //绘制遮罩层位图
81    canvas.drawBitmap(bitmap, 0, 0, null);
82    // 画中间进度百分比字符串
83    paint.reset();
84    paint.setStrokeWidth(0);
85    paint.setColor(textColor);
86    paint.setTextSize(textSize);
87    paint.setTypeface(Typeface.DEFAULT_BOLD);
88    int percent = (int) (((float) progress / (float) max) * 100);// 计算百分比
89    float textWidth = paint.measureText(percent + "%");// 测量字体宽度，需要居中显示
90    if (isDisplayText && percent != 0) {
91      canvas.drawText(percent + "%", centerX - textWidth / 2, centerX
92                                        + textSize / 2 - 25, paint);
93    }
94    //画底部开口处标题文字
95    paint.setTextSize(textSize/2);
96    textWidth = paint.measureText(title);
97    canvas.drawText(title, centerX-textWidth/2, height-textSize/2, paint);
98 }
```

4．将图片资源转化为Bitmap类型的数据

在ArcProgressBar类中创建一个decodeCustomRes()方法，用于将获取到的图片资源转化为Bitmap类型的数据，具体代码如下所示。

```
1  /**
2   * 从 Resources 中获取图片资源，转化为 Bitmap 类型的数据返回
3   */
4  public static Bitmap decodeCustomRes(Context c, int res) {
5     InputStream is = c.getResources().openRawResource(res);
6     BitmapFactory.Options options = new BitmapFactory.Options();
7     options.inJustDecodeBounds = false;         //将图片加载到内存中
8     options.inSampleSize = 1;                   //原尺寸加载图片
9     Bitmap bmp = BitmapFactory.decodeStream(is, null, options);
10    return bmp;
11 }
```

上述代码中，第5行代码通过openRawResource()方法获取资源文件的输入流对象is。

第6~8行代码设置加载图片的信息。其中，第7行代码通过设置属性inJustDecodeBounds的值为false将获取的图片加载到内存中，第8行代码通过设置属性inSampleSize的值为1，表示按照原尺寸加载获取的图片。

第9行代码通过decodeStream()方法将获取的图片输入流转化为Bitmap对象。

5. 创建设置进度条信息的方法

绘制进度条时，需要设置画笔的颜色、粗细、大小，同时还需要设置进度条控件的标题、进度最大值、当前进度值等属性，因此在ArcProgressBar类中创建了一些方法设置这些属性值，具体代码如下所示。

```
1  public Paint getPaint() {
2      return paint;
3  }
4  public void setPaint(Paint paint) {
5      this.paint = paint;
6  }
7  public int getTextColor() {
8      return textColor;
9  }
10 public void setTextColor(int textColor) {
11     this.textColor = textColor;
12 }
13 public float getTextSize() {
14     return textSize;
15 }
16 public void setTextSize(float textSize) {
17     this.textSize = textSize;
18 }
19 public boolean isDisplayText() {
20     return isDisplayText;
21 }
22 public void setDisplayText(boolean isDisplayText) {
23     this.isDisplayText = isDisplayText;
24 }
25 public String getTitle(){
26     return title;
27 }
28 public void setTitle(String title){
29     this.title = title;
30 }
31 public synchronized int getMax() {
32     return max;
33 }
34 public synchronized void setMax(int max) {
35     if(max < 0){
36            throw new IllegalArgumentException("max must more than 0");
37     }
38        this.max = max;
39 }
40 public synchronized int getProgress() {
41        return progress;
42 }
43 /**
44   * 设置进度，此为线程安全控件，由于考虑多线程的问题，需要同步
45   * 刷新界面调用 postInvalidate() 方法能在非 UI 线程进行刷新操作
46   */
47 public synchronized void setProgress(int progress) {
48     if(progress < 0){
49           throw new IllegalArgumentException("progress must more than 0");
```

```
50      }
51      if(progress > max){
52              this.progress = progress;
53      }
54      if(progress <= max){
55              this.progress = progress;
56              postInvalidate();
57      }
58 }
```

自定义控件ArcProgressBar.java的完整代码详见【文件2-6】所示。

完整代码：文件 2-6

任务5-3 搭建首页头部界面布局

首页界面的头部主要由2个自定义控件ArcProgressBar与布局main_title_bar.xml（标题栏）组成，2个自定义控件ArcProgressBar分别用于显示手机存储空间（内置SD卡容量）与手机内存的使用量与总量的占比信息，首页界面头部的效果如图2-22所示。

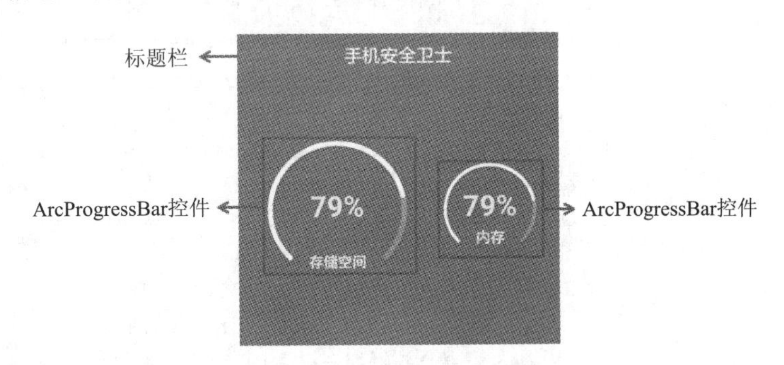

图2-22 首页界面头部效果

搭建首页头部界面布局的具体步骤如下：

1. 创建首页界面

在com.itheima.mobilesafe.home包中创建一个Empty Activity类，命名为HomeActivity并将布局文件名指定为activity_home。

2. 放置界面控件

在activity_home.xml文件中，通过<include>标签引入标题栏布局（main_title_bar.xml），放置2个自定义控件ArcProgressBar分别用于显示存储空间与内存信息，具体代码如【文件2-7】所示。

【文件2-7】activity_home.xml

```
1  <?xml version="1.0" encoding="utf-8"?>
2  <LinearLayout xmlns:android="http://schemas.android.com/apk/res/android"
3      xmlns:android_custom="http://schemas.android.com/apk/res-auto"
4      android:layout_width="match_parent"
5      android:layout_height="match_parent"
```

```
6       android:background="@android:color/white"
7       android:orientation="vertical">
8       <include layout="@layout/main_title_bar"/>
9       <ScrollView
10          android:layout_width="wrap_content"
11          android:layout_height="wrap_content"
12          android:background="#f0f1f5">
13          <LinearLayout
14              android:layout_width="wrap_content"
15              android:layout_height="wrap_content"
16              android:orientation="vertical">
17              <LinearLayout
18                  android:layout_width="match_parent"
19                  android:layout_height="300dp"
20                  android:background="@color/blue_color"
21                  android:gravity="center"
22                  android:orientation="horizontal"
23                  android:padding="15dp">
24                  <com.itheima.mobilesafe.home.view.ArcProgressBar
25                      android:id="@+id/pb_sd"
26                      android:layout_width="150dp"
27                      android:layout_height="150dp"
28                      android_custom:textColor="#EFEFEF"
29                      android_custom:textIsDisplayable="true"
30                      android_custom:textSize="30sp" />
31                  <com.itheima.mobilesafe.home.view.ArcProgressBar
32                      android:id="@+id/pb_rom"
33                      android:layout_marginLeft="35dp"
34                      android:layout_width="100dp"
35                      android:layout_height="100dp"
36                      android_custom:textColor="#EFEFEF"
37                      android_custom:textIsDisplayable="true"
38                      android_custom:textSize="30sp" />
39              </LinearLayout>
40          </LinearLayout>
41      </ScrollView>
42 </LinearLayout>
```

3. 添加蓝色颜色值

由于该布局的背景颜色为蓝色（#1d89fb），为了便于颜色的管理，在res/values文件夹中的colors.xml文件中添加名为blue_color的蓝色颜色值，具体代码如下。

```
<color name="blue_color">#1d89fb</color>
```

任务5-4 搭建首页中部界面布局

首页界面的中部主要由4个ImageView控件与4个TextView控件分别组成手机清理、骚扰拦截、病毒查杀、软件管理界面的入口按钮，点击每个按钮，按钮的背景会有一个动态的效果，首页界面中部的效果如图2-23所示。

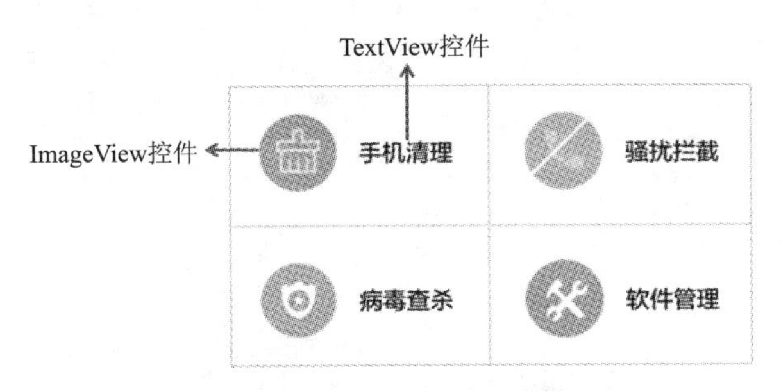

图2-23　首页界面中部效果

搭建首页中部界面布局的具体步骤如下：

1．创建首页中部界面布局

在res/layout文件夹中，创建一个布局文件main_content.xml。

2．导入界面图片

将首页中部界面所需要的图片home_clean_icon.png、home_interception_icon.png、home_security_icon.png、home_software_manager_icon.png导入drawable-hdpi文件夹中。

3．放置界面控件

在main_content.xml文件中，放置4个ImageView控件与4个TextView控件，分别用于显示手机清理、骚扰拦截、病毒查杀、软件管理等按钮对应的图片与文本信息，具体代码如【文件2-8】所示。

【文件2-8】main_content.xml

```
1  <?xml version="1.0" encoding="utf-8"?>
2  <LinearLayout xmlns:android="http://schemas.android.com/apk/res/android"
3      android:layout_width="match_parent"
4      android:layout_height="200dp"
5      android:background="#cacaca"
6      android:orientation="vertical">
7      <LinearLayout
8          android:layout_width="match_parent"
9          android:layout_height="100dp"
10         android:orientation="horizontal">
11         <LinearLayout
12             android:id="@+id/ll_clean"
13             android:layout_width="0dp"
14             android:layout_height="match_parent"
15             android:layout_weight="1"
16             android:background="@drawable/home_item_selector"
17             android:gravity="center">
18             <ImageView
19                 android:layout_width="wrap_content"
20                 android:layout_height="wrap_content"
21                 android:src="@drawable/home_clean_icon" />
22             <TextView
23                 android:layout_width="wrap_content"
```

```
24                android:layout_height="wrap_content"
25                android:layout_marginLeft="15dp"
26                android:text=" 手机清理 "
27                android:textColor="@android:color/black"
28                android:textSize="16sp" />
29        </LinearLayout>
30        <LinearLayout
31            android:id="@+id/ll_interception"
32            android:layout_width="0dp"
33            android:layout_height="match_parent"
34            android:layout_marginLeft="1dp"
35            android:layout_weight="1"
36            android:background="@drawable/home_item_selector"
37            android:gravity="center">
38            <ImageView
39                android:layout_width="wrap_content"
40                android:layout_height="wrap_content"
41                android:src="@drawable/home_interception_icon" />
42            <TextView
43                android:layout_width="wrap_content"
44                android:layout_height="wrap_content"
45                android:layout_marginLeft="15dp"
46                android:text=" 骚扰拦截 "
47                android:textColor="@android:color/black"
48                android:textSize="16sp" />
49        </LinearLayout>
50    </LinearLayout>
51    <LinearLayout
52        android:layout_width="match_parent"
53        android:layout_height="100dp"
54        android:layout_marginTop="1dp"
55        android:orientation="horizontal">
56        <LinearLayout
57            android:id="@+id/ll_security"
58            android:layout_width="0dp"
59            android:layout_height="match_parent"
60            android:layout_weight="1"
61            android:background="@drawable/home_item_selector"
62            android:gravity="center">
63            <ImageView
64                android:layout_width="wrap_content"
65                android:layout_height="wrap_content"
66                android:src="@drawable/home_security_icon" />
67            <TextView
68                android:layout_width="wrap_content"
69                android:layout_height="wrap_content"
70                android:layout_marginLeft="15dp"
71                android:text=" 病毒查杀 "
72                android:textColor="@android:color/black"
73                android:textSize="16sp" />
74        </LinearLayout>
```

```
75          <LinearLayout
76              android:id="@+id/ll_software_manager"
77              android:layout_width="0dp"
78              android:layout_height="match_parent"
79              android:layout_marginLeft="1dp"
80              android:layout_weight="1"
81              android:background="@drawable/home_item_selector"
82              android:gravity="center">
83              <ImageView
84                  android:layout_width="wrap_content"
85                  android:layout_height="wrap_content"
86                 android:src="@drawable/home_software_manager_icon" />
87              <TextView
88                  android:layout_width="wrap_content"
89                  android:layout_height="wrap_content"
90                  android:layout_marginLeft="15dp"
91                  android:text=" 软件管理 "
92                  android:textColor="@android:color/black"
93                  android:textSize="16sp" />
94          </LinearLayout>
95      </LinearLayout>
96  </LinearLayout>
```

4. 创建背景选择器home_item_selector.xml

首页界面中的手机清理、骚扰拦截、病毒查杀、软件管理4个按钮被按下与弹起时，按钮背景会有明显的区别，这种效果可以通过创建背景选择器home_item_selector.xml实现。在项目中的res/drawable文件夹中创建一个背景选择器home_item_selector.xml，根据按钮被按下与弹起的状态来切换其背景颜色，给用户一个动态的效果。当按钮被按下时，背景显示灰色（#e8e8e8），当按钮被弹起时，背景显示白色（#ffffff），具体代码如【文件2-9】所示。

【文件2-9】home_item_selector.xml

```
1  <?xml version="1.0" encoding="utf-8"?>
2  <selector xmlns:android="http://schemas.android.com/apk/res/android">
3      <item android:state_pressed="true">
4          <shape android:shape="rectangle">
5              <solid android:color="#e8e8e8"/>
6          </shape>
7      </item>
8      <item android:state_pressed="false">
9          <shape android:shape="rectangle">
10             <solid android:color="#ffffff"/>
11         </shape>
12     </item>
13 </selector>
```

上述代码中，属性android:shape用于设置背景的形状，rectangle表示矩形，属性android: color用于设置背景的颜色。

任务5-5　搭建首页底部界面布局

首页界面的底部主要由6个ImageView控件与6个TextView控件分别组成程序锁、网速测试、流量监控等界面的入口条目，点击每个条目时，条目的背景会有一个动态的效果，首页界面底部效果如图2-24所示。

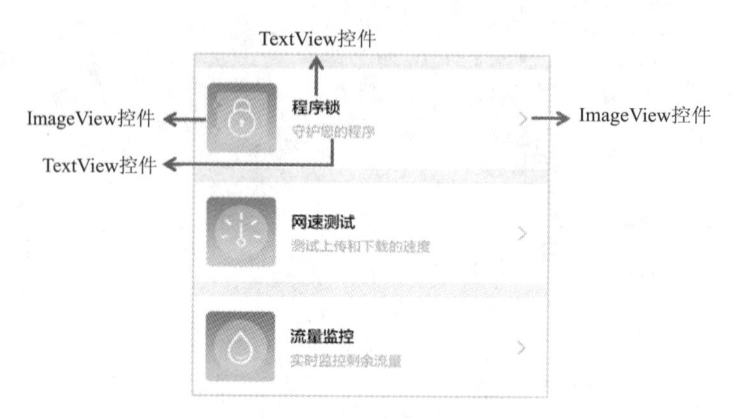

图2-24　首页界面底部效果

搭建首页底部界面布局的具体步骤如下：

1．创建首页底部界面布局

在res/layout文件夹中，创建一个布局文件main_bottom.xml。

2．导入界面图片

将首页底部界面所需要的图片app_lock_icon.png、speed_test_icon.png、netraffic_icon.png、arrow_icon.png导入drawable-hdpi文件夹中。

3．放置界面控件

在main_bottom.xml文件中，放置6个ImageView控件与6个TextView控件，分别用于显示程序锁、网速测试、流量监控条目对应的图片和文本信息，具体代码如【文件2-10】所示。

【文件2-10】main_bottom.xml

```
1  <?xml version="1.0" encoding="utf-8"?>
2  <LinearLayout xmlns:android="http://schemas.android.com/apk/res/android"
3      android:layout_width="match_parent"
4      android:layout_height="match_parent"
5      android:orientation="vertical">
6      <RelativeLayout
7          android:id="@+id/rl_app_lock"
8          android:layout_marginTop="15dp"
9          android:layout_width="match_parent"
10         android:layout_height="wrap_content"
11         android:background="@drawable/home_item_selector"
12         android:padding="15dp">
13         <ImageView
14             android:id="@+id/iv_lock"
15             android:layout_width="70dp"
16             android:layout_height="70dp"
17             android:src="@drawable/app_lock_icon" />
18         <LinearLayout
```

```
19              android:layout_marginLeft="15dp"
20              android:layout_width="match_parent"
21              android:layout_height="70dp"
22              android:layout_toRightOf="@id/iv_lock"
23              android:orientation="vertical"
24              android:gravity="center_vertical">
25              <TextView
26                  android:id="@+id/tv_lock"
27                  android:layout_width="wrap_content"
28                  android:layout_height="wrap_content"
29                  android:textSize="16sp"
30                  android:textColor="@android:color/black"
31                  android:text="程序锁"/>
32              <TextView
33                  android:layout_marginTop="4dp"
34                  android:layout_width="wrap_content"
35                  android:layout_height="wrap_content"
36                  android:textSize="14sp"
37                  android:textColor="@android:color/darker_gray"
38                  android:text="守护您的程序"/>
39          </LinearLayout>
40          <ImageView
41              android:layout_alignParentRight="true"
42              android:layout_centerVertical="true"
43              android:layout_width="25dp"
44              android:layout_height="25dp"
45              android:src="@drawable/arrow_icon" />
46      </RelativeLayout>
47      <RelativeLayout
48          android:id="@+id/rl_speed_test"
49          android:layout_marginTop="15dp"
50          android:layout_width="match_parent"
51          android:layout_height="wrap_content"
52          android:background="@drawable/home_item_selector"
53          android:padding="15dp">
54          <ImageView
55              android:id="@+id/iv_speed_test"
56              android:layout_width="70dp"
57              android:layout_height="70dp"
58              android:src="@drawable/speed_test_icon" />
59          <LinearLayout
60              android:layout_marginLeft="15dp"
61              android:layout_width="match_parent"
62              android:layout_height="70dp"
63              android:layout_toRightOf="@id/iv_speed_test"
64              android:orientation="vertical"
65              android:gravity="center_vertical">
66              <TextView
67                  android:id="@+id/tv_speed_test"
68                  android:layout_width="wrap_content"
69                  android:layout_height="wrap_content"
70                  android:textSize="16sp"
71                  android:textColor="@android:color/black"
72                  android:text="网速测试"/>
73              <TextView
```

```
74                  android:layout_marginTop="4dp"
75                  android:layout_width="wrap_content"
76                  android:layout_height="wrap_content"
77                  android:textSize="14sp"
78                  android:textColor="@android:color/darker_gray"
79                  android:text=" 测试上传和下载的速度 "/>
80          </LinearLayout>
81          <ImageView
82              android:layout_alignParentRight="true"
83              android:layout_centerVertical="true"
84              android:layout_width="25dp"
85              android:layout_height="25dp"
86              android:src="@drawable/arrow_icon" />
87      </RelativeLayout>
88      <RelativeLayout
89          android:id="@+id/rl_netraffic"
90          android:layout_marginTop="15dp"
91          android:layout_width="match_parent"
92          android:layout_height="wrap_content"
93          android:background="@drawable/home_item_selector"
94          android:padding="15dp">
95          <ImageView
96              android:id="@+id/iv_netraffic"
97              android:layout_width="70dp"
98              android:layout_height="70dp"
99              android:src="@drawable/netraffic_icon" />
100               <LinearLayout
101                         android:layout_marginLeft="15dp"
102                         android:layout_width="match_parent"
103                         android:layout_height="70dp"
104                         android:layout_toRightOf="@id/iv_netraffic"
105                         android:orientation="vertical"
106                         android:gravity="center_vertical">
107                         <TextView
108                             android:id="@+id/tv_netraffic"
109                             android:layout_width="wrap_content"
110                             android:layout_height="wrap_content"
111                             android:textSize="16sp"
112                             android:textColor="@android:color/black"
113                             android:text=" 流量监控 "/>
114                         <TextView
115                             android:layout_marginTop="4dp"
116                             android:layout_width="wrap_content"
117                             android:layout_height="wrap_content"
118                             android:textSize="14sp"
119                             android:textColor="@android:color/darker_gray"
120                             android:text=" 实时监控剩余流量 "/>
121                         </LinearLayout>
122                         <ImageView
123                             android:layout_alignParentRight="true"
124                             android:layout_centerVertical="true"
125                             android:layout_width="25dp"
126                             android:layout_height="25dp"
127                             android:src="@drawable/arrow_icon" />
128                         </RelativeLayout>
129     </LinearLayout>
```

4. 将首页中部与底部界面布局添加到首页布局中

将创建完成的首页中部与底部界面布局通过<include>标签引入到activity_home.xml文件中，在【文件2-7】的第39行下方添加如下代码：

```
<include layout="@layout/main_content"/>
<include layout="@layout/main_bottom"/>
```

首页界面的布局文件activity_home.xml的完整代码详见【文件2-11】所示。

完整代码：文件 2-11

任务6　实现首页界面功能

任务综述

为了实现首页界面设计的功能，在界面的逻辑代码中需要创建getMemoryFromPhone()方法获取手机内置SD卡（存储空间）与系统内存使用量与总量的占比信息、创建异步任务MyAsyncRomTask与MyAsyncSDTask实现首页界面显示手机存储空间与内存信息的功能。同时，实现View.OnClickListener接口，完成界面部分控件的点击事件。接下来，本任务将通过逻辑代码实现首页界面的功能。

【知识点】

- StatFs类、ActivityManager.MemoryInfo类。
- 异步任务MyAsyncRomTask与MyAsyncSDTask。
- Thread.sleep(5)。
- View.OnClickListener接口。

【技能点】

- 通过StatFs类与ActivityManager.MemoryInfo类分别获取内置SD卡与系统内存容量信息。
- 通过getTotalSpace()方法与getFreeSpace()方法分别获取SD卡与内存信息。
- 通过异步任务MyAsyncRomTask与MyAsyncSDTask实现信息显示的动画效果。
- 使用Thread.sleep(5)延迟线程的执行。
- 通过View.OnClickListener接口实现控件的点击事件。

任务6-1　初始化界面控件

由于需要获取首页界面上的控件并为其设置一些数据和点击事件信息，因此需要在HomeActivity中创建一个init()方法，用于初始化界面控件，具体代码如【文件2-12】所示。

【文件2-12】HomeActivity.java

```
1  package com.itheima.mobilesafe.home;
2  ......//省略导入包
```

```
3 public class HomeActivity extends Activity {
4     //显示手机清理、骚扰拦截、病毒查杀、软件管理信息对应的布局
5     private LinearLayout ll_clean,ll_interception,ll_security,
6                                               ll_software_manager;
7     //显示程序锁、网速测试、流量监控信息对应的布局
8     private RelativeLayout rl_app_lock,rl_speed_test,rl_netraffic;
9     private ArcProgressBar pb_sd,pb_rom; //显示SD卡与内存信息控件
10    private TextView tv_title; //界面标题
11    @Override
12    protected void onCreate(Bundle savedInstanceState) {
13        super.onCreate(savedInstanceState);
14        setContentView(R.layout.activity_home);
15        init();
16    }
17    /**
18     * 初始化界面控件
19     */
20    private void init(){
21        //设置标题栏背景颜色
22        findViewById(R.id.title_bar).setBackgroundResource(R.color.blue_color);
23        tv_title=findViewById(R.id.tv_main_title);           //获取界面标题控件
24        tv_title.setText("手机安全卫士");                      //设置界面标题
25        ll_clean=findViewById(R.id.ll_clean);                 //获取手机清理布局
26                                                              //获取骚扰拦截布局
27        ll_interception=findViewById(R.id.ll_interception);
28        ll_security=findViewById(R.id.ll_security);           //获取病毒查杀布局
29        //获取软件管理布局
30        ll_software_manager=findViewById(R.id.ll_software_manager);
31        rl_app_lock= findViewById(R.id.rl_app_lock);          //获取程序锁布局
32        rl_speed_test= findViewById(R.id.rl_speed_test);      //获取网速测试布局
33        rl_netraffic=findViewById(R.id.rl_netraffic);         //获取流量监控布局
34        pb_sd = findViewById(R.id.pb_sd);           //获取显示SD卡信息的进度条控件
35        pb_rom = findViewById(R.id.pb_rom);         //获取显示内存信息的进度条控件
36        pb_sd.setMax(100);                          //设置进度条的最大值为100
37        pb_sd.setTitle("存储空间");                  //设置进度条标题
38        new MyAsyncSDTask().execute(0);             //实现存储空间信息显示（后续创建）
39        pb_rom.setMax(100);                         //设置进度条的最大值为100
40        pb_rom.setTitle("内存");                     //设置进度条标题
41        new MyAsyncRomTask().execute(0);            //实现内存空间信息显示（后续创建）
42    }
43 }
```

上述代码中，第22~35行代码通过findViewById()方法获取界面控件，并通过setBackgroundResource()方法与setText()方法分别设置标题栏背景颜色与界面标题。

第36~41行代码主要用于设置显示手机SD卡与内存数据信息的2个进度条，其中，第36、39行代码通过setMax()方法设置进度条的最大值。第37、40行代码通过setTitle()方法设置进度条的标题。第38、41行代码通过开启了两个异步任务MyAsyncSDTask与MyAsyncRomTask来实现进度条数据的动画效果，这2个异步任务在后续代码中创建。

任务6-2　获取手机内置SD卡与内存信息

由于首页界面需要显示手机设备的内置SD卡（不用申请SD卡权限即可访问）与系统内存的使用量和总量的占比信息，因此需要在HomeActivity中创建一个getMemoryFromPhone()方法实现。获取手机内置SD卡与内存信息的具体步骤如下：

1．获取手机内置SD卡与内存信息

在HomeActivity中创建一个getMemoryFromPhone()方法，在该方法中通过StatFs类与ActivityManager.MemoryInfo类分别获取手机内置SD卡与内存的总量与剩余量信息，接着通过剩余量与总量的占比计算出使用量与总量的占比数据信息，具体代码如下所示。

```
1  private long total_sd,avail_sd,total_rom,avail_rom;
2  private int sd_used,rom_used;
3  /**
4   * 获取手机内置 SD 卡与系统内存使用量与总量占比信息
5   */
6  private void getMemoryFromPhone() {
7      //获取内置 SD 卡路径 /storage/emulated/0
8      File path = Environment.getExternalStorageDirectory();
9      StatFs stat = new StatFs(path.getPath());  //获取内置 SD 卡的存储信息
10     long blockSize = stat.getBlockSizeLong();  //获取存储块的大小
11     long totalBlocks = stat.getBlockCountLong(); //获取存储块的数量
12     total_sd=blockSize*totalBlocks;            //获取内置 SD 卡总存储空间
13     long availableBlocks = stat.getAvailableBlocksLong();//获取剩余存储块的数量
14     avail_sd=blockSize*availableBlocks;        //获取内置 SD 卡剩余存储空间
15     //获取 Activity 管理类 ActivityManager 的对象
16     ActivityManager mActivityManager = (ActivityManager)
17                         getSystemService (Context.ACTIVITY_SERVICE);
18     //获得存放系统内存信息的对象 memoryInfo
19     ActivityManager.MemoryInfo memoryInfo = new ActivityManager.MemoryInfo();
20     //将获取的系统内存信息保存到对象 memoryInfo 中
21     mActivityManager.getMemoryInfo(memoryInfo);
22     total_rom = memoryInfo.totalMem;           //获取手机系统总内存
23     avail_rom = memoryInfo.availMem;           //获取手机系统剩余内存
24     //计算内置 SD 卡使用量与总量的占比
25     sd_used=100-(int)(((double)avail_sd/(double)total_sd)*100);
26     //计算系统内存使用量与总量占比
27     rom_used=100-(int)(((double)avail_rom/(double)total_rom)*100);
28 }
```

上述代码中，第8~14行代码用于获取手机内置SD卡的总存储空间与剩余存储空间。其中，第8行代码通过getExternalStorageDirectory()方法获取手机内置SD卡路径“/storage/emulated/0”。第9行代码通过new关键字创建获取内置SD卡信息的类StatFs的对象stat。

第10~11行代码分别通过getBlockSizeLong()方法与getBlockCountLong()方法获取内置SD卡存储块的大小blockSize与存储块的数量totalBlocks。

第12行代码通过blockSize* totalBlocks获取内置SD卡总存储空间。

第13~14行代码首先通过getAvailableBlocksLong()方法获取剩余存储块的数量availableBlocks，然后通过blockSize*availableBlocks获取内置SD卡剩余存储空间。

第16~21行代码用于将获取的系统内存信息保存到ActivityManager.MemoryInfo类的对象memoryInfo中。其中，第16~17行代码通过getSystemService()方法获取ActivityManager类的对象mActivityManager，第19行代码通过MemoryInfo()方法获取ActivityManager.MemoryInfo类的对象memoryInfo，第21行代码通过getMemoryInfo()方法将获取的系统内存信息保存到对象memoryInfo中。

第22~23行代码通过ActivityManager.MemoryInfo类中的变量totalMem与availMem分别获取手机系统总内存与剩余内存。

第25、27行代码根据获取的手机内置SD卡与系统内存的总量与剩余量的数据信息，计算出手机SD卡与内存的使用量与总量的占比数据信息。

2. 调用getMemoryFromPhone()方法

由于程序进入首页界面就需要显示手机内置SD卡与内存的信息，因此找到HomeActivity中的onCreate()方法，在该方法中的语句“init();”上方调用获取手机内置SD卡与内存信息的方法getMemoryFromPhone()，具体代码如下所示。

```
1  public class HomeActivity extends Activity {
2      ......
3      @Override
4      protected void onCreate(Bundle savedInstanceState) {
5          super.onCreate(savedInstanceState);
6          setContentView(R.layout.activity_home);
7          getMemoryFromPhone();
8          init();
9      }
10     ......
11 }
```

任务6-3 显示手机内置SD卡与内存信息

由于首页界面显示手机内置SD卡与内存使用量数据信息是一个动态的效果，因此需要在HomeActivity中创建2个异步任务MyAsyncRomTask与MyAsyncSDTask，分别控制显示内置SD卡与内存使用量信息的自定义控件ArcProgressBar。显示手机内置SD卡与内存信息的具体步骤如下：

1. 创建异步任务MyAsyncRomTask

在HomeActivity中创建一个MyAsyncRomTask类继承异步任务AsyncTask<Integer, Integer, Integer>，并重写onPostExecute()方法、onProgressUpdate()方法以及doInBackground()方法，该异步任务主要用于设置显示手机内存信息的自定义控件ArcProgressBar，具体代码如下所示。

```
1  private class MyAsyncRomTask extends AsyncTask<Integer, Integer, Integer> {
2      @Override
3      protected Integer doInBackground(Integer... params) {
4          Integer timer = 0;
5          while(timer <= rom_used){
6              try {
7                  publishProgress(timer);          //更新进度
8                  timer ++;                         //timer的值自增
9                  Thread.sleep(5);                  //延迟5毫秒
10             } catch (InterruptedException e) {
11                 e.printStackTrace();
```

```
12                }
13            }
14            return null;
15        }
16        @Override
17        protected void onPostExecute(Integer result) {
18            super.onPostExecute(result);
19        }
20        @Override
21        protected void onProgressUpdate(Integer... values) {
22            super.onProgressUpdate(values);
23            pb_rom.setProgress((int)(values[0]));//设置 ArcProgressBar 的进度
24        }
25 }
```

上述代码中，第2~15行代码重写了doInBackground()方法，该方法用于执行耗时操作。其中，第5~13行代码通过while循环不断更新进度条的进度信息，第7行代码通过调用publishProgress()方法更新进度条，第9行代码通过Thread.sleep(5)方法实现每更新一次进度条，程序会延迟5毫秒再执行下一次循环。

第16~19行代码重写了onPostExecute()方法，该方法在doInBackground()方法执行完毕后会自动调用。

第20~24行代码重写了onProgressUpdate()方法，在doInBackground()方法中调用完更新进度的方法publishProgress()之后，程序会自动调用onProgressUpdate()方法，在该方法中通过setProgress()方法设置界面上ArcProgressBar控件的进度。

2. 创建异步任务MyAsyncSDTask

在HomeActivity中创建一个MyAsyncSDTask类继承异步任务AsyncTask<Integer, Integer, Integer>，并重写onPostExecute()方法、onProgressUpdate()方法以及doInBackground()方法，该异步任务主要用于设置显示手机内置SD卡信息的自定义控件ArcProgressBar，具体代码如下所示。

```
1  private class MyAsyncSDTask extends AsyncTask<Integer, Integer, Integer> {
2      @Override
3      protected Integer doInBackground(Integer... params) {
4          Integer timer = 0;
5          while(timer <= sd_used){
6              try {
7                  publishProgress(timer);          // 更新进度
8                  timer ++;                        //timer 的值自增
9                  Thread.sleep(5);                 // 延迟 5 毫秒
10             } catch (InterruptedException e) {
11                 e.printStackTrace();
12             }
13         }
14         return null;
15     }
16     @Override
17     protected void onPostExecute(Integer result) {
18         super.onPostExecute(result);
19     }
```

```
20      @Override
21      protected void onProgressUpdate(Integer... values) {
22          super.onProgressUpdate(values);
23          pb_sd.setProgress((int)(values[0]));//设置ArcProgressBar的进度
24      }
25 }
```

任务6-4　实现界面控件的点击事件

首页界面的手机清理、骚扰拦截、病毒查杀、软件管理、程序锁、网速测试以及流量监控对应的控件都需要实现点击事件，因此需要将HomeActivity实现View.OnClickListener接口，并重写onClick()方法，在该方法中实现控件的点击事件。实现界面控件点击事件的具体步骤如下：

1. 实现界面控件的点击事件

在HomeActivity中，首先将HomeActivity实现View.OnClickListener接口，并重写onClick()方法，其次在该方法中根据被点击控件的Id实现对应控件的点击事件，具体代码如下所示。

```
1  public class HomeActivity extends AppCompatActivity implements View.
2  OnClickListener {
3     ......
4      /**
5       * 初始化界面控件
6       */
7      private void init(){
8          ......
9          ll_clean.setOnClickListener(this);          //设置手机清理布局的点击事件监听器
10         ll_interception.setOnClickListener(this);   //设置骚扰拦截布局的点击事件监听器
11         ll_security.setOnClickListener(this);       //设置病毒查杀布局的点击事件监听器
12         ll_software_manager.setOnClickListener(this); //设置软件管理布局的点击事件监听器
13         rl_app_lock.setOnClickListener(this);       //设置程序锁布局的点击事件监听器
14         rl_speed_test.setOnClickListener(this);     //设置网速测试布局的点击事件监听器
15         rl_netraffic.setOnClickListener(this);      //设置流量监控布局的点击事件监听器
16     }
17    /**
18     *  实现界面上控件的点击事件
19     */
20    @Override
21    public void onClick(View v) {
22        switch (v.getId()){
23            case R.id.ll_clean:                   //手机清理
24                break;
25            case R.id.ll_interception:            //骚扰拦截
26                break;
27            case R.id.ll_security:                //病毒查杀
28                break;
29            case R.id.ll_software_manager:        //软件管理
30                break;
31            case R.id.rl_app_lock:                //程序锁
32                break;
33            case R.id.rl_speed_test:              //网速测试
34                break;
```

```
35              case R.id.rl_netraffic:              // 流量监控
36                  break;
37          }
38      }
39      ......
40 }
```

上述代码中，第22~37行代码通过switch()方法实现对应控件的点击事件，在switch()方法中传递的参数view.getId()表示界面上被点击控件的Id，接着根据控件Id设置对应的点击事件。

2．跳转到首页界面的逻辑代码

由于欢迎界面延迟3秒后会自动跳转到首页界面，因此需要在程序中找到SplashActivity中的TimerTask类，在该类的run()方法中的注释“//跳转到首页界面”下方添加跳转到首页界面的逻辑代码，具体代码如下：

```
Intent intent = new Intent(SplashActivity.this, HomeActivity.class);
startActivity(intent);
SplashActivity.this.finish();
```

首页界面的逻辑代码文件HomeActivity.java的完整代码详见【文件2-13】所示。

完整代码：文件 2-13

扫码看代码

本 章 小 结

本章主要讲解了手机安全卫士项目的欢迎模块与首页模块，这2个模块中包含了欢迎界面与首页界面的布局搭建以及各界面功能的实现，本章中的难点主要是通过自定义控件ArcProgressBar实现手机内置SD卡与内存信息显示的动画效果，其余部分相对来说比较简单。希望读者可以认真学习本章的内容，为后续项目的进一步开发做好准备。

第3章 手机清理模块

学习目标：

◎ 掌握垃圾扫描界面布局的搭建，能够独立制作垃圾扫描界面。

◎ 掌握垃圾清理界面布局的搭建，能够独立制作垃圾清理界面。

◎ 掌握手机清理模块的开发，能够实现对手机中的垃圾进行扫描和清除功能。

众所周知，当我们长时间使用Android手机中的软件时，手机设备中会产生一些垃圾文件，这些垃圾文件越多，将会导致手机的运行速度越慢，为了清理这些垃圾文件，我们在手机安全卫士软件中设计了一个手机清理模块，此模块可以辨识软件使用后产生的垃圾信息并进行清理。本章将针对手机清理模块进行详细讲解。

任务1 “扫描垃圾”设计分析

任务综述

扫描垃圾界面通常用于扫描手机中产生的垃圾信息，并将已扫描的垃圾信息以列表的形式展示在界面上。在当前任务中，我们通过工具Axure RP 9 Beat设计扫描垃圾界面的原型图，使其达到用户需求的效果。为了让读者学习如何设计扫描垃圾界面，本任务将针对扫描垃圾界面的原型和UI设计进行分析。

任务1-1 原型分析

为了清理手机中存在的垃圾信息，我们在手机安全卫士项目中设计了一个手机清理模块，该模块中包含有扫描垃圾界面与清理垃圾界面。在扫描垃圾的过程中，将垃圾总数据信息、扫描路径、垃圾信息显示在扫描垃圾界面上。扫描完垃圾之后，需要对这些垃圾进行清理，因此在扫描垃圾界面还需要设计一个“一键清理”按钮，点击该按钮，程序会跳转到清理垃圾界面，在此界面清理获取的垃圾信息。

通过情景分析后，总结用户需求，扫描垃圾界面设计的原型图如图3-1所示。在图3-1中不仅显示了扫描垃圾界面的原型图，还将正在清理的清理垃圾界面原型图与完成清理的清理垃圾界面原型图绘制了出来，并通过箭线图的方式表示了这3个界面之间的关系。

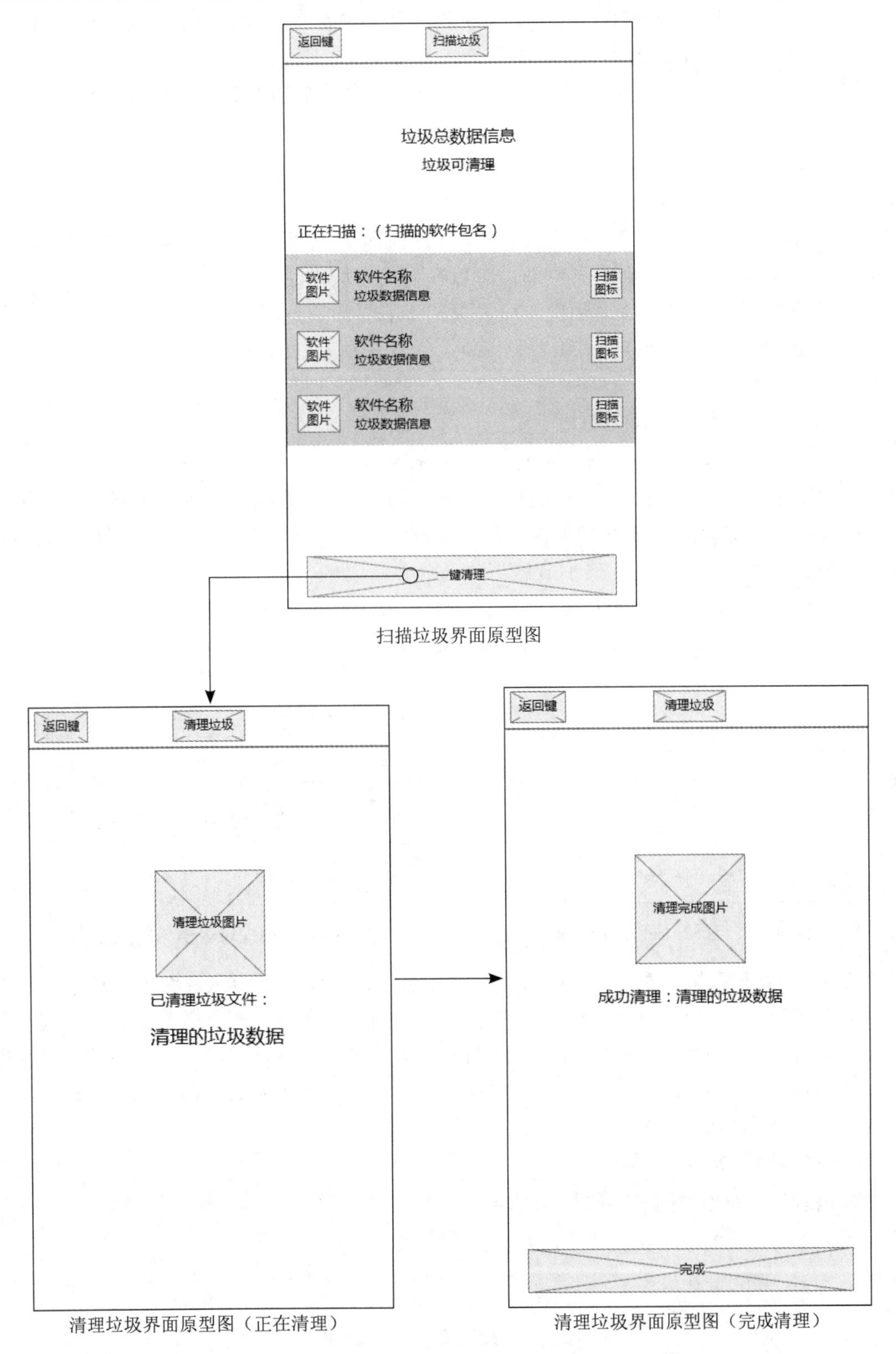

图3-1　手机清理模块原型图

图3-1中，当点击扫描垃圾界面上的“一键清理”按钮时，程序会跳转到清理垃圾界面，在清理过程中，清理垃圾界面的原型图是清理垃圾界面原型图（正在清理），清理完成后，清理垃圾界面原型图是清理垃圾界面原型图（完成清理）。

根据图3-1中设计的扫描垃圾界面原型图，分析界面上各个功能的设计与放置的位置，具体如下：

1. 标题栏设计

标题栏原型图设计如图3-2所示。

点击首页界面的“手机清理”按钮，会跳转到扫描垃圾界面。如果希望从扫描垃圾界面跳转到首页界面，可以在扫描垃圾界面标题栏上设计一个返回键，点击该返回键，可以关闭当前界面，返回到上一个界面。通常为了用户方便点击，返回键会设计在标题栏的左侧位置显示，在该位置以一个占位符表示返回键。

图3-2 标题栏原型图

2. 垃圾总数据与扫描信息的设计

垃圾总数据与扫描信息的原型图设计如图3-3所示。

为了让用户更直观地看到扫描垃圾的动态过程，当程序开始扫描垃圾后，扫描垃圾界面会动态显示扫描到的垃圾总数与“正在扫描：（扫描的软件包名）”，扫描完成后，界面上会显示最终的垃圾总数据与“扫描完成！”提示信息。

3. 已扫描垃圾信息的显示设计

已扫描垃圾信息显示的原型图设计如图3-4所示。

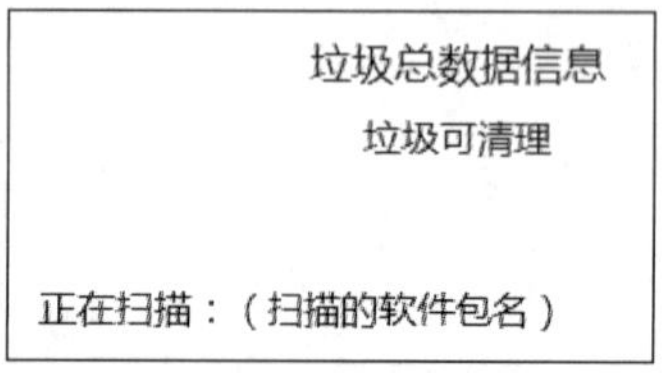

垃圾总数据信息
垃圾可清理
正在扫描：（扫描的软件包名）

图3-3 垃圾总数据与扫描信息的原型图

软件图片 软件名称 垃圾数据信息 扫描图标
软件图片 软件名称 垃圾数据信息 扫描图标
软件图片 软件名称 垃圾数据信息 扫描图标

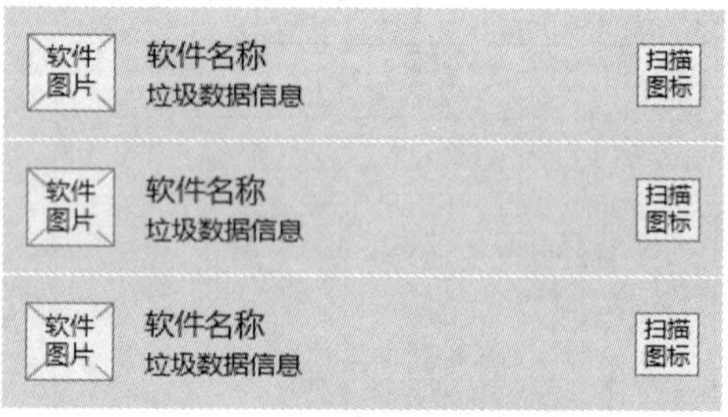

图3-4 已扫描垃圾信息的原型图

已扫描的垃圾信息中主要包含软件图片、软件名称、软件产生的垃圾大小等信息，每个软件图片、软件名称、软件产生的垃圾大小等信息可以组成一个条目。根据条目的设计习惯，条目的左侧放置软件图片，条目的中间位置以上下排列的方式分别放置软件名称与对应的垃圾数据信息，条目的右侧设计一个扫描图标，表示已经扫描过此软件。多个条目可以组成一个列表，这样已扫描垃圾信息可以通过一个列表的形式进行显示。

4. “一键清理”按钮的设计

“一键清理”按钮原型图设计如图3-5所示。

图3-5 “一键清理”按钮原型图

当扫描完垃圾信息之后，需要清理扫描到的垃圾，我们在扫描垃圾界面设计了一个“一键清理”按钮，点击该按钮，程序会跳转到清理垃圾界面，并对扫描到的垃圾进行清理。为了让“一键清理”按钮不遮挡扫描垃圾界面的列表信息，我们将该按钮设计在界面底部位置显示。在扫描垃圾的过程中，不可对扫描的垃圾进行清理，此时，“一键清理”按钮可设置为不可点击的状态，扫描完成时，此按钮设置为可点击的状态。

任务1–2　UI分析

通过原型分析可知扫描垃圾界面具体有哪些功能，需要显示哪些信息，根据这些信息，设计扫描垃圾界面的效果，如图3-6所示。

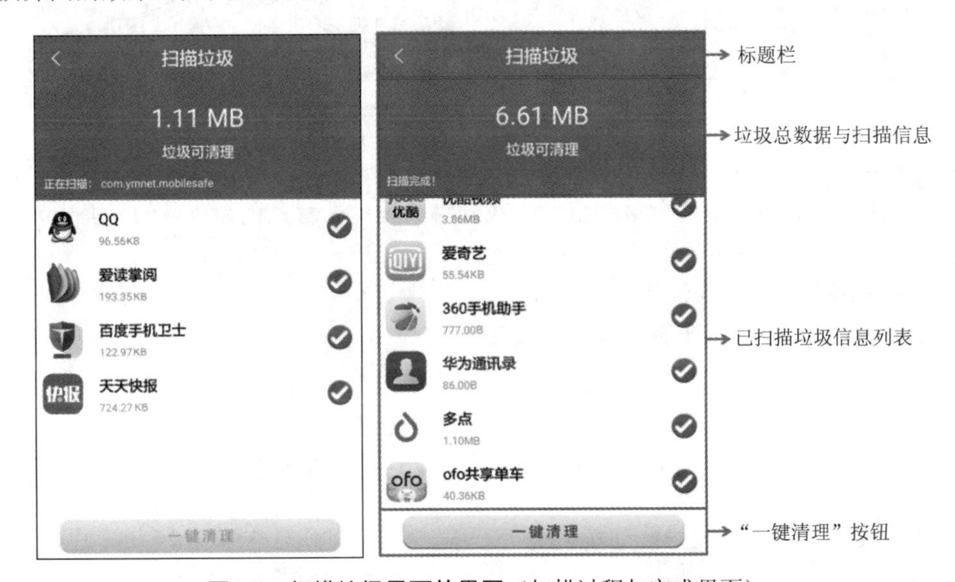

图3-6　扫描垃圾界面效果图（扫描过程与完成界面）

根据图3-6展示的扫描垃圾界面效果图，分析该图的设计过程，具体如下：

1．扫描垃圾界面布局设计

由图3-6可知，扫描垃圾界面显示的信息有标题、返回键、垃圾总数据信息、正在扫描的软件包名、已扫描的垃圾信息、“一键清理”按钮。根据界面效果的展示，将扫描垃圾界面按照从上至下的顺序划分为4部分，分别是标题栏、垃圾总数据与扫描信息、已扫描垃圾信息列表、“一键清理”按钮，接下来详细分析这4部分。

第1部分：由2个文本组成，1个用于显示返回键，1个用于显示标题。

第2部分：由3个文本组成，1个用于显示垃圾总数据信息，1个用于显示“垃圾可清理”信息，最后1个用于显示正在扫描的软件包名。

第3部分：由1个列表显示已扫描的垃圾信息。

第4部分：由1个按钮显示“一键清理”信息。

2．图片形状与颜色设计

（1）标题栏设计

标题栏UI设计效果如图3-7所示。

扫描垃圾

图3-7　标题栏UI效果

扫描垃圾界面标题的设计与首页标题设计类似，此处不再重复描述设计思路。唯一不同的是，在标题栏的左侧设计了一个返回键按钮，由于此按钮是返回到首页界面的按钮，因此将返回键的图片设计为一个箭头向左的折线图片，表示点击该按钮，可以回到上个界面。返回键的图片颜色设计为白色，与标题栏背景色形成鲜明对比，这样可以使返回键容易被看到。

（2）垃圾总数据与扫描信息的设计

垃圾总数据与扫描信息的UI设计效果如图3-8所示。

图3-8 垃圾总数据与扫描信息UI效果

扫描垃圾界面扫描到的垃圾总数据信息、“垃圾可清理”文本以及正在扫描的包名都是文本类型的，为了让用户更清晰地看到这些信息，我们将其设计在背景色为蓝色的界面中，在此界面中以白色的文字形式将信息显示出来。

（3）已扫描垃圾信息列表设计

已扫描垃圾信息列表UI设计效果如图3-9所示。

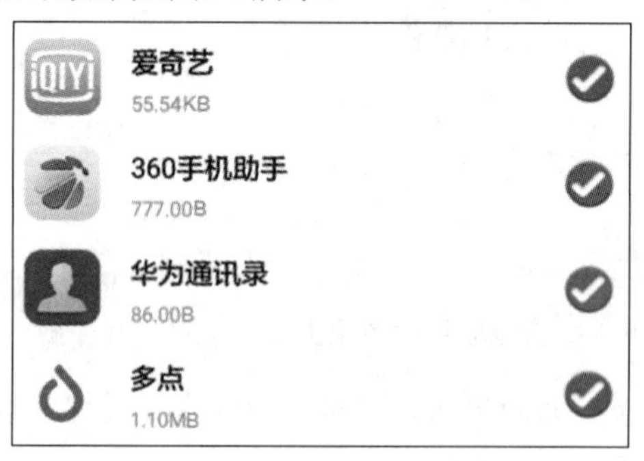

图3-9 已扫描垃圾信息列表UI效果

扫描垃圾界面的垃圾信息列表主要用于显示软件的图片、软件的名称、垃圾数据信息以及扫描图片，其中，软件图片是从扫描到的信息中获取的，不用设计。在此列表中需要设计的只有右边的扫描图片，表示已经扫描过的软件。在图片设计中，对号一般表示已经完成的动作，此处可用于表示扫描完成的意思，因此我们以主题色为背景，白色对号为前景来设计一个扫描完成的图片显示在列表上。

（4）“一键清理”按钮设计

“一键清理”按钮的UI设计效果如图3-10所示。

图3-10 “一键清理”按钮UI效果

为了区分“一键清理”按钮的可点击与不可点击状态，我们为其设计了3个背景颜色。当“一键清理”按钮为不可点击状态时，按钮的背景设置为没有立体阴影的浅灰色，文本也设置为浅灰色。当“一键清理”按钮为可点击状态时，按钮的状态分为被按下与弹起。当按钮被按下时，背景设置为有立体阴影的蓝色，文本设置为白色；当按钮弹起时，背景设置为有立体阴影的灰色，文本设置为蓝色。

任务2　搭建扫描垃圾界面

任务综述

为了实现扫描垃圾界面的UI设计效果，在界面的布局代码中使用TextView控件、ListView控件、Button控件完成扫描垃圾界面上的垃圾总数据信息、软件包名信息或扫描完成的提示信息、垃圾信息列表以及“一键清理”按钮的显示，在实现垃圾信息列表显示时，需要创建列表对应的Adapter完成列表数据的加载。接下来，本任务将通过布局代码搭建扫描垃圾界面布局。

【知识点】

- 布局文件的创建与设计。
- ListView控件、Button控件。
- style样式。

【技能点】

- 创建扫描垃圾界面布局文件。
- 创建文本信息样式。

任务2-1　搭建扫描垃圾界面布局

扫描垃圾界面主要由布局main_title_bar.xml（标题栏）与3个TextView控件分别组成标题栏、垃圾总数据信息、“垃圾可清理”文本以及正在扫描的软件包名信息，由1个ListView控件与1个Button控件组成垃圾信息列表与“一键清理”按钮。扫描垃圾界面的效果如图3-11所示。

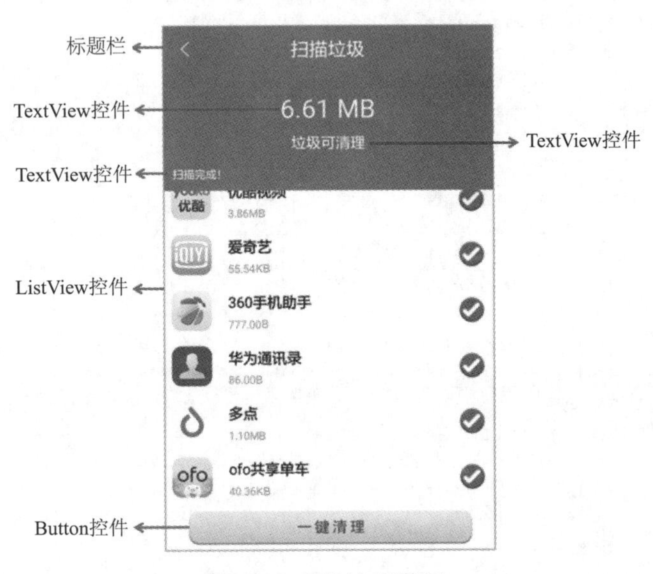

图3-11　扫描垃圾界面

搭建扫描垃圾界面布局的具体步骤如下：

1. 创建扫描垃圾界面

在com.itheima.mobilesafe包中创建一个clean包，在clean包中创建一个Empty Activity类，命名为CleanRubbishListActivity，并将布局文件名指定为activity_clean_rubbish_list。

2. 导入界面图片

将扫描垃圾界面所需要的图片clean_all_normal.png、clean_all_selected.png、clean_all_enabled.png导入到drawable-hdpi文件夹中。

3. 放置界面控件

在activity_clean_rubbish_list.xml文件中，通过<include>标签引入标题栏布局（main_title_bar.xml），放置3个TextView控件分别用于显示垃圾总数据信息、“垃圾可清理”文本以及正在扫描的软件包名，1个ListView控件用于显示垃圾信息列表，1个Button控件用于显示“一键清理”按钮，具体代码如【文件3-1】所示。

【文件3-1】activity_clean_rubbish_list.xml

```
1  <?xml version="1.0" encoding="utf-8"?>
2  <LinearLayout xmlns:android="http://schemas.android.com/apk/res/android"
3      android:layout_width="match_parent"
4      android:layout_height="match_parent"
5      android:orientation="vertical"
6      android:background="@android:color/white">
7      <RelativeLayout
8          android:layout_width="match_parent"
9          android:layout_height="180dp"
10         android:background="@color/blue_color" >
11         <include layout="@layout/main_title_bar" />
12         <TextView
13             android:id="@+id/tv_scanned"
14             android:layout_width="wrap_content"
15             android:layout_height="wrap_content"
16             android:layout_centerInParent="true"
17             android:gravity="center"
18             android:textSize="28sp"
19             android:textColor="@android:color/white" />
20         <TextView
21             android:layout_marginTop="8dp"
22             android:id="@+id/tv_intro"
23             android:layout_width="wrap_content"
24             android:layout_height="wrap_content"
25             android:layout_below="@+id/tv_scanned"
26             android:layout_centerInParent="true"
27             android:textSize="16sp"
28             android:textColor="@android:color/white"
29             android:text=" 垃圾可清理 "/>
30         <TextView
31             android:id="@+id/tv_scanning"
32             style="@style/textview12sp"
33             android:layout_alignParentBottom="true"
34             android:layout_alignParentLeft="true"
35             android:layout_marginBottom="10dp"
36             android:layout_marginLeft="10dp"
```

```
37              android:singleLine="true"
38              android:textColor="@android:color/white" />
39      </RelativeLayout>
40      <ListView
41          android:id="@+id/lv_rubbish"
42          android:layout_width="match_parent"
43          android:layout_height="wrap_content"
44          android:layout_weight="10" />
45      <LinearLayout
46          android:layout_width="match_parent"
47          android:layout_height="wrap_content"
48          android:layout_margin="5dp"
49          android:gravity="center" >
50          <Button
51              android:id="@+id/btn_cleanall"
52              android:layout_width="312dp"
53              android:layout_height="40dp"
54              android:background="@drawable/cleanrubbish_btn_selector"
55              android:enabled="false" />
56      </LinearLayout>
57 </LinearLayout>
```

4. 创建文本样式wrapcontent

扫描垃圾界面的文本信息使用TextView控件，该控件的宽和高都设置为“wrap_content”，表示根据文本内容自适应控件的宽高。由于后续代码中的TextView控件的宽高也需要设置为“wrap_content”，因此将设置控件宽高的代码抽取出来放在res/styles.xml文件中，作为一个样式供后续控件调用，此样式的名称设置为“wrapcontent”。具体代码如下所示：

```
1 <style name="wrapcontent">
2     <item name="android:layout_width">wrap_content</item>
3     <item name="android:layout_height">wrap_content</item>
4 </style>
```

5. 创建文本样式textview12sp

由于扫描垃圾界面中正在扫描的软件包信息的文本需要设置大小为12sp、在控件中居中显示、颜色为灰色的样式，因此在res/styles.xml文件中，需要创建一个名为textview12sp的样式来设置软件包文本信息。具体代码如下所示：

```
1 <style name="textview12sp" parent="wrapcontent">
2     <item name="android:textSize">12sp</item>
3     <item name="android:gravity">center_vertical</item>
4     <item name="android:textColor">@android:color/darker_gray</item>
5 </style>
```

6. 创建“一键清理”按钮的背景选择器

在项目的drawable文件夹中创建一个背景选择器cleanrubbish_btn_selector.xml，根据按钮按下、弹起、不可点击的状态来切换它的背景图片，从而实现按钮的一个动态效果。当按钮按下时显示蓝色背景与白色文字的图片（clean_all_selected.png），当按钮弹起时显示灰色背景与蓝色文字的图片（clean_all_normal.png），当按钮处于不可点击的状态时显示浅灰色背景与浅灰色文字的图片（clean_all_enabled.png），具体代码如【文件3-2】所示。

【文件3-2】cleanrubbish_btn_selector.xml

```
1  <?xml version="1.0" encoding="utf-8"?>
2  <selector xmlns:android="http://schemas.android.com/apk/res/android" >
3      <item android:state_pressed="true"
4                              android:drawable="@drawable/clean_all_selected"/>
5      <item android:state_enabled="false"
6                              android:drawable="@drawable/clean_all_enabled"/>
7      <item android:drawable="@drawable/clean_all_normal"/>
8  </selector>
```

任务2-2　搭建扫描垃圾界面条目布局

由于扫描垃圾界面用到了ListView控件，因此需要为该控件搭建一个条目界面，该界面由2个TextView控件与2个ImageView控件分别组成软件名称、软件产生的垃圾大小信息、软件图片以及已扫描图片，界面效果如图3-12所示。

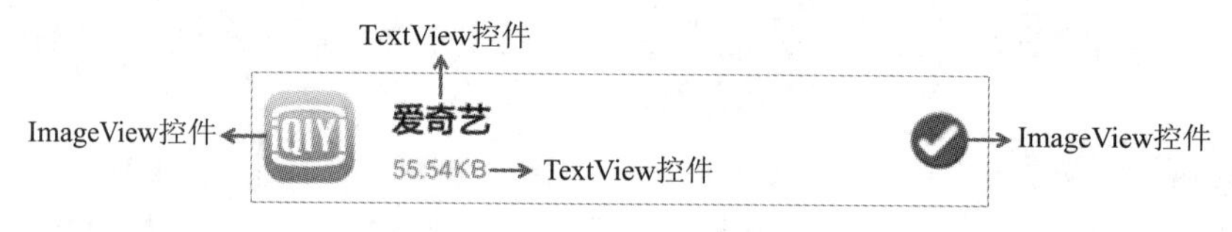

图3-12　扫描垃圾界面条目

搭建扫描垃圾界面条目布局的具体步骤如下：

1. 创建扫描垃圾界面条目布局

在res/layout文件夹中，创建一个布局文件item_list_rubbish_clean.xml。

2. 导入界面图片

将扫描垃圾界面条目所需要的图片blue_right_icon.png导入到drawable-hdpi文件夹中。

3. 放置界面控件

在item_list_rubbish_clean.xml文件中，放置2个ImageView控件分别用于显示条目左边的软件图片与右边的已扫描图片，2个TextView控件分别用于显示软件名称与软件产生的垃圾大小信息，具体代码如【文件3-3】所示。

【文件3-3】item_list_rubbish_clean.xml

```
1  <?xml version="1.0" encoding="utf-8"?>
2  <RelativeLayout xmlns:android="http://schemas.android.com/apk/res/android"
3      android:layout_width="match_parent"
4      android:layout_height="wrap_content"
5      android:orientation="vertical">
6      <ImageView
7          android:id="@+id/iv_appicon_rubbishclean"
8          android:layout_width="50dp"
9          android:layout_height="50dp"
10         android:layout_alignParentLeft="true"
11         android:layout_centerVertical="true"
12         android:layout_margin="5dp" />
13     <TextView
14         android:id="@+id/tv_appname_rubbishclean"
15         style="@style/textview16sp"
```

```
16          android:layout_marginLeft="10dp"
17          android:layout_marginTop="10dp"
18          android:layout_toRightOf="@+id/iv_appicon_rubbishclean"
19          android:maxLength="24"/>
20      <TextView
21          android:id="@+id/tv_appsize_rubbishclean"
22          style="@style/textview12sp"
23          android:layout_below="@+id/tv_appname_rubbishclean"
24          android:layout_marginLeft="10dp"
25          android:layout_marginTop="5dp"
26          android:layout_toRightOf="@+id/iv_appicon_rubbishclean"
27          android:maxLength="24" />
28      <ImageView
29          android:layout_width="30dp"
30          android:layout_height="30dp"
31          android:layout_alignParentRight="true"
32          android:layout_centerVertical="true"
33          android:layout_marginRight="10dp"
34          android:background="@drawable/blue_right_icon" />
35  </RelativeLayout>
```

4. 创建文本样式textview16sp

由于扫描垃圾界面条目上的软件名称信息的文本需要设置大小为16sp、在控件中居中显示、颜色为黑色的样式，因此在res/styles.xml文件中，需要创建一个名为textview16sp的样式来设置软件名称文本信息。具体代码如下所示：

```
1  <style name="textview16sp" parent="wrapcontent">
2      <item name="android:textSize">16sp</item>
3      <item name="android:gravity">center_vertical</item>
4      <item name="android:textColor">@android:color/black</item>
5  </style>
```

任务3　实现扫描垃圾界面功能

任务综述

为了实现扫描垃圾界面设计的功能，在界面的逻辑代码中创建垃圾信息的实体类、编写垃圾信息列表适配器、创建initView()方法初始化界面控件、通过for循环遍历外置SD卡中的文件信息、通过Handler类与Message类的对象将获取的垃圾信息传递到主线程中并更新界面数据信息。同时，还需要将CleanRubbishListActivity实现View.OnClickListener接口，完成界面部分控件的点击事件。接下来，本任务将通过逻辑代码实现扫描垃圾界面的功能。

【知识点】

- Thread线程。
- Handler类、Message类。
- View.OnClickListener接口。

【技能点】

- 通过Thread线程实现扫描垃圾功能。

- 通过Handler类与Message类的对象将获取的垃圾信息传递到主线程中。
- 通过View.OnClickListener接口实现控件的点击事件。

任务3-1 封装垃圾信息实体类

由于扫描的垃圾信息都包含软件包名、软件垃圾大小、软件名称、软件图标等属性，因此需要创建一个垃圾信息的实体类RubbishInfo来存放这些属性。

在com.itheima.mobilesafe.clean包中创建一个entity包，在该包中创建一个RubbishInfo类，在该类中创建垃圾信息的属性，具体代码如【文件3-4】所示。

【文件3-4】RubbishInfo.java

```
1  package com.itheima.mobilesafe.clean.entity;
2  import android.graphics.drawable.Drawable;
3  import java.io.Serializable;
4  public class RubbishInfo implements Serializable {
5      //序列化时为了保持版本的兼容性，即在版本升级时反序列化仍保持对象的唯一性
6      private static final long serialVersionUID = 1L;
7      public String packagename; //软件包名
8      public long rubbishSize;   //软件垃圾大小
9      //软件图标，添加transient关键字修饰可使Drawable类型的数据在两个Activity之间传递
10     public transient Drawable appIcon;
11     public String appName;     //软件名称
12 }
```

上述代码中，第6行代码的作用是在代码被序列化时保证版本的兼容性，也就是在版本升级时反序列化代码后仍保持对象的唯一性，其中字段serialVersionUID的值可以是1L，也可以是根据类名、接口名、成员方法及属性等生成的一个64位哈希字段。

第10行代码定义的Drawable类型的字段appIcon，表示软件的图标，此类型的数据在两个Activity之间直接进行传递不会成功，需要在字段类型前面加上修饰符transient才可以。

任务3-2 编写垃圾信息列表适配器

由于扫描垃圾界面的垃圾信息列表是用ListView控件实现的，因此需要创建一个数据适配器RubbishListAdapter对ListView控件进行数据适配。创建适配器RubbishListAdapter的具体步骤如下：

1. 创建适配器RubbishListAdapter

在com.itheima.mobilesafe.clean包中创建adapter包，在该包中创建一个继承BaseAdapter的RubbishListAdapter类，该类重写了getCount()、getItem()、getItemId()、getView()方法，分别用于获取列表条目总数、对应条目对象、条目对象的Id、对应的条目视图。为了减少缓存，在getView()方法中复用了convertView对象，具体代码如【文件3-5】所示。

【文件3-5】RubbishListAdapter.java

```
1  package com.itheima.mobilesafe.clean.adapter;
2  ......
3  public class RubbishListAdapter extends BaseAdapter{
4      private Context context;
5      private List<RubbishInfo> rubbishInfos;
6      public RubbishListAdapter(Context context, List<RubbishInfo> rubbishInfos) {
7          super();
```

```
8          this.context = context;
9          this.rubbishInfos = rubbishInfos;//接收传递过来的列表数据
10     }
11     @Override
12     public int getCount() {
13         return rubbishInfos.size();
14     }
15     @Override
16     public Object getItem(int position) {
17         return rubbishInfos.get(position);
18     }
19     @Override
20     public long getItemId(int position) {
21         return position;
22     }
23     @Override
24     public View getView(int position, View convertView, ViewGroup parent) {
25         ViewHolder holder = null;
26         if(convertView == null){
27             holder = new ViewHolder();
28             convertView = View.inflate(context, R.layout.item_list_
29                                                 rubbish_clean,null);
30             holder.mAppIconImgv = convertView.findViewById(R.id.
31                                             iv_appicon_rubbishclean);
32             holder.mAppNameTV = convertView.findViewById(R.id.
33                                             tv_appname_rubbishclean);
34             holder.mRubbishSizeTV = convertView.findViewById(R.id.
35                                             tv_appsize_rubbishclean);
36             convertView.setTag(holder);
37         }else{
38             holder = (ViewHolder) convertView.getTag();
39         }
40         //获取每个条目的数据
41         RubbishInfo rubbishInfo = rubbishInfos.get(position);
42         //设置软件图标
43         holder.mAppIconImgv.setImageDrawable(rubbishInfo.appIcon);
44         //设置软件名称
45         holder.mAppNameTV.setText(rubbishInfo.appName);
46          //设置软件垃圾大小，此处使用的 FormatFileSize() 方法在后续创建
47         holder.mRubbishSizeTV.setText(FormatFileSize(rubbishInfo.
48                                                  rubbishSize));
49         return convertView;
50     }
51     static class ViewHolder{
52         ImageView mAppIconImgv;
53         TextView  mAppNameTV;
54         TextView  mRubbishSizeTV;
55     }
56 }
```

上述代码中，第28~29行代码通过inflate()方法加载条目布局文件item_cleanrubbish_list.xml。第30~35行代码通过findViewById()方法获取条目界面上的控件。

第40~48行代码主要用于设置界面上的数据。其中，第41行代码通过列表条目的位置position从列表数据集合rubbishInfo中获取对应条目的数据。第43~48行代码分别通过setImageDrawable()方法与setText()方法将软件图标、软件名称以及软件产生的垃圾大小设置到对应控件上。

2．格式化软件产生的垃圾数据

由于扫描到的垃圾数据是long类型，需要转换为以“B”、“KB”、“MB”和“GB”为单位的数据，因此在RubbishListAdapter中创建一个FormatFileSize()方法，在该方法中实现数据的转换，具体代码如下：

```
1 public static String FormatFileSize(long fileS) {
2     DecimalFormat df = new DecimalFormat("#.00");
3     String fileSizeString = "";
4     String wrongSize = "0B";
5     if (fileS == 0) {
6         return wrongSize;
7     }
8     if (fileS < 1024) {
9         fileSizeString = df.format((double) fileS) + "B";
10    } else if (fileS < 1048576) {
11        fileSizeString = df.format((double) fileS / 1024) + "KB";
12    } else if (fileS < 1073741824) {
13        fileSizeString = df.format((double) fileS / 1048576) + "MB";
14    } else {
15        fileSizeString = df.format((double) fileS / 1073741824) + "GB";
16    }
17    return fileSizeString;
18 }
```

上述代码中，第8~10行代码判断传递的long类型的数据是否小于1024，如果小于，则通过format()方法将long类型的数据转换为String类型并在后边添加字符串“B”，表示该数据是以“B”为单位的数据。

第10~12行代码判断传递的数据是否小于1048576（1024×1024），如果小于，则通过调用format()方法将传递的数据转换为String类型并在后面添加字符串“KB”，表示该数据是以“KB”为单位的数据。由于1KB=1024B，因此format()方法中传递的数据需要除以1024。

第12~14行代码判断传递的数据是否小于1073741824（1024×1024×1024），如果小于，则通过调用format()方法将传递的数据转换为String类型并在后面添加字符串“MB”，表示该数据是以“MB”为单位的数据。由于1MB=（1024×1024）B，因此format()方法中传递的数据需要除以1048576。

第14~16行代码主要通过format()方法将传递的数据转换为String类型并在后面添加字符串“GB”，表示该数据是以“GB”为单位的数据。由于1GB =（1024*1024*1024）B，因此format()方法中传递的数据需要除以1073741824。

需要注意的是，DecimalFormat属于java.text包中的类，在导包时切忌导错包。

垃圾信息列表适配器RubbishListAdapter.java的完整代码详见【文件3-6】。

完整代码：文件 3-6

任务3-3　初始化界面控件

由于需要获取扫描垃圾界面的控件，并为其设置一些数据和点击事件，因此在CleanRubbishListActivity中创建一个initView()方法，用于初始化界面控件，具体代码如【文件3-7】所示。

【文件3-7】CleanRubbishListActivity.java

```
1  package com.itheima.mobilesafe.clean;
2  ......
3  public class CleanRubbishListActivity extends Activity {
4      private TextView tv_sacnning, tv_scanned;
5      private long rubbishMemory = 0; // 可清理的垃圾
6      private List<RubbishInfo> rubbishInfos = new ArrayList<RubbishInfo>();
7      private List<RubbishInfo> mRubbishInfos = new ArrayList<RubbishInfo>();
8      private PackageManager pm;
9      private RubbishListAdapter adapter;
10     private ListView mRubbishLV;
11     private Button mRubbishBtn;
12     @RequiresApi(api = Build.VERSION_CODES.O)
13     @Override
14     protected void onCreate(Bundle savedInstanceState) {
15         super.onCreate(savedInstanceState);
16         setContentView(R.layout.activity_clean_rubbish_list);// 加载布局文件
17         pm = getPackageManager();
18         initView();// 初始化界面控件
19     }
20     /**
21      * 初始化控件
22      **/
23     @RequiresApi(api = Build.VERSION_CODES.O)
24     private void initView() {
25         TextView tv_back = findViewById(R.id.tv_back);
26         tv_back.setVisibility(View.VISIBLE);
27         ((TextView) findViewById(R.id.tv_main_title)).setText("扫描垃圾");
28         tv_sacnning = findViewById(R.id.tv_scanning);
29         mRubbishLV = findViewById(R.id.lv_rubbish);
30         mRubbishBtn = findViewById(R.id.btn_cleanall);
31         tv_scanned = findViewById(R.id.tv_scanned);
32         adapter = new RubbishListAdapter(this, mRubbishInfos);
33         mRubbishLV.setAdapter(adapter);
34     }
35 }
```

上述代码中，第24~34行代码中主要通过findViewById()方法、setVisibility()方法、setText()方法、setAdapter()方法分别获取界面控件、设置返回键为显示状态、设置界面标题、为ListView控件设置Adapter。

任务3-4 申请手机SD卡权限

由于扫描垃圾界面需要扫描手机外置SD卡中的信息，在Android系统中，获取外置SD卡信息涉及用户的隐私，属于危险操作，必须申请SD卡权限，否则程序运行时会因为没有访问SD卡的权限而直接崩溃，因此需要在CleanRubbishListActivity中，通过requestPermissions()方法申请手机的SD卡权限，并通过重写onRequestPermissionsResult()方法获取SD卡权限是否申请成功的信息。申请手机SD卡权限的具体步骤如下：

1. 在AndroidManifest.xml文件中添加SD卡的写权限

在项目的AndroidManifest.xml文件中添加SD卡的写权限，具体代码如下所示。

```
<uses-permission android:name="android.permission.WRITE_EXTERNAL_STORAGE" />
```

2. 调用requestPermissions()方法

找到CleanRubbishListActivity的initView()方法，在该方法的第1行代码中添加调用requestPermissions()方法申请手机SD卡的写权限的代码，具体代码如下所示。

```
public class CleanRubbishListActivity extends Activity {
    ......
    private void initView(){
        ActivityCompat.requestPermissions(HomeActivity.this,
            new String[]{"android.permission.WRITE_EXTERNAL_STORAGE"}, 1);
        ......
    }
}
```

上述代码的requestPermissions()方法中传递了3个参数，其中，第1个参数HomeActivity.this表示Context上下文，第2个参数new String[]{“android.permission.WRITE_EXTERNAL_STORAGE”}表示需要申请的SD卡写权限，第3个参数1表示请求码。

3. 重写onRequestPermissionsResult()方法

在CleanRubbishListActivity中重写onRequestPermissionsResult()方法，在该方法中接收申请SD卡权限回传过来的信息，具体代码如下所示。

```
1  @Override
2  public void onRequestPermissionsResult(int requestCode, String[] permissions,
3  int[] grantResults) {
4      super.onRequestPermissionsResult(requestCode, permissions, grantResults);
5      if (requestCode == 1) {
6          for (int i = 0; i < permissions.length; i++) {
7              if(permissions[i].equals("android.permission.WRITE_EXTERNAL_STORAGE")
8                  && grantResults[i] == PackageManager.PERMISSION_GRANTED){
9                  // 申请 SD 卡写权限成功
10             }else{
11                 Toast.makeText(this, "" + "权限" + permissions[i] + "申请失败",
12                                          Toast.LENGTH_SHORT).show();
13             }
14         }
15     }
16 }
```

上述代码中，第5行代码判断了回传的参数requestCode（请求码）的值是否为1，如果为1，则表示传递过来的是申请的SD卡权限信息。

第6~14行代码通过for循环对传递过来的权限数组permissions进行遍历，如果数组中包含有SD卡的写权限"android.permission.WRITE_EXTERNAL_STORAGE"，则表示SD卡的写权限申请成功，否则表示SD卡的写权限申请失败。

任务3-5　遍历手机SD卡中的文件

为了手机的安全性，Android系统在升级到6.0以后，就不可以随意访问与操作Android系统中的文件，因此在扫描垃圾过程中，程序只能扫描到手机外置SD卡中的一些文件信息。在本项目中，为了避免清除手机中的一些重要信息，我们只扫描手机外置SD卡中各软件包名下files文件夹中的一些文件信息。遍历外置SD卡中文件的具体步骤如下：

1. 遍历SD卡中各软件包名下files文件夹中的文件

在CleanRubbishListActivity中创建一个filePath()方法，在该方法中通过for循环遍历外置SD卡中的文件夹，如果遍历到files文件夹，则获取该文件夹中的文件大小并进行记录，如果files文件夹下还有其他文件夹，则继续遍历其他文件夹中的文件并获取文件的大小进行记录，具体代码如下所示。

```
1  /**
2   * 遍历外置SD卡中files文件夹中的所有文件
3   */
4  public long filePath(File file) {
5      long memory = 0;
6      if (file != null && file.exists() && file.isDirectory()) {
7          File[] files = file.listFiles();// 获取file目录下所有文件和目录的绝对路径
8          for (File file2 : files) {
9              // 判断扫描的路径是否包含files文件夹
10             if (file2.getPath().contains("/files")){
11                 if (file2.listFiles()==null) {
12                     memory += file2.length();    // 获取files文件夹中的文件大小
13                 }else{
14                     try {
15                         // 遍历files文件夹中子文件夹中的文件
16                         memory +=getFolderSize(file2);
17                     } catch (Exception e) {
18                         e.printStackTrace();
19                     }
20                 }
21             } else {
22                 memory += filePath(file2);    // 如果没有扫描到files文件夹，则继续进行遍历
23             }
24         }
25     }
26     return memory;
27 }
```

上述代码中，第7行代码通过listFiles()方法获取file目录下所有文件和目录的绝对路径。

第8~26行代码通过for循环遍历file目录下的所有文件。其中，第10~23行代码用于获取各路径中的files目录下的所有文件大小并进行累加，第10~12行代码主要通过length()方法获取files文件夹中的文件大小，第14~20行代码主要是调用getFolderSize()方法（此方法在后面创建）获取files文件夹中所有子文件夹中的文件大小并进行累加。

第21~23行代码通过调用filePath()方法来继续遍历file目录下的其他文件。

2. 获取files目录下所有子文件夹中的文件大小

由于前面在遍历SD卡中的files目录时，如果该目录中既有文件又有文件夹，文件则可以直接通过length()方法获取其大小，文件夹则需要在CleanRubbishListActivity中创建一个getFolderSize()方法来进行遍历并获取其中的子文件大小，具体代码如下所示。

```
1  /**
2   * 遍历文件夹中的子文件夹
3   */
4  public static long getFolderSize(File file) throws Exception {
5      long size = 0;
6      try {
7          File[] fileList = file.listFiles();// 获取files目录下所有文件和目录的绝对路径
8          for (int i = 0; i < fileList.length; i++) {
9              if (fileList[i].isDirectory()) {// 判断fileList[i]是否是文件夹
10                 //获取子文件夹中的所有文件大小并添加到变量size中
11                 size = size + getFolderSize(fileList[i]);
12             } else {
13                 //将文件fileList[i]的大小添加到size中
14                 size = size + fileList[i].length();
15             }
16         }
17     } catch (Exception e) {
18         e.printStackTrace();
19     }
20     return size; //返回file目录下所有文件的大小
21 }
```

上述代码中，第8~16行代码通过for循环遍历files目录下的所有文件大小并进行累加。

第9~12行通过isDirectory()方法判断当前的fileList[i]是否是文件夹，如果是文件夹，则程序会执行第11行代码，通过getFolderSize()方法获取当前文件夹下的所有子文件的大小并添加到变量size中。如果不是文件夹，则会执行第14行代码，通过length()方法获取当前文件夹下文件的大小并添加到变量size中。

任务3-6 实现扫描垃圾功能

由于扫描手机中所有软件中的文件夹是个比较耗时的操作，因此需要将扫描垃圾操作放在一个线程中进行。在扫描过程中，将获取的垃圾信息封装在rubbishInfo对象中，并通过Handler类的对象将封装的信息传递到主线程中，在主线程中显示正在扫描的包名与扫描到的软件列表信息。当扫描完成时，也会通过Handler类将扫描完成的信息传递到主线程中，在主线程中设置对应的扫描完成信息。实现扫描垃圾功能的具体步骤如下：

1. 扫描手机中软件产生的垃圾信息

在CleanRubbishListActivity中创建一个fillData()方法，在该方法中创建一个Thread线程，在该线程中通过for循环遍历手机中所有软件的包路径，并获取对应的软件名称、软件图标以及软件产生的垃圾等信息。获取完这些信息后，会通过Handler类的对象（在后续创建）将这些信息传递到主线程中，并更新界面数据信息，具体代码如下所示。

```
1 protected static final int SCANNING = 100;
2 protected static final int FINISH = 101;
3 private void fillData() {
4     Thread thread = new Thread() {
5         @RequiresApi(api = Build.VERSION_CODES.O)
6         public void run() {
7             rubbishInfos.clear();
8             String filesPath = "/sdcard/Android/data"; //外置SD卡中的data文件夹路径
9             File ppFile = new File(filesPath);
10            File[] files = ppFile.listFiles();
11            if (files == null) return;
12            PackageManager packageManager = getPackageManager();
13            for (File file : files) { //遍历手机中所有软件的包信息
14                RubbishInfo rubbishInfo = new RubbishInfo();
15                try {
16                    if (file.getName() == null) return;
17                    PackageInfo packageInfo = packageManager.getPackageInfo(
18                                                    file.getName(), 0);
19                    rubbishInfo.packagename = packageInfo.packageName;
20                    rubbishInfo.appName = packageInfo.applicationInfo.loadLabel(
21                                                        pm).toString();
22                    rubbishInfo.appIcon = packageInfo.applicationInfo.loadIcon(pm);
23                    rubbishInfo.rubbishSize = filePath(file);
24                    if (rubbishInfo.rubbishSize > 0 &&
25                                rubbishInfo.packagename != null){
26                        rubbishInfos.add(rubbishInfo);
27                        rubbishMemory += rubbishInfo.rubbishSize;
28                    }
29                } catch (PackageManager.NameNotFoundException e) {
30                    e.printStackTrace();
31                }
32                try {
33                    Thread.sleep(300);
34                } catch (InterruptedException e) {
35                    e.printStackTrace();
36                }
37                Message msg = Message.obtain();
38                msg.obj = rubbishInfo;
39                msg.what = SCANNING;
40                handler.sendMessage(msg);//将正在扫描的垃圾信息传递到主线程中
41            }
42            Message msg = Message.obtain();
```

```
43                msg.what = FINISH;
44                handler.sendMessage(msg);// 将扫描完成的信息传递到主线程中
45            }
46        };
47        thread.start();// 开启线程
48 }
```

上述代码中，第13~41行代码主要通过for循环遍历外置SD卡中的data文件夹路径“/sdcard/Android/data”中的文件夹，这些文件夹大部分都是手机中安装的软件包名，根据这些包名可以获取软件的图标、名称等信息。

第17~18行代码通过getPackageInfo()方法获取data文件夹路径中对应的软件包信息。

第19~22行代码分别通过packageName、loadLabel()方法以及loadIcon()方法获取软件的包名、名称以及图标。

第23行代码通过调用filePath()方法获取软件中的垃圾大小信息。

第24~28行代码主要判断获取的软件垃圾大小是否大于0，如果大于0，则将垃圾信息添加到集合rubbishInfos中，并将垃圾总数据rubbishMemory加上获取的软件垃圾大小。

第33行代码通过sleep()方法将程序延迟300毫秒再执行，减慢扫描垃圾信息的速度，让用户更清晰地看到扫描的软件包信息。

第37~40行代码主要通过Handler类的对象将正在扫描的垃圾信息传递到主线程中。其中，第38行代码是将数据rubbishInfo封装到Message类的对象中。第39行中的what值设置为“SCANNING”，表示传递的是“正在扫描”的垃圾信息。第40行通过Handler类对象的sendMessage()方法将封装好的Message类的对象传递到主线程中。

第42~44行代码主要通过Handler类的对象将扫描完成的信息传递到主线程中。其中，第43行代码中的what值设置为“FINISH”，表示传递的是“扫描完成”的信息。第44行代码通过Handler类对象的sendMessage()方法将封装好的Message类的对象传递到主线程中。

第47行代码通过start()方法开启线程。

2. 更新扫描垃圾界面信息

当扫描完手机软件中产生的垃圾信息之后，程序会将这些信息通过Handler类的对象传递到主线程中。在主线程中创建一个Handler类，在该类的handleMessage()方法中接收子线程传递过来的数据，并根据这些数据更新界面信息，具体代码如下所示。

```
1  private Handler handler = new Handler() {
2      public void handleMessage(Message msg) {
3          switch (msg.what) {
4              case SCANNING:
5                  RubbishInfo info = (RubbishInfo) msg.obj;
6                  if (info.packagename != null)
7                      tv_sacnning.setText("正在扫描: " + info.packagename);
8                      tv_scanned.setText(RubbishListAdapter.FormatFileSize(
9                                                          rubbishMemory));
10                     mRubbishInfos.clear(); //清理集合 mRubbishInfos 中的数据
11                     //将垃圾信息添加到集合 rubbishInfos 中
12                     mRubbishInfos.addAll(rubbishInfos);
13                     adapter.notifyDataSetChanged();//刷新 ListView 列表
```

```
14                  // 将列表滚动到扫描的位置
15                  mRubbishLV.setSelection(mRubbishInfos.size());
16                  break;
17              case FINISH:
18                  tv_sacnning.setText("扫描完成！");
19                  if (rubbishMemory > 0) {
20                      mRubbishBtn.setEnabled(true);
21                  } else {
22                      mRubbishBtn.setEnabled(false);
23                      Toast.makeText(CleanRubbishListActivity.this,
24                          "您的手机洁净如新",Toast.LENGTH_SHORT).show();
25                  }
26                  break;
27          }
28      }
29 };
```

上述代码中，第4~16行代码接收的是正在扫描的垃圾信息。其中，第5行代码获取从子线程中传递过来的msg信息，该信息是经过扫描获取的垃圾信息。第7~9行代码分别通过setText()方法设置正在扫描的包名信息与垃圾总数据信息。

第12~13行代码分别通过addAll()方法与notifyDataSetChanged()方法将获取的垃圾信息添加到集合mRubbishInfos中，并刷新列表界面的数据。

第15行代码通过setSelection()方法将列表滚动到当前扫描到的软件位置。

第17~26行代码接收的是扫描完成的信息。其中，第18行代码通过setText()方法将界面上扫描包名的信息设置为“扫描完成!”。

第19~25行代码主要用于设置“一键清理”按钮的状态，当获取的总垃圾数据大于0时，则通过setEnabled(true)方法将“一键清理”按钮设置为可点击的状态，否则，通过setEnabled(false)方法将“一键清理”按钮设置为不可点击的状态，并通过Toast类提示用户“您的手机洁净如新”。

3. 调用fillData()方法

由于扫描垃圾界面需要实现扫描垃圾功能，因此在CleanRubbishListActivity中找到onRequestPermissionsResult()方法，在该方法中注释“//申请SD卡写权限成功”下方调用实现扫描垃圾功能的方法fillData()，具体代码如下所示。

```
1  public class CleanRubbishListActivity extends Activity implements
2  View.OnClickListener {
4      ......
5      @Override
6      public void onRequestPermissionsResult(int requestCode, String[] permissions,
7      int[] grantResults) {
8          ......
9          if(permissions[i].equals("android.permission.WRITE_EXTERNAL_STORAGE")
10                 && grantResults[i] == PackageManager.PERMISSION_GRANTED){
11             // 申请 SD 卡写权限成功
12             fillData();
13         }
14         ......
15     }
16 }
```

任务3-7 实现界面控件的点击事件

扫描垃圾界面的返回键、“一键清理”按钮都需要实现点击事件，因此需要将CleanRubbishListActivity实现View.OnClickListener接口，并重写onClick()方法，在该方法中实现控件的点击事件。实现界面控件点击事件的具体步骤如下：

1. 实现界面控件的点击事件

在CleanRubbishListActivity中，将CleanRubbishListActivity实现View.OnClickListener接口，并重写onClick()方法，在该方法中根据被点击控件的Id实现对应控件的点击事件，具体代码如下所示。

```
1  public class CleanRubbishListActivity extends Activity implements View.
2  OnClickListener {
3     ......
4     private void initView() {
5         ......
6         tv_back.setOnClickListener(this);
7         mRubbishBtn.setOnClickListener(this);
8     }
9    /**
10    *  实现界面上控件的点击事件
11    */
12    @Override
13    public void onClick(View v) {
14         switch (v.getId()) {
15             case R.id.tv_back:        //返回键点击事件
16                 finish();
17                 break;
18             case R.id.btn_cleanall: //"一键清理"按钮点击事件
19                 if (rubbishMemory > 0) {
20                     //跳转到清理垃圾界面
21                 }
22                 break;
23         }
24     }
25     ......
26 }
```

上述代码中，第14~23行代码通过switch()方法实现对应控件的点击事件，在switch()方法中传递的参数view.getId()表示界面上被点击控件的Id，接着根据控件Id设置对应的点击事件。

第15~17行代码实现了返回键的点击事件，点击返回键，程序会调用finish()方法关闭当前界面。

第18~22行代码实现了“一键清理”按钮的点击事件，点击“一键清理”按钮，程序首先会判断垃圾大小rubbishMemory是否大于0，如果大于0，则程序会跳转到清理垃圾界面（此界面在后续创建）对垃圾进行清理。

2. 添加跳转到扫描垃圾界面的逻辑代码

由于点击首页界面的“手机清理”按钮时，程序会跳转到扫描垃圾界面，因此需要在程序中找到HomeActivity中的onClick()方法，在该方法中的注释“//手机清理”下方添加跳转到扫描垃圾界面的逻辑代码，具体代码如下所示。

```
Intent cleanIntent=new Intent(this,CleanRubbishListActivity.class);
startActivity(cleanIntent);
```

扫描垃圾界面的逻辑代码文件CleanRubbishListActivity.java的完整代码详见【文件3-8】。

完整代码：文件 3-8

任务4　“清理垃圾”设计分析

任务综述

清理垃圾界面主要用于清理扫描到的垃圾信息，在清理过程中，界面上会显示一个动态清理图片与当前清理的垃圾数据信息，清理完成时，界面上会显示清理完成图片、清理的垃圾总数据以及“完成”按钮。在当前任务中，我们通过工具Axure RP 9 Beat来设计清理垃圾界面的原型图，使其达到用户需求的效果。为了让读者学习如何设计清理垃圾界面，本任务将针对清理垃圾界面的原型和UI设计进行分析。

任务4-1　原型分析

为了清理扫描到的垃圾信息，我们在手机清理模块中设计了一个清理垃圾界面，当正在清理垃圾时，界面显示正在清理垃圾时的动画图片与“已清理垃圾文件：垃圾数据”信息。当清理完垃圾时，界面需要显示清理完成时的图片与“成功清理：垃圾数据”信息，显示完这些信息后，我们还需要回到首页界面去做其他操作，因此我们在清理垃圾界面设计了一个“完成”按钮，点击该按钮，程序会跳转到首页界面。

通过情景分析后，总结用户需求，清理垃圾界面设计的原型图如图3-13所示。在图3-13中显示了正在清理垃圾时界面的原型图与完成清理垃圾时界面的原型图，并通过箭线图的方式表示了这2个界面之间的关系。

当点击扫描垃圾界面上的“一键清理”按钮时，程序会跳转到清理垃圾界面，此时该界面显示的是清理垃圾界面（正在清理），清理完垃圾之后，显示的是清理垃圾界面（完成清理），这2个界面对应的原型图如图3-13所示。

根据图3-13中设计的清理垃圾界面原型图，分析界面上各个功能的设计与放置的位置，具体如下：

1．标题栏设计

标题栏原型图设计如图3-14所示。

清理垃圾界面的标题栏设计与扫描垃圾界面的相同，唯一不同的是标题不一样，清理垃圾界面的标题为“清理垃圾”。

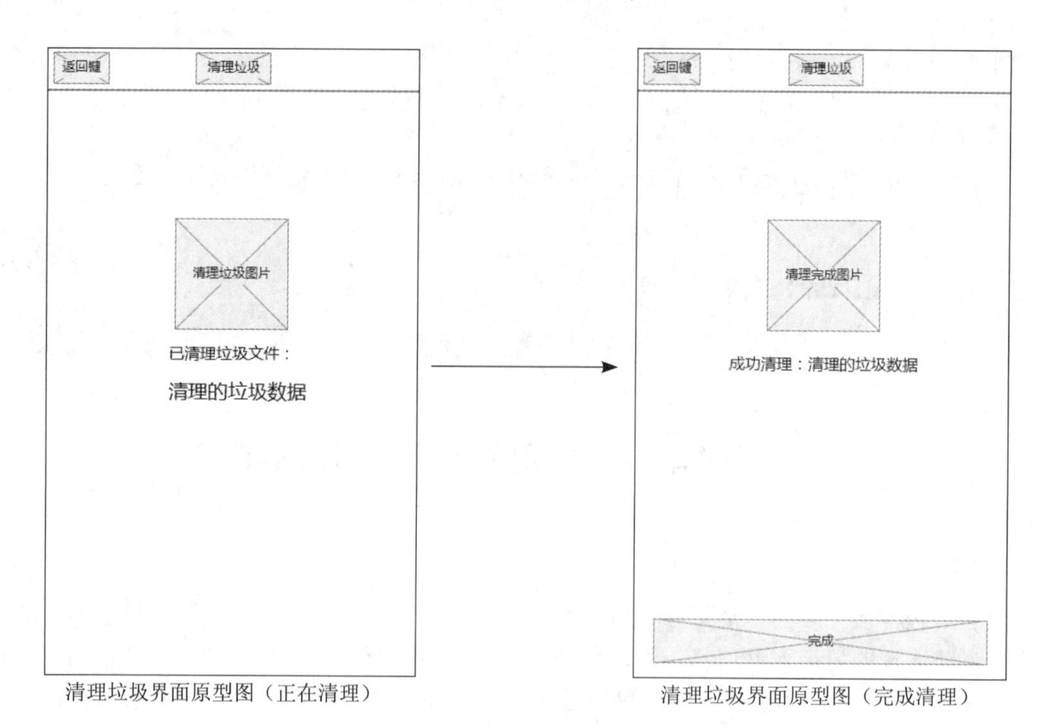

清理垃圾界面原型图（正在清理）　　清理垃圾界面原型图（完成清理）

图3-13　清理垃圾界面原型图

2．正在清理垃圾时界面的设计

正在清理垃圾时界面的原型图设计如图3-15所示。

图3-14　标题栏原型图　　图3-15　正在清理垃圾时界面的原型图

为了让用户看到动态的清理垃圾过程，我们设计了一个清理垃圾的动态图片，在图片下方以动态的形式显示已清理垃圾文件的大小信息。

3．完成清理垃圾时界面的设计

完成清理垃圾时界面的原型图设计如图3-16所示。

为了区分正在清理与完成清理垃圾时界面的信息，我们将清理垃圾图片替换为一个清理完成图片，已清理垃圾文件的大小信息替换为成功清理垃圾总数据信息。

4．“完成”按钮的设计

“完成”按钮原型图设计如图3-17所示。

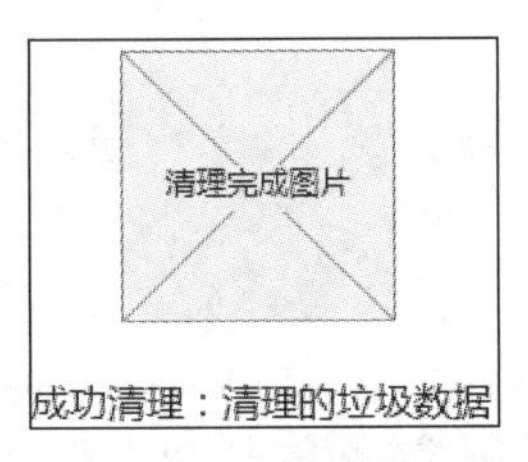

图3-16　完成清理垃圾时界面的原型图

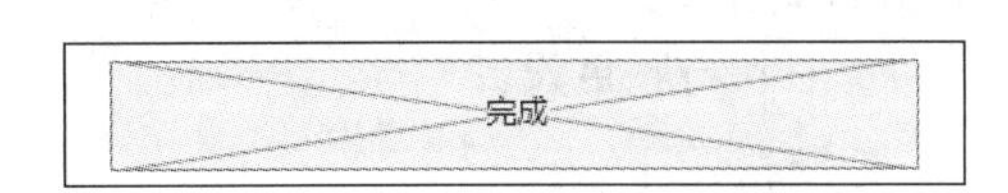

图3-17　“完成”按钮原型图

清理完垃圾之后，为了提示用户已完成清理垃圾功能，我们在清理垃圾界面设计了一个“完成”按钮，点击该按钮，程序会回到首页界面。为了界面的美观，我们将“完成”按钮放在界面底部显示。需要注意的是，该按钮在清理完垃圾后才会显示。

任务4–2　UI分析

通过原型分析可知清理垃圾界面具体有哪些功能，需要显示哪些信息，根据这些信息，设计清理垃圾界面的效果，如图3-18所示。

图3-18　清理垃圾界面效果图（正在清理与完成清理）

根据图3-18展示的清理垃圾界面效果图，分析该图的设计过程，具体如下：

1. 清理垃圾界面布局设计

由图3-18可知，清理垃圾界面显示的信息有标题、返回键、清理垃圾的大小、垃圾大小的单位、成功清理垃圾的大小、正在清理与清理完成时的图片、“完成”按钮。清理垃圾界面的效果分为正在清理与完成清理，其中，正在清理的界面效果按照从上到下的顺序分为2部分，分别是标题栏与正在清理垃圾信息，完成清理的界面效果按照从上到下的顺序也分为2部分，分别是标题栏与完成清理垃圾信息。

根据界面效果的展示与布局的设计，我们将清理垃圾界面分为3部分，分别是标题栏、正在清理垃圾信息、完成清理垃圾信息，这3部分的详细介绍如下：

第1部分：标题栏的组成在前边已介绍，此处不再重复介绍。

第2部分：由1个垃圾桶图片与3个文本组成，其中，3个文本分别用于显示“已清理垃圾文件：”、已清理垃圾大小、垃圾大小单位等信息。

第3部分：由1个“完成”按钮、1个“对号”图片以及1个文本组成，其中，文本用于显示成功清理的垃圾大小信息。

2. 图片形状与颜色设计

（1）标题栏设计

标题栏UI设计效果如图3-19所示。

< 清理垃圾

图3-19 标题栏UI效果

（2）正在清理垃圾时界面的显示设计

正在清理垃圾时界面的UI设计效果如图3-20所示。

在清理垃圾的过程中，为了给用户一个动态的清理效果，我们设计了两个图片：一个是垃圾桶关闭状态的图片，一个是垃圾桶打开状态的图片。两张图片快速切换，给人以垃圾桶自动回收垃圾的感觉，同时，在垃圾桶图片的下方以动态的方式显示正在清理的垃圾大小。

（3）完成清理垃圾时界面的显示设计

完成清理垃圾时界面的UI设计效果如图3-21所示。

图3-20 正在清理垃圾时界面UI效果

图3-21 完成清理垃圾时界面UI效果

为了让用户知道垃圾清理已完成，我们设计了一个对号图片用于表示完成清理的工作，在该图片下方显示成功清理的垃圾总数据信息，以便告知用户清理了多少垃圾。由于清理垃圾界面的背景颜色为主题色（蓝色），因此我们将该界面显示的文本颜色与图片颜色都设置为白色，与背景色形成鲜明对比。

（4）“完成”按钮设计

“完成”按钮UI设计效果如图3-22所示。

完 成　　完 成

图3-22 “完成”按钮UI效果

为了区分“完成”按钮的点击与未点击状态，我们为其设计了两个背景颜色，当点击该按钮时，按钮背景显示蓝色，按钮的文本显示白色。当未点击该按钮时，按钮的背景显示白色，按钮的文本显示蓝色。

任务5 搭建清理垃圾界面

任务综述

为了实现清理垃圾界面的UI设计效果，在界面的布局代码中使用TextView控件、ImageView控件、Button控件完成清理垃圾界面上的清理图片、垃圾大小信息以及“完成”按钮的显示。在清理垃圾过程中，清理图片是以动画的形式展示清理的动作。接下来，本任务将通过布局代码搭建清理垃圾界面的布局。

【知识点】

- 布局文件的创建与设计。
- ImageView控件、Button控件。
- 背景选择器。
- Animation动画。

【技能点】

- 创建清理垃圾界面布局文件。
- 创建Button控件的背景选择器。
- 实现ImageView控件的动画效果。

本任务要实现的清理垃圾界面效果如图3-23所示。

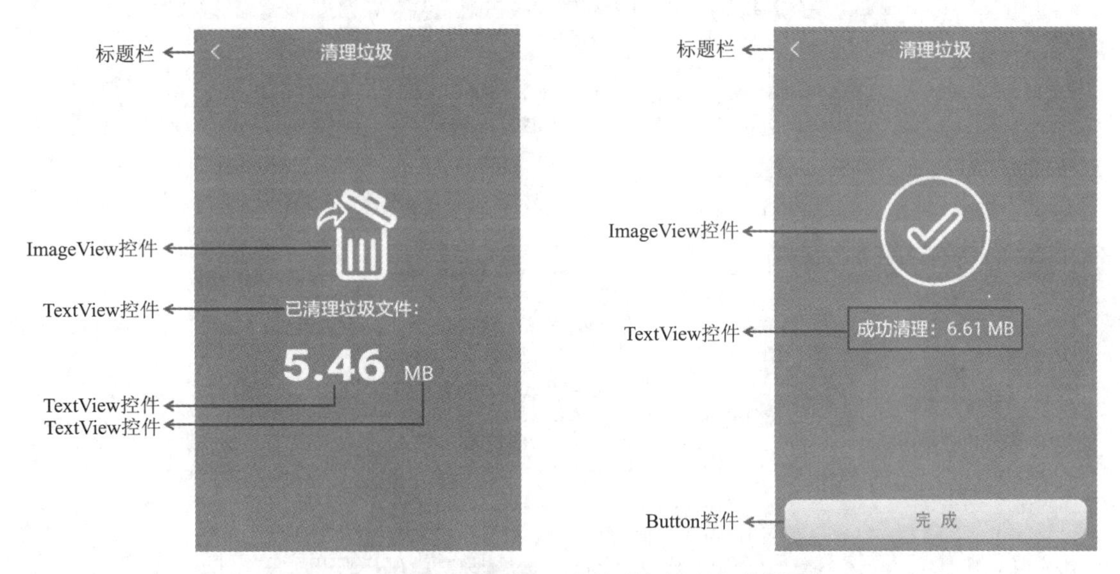

图3-23　清理垃圾界面（正在清理与清理完成界面）

搭建清理垃圾界面布局的具体步骤如下：

1．创建清理垃圾界面

在com.itheima.mobilesafe.clean包中创建一个Empty Activity类，命名为CleanRubbishActivity，并将布局文件名指定为activity_clean_rubbish。

2．导入界面图片

将清理垃圾界面所需要的图片clean_rubbish_close_icon.png、clean_rubbish_open_icon.png、clean_rubbish_finish.png、btn_finish_selected.png、btn_finish_normal.png导入到drawable-hdpi文件夹中。

3．放置界面控件

在activity_clean_rubbish.xml文件中，通过<include>标签引入标题栏布局（main_title_bar.

xml），放置4个TextView控件分别用于显示“已清理垃圾文件：”文本信息、正在清理的垃圾大小、垃圾大小的单位、完成清理的垃圾大小，2个ImageView控件分别用于显示正在清理的图片与完成清理的图片，1个Button控件用于显示“完成”按钮，具体代码如【文件3-9】所示。

【文件3-9】activity_clean_rubbish.xml

```
1  <?xml version="1.0" encoding="utf-8"?>
2  <LinearLayout xmlns:android="http://schemas.android.com/apk/res/android"
3      android:layout_width="match_parent"
4      android:layout_height="match_parent"
5      android:orientation="vertical">
6      <RelativeLayout
7          android:layout_width="match_parent"
8          android:layout_height="match_parent"
9          android:background="@color/blue_color">
10         <include layout="@layout/main_title_bar" />
11         <FrameLayout
12             android:id="@+id/fl_cleaning"
13             android:layout_width="match_parent"
14             android:layout_height="match_parent">
15             <LinearLayout
16                 android:layout_width="match_parent"
17                 android:layout_height="match_parent"
18                 android:gravity="center"
19                 android:orientation="vertical">
20                 <ImageView
21                     android:id="@+id/iv_clean_rubbish"
22                     android:layout_width="wrap_content"
23                     android:layout_height="wrap_content"
24                     android:background="@drawable/clean_rubbish_animation" />
25                 <TextView
26                     style="@style/wrapcontent"
27                     android:layout_marginTop="15dp"
28                     android:text="已清理垃圾文件："
29                     android:textColor="@android:color/white"
30                     android:textSize="20sp" />
31                 <LinearLayout
32                     android:layout_width="wrap_content"
33                     android:layout_height="wrap_content"
34                     android:layout_marginTop="15dp"
35                     android:orientation="horizontal">
36                     <TextView
37                         android:id="@+id/tv_rubbish_size"
38                         style="@style/wrapcontent"
39                         android:textColor="@android:color/white"
40                         android:textScaleX="1.2"
41                         android:textSize="48sp"
42                         android:textStyle="bold" />
43                     <TextView
44                         android:id="@+id/tv_rubbish_unit"
45                         style="@style/wrapcontent"
46                         android:layout_marginLeft="5dp"
47                         android:textColor="@android:color/white"
48                         android:textSize="22sp" />
49                 </LinearLayout>
```

```
50                </LinearLayout>
51            </FrameLayout>
52            <FrameLayout
53                android:id="@+id/fl_finish_clean"
54                android:layout_width="match_parent"
55                android:layout_height="match_parent"
56                android:visibility="gone">
57                <LinearLayout
58                    android:layout_width="match_parent"
59                    android:layout_height="match_parent"
60                    android:orientation="vertical">
61                    <LinearLayout
62                        android:layout_width="match_parent"
63                        android:layout_height="match_parent"
64                        android:layout_weight="10"
65                        android:gravity="center"
66                        android:orientation="vertical">
67                        <ImageView
68                            android:layout_width="wrap_content"
69                            android:layout_height="wrap_content"
70                            android:background="@drawable/clean_rubbish_finish" />
71                        <TextView
72                            android:id="@+id/tv_clean_size"
73                            style="@style/wrapcontent"
74                            android:layout_marginTop="30dp"
75                            android:textColor="@android:color/white"
76                            android:textSize="20sp" />
77                    </LinearLayout>
78                    <LinearLayout
79                        android:layout_width="match_parent"
80                        android:layout_height="wrap_content"
81                        android:gravity="center">
82                        <Button
83                            android:id="@+id/btn_finish"
84                            android:layout_width="wrap_content"
85                            android:layout_height="wrap_content"
86                            android:layout_gravity="center"
87                            android:layout_margin="10dp"
88                           android:background="@drawable/btn_finish_selector" />
89                    </LinearLayout>
90                </LinearLayout>
91            </FrameLayout>
92        </RelativeLayout>
93 </LinearLayout>
```

4．创建清理垃圾图片的动画选择器

当程序正在清理垃圾时，界面上的清理图片会不断地进行切换，形成一种类似回收垃圾的动画效果，这种效果可以通过一个动画选择器实现，该选择器是一个帧动画，每隔一段时间会进行图片的切换形成动画的效果。我们在项目中的res/drawable文件夹中创建一个动画选择器clean_rubbish_animation.xml，根据设置的间隔时间来切换图片的显示，给用户一个动画效果。第一次显示的图片为垃圾桶关闭状态的图片（clean_rubbish_close_icon.png），隔400毫秒后，显示的图片会切换为垃圾桶打开状态的图片（clean_rubbish_open_icon.png），依次循环，直到完成垃圾清理，具体代码如【文件3-10】所示。

【文件3-10】clean_rubbish_animation.xml

```
1  <?xml version="1.0" encoding="utf-8"?>
2  <animation-list xmlns:android="http://schemas.android.com/apk/res/android" >
3      <item android:drawable="@drawable/clean_rubbish_close_icon"
4                                                      android:duration="400"/>
5      <item android:drawable="@drawable/clean_rubbish_open_icon"
6                                                      android:duration="400"/>
7  </animation-list>
```

5. 创建“完成”按钮的背景选择器

在项目中的res/drawable文件夹中创建一个“完成”按钮的背景选择器btn_finish_selector.xml，当按钮按下时显示蓝色背景与白色文字的图片（btn_finish_selected.png），当按钮弹起时显示白色背景与蓝色文字的图片（btn_finish_normal.png），具体代码如【文件3-11】所示。

【文件3-11】btn_finish_selector.xml

```
1  <?xml version="1.0" encoding="utf-8"?>
2  <selector xmlns:android="http://schemas.android.com/apk/res/android" >
3      <item android:state_pressed="true" android:drawable="@drawable/
4                                                      btn_finish_selected"/>
5      <item android:state_pressed="false" android:drawable="@drawable/
6                                                      btn_finish_normal"/>
7  </selector>
```

任务6 实现清理垃圾界面功能

任务综述

为了实现清理垃圾界面设计的功能，在界面的逻辑代码中需要创建initView()方法初始化界面控件、创建deleteDir()方法清理垃圾文件、通过Handler类与Message类的对象将清理垃圾的信息传递到主线程中并更新界面数据信息。同时，还需要将CleanRubbishActivity实现View.OnClickListener接口，完成界面部分控件的点击事件。接下来，本任务将通过逻辑代码实现清理垃圾界面的功能。

【知识点】

- Thread线程。
- delete()方法。
- Handler类、Message类。
- View.OnClickListener接口。

【技能点】

- 通过Thread线程实现清理垃圾功能。
- 通过File文件的delete()方法删除文件信息。
- 通过Handler类与Message类的对象将清理垃圾的信息传递到主线程中。
- 通过View.OnClickListener接口实现控件的点击事件。

任务6-1　初始化界面控件

由于需要获取清理垃圾界面的控件并为其设置一些数据和点击事件，因此需要在CleanRubbishActivity中创建一个initView()方法，用于初始化界面控件，具体代码如下所示。

```
1  package com.itheima.mobilesafe.clean;
2  ......
3  public class CleanRubbishActivity extends Activity {
4      protected static final int CLEANNING = 100;
5      protected static final int CLEANNING_FAIL = 101;
6      private AnimationDrawable animation;
7      private long rubbishSize;
8      private TextView tv_rubbish_size,tv_rubbish_unit,tv_clean_size;
9      private FrameLayout fl_cleaning,fl_finish_clean;
10     private List<RubbishInfo> mRubbishInfos = new ArrayList<RubbishInfo>();
11     @Override
12     protected void onCreate(Bundle savedInstanceState) {
13         super.onCreate(savedInstanceState);
14         setContentView(R.layout.activity_clean_rubbish);
15         initView();
16         Intent intent = getIntent();
17         //获取传递过来的垃圾大小
18         rubbishSize = intent.getLongExtra("rubbishSize", 0);
19         //获取传递过来的带有垃圾信息的软件集合数据
20         mRubbishInfos= (List<RubbishInfo>) intent.getSerializableExtra(
21                                                          "rubbishInfos");
22     }
23     /**
24      * 初始化控件
25      **/
26     private void initView() {
27         ((TextView) findViewById(R.id.tv_main_title)).setText("清理垃圾");
28         TextView tv_back = findViewById(R.id.tv_back);
29         tv_back.setVisibility(View.VISIBLE);
30         animation = (AnimationDrawable) findViewById(R.id.iv_clean_rubbish).
31                                                          getBackground();
32         animation.setOneShot(false);                //动画是否只运行一次
33         animation.start();                          //开始动画
34         tv_rubbish_size = findViewById(R.id.tv_rubbish_size);
35         tv_rubbish_unit = findViewById(R.id.tv_rubbish_unit);
36         fl_cleaning = findViewById(R.id.fl_cleaning);
37         fl_finish_clean = findViewById(R.id.fl_finish_clean);
38         tv_clean_size = findViewById(R.id.tv_clean_size);
39     }
40 }
```

上述代码中，第16~21行代码主要用于获取扫描垃圾界面传递过来的信息。其中，第18行代码通过getLongExtra()方法获取扫描垃圾界面传递过来的垃圾总量信息，第20~21行代码通过getSerializableExtra()方法获取扫描垃圾界面传递过来的垃圾数据的集合信息。

第30~33行代码主要用于设置清理垃圾图片的动画。其中，第30~31行代码通过getBackground()

方法获取清理垃圾图片控件的背景（背景是垃圾桶图片），并转化为动画图片。第32行代码通过setOneShot(false)方法设置动画只能运行一次，第33行代码通过start()方法开始动画。

任务6-2 实现清理垃圾功能

由于在实现扫描垃圾功能时，扫描的是外置SD卡的软件包中files文件夹中的文件信息，因此我们需要清理对应files文件夹中的文件信息。在CleanRubbishActivity中，创建一个deleteDir()方法清理软件包中files文件夹中的文件信息，创建一个formatSize()方法格式化垃圾大小的数据，接着通过Handler与Message对象将清理垃圾信息的消息传递到主线程中，并更新界面数据。实现清理垃圾功能的具体步骤如下：

1. 格式化垃圾数据

由于在清理垃圾的过程中，界面上需要显示正在清理的垃圾大小与对应的数据单位信息，因此需要在CleanRubbishActivity中创建一个formatSize()方法来格式化垃圾数据。在该方法中根据垃圾的大小判断垃圾的单位，并将格式化后带有单位的垃圾大小数据显示到界面上，具体代码如下所示。

```
1  private void formatSize(long size) {
2      String rubbishSizeStr = Formatter.formatFileSize(this, size);
3      String sizeStr;
4      String sizeUnit;
5      //根据大小判定单位
6      if (size > 900) {
7          //大于900则单位两位
8          sizeStr = rubbishSizeStr.substring(0, rubbishSizeStr.length() - 2);
9          sizeUnit = rubbishSizeStr.substring(rubbishSizeStr.length() - 2,
10                                             rubbishSizeStr.length());
11     } else {
12         //单位是一位
13         sizeStr = rubbishSizeStr.substring(0, rubbishSizeStr.length() - 1);
14         sizeUnit = rubbishSizeStr.substring(rubbishSizeStr.length() - 1,
15                                             rubbishSizeStr.length());
16     }
17     tv_rubbish_size.setText(sizeStr);
18     tv_rubbish_unit.setText(sizeUnit);
19 }
```

上述代码中，第2行代码通过formatFileSize()方法将传递到该方法中存放垃圾大小的long类型的变量size转换为带有单位的数据信息。

第6~16行代码用于将转换后带有单位的垃圾数据信息拆分为垃圾数据和数据单位。由系统源码可知，通过formatFileSize()方法计算数值的单位是以900为界限的，如果垃圾大小的数值小于900，则该数值的单位为B，如果大于900，则该数值的单位可能是KB、MB或者GB，因此在程序中判断垃圾大小的数值范围是否大于、小于或等于900，以此来分割转化后的垃圾大小的数字与单位。

第6~11行代码用于判断清理的垃圾大小数值大于900的情况，此时垃圾数据的单位是KB、MB或者GB，因此通过substring()方法截取带有单位的垃圾数据rubbishSizeStr的后两位字母，分别获取垃圾大小的数值与单位。

第11~16行代码用于判断清理的垃圾大小数值小于等于900的情况，此时垃圾数据的单位是B，因此通过substring()方法截取带有单位的垃圾数据rubbishSizeStr的后一位字母，获取垃圾大小的数值与单位。

第17~18行代码通过setText()方法将截取后的垃圾大小数值与单位显示到界面上。

2. 删除文件夹中的所有文件

由于清理垃圾文件信息时，需要删除files文件夹中子文件夹中的信息，因此需要在CleanRubbishActivity中创建一个deleteDir()方法，在该方法中通过for循环依次删除files文件夹中的文件信息，具体代码如下所示。

```
1  private static boolean deleteDir(File dir) {
2      if (dir != null && dir.isDirectory()) {
3          String[] children = dir.list();
4          for (int i = 0; i < children.length; i++) {
5              boolean success = deleteDir(new File(dir, children[i]));
6              if (!success) {
7                  return false;
8              }
9          }
10     }
11     return dir.delete();
12 }
```

上述代码中，第2行代码通过isDirectory()方法判断传递过来的路径dir是否是文件夹，如果是文件夹，则在第3行代码中通过list()方法获取该文件夹中的子文件或子文件夹信息。

第4~9行代码通过for循环遍历dir目录中的文件或文件夹，并通过deleteDir()方法删除dir目录中的文件夹和文件信息。

3. 实现清理垃圾功能

在CleanRubbishActivity中创建一个initData()方法，用于清理垃圾信息。在initData()方法中创建一个Thread线程，在该线程中通过for循环遍历手机中存在的垃圾信息。在for循环中，根据软件包名获取软件的files文件夹的路径，接着根据该路径清理其中的垃圾信息。清理完垃圾信息后，程序会通过Handler类的对象（在后续创建）将这些信息传递到主线程中，并更新界面信息，具体代码如下所示。

```
1  private void initData() {
2      new Thread() {
3          public void run() {
4              long size = 0;
5              File filePath=getExternalCacheDir().getParentFile().getParentFile();
6              for (RubbishInfo info:mRubbishInfos){
7                  String filesPath=filePath+"/"+info.packagename+"/files";
8                  File file = new File(filesPath);
9                  boolean success=deleteDir(file); // 删除 files 文件夹下的文件
10                 if (success) {
11                     try {
12                         Thread.sleep(300);
13                     } catch (InterruptedException e) {
14                         e.printStackTrace();
15                     }
```

```
16                      size += info.rubbishSize;
17                      if (size > rubbishSize) {
18                          size = rubbishSize;
19                      }
20                      Message message = Message.obtain();
21                      message.what = CLEANNING;
22                      message.obj = size;
23                      mHandler.sendMessageDelayed(message, 200);
24                  }else{
25                      Message message = Message.obtain();
26                      message.what = CLEANNING_FAIL;
27                      mHandler.sendMessageDelayed(message, 200);
28                  }
29              }
30          }
31      }.start();
32 }
```

上述代码中，第5行代码通过getParentFile()方法获取外置SD卡中的data文件夹的路径。

第9行代码通过deleteDir()方法清理files文件夹下的垃圾文件，如果清理成功，则在第11~15行代码中通过sleep(300)方法将程序延迟300毫秒，第16行代码中将变量size加上垃圾大小，如果变量size的值大于扫描的垃圾总量rubbishSize的值，则size= rubbishSize。

第20~23行代码通过Message类的对象封装清理的垃圾大小变量size，并通过Handler类对象的sendMessageDelayed()方法将清理的垃圾大小传递到主线程中。如果清理垃圾信息失败，则在第25~27行代码中将清理失败的信息通过Handler类对象的sendMessageDelayed()方法传递到主线程中。

4．更新清理垃圾界面信息

当清理完垃圾信息之后，程序会将这些信息通过Handler类的对象传递到主线程中，在主线程中创建一个Handler类，在该类的handleMessage()方法中接收子线程传递过来的数据，并根据这些数据更新界面信息，具体代码如下所示。

```
1  private Handler mHandler = new Handler() {
2      public void handleMessage(Message msg) {
3          switch (msg.what) {
4              case CLEANNING:
5                  long size = (Long) msg.obj;
6                  if (size == rubbishSize) {
7                      animation.stop(); // 停止动画
8                      fl_cleaning.setVisibility(View.GONE);// 隐藏正在清理的帧布局
9                      fl_finish_clean.setVisibility(View.VISIBLE);// 显示完成清理的帧布局
10                     tv_clean_size.setText("成功清理: " + Formatter.formatFileSize(
11                             CleanRubbishActivity.this, rubbishSize));
12                 }
13                 break;
14             case CLEANNING_FAIL:
15                 animation.stop();
16                 Toast.makeText(CleanRubbishActivity.this,"清理垃圾失败",
17                                             Toast.LENGTH_SHORT).show();
```

```
18                 break;
19             }
20     }
21 };
```

上述代码中，第5行代码获取了传递过来的垃圾数据信息。

第6~12行代码判断了传递过来的垃圾数据是否与垃圾总数据相等，如果相等，则说明垃圾清理已经完成，此时需要首先通过stop()方法停止清理的动画效果，其次通过setVisibility(View.GONE)方法隐藏正在清理的帧布局，然后通过setVisibility(View.VISIBLE)方法显示完成清理的帧布局，最后通过setText()方法将成功清理的垃圾大小信息显示到界面上。

第14~18行代码接收的是垃圾清理失败的信息。当垃圾清理失败时，在程序中调用stop()方法停止界面动画，接着通过Toast类提示用户“清理垃圾失败”。

5. 调用initData()方法

由于清理垃圾界面需要实现清理垃圾信息的功能，因此找到CleanRubbishActivity中的onCreate()方法，在该方法中调用实现清理垃圾信息功能的方法initData()，具体代码如下所示。

```
1  public class CleanRubbishActivity extends Activity implements
2  View.OnClickListener {
3      ......
4      @Override
5      protected void onCreate(Bundle savedInstanceState) {
6          ......
7          initData();
8      }
9      ......
10 }
```

任务6-3　实现界面控件的点击事件

清理垃圾界面的返回键、“完成”按钮都需要实现点击事件，因此需要将CleanRubbishActivity实现View.OnClickListener接口，并重写onClick()方法，在该方法中实现控件的点击事件。实现界面控件点击事件的具体步骤如下：

1. 实现界面控件的点击事件

在CleanRubbishActivity中，首先将CleanRubbishActivity实现View.OnClickListener接口，并重写onClick()方法，接着在该方法中根据被点击控件的Id实现对应控件的点击事件，具体代码如下所示。

```
1  public class CleanRubbishActivity extends Activity implements View.
2  OnClickListener {
3      ......
4      private void initView() {
5          ......
6          tv_back.setOnClickListener(this);
7          findViewById(R.id.btn_finish).setOnClickListener(this);
8      }
9      @Override
10     public void onClick(View v) {
11         switch (v.getId()) {
12             case R.id.tv_back:      // 返回键点击事件
13                 finish();                   // 关闭当前界面
14                 break;
```

```
15            case R.id.btn_finish:           //"完成"按钮点击事件
16                finish();                   //关闭当前界面
17                break;
18        }
19    }
20    ......
21 }
```

上述代码中，第12~14行代码实现了返回键的点击事件，点击返回键，程序会调用finish()方法关闭当前界面。

第15~17行代码实现了“完成”按钮的点击事件，点击“完成”按钮，程序会调用finish()方法关闭当前界面。

2. 跳转到清理垃圾界面的逻辑代码

由于点击扫描垃圾界面的“一键清理”按钮时，程序会跳转到清理垃圾界面，因此需要在程序中找到CleanRubbishListActivity中的onClick()方法，在该方法中的注释“//跳转到清理垃圾界面”下方添加跳转到清理垃圾界面的逻辑代码，具体代码如下：

```
Intent intent = new Intent(this, CleanRubbishActivity.class);
//将要清理的垃圾大小传递至清理垃圾界面
intent.putExtra("rubbishSize", rubbishMemory);
intent.putExtra("rubbishInfos", (Serializable) rubbishInfos); //传递垃圾信息
startActivity(intent);
finish(); //关闭当前界面
```

扫描垃圾界面的逻辑代码文件CleanRubbishActivity.java的完整代码详见【文件3-12】。

完整代码：文件 3-12

本 章 小 结

本章主要讲解了手机安全卫士项目的手机清理模块，该模块中包含扫描垃圾界面与清理垃圾界面布局的搭建，并通过getPackageManager()方法获取软件包信息，将这些信息通过for循环遍历查询是否存在垃圾信息，实现扫描垃圾功能，接着通过deleteDir()方法删除目录下的文件，实现清理垃圾的功能。希望读者可以通过本章的学习，灵活运用其中涉及的知识，便于后续对类似功能的实现。

第4章 骚扰拦截模块

学习目标：

◎ 掌握骚扰拦截模块中界面布局的搭建，独立制作模块中的各个界面。

◎ 掌握如何操作SQLite数据库，实现对数据库中的数据进行增、删、改、查的功能。

◎ 掌握骚扰拦截模块的开发，能够实现对黑名单中的电话进行拦截的功能。

在日常生活中，我们经常会接到一些骚扰电话，如推销商品、办理保险等，为此，我们在手机安全卫士软件中设计了一个骚扰拦截模块，该模块可以将骚扰电话添加到黑名单中，当接收到骚扰电话时，程序会对其进行拦截，保证用户有一个较好的手机使用环境。本章将针对骚扰拦截模块进行详细讲解。

任务1 “骚扰拦截”设计分析

任务综述

手机安全卫士软件中的骚扰拦截界面主要用于显示被拦截电话的姓名、电话号码、拦截次数等信息，在当前任务中，我们通过工具Axure RP 9 Beat设计骚扰拦截界面的原型图，使其达到用户需求的效果。为了让读者学习如何设计骚扰拦截界面，本任务将针对骚扰拦截界面的原型和UI设计进行分析。

任务1-1 原型分析

为了避免大家经常接到骚扰电话，我们设计了一个骚扰拦截模块，该模块包含4个界面，分别是骚扰拦截界面、黑名单界面、添加黑名单界面、选择联系人界面。当拦截到骚扰电话后，骚扰拦截界面会显示已拦截的姓名、电话号码、拦截次数等信息，当未拦截到骚扰电话时，骚扰拦截界面会显示“暂无拦截信息”。在骚扰拦截界面的标题栏右侧，我们设计了一个“黑名单”按钮，该按钮用于跳转到黑名单界面。

通过情景分析后，总结用户需求，骚扰拦截界面设计的原型图如图4-1所示。在图4-1中不仅显示了骚扰拦截界面的原型图，还将黑名单界面原型图、黑名单界面原型图（对话框）、添加黑名单界面的原型图、选择联系人界面的原型图绘制出来了，并通过箭线图的方式表示了这4个界面之间的关系。

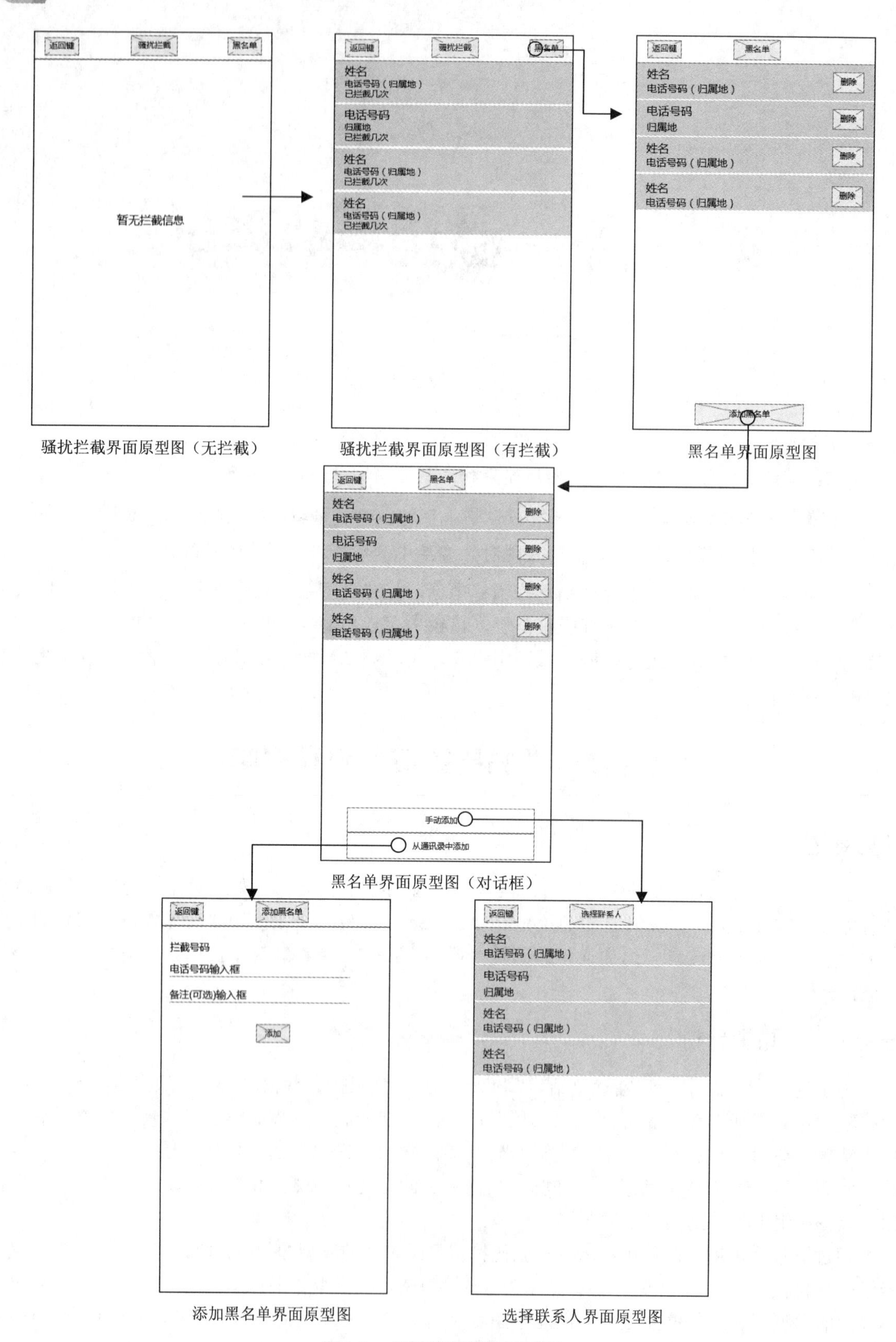

图4-1　骚扰拦截模块原型图

图4-1中，点击骚扰拦截界面右上角的“黑名单”按钮时，会跳转到黑名单界面，点击黑名单界面底部的“添加黑名单”按钮，此时界面底部会弹出一个对话框，该对话框上显示2个按钮，分别是“手动添加”按钮与“从通讯录中添加”按钮。点击“手动添加”按钮时，会跳转到添加黑名单界面，点击“从通讯录中添加”按钮时，会跳转到选择联系人界面，至此骚扰拦截模块中界面之间的跳转关系已介绍完毕。

根据图4-1中设计的骚扰拦截界面原型图，分析界面上各个功能的设计与放置的位置，具体如下：

1．标题栏设计

标题栏原型图设计如图4-2所示。

图4-2　标题栏原型图

骚扰拦截界面的标题栏设计与前面章节中的标题栏设计相似，不同的是标题不一样，骚扰拦截界面的标题为“骚扰拦截”，标题栏右侧还设计了一个“黑名单”按钮，用于跳转到黑名单界面。

2．拦截信息显示设计

拦截信息显示的原型图设计如图4-3所示。

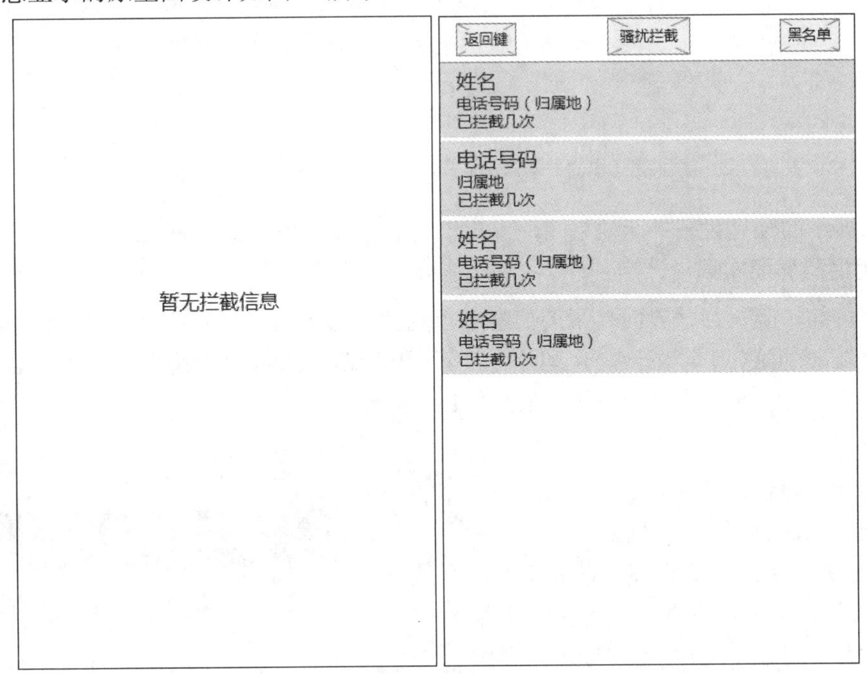

图4-3　拦截信息显示的原型图（无拦截与有拦截）

当未拦截到电话时，骚扰拦截界面为空白界面，为了给用户一个友好的提示信息，我们在此界面设计了显示“暂无拦截信息”的提示。当拦截到电话时，骚扰拦截界面需要显示拦截的信息，由于拦截的数据都包含电话号码、归属地、拦截次数等信息，根据这些数据的特点，我们将其以列表的形式显示在骚扰拦截界面，列表中每个条目对应的是一个拦截信息，当拦截信息中无姓名时，条目上方显示电话号码，当拦截信息中有姓名时，条目上方显示姓名，条目显示的具体样式已绘制在图4-3中。

任务1-2　UI分析

通过原型分析可知骚扰拦截界面具体有哪些功能，需要显示哪些信息，根据这些信息，设计骚扰拦截界面的效果，如图4-4所示。

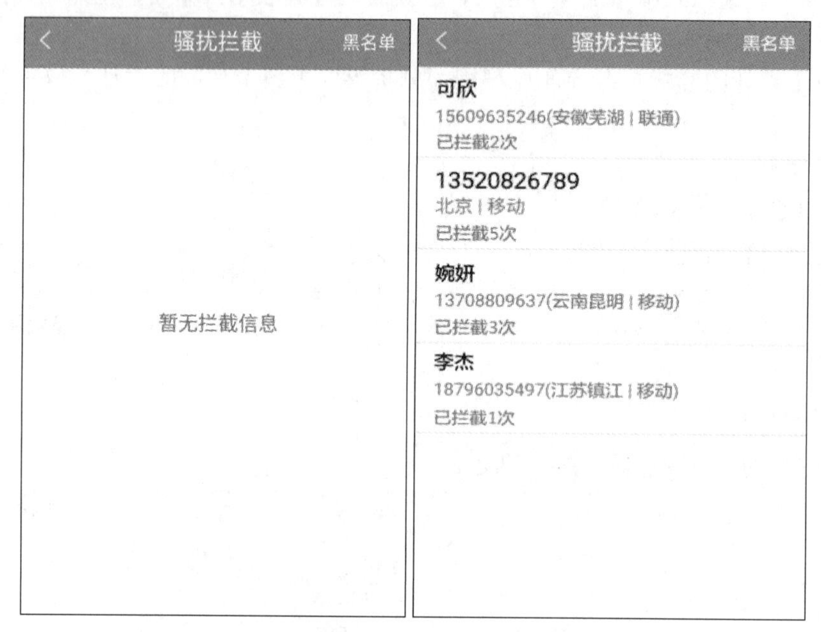

图4-4　骚扰拦截界面（无拦截和有拦截）**效果图**

根据4-4展示的骚扰拦截界面效果图，分析该图的设计过程，具体如下：

1．骚扰拦截界面布局设计

由图4-4可知，骚扰拦截界面显示的信息有标题栏、暂无拦截提示信息、拦截列表。其中，标题栏是由3个文本组成，1个用于显示返回键，1个用于显示标题，1个用于显示“黑名单”按钮，暂无拦截提示信息由1个文本显示，拦截信息由1个列表显示。

2．颜色设计

（1）标题栏设计

标题栏UI设计效果如图4-5所示。

图4-5　标题栏UI效果

骚扰拦截界面标题栏的设计与前面章节中其他界面标题栏设计类似，此处不再重复描述设计思路。

（2）拦截信息显示设计

拦截信息显示的UI设计效果如图4-6所示。

当无拦截信息时，骚扰拦截界面需要显示暂无拦截信息的提示，提示信息通常用灰色文字显示，文字大小为18 sp。当有拦截信息时，界面上会以列表的形式进行显示。如果拦截信息中没有姓名，则电话号码要用黑色文字显示，归属地与拦截次数用灰色文字显示，如果拦截信息中有姓名，姓名要用黑色文字显示，其余信息用灰色文字显示。黑色文字表示提示用户的重要信息，文字大小为18 sp，灰色文字大小为16 sp。

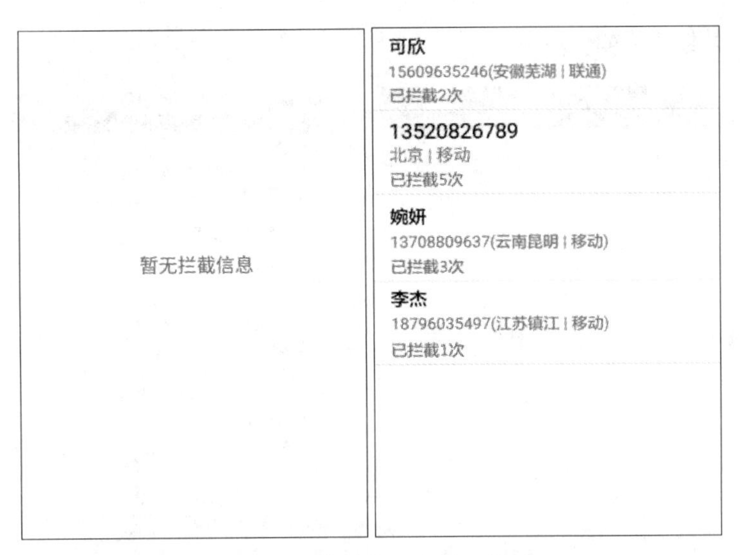

图4-6　拦截信息显示的UI效果

任务2　搭建骚扰拦截界面

任务综述

为了实现骚扰拦截界面的UI设计效果，在界面的布局代码中使用TextView控件、ListView控件完成骚扰拦截界面的提示信息与拦截信息的显示。接下来，本任务将通过布局代码搭建骚扰拦截界面的布局。

【知识点】

- TextView控件。
- ListView控件。

【技能点】

- 通过TextView控件显示界面上的文本信息。
- 通过ListView控件显示拦截列表信息。

任务2-1　骚扰拦截界面布局

骚扰拦截界面主要由布局main_title_bar.xml（标题栏）、1个TextView控件、1个ListView控件组成，其中，TextView控件显示“暂无拦截信息”，ListView控件显示拦截信息，界面效果如图4-7所示。

搭建骚扰拦截界面布局的具体步骤如下：

1. 创建骚扰拦截界面

首先在com.itheima.mobilesafe包中创建一个interception包，在该包中创建一个Empty Activity类，命名为InterceptionActivity，并将布局文件名指定为activity_interception。

2. 在标题栏布局中添加控件

在main_title_bar.xml文件中Id为tv_main_title的控件下方，放置1个TextView控件，用于显示

“黑名单”按钮。具体代码如下所示。

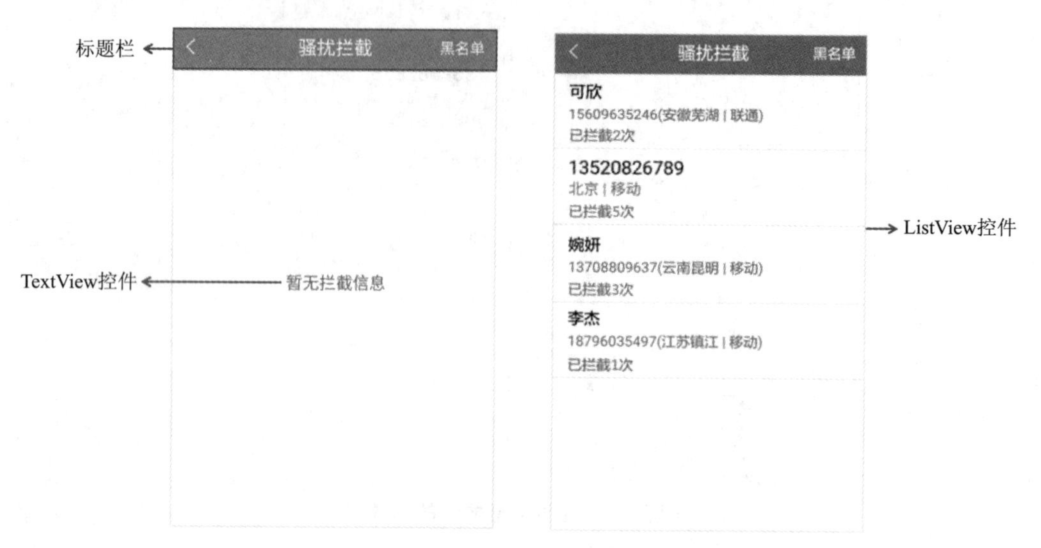

图4-7 骚扰拦截界面

```
1  <?xml version="1.0" encoding="utf-8"?>
2  <RelativeLayout xmlns:android="http://schemas.android.com/apk/res/android"
3      ......>
4      ......
5      <TextView
6          android:id="@+id/tv_main_title"
7          ....../>
8      <TextView
9          android:id="@+id/tv_right"
10         android:layout_width="wrap_content"
11         android:layout_height="30dp"
12         android:layout_alignParentRight="true"
13         android:layout_marginTop="10dp"
14         android:layout_marginRight="20dp"
15         android:layout_centerVertical="true"
16         android:gravity="center"
17         android:textSize="16sp"
18         android:textColor="@android:color/white"/>
19 </RelativeLayout>
```

3. 放置界面控件

在activity_interception.xml文件中，放置1个ListView控件用于显示拦截列表，1个TextView控件用于显示“暂无拦截信息”。具体代码如【文件4-1】所示。

【文件4-1】activity_interception.xml

```
1  <?xml version="1.0" encoding="utf-8"?>
2  <RelativeLayout xmlns:android="http://schemas.android.com/apk/res/android"
3      android:layout_width="match_parent"
4      android:layout_height="match_parent"
5      android:background="@android:color/white">
6      <include
```

```
7            android:id="@+id/title_bar"
8            layout="@layout/main_title_bar" />
9        <ListView
10           android:id="@+id/listView"
11           android:layout_width="match_parent"
12           android:layout_height="match_parent"
13           android:layout_below="@+id/title_bar"
14           android:divider="@color/gray"
15           android:dividerHeight="1px">
16       </ListView>
17       <TextView
18           android:id="@+id/no_message"
19           android:layout_width="wrap_content"
20           android:layout_height="wrap_content"
21           android:text=" 暂无拦截信息 "
22           android:layout_centerInParent="true"
23           android:textColor="@color/dark_gray"
24           android:textSize="18sp"/>
25 </RelativeLayout>
```

4．添加灰色颜色值

由于骚扰拦截界面的提示信息为深灰色，列表条目间隔线为灰色，因此需要在res/values文件夹中的colors.xml文件中添加深灰色和灰色的颜色值，具体代码如下：

```
<color name="dark_gray">#ff666666</color>
<color name="gray">#E5E5E5</color>
```

任务2-2　搭建骚扰拦截界面条目布局

由于骚扰拦截界面用到了ListView控件，因此需要为该控件搭建一个条目界面。该界面由3个TextView控件分别组成姓名、电话号码、归属地、拦截次数等信息，界面效果如图4-8所示。

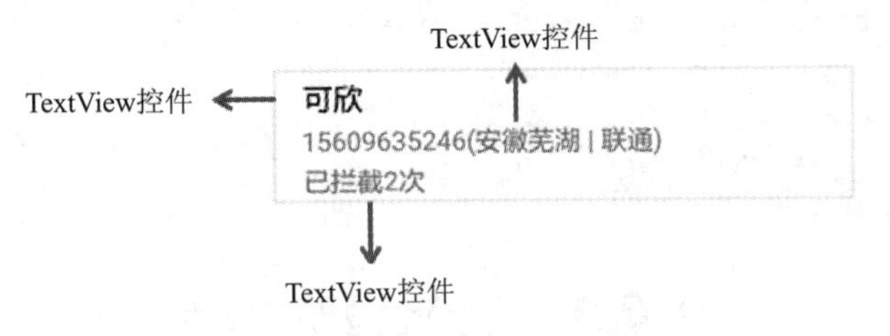

图4-8　骚扰拦截界面条目

搭建骚扰拦截列表条目布局的具体步骤如下：

1．创建条目布局文件

在res/layout文件夹中，创建一个布局文件item_ harassmentlist.xml。

2．放置界面控件

在item_harassmentlist.xml文件中，放置3个TextView控件分别用于显示姓名、电话号码、归属地、拦截次数，具体代码如【文件4-2】所示。

【文件4-2】item_ harassmentlist.xml

```
1 <?xml version="1.0" encoding="utf-8"?>
```

```
2 <RelativeLayout xmlns:android="http://schemas.android.com/apk/res/android"
3     android:layout_width="match_parent"
4     android:layout_height="wrap_content"
5     android:background="@android:color/white">
6     <TextView
7         android:id="@+id/phone_name"
8         android:layout_width="match_parent"
9         android:layout_height="wrap_content"
10        android:layout_marginLeft="20dp"
11        android:layout_marginTop="7dp"
12        android:text=" 姓名 "
13        android:textColor="@android:color/black"
14        android:textSize="18sp"/>
15    <TextView
16        android:id="@+id/phone_num"
17        android:layout_width="wrap_content"
18        android:layout_height="wrap_content"
19        android:layout_below="@+id/phone_name"
20        android:layout_marginLeft="20dp"
21        android:layout_marginTop="3dp"
22        android:layout_marginBottom="4dp"
23        android:text=" 电话号码 + 归属查询 "
24        android:textColor="@color/dark_gray"
25        android:textSize="16sp" />
26    <TextView
27        android:id="@+id/times"
28        android:layout_width="wrap_content"
29        android:layout_height="wrap_content"
30        android:layout_below="@+id/phone_num"
31        android:layout_marginLeft="20dp"
32        android:layout_marginTop="-2dp"
33        android:layout_marginBottom="4dp"
34        android:text=" 被拦截几次 "
35        android:textColor="@color/dark_gray"
36        android:textSize="16sp"/>
37 </RelativeLayout>
```

任务3　黑名单数据库

任务综述

为了实现骚扰拦截模块存储联系人信息（姓名、电话号码、归属地信息）和拦截次数的功能设计，在项目中首先创建数据库帮助类BlackNumberOpenHelper，在该类中创建blacknumber数据库，然后创建数据库的操作类，在该类中对数据库中的数据进行管理。接下来，本任务将通过逻辑代码实现黑名单数据库的功能。

【知识点】

- 黑名单数据库。

● 数据库操作类。

【技能点】

● 通过创建黑名单数据库实现存储黑名单联系人数据的功能。
● 通过创建数据库操作类实现黑名单数据库的增删改查操作。

任务3–1　创建黑名单数据库

为了存储骚扰拦截模块中的被拦截的联系人信息，因此创建一个名为blackNumber.db的数据库，在该数据库中创建blacknumber表，并在该表中创建姓名、电话号码、归属地信息和拦截的次数等字段。

选中com.itheima.mobilesafe.interception包，创建db包，并在db包中创建BlackNumberOpenHelper.java数据库帮助类。具体代码如【文件4-3】所示。

【文件4-3】BlackNumberOpenHelper.java

```
1  package com.itheima.mobilesafe.interception.db;
2  import android.content.Context;
3  import android.database.sqlite.SQLiteDatabase;
4  import android.database.sqlite.SQLiteOpenHelper;
5  public class BlackNumberOpenHelper extends SQLiteOpenHelper{
6      public BlackNumberOpenHelper(Context context) {
7          super(context, "blackNumber.db", null, 1);
8      }
9      @Override
10     public void onCreate(SQLiteDatabase db) {
11         db.execSQL("create table blacknumber (id integer primary key autoincrement,"
12         +"phoneNum varchar(20), phoneName varchar(255),place varchar(255)," +
13                                                   "times integer)");
14     }
15     @Override
16     public void onUpgrade(SQLiteDatabase db, int oldVersion, int newVersion) {
17     }
18 }
```

上述代码中，第11~13行代码创建了一个黑名单数据库blackNumber.db，并在该数据库中创建blacknumber表，该表包含五个字段，分别为id、phoneNum、phoneName、place、times，其中id为自增主键，phoneNum为电话号码，phoneName为联系人姓名，place为电话归属地，times为拦截次数。

任务3–2　创建数据库操作类

由于我们需要添加、删除、修改以及查询黑名单中的联系人信息，因此需要创建一个操作黑名单数据库的工具类，对黑名单中的数据进行增、删、改、查等操作。

在com.itheima.mobilesafe.interception.db包中创建一个dao包，并在该包中创建数据库操作类BlackNumberDao.java。具体代码如【文件4-4】所示。

【文件4-4】BlackNumberDao.java

```
1  package com.itheima.mobilesafe.interception.db.dao;
2  import android.content.Context;
3  import com.itheima.mobilesafe.interception.db.BlackNumberOpenHelper;
```

```
4 public class BlackNumberDao {
5     private Context context;
6     private BlackNumberOpenHelper blackNumberOpenHelper;
7     public BlackNumberDao(Context context) {
8         super();
9         blackNumberOpenHelper = new BlackNumberOpenHelper(context);
10        context = context;
11    }
12 }
```

任务4 实现骚扰拦截界面功能

任务综述

为了实现骚扰拦截界面设计的功能，首先需要封装联系人的实体类，其次需要创建LisView的适配器，然后在骚扰拦截界面的Activity中调用requestPermissions()方法、onRequestPermissionsResult()方法，获取拨打电话和联系人的读写权限，并初始化界面中的控件，同时，实现View.OnClickListener接口，完成界面部分控件的点击事件，最后创建notifyChanged()方法，实现在骚扰拦截界面上显示拦截次数大于0的联系人信息的功能。接下来，本任务将通过逻辑代码来实现骚扰拦截界面的功能。

【知识点】

- ListView适配器。
- requestPermissions()方法与onRequestPermissionsResult()方法。
- ListView数据刷新。
- 数据库。

【技能点】

- 通过使用ListView适配器为ListView列表添加数据。
- 通过调用requestPermissions()方法与onRequestPermissionsResult()方法动态申请拨打电话和联系人的读写权限。
- 通过ListView的setAdapter()方法设置并刷新ListView列表中的数据。
- 获取黑名单数据库中的数据。

任务4-1 封装联系人的实体类

由于骚扰拦截界面列表条目中显示的信息都有电话号码、联系人姓名、电话归属地、拦截次数等信息，因此需要创建一个联系人实体类BlackContactInfo来存放这些属性。

在com.itheima.mobilesafe.interception包中创建一个entity包，并在该包中创建联系人的实体类BlackContactInfo.java。具体代码如【文件4-5】所示。

【文件4-5】BlackContactInfo.java

```
1 package com.itheima.mobilesafe.interception.entity;
2 public class BlackContactInfo {
3     private String phoneNumber;
4     private String contactName;
```

```
5       private String place;
6       private int times;
7       public String getPhoneNumber() {
8           return phoneNumber;
9       }
10      public void setPhoneNumber(String phoneNumber) {
11          this.phoneNumber = phoneNumber;
12      }
13      public String getContactName() {
14          return contactName;
15      }
16      public void setContactName(String contactName) {
17          this.contactName = contactName;
18      }
19      public int getTimes() {
20          return times;
21      }
22      public void setTimes(int times) {
23          this.times = times;
24      }
25      public String getPlace() {
26          return place;
27      }
28      public void setPlace(String place) {
29          this.place = place;
30      }
31 }
```

任务4-2　实现骚扰拦截列表的适配器

由于骚扰拦截界面使用ListView控件显示列表，因此需要创建一个数据适配器InterceptionAdapter对ListView控件进行数据适配。

在com.itheima.mobilesafe.interception包中创建adapter包。在adapter包中创建一个InterceptionAdapter类继承自BaseAdapter类，重写getCount()、getItem()、getItemId()、getView()方法，这些方法分别用于获取条目总数、对应条目对象、条目对象的Id、对应的条目视图。具体代码如【文件4-6】所示。

【文件4-6】InterceptionAdapter.java

```
1  package com.itheima.mobilesafe.interception.adapter;
2  ......
3  public class InterceptionAdapter extends BaseAdapter {
4      private List<BlackContactInfo> contactInfos;
5      private Context context;
6      public InterceptionAdapter(List<BlackContactInfo> contacts,Context context){
7          super();
8          this.contactInfos = contacts;
9          this.context = context;
10     }
11     @Override
12     public int getCount() {
```

```
13          return contactInfos.size();
14      }
15      @Override
16      public Object getItem(int position) {
17          return contactInfos.get(position);
18      }
19      @Override
20      public long getItemId(int position) {
21          return position;
22      }
23      @Override
24      public View getView(final int position, View convertView, ViewGroup parent) {
25          ViewHolder holder = null;
26          final BlackContactInfo info = contactInfos.get(position);
27          if(convertView == null) {
28              convertView = View.inflate(context,R.layout.item_harassmentlist, null);
29              holder = new ViewHolder();
30              holder.mPhoneName = convertView.findViewById(R.id.phone_name);// 姓名
31              holder.mPhoneNum = convertView.findViewById(R.id.phone_num); // 电话号码
32              holder.mTimes = convertView.findViewById(R.id.times);        // 拦截次数
33              convertView.setTag(holder);
34          } else {
35              holder = (ViewHolder) convertView.getTag();
36          }
37          String contactName = info.getContactName();
38          String phoneNum = info.getPhoneNumber();
39          String place = info.getPlace();
40          int times = info.getTimes();
41          if(contactName == null || contactName.isEmpty()){
42              // 如果没有查询到姓名，则将电话号码写在此处
43              holder.mPhoneName.setText(phoneNum); // 在显示姓名的地方写上电话号码
44              if(place != null){
45                  holder.mPhoneNum.setText(place);
46              }else{
47                  holder.mPhoneNum.setText("未知");
48              }
49          }else{
50              holder.mPhoneName.setText(contactName);
51              if(place!= null){
52                  holder.mPhoneNum.setText(phoneNum+"("+place+")");
53              }else{
54                  holder.mPhoneNum.setText(phoneNum);
55              }
56          }
57          holder.mTimes.setText("已拦截"+times+"次");
58          return convertView;
59      }
60      class ViewHolder {
61          TextView mPhoneName;
62          TextView mPhoneNum;
63          TextView mTimes;
```

```
64      }
65 }
```

上述代码中，第26行代码通过条目的位置position从列表数据集合contactInfos中获取对应条目的数据。

第28行代码通过调用inflate()方法加载列表条目布局文件item_ harassmentlist.xml。

第30~32行代码通过调用findViewById()方法获取条目界面上的控件。

第33行代码通过调用setTag()方法将条目布局与ViewHolder类相关联。第35行代码通过getTag()方法获取关联的ViewHolder对象。

第37~59行代码主要用于设置界面上的数据。其中，第41~59行代码分别通过setText()方法将姓名、电话号码、拦截次数等信息设置到对应控件上。

任务4-3　申请拨打电话和通讯记录的读写权限

在接收到黑名单中的电话时，骚扰拦截功能首先会挂断此电话，然后删除通话记录中关于该电话的未接信息，在此操作过程中，涉及Android系统6.0规定的危险权限，即拨打电话和通讯记录的读写权限，为了代码的正常运行，需要申请获取这些权限。实现申请拨打电话和通讯记录读写权限的具体步骤如下：

1. 在AndroidManifest.xml文件中添加权限

在项目的AndroidManifest.xml文件中添加拨打电话权限、通讯记录的读、写权限，具体代码如下：

```
<!-- 骚扰拦截 -->
<uses-permission android:name="android.permission.CALL_PHONE" />
<uses-permission android:name="android.permission.WRITE_CALL_LOG" />
<uses-permission android:name="android.permission.READ_CALL_LOG" />
```

2. 动态申请权限

在项目的InterceptionActivity类中创建一个getPermissions()方法，该方法用于动态申请拨打电话权限、通讯记录的读及写权限，然后在OnCreate()方法中调用getPermissions()方法。具体代码如下所示。

```
1  String[] permissionList;
2  @Override
3  protected void onCreate(Bundle savedInstanceState) {
4      super.onCreate(savedInstanceState);
5      setContentView(R.layout.activity_interception);
6      getPermissions();
7  }
8  public void getPermissions() {
9      if (android.os.Build.VERSION.SDK_INT >= Build.VERSION_CODES.M) {
10         permissionList = new String[]{"android.permission.CALL_PHONE",
11             "android.permission.WRITE_CALL_LOG","android.permission.READ_CALL_LOG"};
12         ArrayList<String> list = new ArrayList<String>();
13         // 循环判断所需权限中有哪个尚未被授权
14         for (int i = 0; i < permissionList.length; i++){
15             if (ActivityCompat.checkSelfPermission(this, permissionList[i]) !=
16                                               PackageManager.PERMISSION_GRANTED){
```

```
17                 list.add(permissionList[i]);
18             }
19         }
20         if (list.size()>0){
21             ActivityCompat.requestPermissions(this,
22                             list.toArray(new String[list.size()]), 1);
23         }else{
24             //1. 不需要申请权限，开启骚扰拦截服务
25         }
26     }else{
27         //2. 不需要申请权限，打开拦截电话的服务
28     }
29 }
```

上述代码中，第8~29行代码主要用于动态申请系统的权限。其中，第9行代码用于判断当前手机的SDK是否大于Build.VERSION_CODES.M(23)，如果大于，则使用checkSelfPermission()方法判断当前请求的权限是否已经被用户赋予，如果小于，则直接开启骚扰拦截服务。

第10~11行代码创建了List集合permissionList，该集合用于存放需要申请的拨打电话、通讯记录的写、读权限。第12行代码创建了List集合list，该集合用于存放没有被赋予的权限。

第14~19行代码通过for循环遍历permissionList集合，其中第15~16行代码通过调用checkSelfPermission()方法判断permissionList集合中的权限是否被赋予。如果没有赋予则添加到list集合中。

第20~25行代码用于判断list集合大小是否大于0，如果大于0，则通过requestPermissions()方法申请权限，否则，直接开启骚扰电话拦截的服务。

3. 重写onRequestPermissionsResult()方法

在InterceptionActivity中重写onRequestPermissionsResult()方法，它是用户是否赋予申请拨打电话权限、联系人的读及写权限的回调方法。具体代码如下所示。

```
1  @Override
2  public void onRequestPermissionsResult(int requestCode, String[] permissions,
3                                          int[] grantResults) {
4      super.onRequestPermissionsResult(requestCode, permissions, grantResults);
5      String  grantPermissions  = "";
6      String  noPermissions = "";
7      if (requestCode == 1) {
8          for (int i = 0; i < permissions.length; i++) {
9              if (permissions[i].equals("android.permission.CALL_PHONE")
10                 && grantResults[i] == PackageManager.PERMISSION_GRANTED) {
11                 grantPermissions = grantPermissions+" 拨打电话 ";
12             } else if (permissions[i].equals("android.permission.CALL_PHONE")
13                 && grantResults[i] != PackageManager.PERMISSION_GRANTED){
14                 noPermissions = noPermissions+" 打电话 ";
15             }else if (permissions[i].equals("android.permission.WRITE_CALL_LOG")
16                 && grantResults[i] == PackageManager.PERMISSION_GRANTED) {
17                 grantPermissions = grantPermissions+" 写入/删除通话记录 ";
18             }else if (permissions[i].equals("android.permission.WRITE_CALL_LOG")
19                 && grantResults[i] != PackageManager.PERMISSION_GRANTED){
20                 noPermissions = noPermissions+" 写入/删除通话记录 ";
```

```
21              }else if (permissions[i].equals("android.permission.READ_CALL_LOG")
22                  && grantResults[i] == PackageManager.PERMISSION_GRANTED){
23                 grantPermissions = grantPermissions +" 读取通话记录 ";
24              }else if (permissions[i].equals("android.permission.READ_CALL_LOG")
25                  && grantResults[i] != PackageManager.PERMISSION_GRANTED){
26                  noPermissions = noPermissions +" 读取通话记录 ";
27              }
28          }
29          if (noPermissions.isEmpty()){
30              Toast.makeText(this," 获取 "+grantPermissions+" 的权限 ",
31                                                  Toast.LENGTH_SHORT).show();
32              //3. 开启骚扰拦截的服务
33          }else{
34              if (grantPermissions.length() >0){
35                  Toast.makeText(this," 获取 "+grantPermissions+" 的权限 ",
36                                                  Toast.LENGTH_SHORT).show();
37              }
38              Toast.makeText(this," 没有获取 "+noPermissions+" 的权限 ",
39                                                  Toast.LENGTH_SHORT).show();
40          }
41      }
42 }
```

上述代码中，第1~42行代码重写了onRequestPermissionsResult()方法，该方法中包含3个回调的参数requestCode、permissions、grantResults，分别表示请求码、请求的权限数组、请求权限状态的数组。

第8~28行代码主要用于判断onRequestPermissionsResult()方法返回的permissions[]数组中的权限是否被赋予，如果grantResults[i] == PackageManager.PERMISSION_GRANTED，则被赋予权限，从而添加到grantPermissions字符串中，反之，没有被赋予的权限添加到noPermissions字符串中。

第29~40行代码主要用于提示用户赋予权限的结果。

任务4-4　初始化界面控件

由于需要获取骚扰拦截界面上的控件并为其设置一些数据和点击事件，因此在InterceptionActivity中创建一个initView()方法初始化界面控件，具体代码如【文件4-7】所示。

【文件4-7】InterceptionActivity.java

```
1  package com.itheima.mobilesafe.interception;
2  ......
3  public class InterceptionActivity extends Activity implements OnClickListener{
4      ......
5      private ListView listView;
6      private TextView no_message;
7      @Override
8      protected void onCreate(Bundle savedInstanceState) {
9          super.onCreate(savedInstanceState);
10         setContentView(R.layout.activity_interception);
11         getPermissions();
```

```
12          initView();
13      }
14      private void initView() {
15          RelativeLayout title_bar = findViewById(R.id.title_bar);
16          title_bar.setBackgroundColor(getResources().getColor(R.color. blue_color));
17          TextView title = findViewById(R.id.tv_main_title);
18          title.setText("骚扰拦截");
19          TextView tv_right = findViewById(R.id.tv_right); //黑名单按钮
20          tv_right.setOnClickListener(this);
21          tv_right.setText("黑名单");
22          TextView tv_back = findViewById(R.id.tv_back);
23          tv_back.setVisibility(View.VISIBLE);
24          tv_back.setOnClickListener(this);
25          no_message = findViewById(R.id.no_message);
26          //骚扰拦截列表
27          listView = (ListView) findViewById(R.id.listView);
28      }
29      @Override
30      public void onClick(View v) {
31          switch (v.getId()){
32              case R.id.tv_back:
33                  finish();
34                  break;
35              case R.id.tv_right://跳转到黑名单界面
36                  break;
37          }
38      }
39  }
```

上述代码中，第14~28行代码创建了initView()方法，在该方法中通过findViewById()方法获取界面控件，并通过setBackgroundColor()方法、setText()方法、setVisibility()、setOnClickListener()方法分别设置标题栏的背景颜色、界面标题和“黑名单”文本、返回键的显示状态、黑名单按钮和返回键的点击监听器。

第29~38行代码重写了onClick()方法，其中第32~34行代码实现了返回按钮的点击事件，当点击返回按钮时，关闭当前界面，第35行代码实现了黑名单按钮的点击事件，当点击黑名按钮时，跳转到黑名单界面。

任务4-5　获取拦截次数大于0的数据

由于在骚扰拦截界面列表中显示的是拦截次数大于0的联系人数据，因此需要在黑名单数据库中获取拦截次数大于0的联系人数据。在黑名单数据库的操作类BlackNumberDao中创建getInterceptionTimes ()方法实现此功能。具体代码如下所示。

```
1  /*
2  * 查询电话拦截次数大于 0 的数据
3  */
4  public List<BlackContactInfo> getInterceptionTimes(){
5      SQLiteDatabase db = blackNumberOpenHelper.getReadableDatabase();
6      List<BlackContactInfo> infos = new ArrayList<>();
```

```
7        //查询数据库中是否骚扰拦截次数大于 1 的，如果有则添加到集合中
8        Cursor cursor = db.query("blacknumber", null, "times>?", new String[]{"0"},
9                                                      null, null, null);
10       while(cursor.moveToNext()) {
11           //如果查询到该数据，则将该数据添加到集合中
12           BlackContactInfo info = new BlackContactInfo();
13           int times = cursor.getInt(cursor.getColumnIndex("times"));
14           String place = cursor.getString(cursor.getColumnIndex("place"));
15           String contactName = cursor.getString(cursor.getColumnIndex("phoneName"));
16           String phoneNumber = cursor.getString(cursor.getColumnIndex("phoneNum"));
17           info.setTimes(times);
18           info.setPlace(place);
19           info.setContactName(contactName);
20           info.setPhoneNumber(phoneNumber);
21           infos.add(info);
22       }
23       return infos;
24 }
```

上述代码中，第5行代码通过调用getReadableDatabase()方法获取数据库对象db，第8行代码通过调用数据库对象db的query()方法查询blacknumber表中times（拦截次数）大于0的光标cursor。

第10~22行代码通过while循环将查询到的数据添加到infos集合中。

第23行代码通过调用return语句返回infos集合。

任务4-6　刷新骚扰拦截列表

在打开骚扰拦截界面时，黑名单中联系人的拦截次数可能已经发生变化，因此需要创建notifyChanged()方法刷新界面中显示的UI。实现骚扰拦截列表刷新的具体步骤如下：

1. 刷新骚扰拦截列表

在InterceptionActivity中创建刷新骚扰拦截列表的notifyChanged()方法，在该方法中根据从黑名单数据库中查询拦截的次数显示对应的UI。具体代码如下所示。

```
1  private void notifyChanged() {
2      BlackNumberDao dao = new BlackNumberDao(this);
3      List<BlackContactInfo> infos = dao. getInterceptionTimes();
4      if (infos.size()>0){
5          listView.setVisibility(View.VISIBLE);
6          no_message.setVisibility(View.GONE);
7          InterceptionAdapter adapter = new InterceptionAdapter(infos, this);
8          listView.setAdapter(adapter);
9      }else{
10         listView.setVisibility(View.GONE);
11         no_message.setVisibility(View.VISIBLE);
12     }
13 }
14 @Override
15 protected void onResume() {
16     super.onResume();
```

```
17     notifyChanged();
18 }
```

上述代码中，第1~13行代码创建了notifyChanged()方法，其中，第2行代码创建了黑名单数据库dao，第3行代码通过调用getInterceptionTimes()方法从数据库中获取拦截次数大于0的联系人信息集合infos。

第4行代码用于判断集合infos条数是否大于0，当大于0时，首先通过调用setVisibility()方法设置显示listView列表和隐藏no_message提示信息，然后通过调用setAdapter()方法为listView设置InterceptionAdapter适配器。当小于0时，通过调用setVisibility()隐藏ListView列表和显示no_message提示信息。

2．跳转到骚扰拦截界面

由于点击首页界面的“骚扰拦截”按钮时，程序会跳转到骚扰拦截界面，因此需要在程序中找到HomeActivity中的onClick()方法，在该方法中的注释“//骚扰拦截”下方添加跳转到骚扰拦截界面的逻辑代码，具体代码如下：

```
Intent interceptionIntent=new Intent(this, InterceptionActivity.class);
startActivity(interceptionIntent);
```

骚扰拦截界面的逻辑代码文件InterceptionActivity.java的完整代码详见【文件4-8】所示。

完整代码：文件 4-8

任务5　“黑名单”设计分析

任务综述

黑名单界面主要用于显示被加入黑名单的电话信息，这些信息也可以被用户删除。在当前任务中，我们通过工具Axure RP 9 Beat来设计黑名单界面的原型图，使其达到用户需求的效果。为了让读者学习如何设计黑名单界面，本任务将针对黑名单界面的原型和UI设计进行分析。

任务5–1　原型分析

为了让用户清晰地看到哪些电话信息被加入黑名单，我们设计了一个黑名单界面，在该界面不仅可以查看黑名单中联系人的姓名、电话号码、归属地等信息，还可以对这些联系人信息进行删除操作。为了添加黑名单信息，我们在黑名单界面中设计了一个“添加黑名单”按钮，点击该按钮，界面上会弹出一个对话框，对话框中显示“手动添加”按钮与“从通讯录中添加”按钮，这两个按钮分别用于跳转到添加黑名单界面与选择联系人界面。

通过情景分析后，总结用户需求，黑名单界面设计的原型图如图4-9所示。

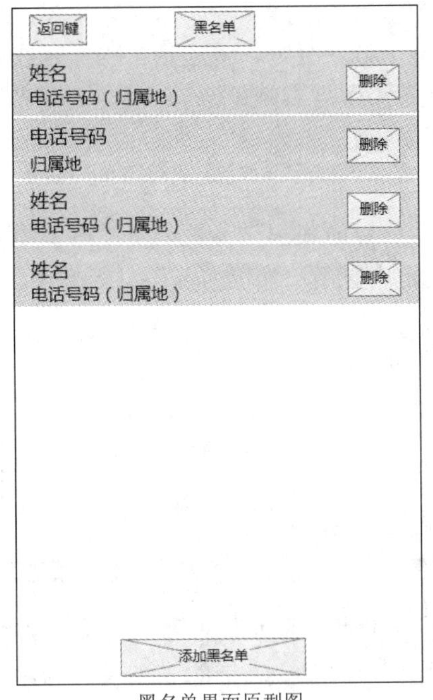

黑名单界面原型图

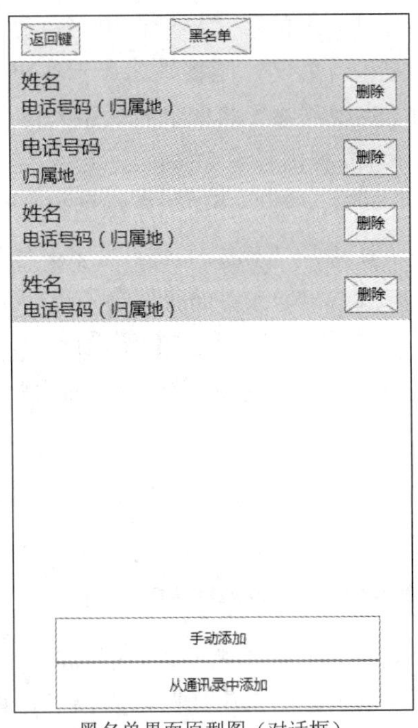

黑名单界面原型图（对话框）

图4-9　黑名单界面原型图

图4-9中的黑名单原型图（对话框）表示点击黑名单界面底部的“添加黑名单”按钮后显示的原型图。

根据图4-9中设计的黑名单界面原型图，分析界面上各个功能的设计与放置的位置，具体如下：

1．标题栏设计

黑名单界面标题栏原型图设计如图4-10所示。

黑名单界面的标题栏设计与前面的标题栏设计相似，唯一不同的是标题不一样，该界面的标题为“黑名单”。

2．黑名单信息的显示设计

黑名单信息显示的原型图设计如图4-11所示。

返回键　黑名单

图4-10　标题栏原型图

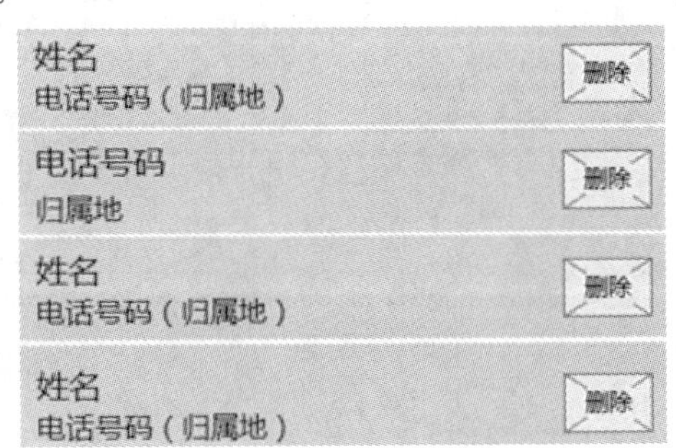

图4-11　黑名单列表原型图

在黑名单界面显示的联系人数据都包含电话号码、归属地等信息，根据这些数据信息的特点，将其以列表的形式显示在黑名单界面，列表中每个条目对应的是一个联系人信息。如果联系人信息中包含姓名，则将姓名显示在电话号码与归属地上方，否则，将电话号码显示在归属地上方。为了实现移除黑名单中的联系人信息功能，我们在每个条目右侧设计了一个“删除”按钮。

3．“添加黑名单”按钮设计

“添加黑名单”按钮的原型图设计如图4-12所示。

为了让用户选择如何添加黑名单信息，我们在黑名单界面底部设计了一个“添加黑名单”按钮，点击该按钮，在界面底部会弹出一个对话框，对话框中显示添加黑名单信息的方式。

4．添加黑名单信息的选项设计

添加黑名单信息的方式原型图设计如图4-13所示。

图4-12 “黑名单”按钮原型图

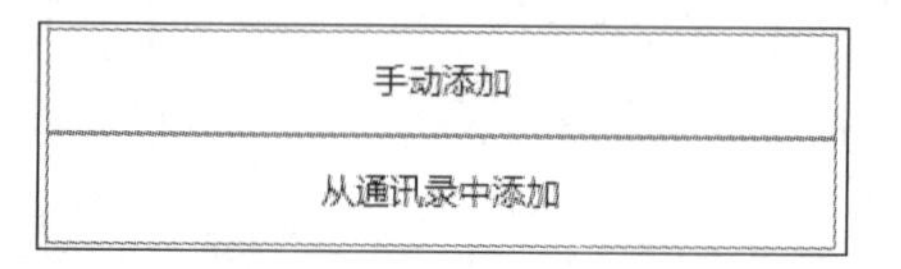

图4-13 添加黑名单信息的选项原型图

一般情况下，添加黑名单信息时，如果通讯录中有用户想要添加的联系人信息，则程序需要跳转到通讯录界面去添加联系人信息，如果通讯录中没有用户想要添加的联系人信息，则需要手动输入联系人信息进行添加。为了方便用户选择如何添加黑名单，在黑名单界面底部弹出的对话框中，我们设计了“手动添加”按钮与“从通讯录中添加”按钮，点击这2个按钮会分别跳转到添加黑名单界面与选择联系人界面。

任务5-2 UI分析

通过原型分析可知，黑名单界面具体有哪些功能，需要显示哪些信息，根据这些信息，设计黑名单界面的效果，如图4-14所示。

黑名单界面效果图

黑名单界面效果图（对话框）

图4-14 黑名单界面效果图

根据图4-14展示的黑名单界面效果图，分析该图的设计过程，具体如下：

1．黑名单布局设计

由图4-14可知，黑名单界面显示的信息有标题栏、黑名单列表、“添加黑名单”按钮、选择如何添加黑名单的对话框。其中，黑名单信息是由1个列表显示，“添加黑名单”信息是由1个按钮显示，选择如何添加黑名单的对话框是由2个文本与1条灰色分割线组成，2个文本分别用于显示“手动添加”与“从通讯录添加”信息。

2．颜色设计

（1）标题栏设计

标题栏的UI设计效果如图4-15所示。

图4-15　标题栏UI效果

黑名单界面的标题栏设计与前面的标题栏设计类似，此处不再重复介绍设计思路。

（2）黑名单列表设计

黑名单列表的UI设计效果如图4-16所示。

黑名单界面的列表信息主要用于显示姓名、电话号码以及归属地，参考骚扰拦截界面列表中的文字颜色与大小进行设计，此处不再重复介绍设计思路。为了让用户可以删除列表中的联系人信息，我们设计了一个删除图片放在条目的右侧显示，由于删除操作属于危险性操作，因此删除图片颜色设计为红色。

（3）“添加黑名单”按钮设计

“添加黑名单”按钮的UI设计效果如图4-17所示。

婉妍
13708809637(云南昆明 | 移动)
可欣
15609635246(安徽芜湖 | 联通)
13520826789
北京 | 移动
李杰
18796035497(江苏镇江 | 移动)

图4-16　黑名单列表（有姓名与无姓名）UI效果

添加黑名单　添加黑名单

图4-17　“添加黑名单”按钮的UI效果

为了区分“添加黑名单”按钮的点击与未点击状态，我们为其设计了两个背景颜色，当点击此按钮时，按钮背景显示深灰色，按钮的文本显示黑色，当未点击此按钮时，按钮的背景显示灰色，按钮的文本显示黑色。

（4）添加黑名单信息的选项设计

添加黑名单信息选项的UI设计效果如图4-18所示。

手动添加
从通讯录添加

图4-18　添加黑名单信息选项的UI效果

添加黑名单信息的选项有两种，分别是手动添加与从通讯录添加，这两个文本的颜色设计为灰色，字体大小设计为18 sp。

任务6　搭建黑名单界面

任务综述

为了实现黑名单界面的UI设计效果，在界面的布局代码中使用ListView控件、Button控件、TextView控件完成黑名单界面的列表信息、“添加黑名单”按钮、“手动添加”信息、“从通讯录添加”信息的显示。接下来，本任务将通过布局代码搭建黑名单界面的布局。

【知识点】

ListView控件、Button控件、TextView控件。

【技能点】

- 通过ListView控件显示黑名单列表。
- 通过Button控件显示“添加黑名单”按钮。
- 通过TextView控件显示“手动添加”与“从通讯录添加”信息。

任务6-1　搭建黑名单界面布局

黑名单界面主要由布局main_title_bar.xml（标题栏）、1个ListView控件、1个Button控件组成，其中，ListView控件用于显示黑名单列表，Button控件用于显示“添加黑名单”按钮，黑名单界面的效果如图4-19所示。

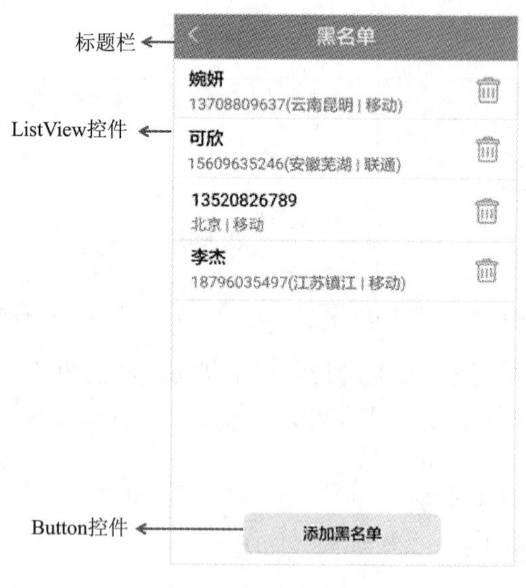

图4-19　黑名单界面

搭建黑名单界面布局的具体步骤如下：

1. 创建黑名单界面

在com.itheima.mobilesafe.interception包中创建一个Empty Activity类，命名为BlackListActivity，

并将布局文件名指定为activity_black_list。

2. 放置界面控件

在activity_black_list.xml文件中，放置1个ListView控件用于显示黑名单列表，1个Button控件用于显示“添加黑名单”按钮，具体代码如【文件4-9】所示。

【文件4-9】activity_black_list.xml

```
1 <?xml version="1.0" encoding="utf-8"?>
2 <RelativeLayout xmlns:android="http://schemas.android.com/apk/res/android"
3     android:layout_width="match_parent"
4     android:layout_height="match_parent"
5     android:background="@android:color/white">
6     <include layout="@layout/main_title_bar"/>
7     <ListView
8         android:id="@+id/listView"
9         android:layout_width="wrap_content"
10        android:layout_height="wrap_content"
11        android:layout_above="@+id/add"
12        android:layout_below="@+id/title_bar"
13        android:divider="@color/gray"
14        android:dividerHeight="1px">
15    </ListView>
16    <Button
17        android:id="@+id/add"
18        android:layout_width="200dp"
19        android:layout_height="40dp"
20        android:layout_alignParentBottom="true"
21        android:layout_marginBottom="20dp"
22        android:layout_centerHorizontal="true"
23        android:text="添加黑名单"
24        android:textColor="@android:color/black"
25        android:textSize="16sp"
26        android:background="@drawable/bg_button_selector"/>
27 </RelativeLayout>
```

3. 创建“添加黑名单”按钮的背景选择器

黑名单界面中的“添加黑名单”按钮在按下与弹起时，会动态切换它的背景颜色，这种效果可以通过状态选择器实现。在项目中的res/drawable文件夹中创建一个背景选择器bg_button_selector.xml，根据按钮被按下与弹起的状态来切换它的背景颜色，给用户一个动态的效果。当按钮被按下时，背景显示灰色（#ffbababa），当按钮被弹起时，背景显示白色（#ffeaeaea），具体代码如【文件4-10】所示。

【文件4-10】bg_button_selector.xml

```
1 <?xml version="1.0" encoding="utf-8"?>
2 <selector xmlns:android="http://schemas.android.com/apk/res/android" >
3     <item android:state_pressed="true">
4         <shape xmlns:android="http://schemas.android.com/apk/res/android"
5             android:shape="rectangle">
6             <!-- 圆角深灰色按钮 -->
7             <solid android:color="@color/bg_pressed"/>
8             <corners android:radius="8dip"/>
9         </shape>
```

```
10     </item>
11     <item android:state_pressed="false">
12         <shape xmlns:android="http://schemas.android.com/apk/res/android"
13             android:shape="rectangle">
14             <!-- 圆角浅灰色按钮 -->
15             <solid android:color="@color/bg_pressed_false"/>
16             <corners android:radius="8dip"/>
17         </shape>
18     </item>
19 </selector>
```

上述代码中，在<selector></selector>标签中放置了2个<item></item>标签，用于表示按钮的按下与弹起的状态，当<item>中的属性android:state_pressed的值为true时，表示按钮处于被按下的状态，否则，表示按钮处于弹起的状态。

第4~9行代码中添加了<shape></shape>标签，用于设置按钮的背景颜色与形状。其中属性android:shape用于设置背景的形状，此属性的值为rectangle，表示矩形。标签<solid/>中的属性android:color用于设置按钮的填充色，此属性的值为”@color/bg_pressed”，表示按钮的背景颜色设置为深灰色。标签<corners/>中的属性android:radius用于设置按钮四个角的弧度。

第12~17行代码中属性的设置与第4~9行中的一样。

4．添加浅灰色与深灰色的颜色值

由于“添加黑名单”按钮被按下与弹起时，需要显示两种背景颜色，分别是深灰色（#ffbababa）和浅灰色（#ffeaeaea），因此我们需要将这两种颜色添加到res/values文件夹中的colors.xml文件中，具体代码如下：

```
<color name="bg_pressed">#ffbababa</color>
<color name="bg_pressed_false">#ffeaeaea</color>
```

任务6-2　搭建黑名单界面条目布局

由于黑名单界面用到了ListView控件，因此需要为该控件搭建一个条目界面。该界面由2个TextView控件和1个ImageView控件分别组成姓名、电话号码与归属地以及删除图片，界面效果如图4-20所示。

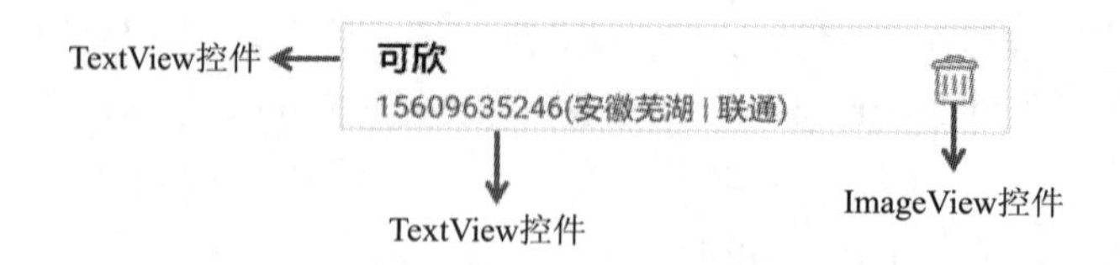

图4-20　黑名单界面条目

搭建黑名单界面条目布局的具体步骤如下：

1．导入界面图片

将黑名单界面条目所需要的图片delete.png导入到drawable-hdpi文件夹中。

2．创建黑名单界面条目布局

黑名单界面中的条目与骚扰拦截界面的条目类似，都显示了姓名、电话号码、归属地信息，不同的是，黑名单界面的条目中不显示拦截次数，多了一个删除图片。为了更好地利用代码，减少代码的冗余问题，我们直接使用骚扰拦截界面的条目布局文件item_ harassmentlist.xml，在该文件中添加一个ImageView控件用于显示删除图片即可，具体代码如【文件4-11】所示。

【文件4-11】item_ harassmentlist.xml

```
1 <RelativeLayout
2 ......>
3     ......
4     <ImageView
5          android:id="@+id/delete"
6          android:layout_width="30dp"
7          android:layout_height="30dp"
8          android:layout_alignParentRight="true"
9          android:layout_centerVertical="true"
10         android:layout_marginRight="20dp"
11         android:src="@drawable/delete"
12         android:visibility="gone"/>
13 </RelativeLayout>
```

需要注意的是，由于骚扰拦截界面的条目中没有显示删除图片，因此添加的ImageView控件需要设置为隐藏状态。

任务6-3　搭建添加黑名单选项界面布局

添加黑名单选项界面主要由2个TextView控件与1个View控件组成，其中，2个TextView控件分别用于显示“手动添加”与“从通讯录添加”信息，1个View控件用于显示分割线，界面效果如图4-21所示。

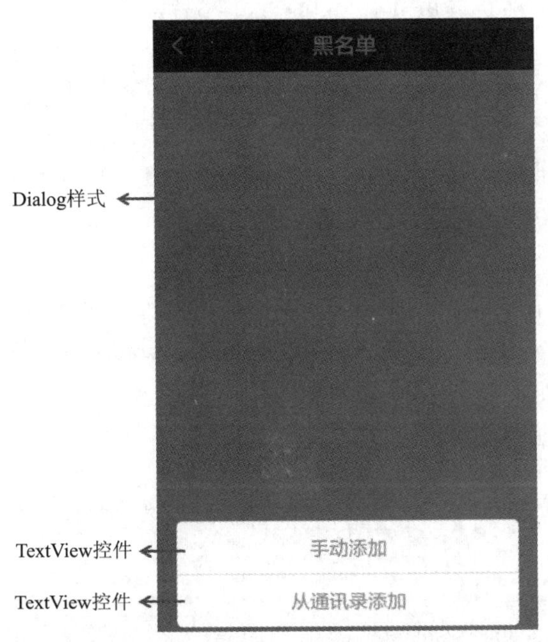

图4-21　添加黑名单选项界面

搭建添加黑名单选项界面布局的具体步骤如下：

1．创建添加黑名单选项界面布局

在res/layout文件夹中，创建一个布局文件add_blacklist_dialog.xml。

2．放置控件

在add_blacklist_dialog.xml文件中，放置 2个TextView控件分别用于显示“手动添加”和“从通讯录添加”信息，1个View控件用于显示灰色分割线，具体代码如【文件4-12】所示。

【文件4-12】add_blacklist_dialog.xml

```
1  <?xml version="1.0" encoding="utf-8"?>
2  <LinearLayout xmlns:android="http://schemas.android.com/apk/res/android"
3      android:layout_width="match_parent"
4      android:orientation="vertical"
5      android:layout_height="match_parent"
6      android:background="@drawable/dialog_background">
7      <TextView
8          android:id="@+id/add_manual"
9          android:layout_width="match_parent"
10         android:layout_height="45dp"
11         android:layout_margin="2dp"
12         android:gravity="center"
13         android:text=" 手动添加 "
14         android:textColor="#8e8e8e"
15         android:textSize="18sp" />
16     <View
17         android:layout_width="match_parent"
18         android:layout_height="1px"
19         android:background="#9e9e9e"/>
20     <TextView
21         android:id="@+id/add_contacts"
22         android:layout_width="match_parent"
23         android:layout_height="45dp"
24         android:layout_margin="2dp"
25         android:gravity="center"
26         android:text=" 从通讯录添加 "
27         android:textColor="#8e8e8e"
28         android:textSize="18sp" />
29 </LinearLayout>
```

3．创建界面背景

由于添加黑名单界面背景的四个角有一定的弧度，背景颜色为白色，因此我们需要在res/drawable文件夹中创建一个设置背景的文件dialog_background.xml，在该文件中设置背景的颜色与四角的弧度，具体代码如【文件4-13】所示。

【文件4-13】dialog_background.xml

```
1  <?xml version="1.0" encoding="utf-8"?>
2  <shape xmlns:android="http://schemas.android.com/apk/res/android">
3      <solid android:color="#ffffff"/>
4      <corners android:radius="5dp"/>
5  </shape>
```

上述代码中，标签<shape></shape>用于设置背景的形状，在未设置属性android:shape的值时，背景使用默认的形状为矩形（rectangle）。标签<solid>中的属性android:color用于设置背景的填充色，此属性的值为”#ffffff”，表示背景的颜色为白色。标签<corners/>中的属性android:radius用于设置背景四个角的弧度。

4. 创建对话框样式

由于添加黑名单选项界面是一个对话框样式的界面，因此需要在res/value文件夹中的styles.xml文件中创建一个ActionSheetDialogStyle样式，具体代码如【文件4-14】所示。

【文件4-14】styles.xml

```
1  <resources>
2      ......
3      <style name="ActionSheetDialogStyle" parent="@android:style/Theme.Dialog">
4          <!-- 背景透明 -->
5          <item name="android:windowBackground">@android:color/transparent</item>
6          <item name="android:windowContentOverlay">@null</item>
7          <!-- 浮于 Activity 之上 -->
8          <item name="android:windowIsFloating">true</item>
9          <!-- 边框 -->
10         <item name="android:windowFrame">@null</item>
11         <!-- Dialog 以外的区域模糊效果 -->
12         <item name="android:backgroundDimEnabled">true</item>
13         <!-- 无标题 -->
14         <item name="android:windowNoTitle">true</item>
15         <!-- 半透明 -->
16         <item name="android:windowIsTranslucent">true</item>
17         <!-- Dialog 进入及退出动画 -->
18         <item name="android:windowAnimationStyle">
19             @style/ActionSheetDialogAnimation
20         </item>
21     </style>
22     <!-- ActionSheet 进出动画 -->
23     <style name="ActionSheetDialogAnimation" parent="@android:style/Animation.Dialog">
24         <item name="android:windowEnterAnimation">@anim/dialog_in</item>
25         <item name="android:windowExitAnimation">@anim/dialog_out</item>
26     </style>
27 </resources>
```

上述代码中，第3~21行代码定义了一个ActionSheetDialogStyle对话框样式。在<style>标签中，parent="@android:style/Theme.Dialog"表示该样式是继承的对话框样式，根据代码中的注释可详细知道ActionSheetDialogStyle样式中各个属性设置的效果，此处不再进行详细介绍。

第18~20行代码设置了窗口的动画效果，此处引用了创建的ActionSheetDialogAnimation样式。

第23~26行代码定义了一个ActionSheetDialogAnimation样式，此样式也继承了对话框动画的样式，样式中的属性name="android:windowEnterAnimation"用于设置界面进入时的动画效果，该效果在dialog_in.xml文件中设置，属性name="android:windowExitAnimation"用于设置界面退出时的动画效果，该效果在dialog_out.xml文件中设置。

5. 创建界面进入与退出时的动画

（1）创建界面进入时的动画

在res文件夹中创建一个anim文件夹，在该文件夹中创建一个dialog_in.xml文件，该文件主要用于设置界面进入时的动画效果，具体代码如【文件4-15】所示。

【文件4-15】dialog_in.xml

```
1  <?xml version="1.0" encoding="utf-8"?>
2  <translate xmlns:android="http://schemas.android.com/apk/res/android"
3      android:duration="200"
4      android:fromYDelta="100%"
5      android:toYDelta="0" />
```

上述代码中，标签<translate/>表示设置的动画为平移动画，属性android:duration="200"表示动画的持续时间为200毫秒，属性android:fromYDelta="100%"表示动画在Y轴的起始位置为100%，100%表示当前View的左上角加上当前View的高度，属性android:toYDelta="0"表示动画在Y轴的结束位置为0。

（2）创建界面退出时的动画

在res/anim文件夹中，创建一个dialog_out.xml文件，该文件主要用于设置界面退出时的动画效果，具体代码如【文件4-16】所示。

【文件4-16】dialog_out.xml

```
1  <?xml version="1.0" encoding="utf-8"?>
2  <translate xmlns:android="http://schemas.android.com/apk/res/android"
3      android:duration="200"
4      android:fromYDelta="0"
5      android:toYDelta="100%" />
```

上述代码与【文件4-15】中的介绍类似，此处不再进行详细介绍。

任务7　实现黑名单界面功能

任务综述

为了实现黑名单界面设计的功能，首先需要创建LisView的适配器，然后在黑名单界面的Activity中创建initView()方法，用于初始化控件和为部分控件设置点击事件，并实现View.OnClickListener接口，完成界面部分控件的点击事件，然后创建notifyChanged()方法用于刷新黑名单界面中的数据，最后在点击“添加黑名单”时，实现弹出对话框的功能。接下来，本任务将通过逻辑代码实现黑名单界面的功能。

【知识点】

- ListView适配器。
- 黑名单数据库。
- 自定义对话框。

【技能点】

- 为黑名单列表设置适配器。
- 读取和删除黑名单数据库中的联系人信息。
- 设置自定义对话框的内容，以及显示和隐藏自定义对话框。

任务7-1　实现黑名单列表的适配器

由于黑名单列表的条目布局引用的是骚扰拦截的条目布局，因此可以将骚扰拦截界面中的数据适配器InterceptionAdapter修改后，作为骚扰拦截界面条目布局和黑名单列表条目布局的公用适配器。实现黑名单列表适配器的具体步骤如下：

1. 区分公用适配器

在InterceptionAdapter类的构造方法中添加一个sign标识，用于区分InterceptionAdapter适配器是对骚扰拦截界面或者黑名单界面中的ListView控件进行的数据适配。具体代码如下所示。

```
1  public class InterceptionAdapter extends BaseAdapter {
2      ......
3      private int sign = -1;
4      Public InterceptionAdapter(List<BlackContactInfo> contacts,Context context,
5                                                                    int sign){
6          ......
7          this.sign = sign;
8      }
9  }
```

在InterceptionAdapter类中修改ViewHolder类，在该类中创建ImageView控件的属性。具体代码如下所示。

```
1  class ViewHolder {
2      ......
3      ImageView delete;
4  }
```

由于骚扰拦截界面中不存在删除按钮，因此在骚扰拦截界面中设置删除按钮隐藏，当处于黑名单界面时，拦截次数不存在，而删除按钮存在，因此隐藏拦截次数，显示删除按钮。在InterceptionAdapter类的getView()方法中的“convertView.setTag(holder)”的代码上方，添加上述逻辑的代码，具体如下所示。

```
1  @Override
2  public View getView(final int position, View convertView, ViewGroup parent) {
3      ......
4      if (convertView == null) {
5          ......
6          holder.delete = convertView.findViewById(R.id.delete);
7          if (sign == 2){ //黑名单界面列表
8              holder.mTimes.setVisibility(View.GONE);           //拦截次数
9              holder.delete.setVisibility(View.VISIBLE);        //删除按钮
10             holder.delete.setOnClickListener(new View.OnClickListener() {
11                 @Override
12                 public void onClick(View v) {
13                     BlackNumberDao dao = new BlackNumberDao(context);
14                     boolean flag = dao.detele(info);
15                     if (flag){
16                         Toast.makeText(context,"删除成功",Toast.LENGTH_SHORT).show();
17                         contactInfos =  dao.getBlackList();
18                         notifyDataSetChanged();
19                     }
20                 }
21             });
22         }
23         convertView.setTag(holder);
24     } else {
25         holder = (ViewHolder) convertView.getTag();
```

```
26     }
27     ......
28     return convertView;
29 }
```

上述代码中，第6行代码用于获取删除按钮控件。

第7行代码根据判断sign的值是否为2，判断当前使用的是否为黑名单界面列表的适配器，如果为2，则通过调用setVisibility()方法隐藏拦截次数的控件，显示删除按钮的控件，并为该控件设置点击监听事件。

第10~21行代码通过调用setOnClickListener()方法为删除按钮设置点击监听事件。当点击删除按钮时，回调onClick()方法。

第13行代码创建了黑名单数据库dao，第14行代码通过调用detele()方法删除黑名单数据库中的info数据，并将删除是否成功的信息赋值给变量flag。

第15~19行代码根据flag的值判断是否删除成功，当flag为true时，表示删除成功，此时通过调用getBlackList()方法更新集合contactInfos，并通过调用notifyDataSetChanged()方法刷新列表中的数据。

2．修改创建InterceptionAdapter对象的逻辑代码

由于InterceptionAdapter类中的构造方法发生变化，因此在InterceptionActivity类的notifyChanged()方法中修改创建InterceptionAdapter对象的方法。具体代码如下所示。

```
1  private void notifyChanged() {
2      ......
3      if (infos.size()>0){
4          ......
5          InterceptionAdapter adapter = new InterceptionAdapter(infos,this,1);
6          ......
7      }
8      ......
9  }
```

上述代码中，第5行代码将InterceptionAdapter构造方法的sign标识设置为1。

3．实现删除黑名单数据库中联系人信息的功能

由于在黑名单界面列表的条目中点击删除按钮时，可以删除黑名单数据库中对应的联系人信息，因此在BlackNumberDao类中创建delete()方法，用于删除数据库中的联系人信息，并返回删除数据是否成功的boolean值。具体代码如下所示。

```
1  /*
2  * 删除数据
3  */
4  public boolean detele(BlackContactInfo blackContactInfo) {
5      SQLiteDatabase db = blackNumberOpenHelper.getWritableDatabase();
6      int rownumber = db.delete("blacknumber", "phoneNum=?",
7              new String[] { blackContactInfo.getPhoneNumber()});
8      if (rownumber == 0){
9          return false; // 删除数据不成功
10     }else{
11         return true; // 删除数据成功
12     }
```

```
13 }
```

上述代码中，第6~7行代码通过调用SQLiteDatabase对象的delete()方法删除blacknumber表中对应电话号码的数据，第8行代码根据判断rownumber是否为0，返回删除是否成功的状态，当rownumber等于0时，表示删除数据不成功，此时返回false，否则，返回true。

4. 获取黑名单数据库中的所有联系人信息

由于在黑名单界面的列表中需要显示黑名单数据库中的所有联系人信息，因此需要在BlackNumberDao类中创建getBlackList()方法，用于获取黑名单数据库中所有联系人信息的集合。具体代码如下所示。

```
1  /*
2  * 查询数据库中的所有数据
3  */
4  public List<BlackContactInfo> getBlackList(){
5      SQLiteDatabase db = blackNumberOpenHelper.getReadableDatabase();
6      List<BlackContactInfo> infos = new ArrayList<>();
7      Cursor cursor = db.query("blacknumber", null, null,null,null,null, null);
8      while (cursor.moveToNext()){                          //移动光标到下一行
9          //如果查询到该数据，则将该数据添加到集合中
10         BlackContactInfo info = new BlackContactInfo();
11         int times = cursor.getInt(cursor.getColumnIndex("times"));
12         String place = cursor.getString(cursor.getColumnIndex("place"));
13         String contactName = cursor.getString(cursor.getColumnIndex("phoneName"));
14         String phoneNumber = cursor.getString(cursor.getColumnIndex("phoneNum"));
15         info.setTimes(times);
16         info.setPlace(place);
17         info.setContactName(contactName);
18         info.setPhoneNumber(phoneNumber);
19         infos.add(info);
20     }
21     return infos;
22 }
```

上述代码中，第7行代码通过调用SQLiteDatabase对象的query()方法，查询黑名单数据库中的联系人信息。

第8~20行代码通过while循环将光标cursor中的数据添加到infos集合中，第21行代码通过return语句返回infos集合。

任务7-2　初始化界面控件

当进入黑名单界面时，首先需要获取界面控件的对象，才能设置控件的数据和点击事件，因此需要在BlackListActivity中创建initView()方法，具体代码如下所示。

```
1  public class BlackListActivity extends Activity implements View.OnClickListener {
2      private ListView listView;
3      @Override
4      protected void onCreate(Bundle savedInstanceState) {
5          super.onCreate(savedInstanceState);
6          setContentView(R.layout.activity_black_list);
7          initView();
```

```
8       }
9     public void  initView(){
10          RelativeLayout title_bar = findViewById(R.id.title_bar);
11          title_bar.setBackgroundColor(getResources().getColor(R.color.blue_color));
12          findViewById(R.id.add).setOnClickListener(this);
13          TextView title = findViewById(R.id.tv_main_title);
14          title.setText("黑名单");
15          listView = findViewById(R.id.listView);
16          TextView tv_back = findViewById(R.id.tv_back);
17          tv_back.setVisibility(View.VISIBLE);
18          tv_back.setOnClickListener(this);
19      }
20      @Override
21      public void onClick(View v) {
22          switch (v.getId()){
23             case R.id.tv_back:
24                  finish();
25                  break;
26             case R.id.add:     //显示Dialog对话框
27                  break;
28          }
29      }
30 }
```

上述代码中，第9~19行代码创建了initView()方法，在该方法中通过findViewById()方法获取界面控件，并通过setBackgroundColor()方法、setText()方法、setVisibility()方法、setOnClickListener()方法分别设置标题栏的背景颜色、界面标题、返回键的显示状态、添加按钮和返回键的点击事件。

任务7-3　刷新黑名单界面

黑名单数据库中的数据发生变化之后，再次进入黑名单界面时，需要更新黑名单界面的数据信息，因此需要创建notifyChanged()方法，在该方法中实现黑名单界面的数据更新，具体代码如下所示。

```
1  private void notifyChanged(){
2      BlackNumberDao dao = new BlackNumberDao(this);
3      List<BlackContactInfo> infos =  dao.getBlackList();
4      InterceptionAdapter adapter = new InterceptionAdapter(infos,
5                                              BlackListActivity.this,2);
6      listView.setAdapter(adapter);
7  }
8  @Override
9  protected void onResume() {
10     super.onResume();
11     notifyChanged();
12 }
```

上述代码中，第1~7行代码创建了notifyChanged()方法，其中，第3行代码通过调用BlackNumberDao对象的getBlackList()方法获取黑名单中的联系人集合infos。

第4~5行代码创建了adapter适配器，并将sign标识设置为2，表示黑名单界面中列表使用的适配器。

任务7-4　创建对话框

在黑名单界面创建对话框，在对话框中显示“手动添加”和“从通讯录中添加”文本，供用户选择添加联系人的方式。创建对话框的具体步骤如下：

1. 获取界面控件

在BlackListActivity的初始化方法initView()中，初始化对话框布局add_blacklist_dialog，然后为该布局中的选项设置点击事件监听器，并在onClick()方法中为两个选项设置点击事件，具体代码如下所示。

```
1  private View inflate;
2  private TextView add_manual,add_contacts;
3  ......
4  public void  initView(){
5       ......
6       //对话框的布局
7       inflate = LayoutInflater.from(this).inflate(R.layout.add_blacklist_dialog, null);
8       add_manual = (TextView) inflate.findViewById(R.id.add_manual);
9       add_contacts = (TextView) inflate.findViewById(R.id.add_contacts);
10      add_manual.setOnClickListener(this);
11      add_contacts.setOnClickListener(this);
12 }
13 @Override
14 public void onClick(View v) {
15     switch (v.getId()){
16         ......
17         case R.id.add_manual:                          //跳转到添加黑名单界面
18             break;
19         case R.id.add_contacts:                        //跳转到选择联系人界面
20             break;
21     }
22 }
```

2. 创建对话框显示样式

在BlackListActivity中创建显示对话框的方法showDialog()，通过该方法设置对话框在窗口中的显示样式，具体代码如下所示。

```
1  private Dialog dialog;
2  ......
3  private void showDialog() {
4     if (dialog == null){
5         dialog = new Dialog(this,R.style.ActionSheetDialogStyle);
6         dialog.setContentView(inflate);                    //将布局设置给 Dialog 对象
7         //获取当前 Activity 所在的窗体
8         Window dialogWindow = dialog.getWindow();
9         dialogWindow.setGravity(Gravity.BOTTOM);//设置 Dialog 从窗体底部弹出
10        //获得窗体的属性
11        WindowManager.LayoutParams lp = dialogWindow.getAttributes();
12        lp.y = 20;                                      //设置 Dialog 距离底部的距离
```

```
13          dialogWindow.setAttributes(lp);           // 将窗体的属性设置给窗体
14      }
15      dialog.show();                                // 显示对话框
16 }
```

上述方法中，第4行代码用于判断Dialog是否为空，如果为空，则执行第5~12行代码，设置Dialog的显示样式。根据代码中的注释可详细了解Dialog样式中各个方法设置的作用，此处不再进行详细介绍。

3. 显示对话框

当用户点击“添加黑名单”按钮时，弹出对话框供用户选择添加联系人到黑名单中的方式，因此需要在onClick()方法中的“//显示Dialog对话框”注释下方添加显示对话框的方法showDialog()，用于显示对话框。具体代码如下所示。

```
1 @Override
2 public void onClick(View v) {
3     switch (v.getId()){
4         ......
5         case R.id.add:     // 显示 Dialog 对话框
6             showDialog();
7             break;
8         ......
9 }
```

4. 隐藏对话框

当程序离开黑名单界面时，需要隐藏已经显示的对话框，因此重写onPause()方法，在该方法中调用dismiss()方法隐藏已经显示的对话框。具体代码如下所示。

```
1 @Override
2 protected void onPause() {
3     super.onPause();
4     if (dialog != null){
5         dialog.dismiss();
6     }
7 }
```

5. 跳转到黑名单界面

由于点击骚扰拦截界面中的黑名单按钮时，会跳转到黑名单界面，因此需要找到InterceptionActivity.java中的onClick()方法，在该方法中的注释“//跳转到黑名单界面”下方添加跳转到黑名单界面的逻辑代码，具体代码如下所示。

```
Intent intent = new Intent(this, BlackListActivity.class);
startActivity(intent);
```

黑名单界面的逻辑代码文件BlackListActivity.java的完整代码详见【文件4-17】所示。

完整代码：文件 4-17

任务8　“添加黑名单”设计分析

任务综述

手机安全卫士软件中的添加黑名单界面主要用于输入需要拦截的电话号码与备注信息，输入完信息之后，将这些信息添加到黑名单数据库中并显示到黑名单界面的列表中。在当前任务中，我们通过工具Axure RP 9 Beat来设计添加黑名单界面的原型图，使其达到用户需求的效果。为了让读者学习如何设计添加黑名单界面，本任务将针对添加黑名单界面的原型和UI设计进行分析。

任务8–1　原型分析

为了将需要拦截的电话号码（此号码不存在通讯录中）添加到黑名单中，我们在骚扰拦截模块中设计了一个添加黑名单界面，在该界面用户可以输入需要拦截的电话号码与备注信息（可选），输入完信息之后，点击界面上的“添加”按钮，将需要拦截的信息添加到黑名单数据库中并显示到黑名单界面的列表中。

通过情景分析后，总结用户需求，添加黑名单界面设计的原型图如图4-22所示。

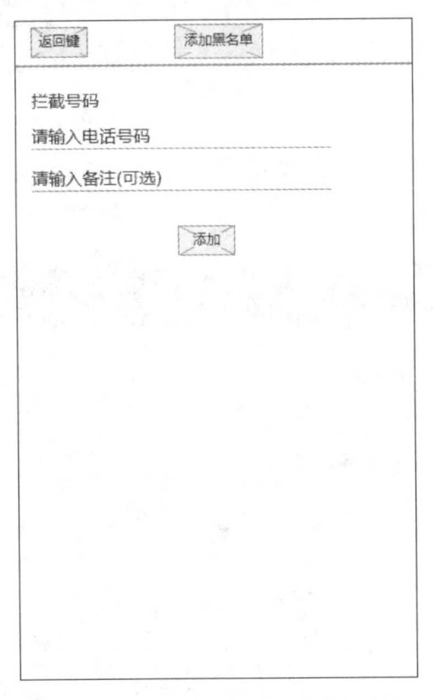

图4-22　添加黑名单界面原型图

根据图4-22中设计的添加黑名单界面原型图，分析界面上各个功能的设计与放置的位置，具体如下：

1. 标题栏设计

标题栏原型图设计如图4-23所示。

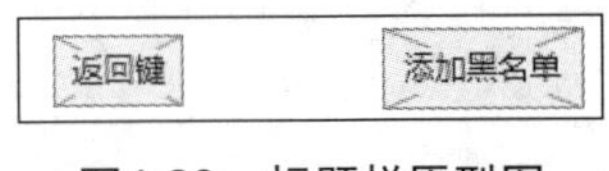

图4-23　标题栏原型图

添加黑名单界面的标题栏设计与前面章节中的标题栏设计相似，唯一不同的是标题不一样，添加黑名单界面的标题为“添加黑名单”。

2. 拦截号码信息的设计

拦截号码信息的原型图设计如图4-24所示。

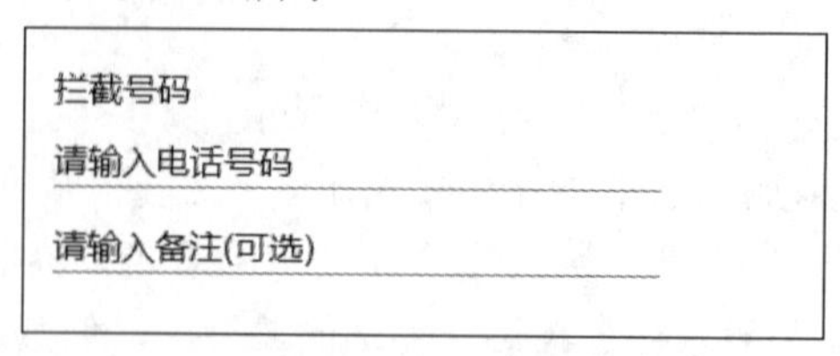

图4-24 拦截号码信息原型图

在添加黑名单界面中，我们设计了2个输入框，用于输入用户需要拦截的电话号码与备注信息，并以上下的顺序放置。为了提示用户输入的主要信息是需要拦截的电话号码信息，在第1个输入框上方添加文本“拦截号码”进行提示。

3. “添加”按钮的设计

“添加”按钮的原型图设计如图4-25所示。

输入完拦截信息后，为了将这些信息添加到黑名单数据库中，我们在界面上设计了一个“添加”按钮，此按钮位于第2个输入框下方并在水平方向居中显示。

图4-25 “添加”按钮原型图

任务8-2 UI分析

通过原型分析可知添加黑名单界面具体有哪些功能，需要显示哪些信息，根据这些信息，设计添加黑名单界面的效果，如图4-26所示。

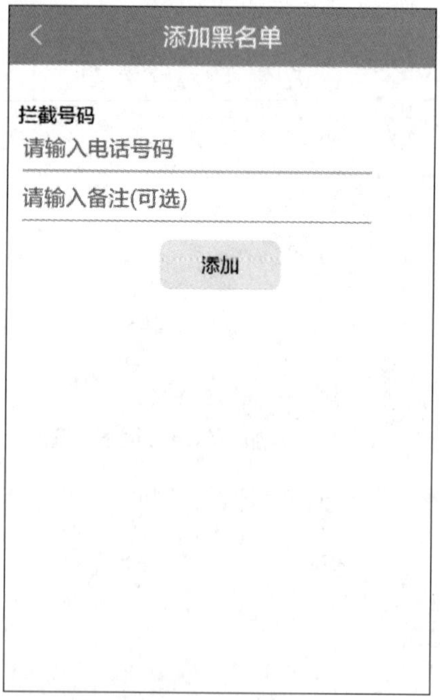

图4-26 添加黑名单界面效果图

根据图4-26展示的添加黑名单界面效果图，分析该图的设计过程，具体如下：

1．添加黑名单界面布局设计

由图4-26可知，添加黑名单界面显示的信息有标题栏、拦截号码信息、“添加”按钮。其中，拦截号码信息是由1个文本与2个输入框组成，文本用于显示“拦截号码”信息，2个输入框分别用于显示电话号码输入框与备注输入框，“添加”信息由1个按钮显示。

2．颜色设计

（1）标题栏设计

标题栏UI设计效果如图4-27所示。

（2）拦截号码信息的设计

拦截号码信息的UI设计效果如图4-28所示。

为了提示用户输入的信息是拦截号码信息，将输入框上方的“拦截号码”文本信息设置为黑色，字体大小为14sp，输入框中的提示信息一般设置为灰色。

（3）“添加”按钮的设计

“添加”按钮的UI设计效果如图4-29所示。

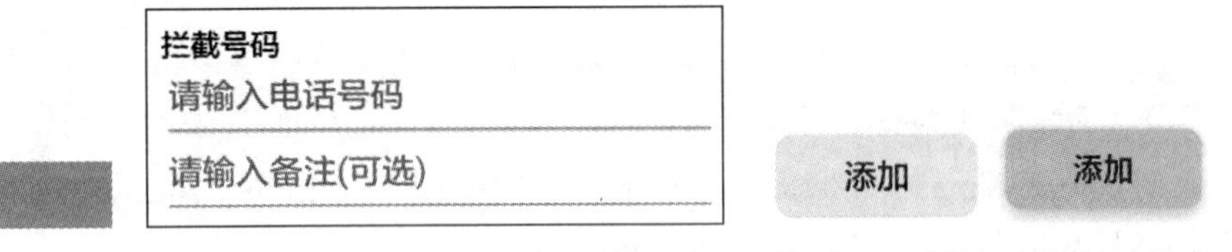

图4-27　标题栏UI效果　　图4-28　拦截号码信息UI效果　　图4-29　“添加”按钮UI效果

根据原型分析可知，添加黑名单界面有一个“添加”按钮，由于该界面的背景颜色为白色，为了让“添加”按钮在界面上突出显示，我们将其背景设计为浅灰色，文本设计为黑色。当该按钮处于点击状态时，背景颜色设计为深灰色，文本设计为黑色。

任务9　搭建添加黑名单界面

任务综述

为了实现添加黑名单的UI设计效果，使用TextView控件、EditText控件、Button控件完成添加黑名单界面的标题栏、“拦截号码”信息、电话号码与备注的输入框、“添加”按钮的显示。本任务将通过布局代码搭建添加黑名单界面的布局。

【知识点】

TextView控件、EditText控件、Button控件。

【技能点】

- 通过TextView控件显示“拦截号码”信息。
- 通过EditText控件显示电话号码与备注信息的输入框。
- 通过Button控件显示“添加”按钮。

本任务需要搭建的添加黑名单界面效果如图4-30所示。

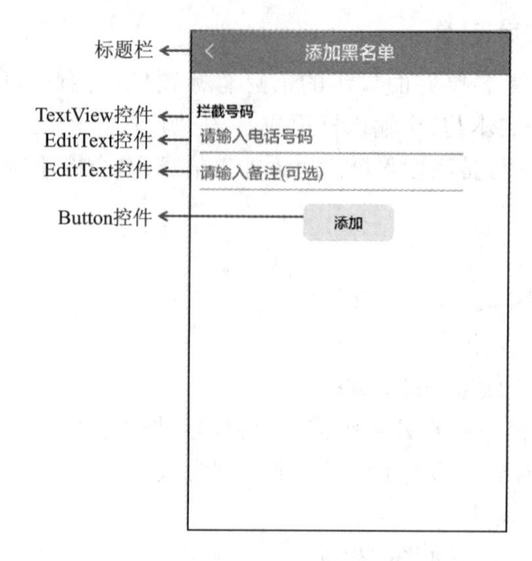

图4-30 添加黑名单界面

搭建添加黑名单界面布局的具体步骤如下：

1. 创建添加黑名单界面

在com.itheima.mobilesafe.interception包中创建一个Empty Activity类，命名为AddBlackActivity并将布局文件名指定为activity_add_black。

2. 放置界面控件

在activity_add_black.xml文件中，放置1个TextView控件用于显示拦截号码的文本，2个EditText控件分别用于显示电话号码和备注信息的输入框，1个Button控件用于显示“添加”按钮（使用黑名单界面的“添加黑名单”按钮的背景选择器），具体代码如【文件4-18】所示。

【文件4-18】activity_add_black.xml

```
1  <?xml version="1.0" encoding="utf-8"?>
2  <RelativeLayout xmlns:android="http://schemas.android.com/apk/res/android"
3      android:layout_width="match_parent"
4      android:layout_height="match_parent"
5      android:background="@android:color/white">
6      <include layout="@layout/main_title_bar"/>
7      <LinearLayout
8          android:id="@+id/ll_phoneNum"
9          android:layout_width="match_parent"
10         android:layout_height="wrap_content"
11         android:layout_below="@+id/title_bar"
12         android:layout_marginTop="30dp"
13         android:layout_marginLeft="10dp"
14         android:layout_marginRight="10dp"
15         android:orientation="vertical">
16         <TextView
17             android:layout_width="wrap_content"
18             android:layout_height="wrap_content"
19             android:text=" 拦截号码 "
20             android:textSize="16sp"
21             android:textColor="@android:color/black"/>
22         <EditText
```

```
23              android:id="@+id/phoneNum"
24              android:layout_width="300dp"
25              android:layout_height="wrap_content"
26              android:ems="10"
27              android:hint="请输入电话号码"
28              android:textColor="@android:color/black"
29              android:textColorHint="@color/dark_gray"/>
30      </LinearLayout>
31      <LinearLayout
32          android:id="@+id/ll_phoneName"
33          android:layout_width="match_parent"
34          android:layout_height="wrap_content"
35          android:layout_marginLeft="10dp"
36          android:layout_marginRight="10dp"
37          android:layout_below="@+id/ll_phoneNum">
38          <EditText
39              android:id="@+id/phoneName"
40              android:layout_width="300dp"
41              android:layout_height="wrap_content"
42              android:ems="10"
43              android:hint="请输入备注（可选）"
44              android:textColor="@android:color/black"
45              android:textColorHint="@color/dark_gray"/>
46      </LinearLayout>
47      <Button
48          android:id="@+id/add"
49          android:layout_width="100dp"
50          android:layout_height="40dp"
51          android:text="添加"
52          android:layout_below="@+id/ll_phoneName"
53          android:layout_centerHorizontal="true"
54          android:textColor="@android:color/black"
55          android:layout_marginTop="10dp"
56          android:textSize="16sp"
57          android:background="@drawable/bg_button_selector"/>
58  </RelativeLayout>
```

任务10　归属地数据库

任务综述

在骚扰拦截模块中会显示电话号码的归属地信息，该信息主要包括号码的省市以及号码的类型（移动、联通和电信等），由于国内的电话号码众多，为了方便起见，我们使用第三方归属地数据库，通过操作该数据库可以获取电话号码对应的归属地信息。

【知识点】

- 第三方数据库。
- Thread线程。

【技能点】

- 掌握查看第三方数据库的方法。
- 通过Thread线程实现复制归属地数据库的功能。

任务10-1　数据库展示

我们在使用第三方数据库之前，需要了解第三方数据库存在什么表、表中存在什么字段、如何通过字段查询到归属地信息。因此我们首先需要查看第三方数据库，了解该数据库中的字段信息。phone数据库的具体介绍如下。

使用SQLite Expert Personal工具查看phone数据库，该数据库中包含两个表，分别为phones，regions。phones表如图4-31所示。

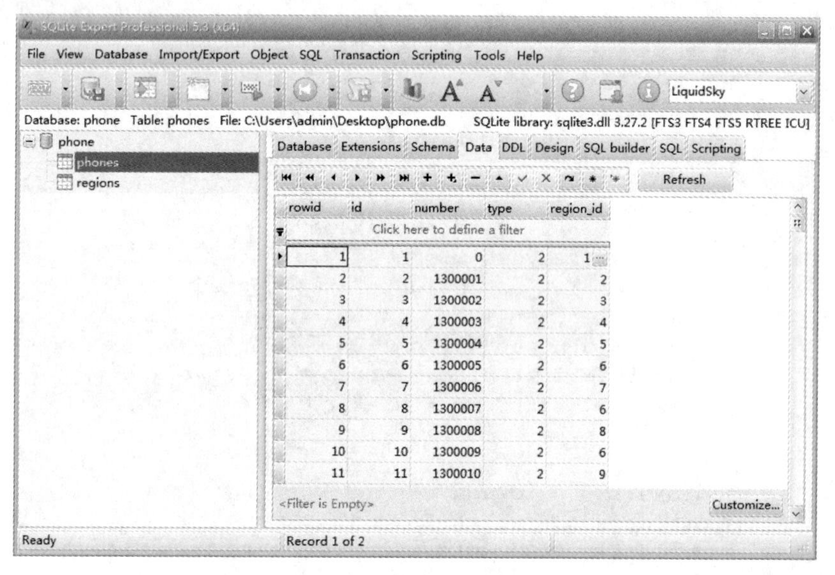

图4-31　phones表

图4-31中的phones表中包含rowid、id、number、type、region_id等5个字段，分别表示存储每条记录的实际物理地址、自动增长的主键、存储电话号码的前7位数字、卡类型、外键。其中卡类型的值为1、2、3、4、5、6，分别表示移动、联通、电信、电信虚拟运营商、联通虚拟运营商和移动虚拟运营商等信息。外键用于与regions表中的id相关联，regions表如图4-32所示。

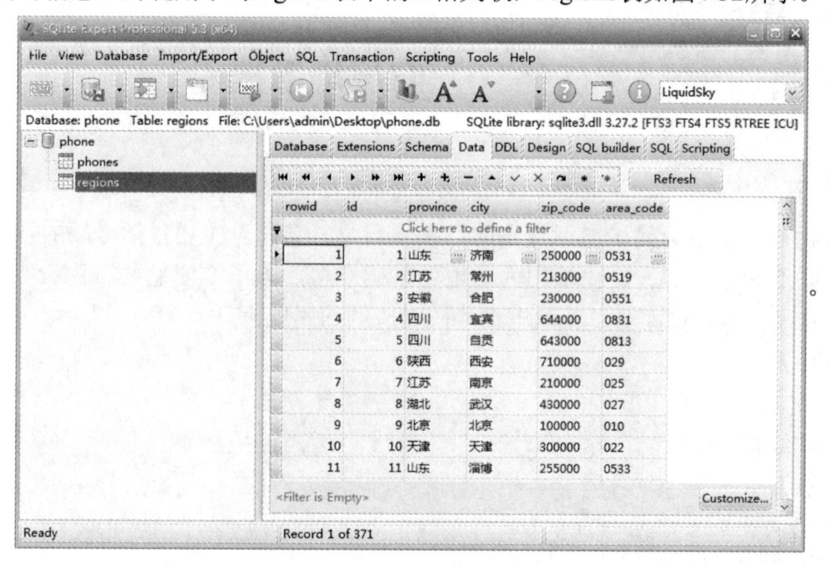

图4-32　regions表

图4-32中的regions表中包含rowid、id、province、city、zip_code、area_code等6个字段，分别表示存储每条记录的实际物理地址、自动增长的主键、省、市、邮编和区号。

任务10-2　复制归属地数据库到项目中

归属地数据库需要存放在项目中，以便于后续程序对该数据库的获取。一般情况下，我们会将文件信息存放在项目中的“/data/data/com.itheima.mobilesafe/files”路径中，因此我们创建一个copyDB()方法，在该方法中通过IO流的形式将归属地数据库复制到项目中的files文件夹中。

1. 导入phones.db文件

选中src/main包，在main包中创建assets包，并将phones.db导入到src/main/assets目录中。

2. 将归属地数据库复制到项目中

在com.itheima.mobilesafe.interception包中创建utils包，并在该包中创建CopyDbUtils类。具体代码如【文件4-19】所示。

【文件4-19】CopyDbUtils.java

```
1  package com.itheima.mobilesafe.interception.utils;
2  ......
3  public class CopyDbUtils {
4      private Context context;
5      public CopyDbUtils(Context context){
6          this.context = context;
7      }
8      //拷贝资产目录下的数据库文件
9      public void copyDB(final String dbName) {
10         new Thread(){
11             public void run() {
12                 try {
13                     File file = new File(context.getFilesDir(),dbName);
14                     if(file.exists()&&file.length()>0){
15                         return ;
16                     }
17                     InputStream is = context.getAssets().open(dbName);
18                     FileOutputStream fos  = context.openFileOutput(dbName, MODE_PRIVATE);
19                     byte[] buffer = new byte[512];
20                     int len = 0;
21                     while((len = is.read(buffer))!=-1){
22                         fos.write(buffer, 0, len);
23                     }
24                     is.close();
25                     fos.close();
26                 } catch (Exception e) {
27                     e.printStackTrace();
28                 }
29             };
30         }.start();
31     }
32 }
```

上述代码中，第9~31行代码创建了copyDB()方法，在该方法中创建了一个Thread子线程，在该线程中通过IO流的形式将归属地数据库phones.db复制到项目中的“/data/data/com.itheima.mobilesafe/files”目录下。

第13行代码中File()方法中的第1个参数context.getFilesDir()表示files文件夹的路径，第2个参数dbName表示归属地数据库名称phone.db。

第17行代码通过调用open()方法从项目的assets文件夹中获取归属地数据库的输入流对象is，第18行代码通过openFileOutput()方法获取文件输出流的对象fos。

第21~23行代码通过while循环将归属地数据库写入到files文件夹中。

第24、25行代码通过调用close()方法分别关闭输入流is与输出流fos。

3. 调用copyDB()方法

由于需要在添加黑名单界面获取归属地相关信息，因此需要在AddBlackActivity的onCreate()方法中调用copyDB()方法实现此功能，具体代码如【文件4-20】所示。

【文件4-20】AddBlackActivity.java

```
1  package com.itheima.mobilesafe.interception;
2  ......
3  public class AddBlackActivity extends Activity {
4      @Override
5      protected void onCreate(Bundle savedInstanceState) {
6          super.onCreate(savedInstanceState);
7          setContentView(R.layout.activity_add_black);
8          CopyDbUtils copyDbUtils = new CopyDbUtils(this);
9          copyDbUtils.copyDB("phone.db");
10     }
11 }
```

任务10-3 创建归属地数据库操作类

将归属地数据库复制到项目目录后，根据电话号码的前七位数字在phones表中获取到type(卡类型)、region_id(外键)字段，然后根据获取到的region_id(外键)字段在regions表中查询province(省)、city(城市)字段，即可获取到电话号码的归属地信息。

【任务实施】

在com.itheima.mobilesafe.interception.db.dao包中创建一个数据库操作类NumBelongtoDao，具体代码如【文件4-21】所示。

【文件4-21】NumBelongtoDao.java

```
1  package com.itheima.mobilesafe.interception.utils;
2  ......
3  public class NumBelongtoDao {
4      //返回电话号码的归属地
5      public static String getLocation(String phonenumber) {
6          String location = null;
7          SQLiteDatabase db = SQLiteDatabase.openDatabase(
8                  "/data/data/com.itheima.mobilesafe/files/phone.db", null,
9                                                  SQLiteDatabase.OPEN_READONLY);
10         //通过正则表达式匹配号段，13X  14X  15X  17X  18X,
11         // 130 131 132 133 134 135 136 137 138 139
12         if (phonenumber.matches("^1[34578]\\d{9}$")) {
13             // 手机号码的查询
```

```
14          Cursor cursor = db.query("phones", null, "number=?",
15                  new String[]{phonenumber.substring(0,7)}, null, null, null);
16          String region_id = null;
17          if (cursor.moveToNext()) {
18              int type = cursor.getInt(cursor.getColumnIndex("type"));
19              region_id = cursor.getString(cursor.getColumnIndex("region_id"));
20              switch (type){
21                  case 1:
22                      location = "移动";
23                      break;
24                  case 2:
25                      location = "联通";
26                      break;
27                  case 3:
28                      location = "电信";
29                      break;
30                  case 4:
31                      location = "电信虚拟运营商";
32                      break;
33                  case 5:
34                      location = "联通虚拟运营商";
35                      break;
36                  case 6:
37                      location = "移动虚拟运营商";
38                      break;
39              }
40          }
41          if (region_id !=null || region_id.isEmpty()){
42              Cursor cursor1 = db.rawQuery("select * from regions where id = ?",
43                                                  new String[]{region_id});
44              if (cursor1.moveToNext()) {
45                  String city = cursor1.getString(cursor1.getColumnIndex("city"));
46                  String province = cursor1.getString(cursor1.getColumnIndex(
47                                                                  "province"));
48                  if(city.equals(province)){
49                      location = city +" | "+ location;
50                  }else{
51                      location = province + city +" | "+ location;
52                  }
53              }
54              cursor1.close();
55          }
56      }else {// 其他电话
57          switch (phonenumber.length()) {// 判断电话号码的长度
58          case 3: // 110 120 119 121 999
59              if ("110".equals(phonenumber)) {
60                  location = "匪警";
61              } else if ("120".equals(phonenumber)) {
62                  location = "急救";
63              } else {
64                  location = "报警号码";
```

```
65                  }
66                  break;
67              case 4:
68                  location = "模拟器";
69                  break;
70              case 5:
71                  location = "客服电话";
72                  break;
73              case 7:
74                  location = "本地电话";
75                  break;
76              case 8:
77                  location = "本地电话";
78                  break;
79              default:
80                  break;
81              }
82          }
83          db.close();
84          return location;
85      }
86 }
```

上述代码中，第5~85行代码创建了getLocation()方法，该方法用于获取电话号码的归属地信息。其中第12~56行代码使用正则表达式判断接收的号码是否为手机号码，如果是则获取手机号码的归属地信息。

第57~82行代码根据电话号码的长度确定电话号码的类型。

第83行代码通过close()方法关闭数据库对象db。

第84行代码返回查询到的归属地信息location。

任务11　实现添加黑名单界面功能

任务综述

为了实现添加黑名单界面设计的功能，在界面的逻辑代码中首先需要创建initView()方法获取界面控件，并为部分控件设置点击事件，然后实现View.OnClickListener接口，完成界面部分控件的点击事件，当点击“添加”按钮时，将输入框中的电话号码和备注信息分别添加到黑名单数据库中的phoneNum和phoneName字段中。

【知识点】

- 数据库的使用。

【技能点】

- 掌握添加黑名单界面的设计和逻辑构思。
- 实现对数据库中的数据进行查询、添加功能。

任务11-1　初始化界面控件

由于需要获取设置密码界面的控件并为其设置一些数据，因此在AddBlackActivity中创建一个initView()方法初始化界面控件。具体代码如下所示。

```
1  private EditText phoneNum,phoneName;
2  @Override
3  protected void onCreate(Bundle savedInstanceState) {
4      super.onCreate(savedInstanceState);
5      ......
6      initView();
7  }
8  public void initView(){
9      RelativeLayout title_bar = findViewById(R.id.title_bar);
10     title_bar.setBackgroundColor(getResources().getColor(R.color.blue_color));
11     TextView title = findViewById(R.id.tv_main_title);
12     title.setText("添加黑名单");
13     TextView tv_back = findViewById(R.id.tv_back);
14     tv_back.setVisibility(View.VISIBLE);
15     phoneNum = findViewById(R.id.phoneNum);
16     phoneName = findViewById(R.id.phoneName);
17 }
```

上述代码中，第8~17行代码创建了initView()方法，在该方法中通过findViewById()方法获取界面控件，并通过setBackgroundColor()方法、setText()方法、setVisibility()方法分别设置标题栏的背景颜色、界面标题、返回键的显示状态。

任务11-2　添加信息到黑名单数据库

在添加黑名单界面中，当用户点击“添加”按钮时，需要调用BlackNumberDao类的isNumberExist()方法，判断用户输入的电话号码是否在数据库中已经存在，如果不存在，则调用BlackNumberDao类中add()方法，将用户输入的信息添加到黑名单数据库中。实现添加信息到黑名单数据库中的具体步骤如下：

1．判断电话号码在数据库中是否存在

在BlackNumberDao类中创建isNumberExist()方法，用于查看电话号码是否在黑名单数据库中已经存在，如果存在，则返回true，否则，返回false。具体代码如下所示。

```
1  /*
2  * 判断号码是否在黑名单数据库中存在
3  */
4  public boolean isNumberExist(String number) {
5     SQLiteDatabase db = blackNumberOpenHelper.getReadableDatabase();
6     Cursor cursor = db.query("blacknumber", null, "phoneNum=?",
7            new String[]{number}, null, null, null);
8     if (cursor.moveToNext()) {
9        cursor.close();
10       db.close();
11       return true;
12    }
13    cursor.close();
14    db.close();
15    return false;
16 }
```

2．将联系人信息添加到黑名单数据库中

在BlackNumberDao中创建add()方法，在该方法中通过SQLiteDatabase类的insert()方法，将联系人信息添加到黑名单数据库的blacknumber表中，并返回是否添加成功的状态。具体代码如下所示。

```
1  /*
2  * 添加数据
3  */
4  public boolean add(BlackContactInfo blackContactInfo) {
5      SQLiteDatabase db = blackNumberOpenHelper.getWritableDatabase();
6      ContentValues values = new ContentValues();
7      if (blackContactInfo.getPhoneNumber().startsWith("+86")) {
8          blackContactInfo.setPhoneNumber(blackContactInfo.getPhoneNumber()
9                  .substring(3, blackContactInfo.getPhoneNumber().length()));
10     }
11     values.put("phoneNum", blackContactInfo.getPhoneNumber());
12     values.put("phoneName", blackContactInfo.getContactName());
13     values.put("place",blackContactInfo.getPlace());
14     values.put("times", blackContactInfo.getTimes());
15     long rowid = db.insert("blacknumber", null, values);
16     if (rowid == -1){ // 插入数据不成功
17         return false;
18     }else{
19         return true;
20     }
21 }
```

任务11-3　实现界面控件的点击事件

由于黑名单界面的返回键和“添加”按钮都需要实现点击事件，因此将AddBlackActivity实现View.OnClickListener接口，并重写onClick()方法，在该方法中实现控件的点击事件。实现界面控件的点击事件的具体步骤如下：

1．实现界面控件的点击事件

将AddBlackActivity实现View.OnClickListener接口，并重写onClick()方法，在该方法中根据被点击控件的Id实现对应控件的点击事件，具体代码如下所示。

```
1  public class AddBlackActivity extends Activity implements View.OnClickListener {
2     public void initView(){
3         ......
4         tv_back.setOnClickListener(this);
5         findViewById(R.id.add).setOnClickListener(this);
6  }
7     @Override
8      public void onClick(View v) {
9          switch (v.getId()){
10             case R.id.tv_back:
11                 finish();
12                 break;
13             case R.id.add:
14                 String num = phoneNum.getText().toString();
```

```
15              String name = phoneName.getText().toString();
16              BlackNumberDao dao = new BlackNumberDao(AddBlackActivity.this);
17              if (num.trim().isEmpty()) {
18                  Toast.makeText(this, "请输入需要拦截的号码", Toast.LENGTH_SHORT).show();
19              }else if(dao.isNumberExist(num)) {
20                  Toast.makeText(this, "黑名单中已存在该号码", Toast.LENGTH_SHORT).show();
21              }else{
22                  String location = NumBelongtoDao.getLocation(num);
23                  BlackContactInfo info = new BlackContactInfo();
24                  if(location !=null && !location.isEmpty()){
25                      info.setPlace(location);
26                  }
27                  if (!name.isEmpty()) {
28                      info.setContactName(name);
29                  }
30                  info.setPhoneNumber(num);
31                  boolean flag= dao.add(info);
32                  if (flag){
33                      Toast.makeText(this,"添加成功",Toast.LENGTH_SHORT).show();
34                      finish();
35                  }
36              }
37              break;
38          }
39      }
40 }
```

上述代码中，第4、5行代码分别通过setOnClickListener()方法为返回键和添加按钮设置点击事件监听器。

第14~36行代码实现了将电话号码和备注信息等数据添加到数据库的功能，其中，第17~21行代码判断输入的号码是否为空，如果为空，则提示用户“请输入需要拦截的号码”，当不为空时，调用isNumberExist()方法判断当前的号码是否在数据库中已经存在，如果存在，则提示用户“黑名单中已存在该号码”。

第21~36行代码首先调用NumBelongtoDao的getLocation()方法获取归属地信息location，其次判断location字符串是否为空，若不为空，则添加到BlackContactInfo对象中，然后再判断备注信息是否为空，如果不为空，则将备注信息添加到BlackContactInfo对象中。最后调用BlackNumberDao的add()方法将info添加到数据库中，当返回添加成功状态时，提醒用户“添加成功”并关闭该界面。

2. 跳转到添加黑名单界面

由于点击对话框中的手动添加选项时，会跳转到添加黑名单界面，因此需要找到BlackListActivity.java中的onClick()方法，在该方法中的注释“//跳转到添加黑名单界面”下方添加跳转到添加黑名单界面的逻辑代码，具体代码如下。

```
Intent intent = new Intent(this,AddBlackActivity.class);
startActivity(intent);
```

添加黑名单界面的逻辑代码文件AddBlackActivity.java的完整代码详见【文件4-22】所示。

扫码看代码

完整代码：文件 4-22

任务12 “选择联系人”设计分析

任务综述

选择联系人界面主要是将通讯录中的某些联系人信息添加到黑名单数据库中并显示到黑名单界面的列表中。在当前任务中，我们通过工具Axure RP 9 Beat来设计选择联系人界面的原型图，使其达到用户需求的效果。为了让读者学习如何设计选择联系人界面，本任务将针对选择联系人界面的原型和UI设计进行分析。

任务12-1 原型分析

为了将需要拦截的联系人信息（此信息存放在通讯录中）添加到黑名单中，我们在骚扰拦截模块中设计了一个选择联系人界面，该界面主要用于显示从手机通讯录中获取的所有联系人信息，选择任意一个联系人信息，都可将此信息添加到黑名单数据库中并显示到黑名单界面的列表中。

通过情景分析后，总结用户需求，选择联系人界面设计的原型图如图4-33所示。

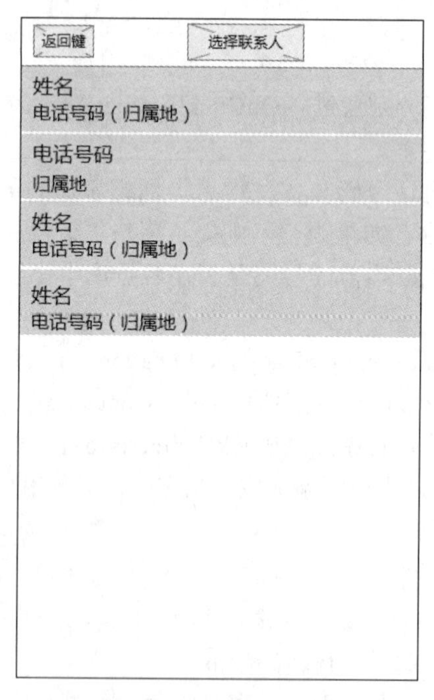

图4-33 选择联系人界面原型图

根据图4-33中设计的选择联系人界面原型图，分析界面上各个功能的设计与放置的位置，具体如下：

1．标题栏设计

标题栏原型图设计如图4-34所示。

2．联系人列表设计

联系人列表原型图设计如图4-35所示。

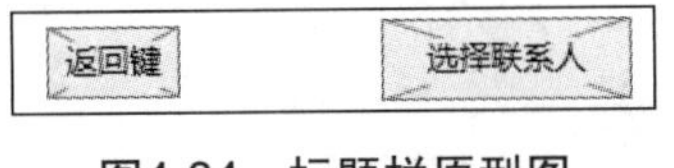

图4-34　标题栏原型图

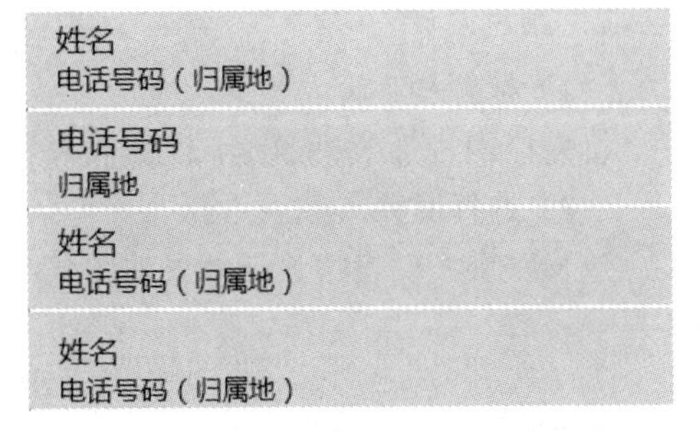

图4-35　联系人列表原型图

在选择联系人界面，我们需要从手机通讯录中获取所有联系人信息并显示到界面上。由于获取的联系人信息数据都包含电话号码、归属地等信息，根据这些数据信息的特点，将其以列表的形式显示在选择联系人界面，列表中每个条目对应一个联系人信息。如果联系人信息中没有姓名，则可将电话号码放在条目最上方，归属地放在电话号码下方；如果联系人信息中有姓名，则可将姓名放在条目最上方，电话号码与归属地放在一行，位于姓名下方。

任务12-2　UI分析

通过原型分析可知选择联系人界面具体有哪些功能，需要显示哪些信息，根据这些信息，设计选择联系人界面的效果，如图4-36所示。

图4-36　选择联系人界面效果图

根据图4-36展示的选择联系人界面效果图，分析该图的设计过程，具体如下：

1. 选择联系人界面布局设计

由图4-36可知，选择联系人界面显示的信息有标题栏与联系人列表。其中，标题栏与前面任务中的类似，不再介绍，联系人信息由1个列表显示。

2. 颜色设计

（1）标题栏设计

标题栏UI设计效果如图4-37所示。

（2）选择联系人列表设计

选择联系人列表UI设计效果如图4-38所示。

< 选择联系人

图4-37 标题栏UI效果

婉妍
13708809637(云南昆明 | 移动)
可欣
15609635246(安徽芜湖 | 联通)
132 4036 8769
北京 | 联通

图4-38 选择联系人列表UI效果

由于选择联系人列表的设计与黑名单列表设计类似，唯一不同的是该界面每个条目右侧没有删除图片，此处不再重复介绍设计思路。

任务13 搭建选择联系人界面

任务综述

为了实现选择联系人界面的UI设计效果，在界面的布局代码中使用ListView控件、TextView控件完成界面联系人列表、联系人姓名、电话号码、号码归属地等信息的显示。本任务将通过布局代码搭建选择联系人界面布局。

【知识点】

- ListView控件、TextView控件。

【技能点】

- 通过ListView控件显示联系人列表。
- 通过TextView控件显示界面上的文本信息。

任务13-1 搭建选择联系人界面布局

选择联系人界面主要由main_title_bar.xml（标题栏）与1个ListView控件组成。其中，ListView控件用于显示联系人列表，选择联系人界面的效果如图4-39所示。

搭建选择联系人界面布局的具体步骤如下：

1. 创建选择联系人界面

在com.itheima.mobilesafe.interception包中创建一个Empty Activity类，命名为ContactsActivity，

并将布局文件名指定为activity_contacts。

图4-39 选择联系人界面

2. 放置界面控件

在activity_contacts.xml文件中，放置1个ListView控件用于显示选择联系人列表。具体代码如【文件4-23】所示。

【文件4-23】activity_contacts.xml

```
1  <?xml version="1.0" encoding="utf-8"?>
2  <LinearLayout xmlns:android="http://schemas.android.com/apk/res/android"
3      android:layout_width="match_parent"
4      android:layout_height="match_parent"
5      android:background="@android:color/white"
6      android:orientation="vertical">
7      <include layout="@layout/main_title_bar"/>
8      <ListView
9          android:id="@+id/listView"
10         android:layout_width="wrap_content"
11         android:layout_height="wrap_content"
12         android:divider="@color/gray"
13         android:dividerHeight="1px"/>
14 </LinearLayout>
```

任务13-2 搭建选择联系人界面条目布局

由于选择联系人界面用到了ListView控件，因此需要为该控件创建一个条目界面。该界面主要由2个TextView控件组成，其中，1个TextView控件用于显示姓名，1个TextView控件用于显示电话号码与归属地信息，界面效果如图4-40所示。

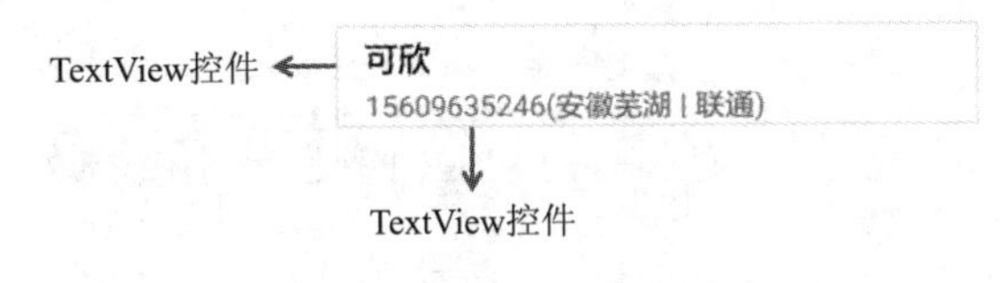

图4-40 选择联系人界面条目

由于选择联系人界面的条目与黑名单界面的条目类似，都显示姓名、电话号码和归属地。为了重复利用代码，减少代码的冗余，选择联系人界面的条目布局文件直接使用黑名单界面的条目布局文件item_ harassmentlist。

需要注意的是，黑名单界面的条目中显示了删除图片，使用时直接将其隐藏即可。

任务14　实现选择联系人界面功能

任务综述

为了实现选择联系人界面设计的功能，在界面的逻辑代码中首先需要创建initView()方法获取界面控件和为部分控件设置点击事件的监听器，并实现View.OnClickListener接口，完成返回键的点击事件，然后通过调用getPermissions()方法、onRequestPermissionsResult()方法动态申请读取联系人的权限，最后创建选择联系人列表的适配器，并为选择联系人列表设置显示的数据。

【知识点】

- View.OnClickListener接口。
- getPermissions()方法、onRequestPermissionsResult()方法。

【技能点】

- 通过实现View.OnClickListener接口实现控件的点击事件。
- 通过checkUsagePermission()方法与onActivityResult()方法动态申请读取联系人的权限。

任务14-1　初始化界面控件

由于需要获取设置密码界面的控件并为其设置一些数据，因此在ContactsActivity中创建一个initView()方法初始化界面控件，体代码如【文件4-24】所示。

【文件4-24】ContactsActivity.java

```
1  package com.itheima.mobilesafe.interception;
2  ......
3  public class ContactsActivity extends Activity implements View.OnClickListener {
4      private ListView listView;
5      @Override
6      protected void onCreate(Bundle savedInstanceState) {
7          super.onCreate(savedInstanceState);
8          setContentView(R.layout.activity_contacts);
9          CopyDbUtils copyDbUtils = new CopyDbUtils(this);
10         copyDbUtils.copyDB("phone.db");
11         initView();
12     }
13     public void initView(){
14         RelativeLayout title_bar = findViewById(R.id.title_bar);
15         title_bar.setBackgroundColor(getResources().getColor(R.color.blue_color));
16         TextView title = findViewById(R.id.tv_main_title);
17         title.setText("选择联系人");
18         listView = findViewById(R.id.listView);
19         TextView tv_back = findViewById(R.id.tv_back);
20         tv_back.setVisibility(View.VISIBLE);
21         tv_back.setOnClickListener(this);
22     }
23     @Override
```

```
24     public void onClick(View v) {
25         switch (v.getId()) {
26             case R.id.tv_back:
27                 finish();
28                 break;
29         }
30     }
31 }
```

上述代码中，第10行代码通过调用CopyDbUtils对象的copyDB()方法，将归属地数据库添加到项目中。

第13~22行代码创建了initView()方法，在该方法中通过findViewById()方法获取界面控件，并通过setBackgroundColor()方法、setText()方法、setVisibility()方法、setOnClickListener()方法分别设置标题栏的背景颜色、界面标题、返回键的显示状态、返回键的点击事件监听器。

任务14-2　申请读取联系人的权限

由于在读取Android 6.0系统中的通讯录中的联系人信息时，需要获取读取联系人的权限，因此在ContactsActivity中创建getPermissions()方法申请读取联系人的权限，然后重写onRequestPermissionsResult()方法，在该方法中获取申请读取联系人权限的结果信息。申请读取联系人权限的具体步骤如下：

1. 在AndroidManifest.xml文件中添加权限

在项目的AndroidManifest.xml文件中添加读取联系人的权限，具体代码如下：

```
<!-- 骚扰拦截 -->
<uses-permission android:name="android.permission.READ_CONTACTS"/>
```

2. 动态申请权限

在项目的ContactsActivity中创建getPermissions()方法，用于申请读取联系人的权限，具体代码如下所示。

```
1  String[] permissionList;
2  @Override
3  protected void onCreate(Bundle savedInstanceState) {
4      super.onCreate(savedInstanceState);
5      ......
6      getPermissions();
7  }
8  public void getPermissions() {
9      if (android.os.Build.VERSION.SDK_INT >= Build.VERSION_CODES.M) {
10         permissionList = new String[]{"android.permission.READ_CONTACTS"};
11         ArrayList<String> list = new ArrayList<String>();
12         // 循环判断所需权限中有哪个尚未被授权
13         for (int i = 0; i < permissionList.length; i++){
14             if (ActivityCompat.checkSelfPermission(this, permissionList[i])
15                 != PackageManager.PERMISSION_GRANTED)
16             list.add(permissionList[i]);
17         }
18         if (list.size()>0){
19             ActivityCompat.requestPermissions(this,
```

```
20                                          list.toArray(new String[list.size()]), 1);
21          }else{
22              setData();
23          }
24      }else{
25          setData();
26      }
27 }
```

上述代码中，第8~26行代码创建了getPermissions()方法，该方法主要用于申请系统读取联系人的权限。

第9行代码判断当前设备的SDK是否大于Build.VERSION_CODES.M(SDK为23)，如果大于23，则调用checkSelfPermission()方法判断当前请求的权限是否已经被用户赋予，如果没有则添加到list集合中。

第18行代码判断当前list集合中元素的数量是否大于0，如果大于0，则通过调用requestPermissions()方法申请权限，否则，通过调用setData()方法刷新界面中的数据。如果小于23，则直接调用setData()方法刷新界面中的数据。

3. 重写onRequestPermissionsResult()方法

在ContactsActivity中重写onRequestPermissionsResult()方法，在该方法中判断用户是否赋予程序读取联系人的权限，并根据返回的结果进行相应的提醒，如果用户赋予程序读取联系人的权限，则调用setData()方法刷新界面中的数据。具体代码如下所示。

```
1  @Override
2  public void onRequestPermissionsResult(int requestCode, String[] permissions,
3                                         int[] grantResults) {
4      super.onRequestPermissionsResult(requestCode, permissions, grantResults);
5      if (requestCode == 1) {
6          for (int i = 0; i < permissions.length; i++) {
7              if(permissions[i].equals("android.permission.READ_CONTACTS")
8                      && grantResults[i] == PackageManager.PERMISSION_GRANTED){
9                  Toast.makeText(this, "读取联系人权限申请成功",
10                         Toast.LENGTH_SHORT).show();
11                 setData();
12             }else{
13                 Toast.makeText(this,"读取联系人权限申请失败",
14                         Toast.LENGTH_SHORT).show();
15             }
16         }
17     }
18 }
```

任务14-3 创建选择联系人列表适配器

由于选择联系人界面的条目布局文件直接使用黑名单界面的条目布局文件item_ harassmentlist.xml。因此选择联系人列表的适配器也可以直接使用黑名单的适配器InterceptionAdapter。

由于选择联系人列表中的条目布局中不显示拦截次数，因此在InterceptionAdapter类的getView()方法中的“convertView.setTag(holder);”代码上方添加标识选择联系人界面的代码逻辑，具体代码如下所示。

```
1  public View getView(final int position, View convertView, ViewGroup parent) {
2      ......
3      if (sign == 2){            //黑名单界面
4        ......
5      } else if (sign == 3){   //选择联系人界面
6          holder.mTimes.setVisibility(View.GONE);
7      }
8      convertView.setTag(holder);
9  }
```

上述代码中，第5行代码判断了InterceptionAdapter类是否为选择联系人界面列表的适配器。如果sign等于3，表示选择联系人界面列表的适配器，则在第6行代码通过setVisibility()方法隐藏拦截次数的显示。

任务14-4　设置列表中的数据

由于需要在选择联系人界面中显示联系人数据库中的联系人信息，因此首先需要创建getContacts()方法获取联系人数据库中的联系人信息，然后创建setData()方法，在该方法中将获取到的联系人数据设置到界面的列表中显示，并为ListView列表设置点击条目监听事件。设置列表中数据的具体步骤如下：

1. 获取联系人数据库中的联系人信息

在ContactsActivity中创建getContacts()方法，在该方法中读取联系人数据库，并将读取到的联系人信息添加到List集合中。具体代码如下所示。

```
1  public List<BlackContactInfo> getContacts() {
2      List<BlackContactInfo> infos = new ArrayList<>();
3      Cursor cursor = getContentResolver().query(ContactsContract.
4          Contacts.CONTENT_URI, null, null, null, null);
5      while (cursor.moveToNext()) {
6          String id = cursor.getString(
7              cursor.getColumnIndex(ContactsContract.Contacts._ID));
8          String name = cursor.getString
9              (cursor.getColumnIndex(ContactsContract.Contacts.DISPLAY_NAME));
10         int isHas = Integer.parseInt(cursor.getString(
11             cursor.getColumnIndex(ContactsContract.Contacts.HAS_PHONE_NUMBER)));
12         if (isHas > 0) {
13             Cursor c = getContentResolver().query(ContactsContract.
14                        CommonDataKinds.Phone.CONTENT_URI, null,
15                 ContactsContract.CommonDataKinds.Phone.CONTACT_ID +
16                           " = " + id, null, null);
17             while (c.moveToNext()) {
18                 BlackContactInfo info = new BlackContactInfo();
19                 String number = c.getString(c.getColumnIndex(ContactsContract.
20                        CommonDataKinds.Phone.NUMBER)).trim();
21                 if (!name.equals(number)){
22                     info.setContactName(name);
23                 }
24                 String location = NumBelongtoDao.getLocation(number.replace(" ",""));
25                 info.setPhoneNumber(number);
26                 info.setPlace(location);
```

```
27                  infos.add(info);
28              }
29              c.close();
30          }
31      }
32      cursor.close();
33      return infos;
34 }
```

上述代码中，第5行代码通过while循环遍历联系人数据库中的所有联系人的信息。

第6~11行代码用于获取联系人数据库中的联系人Id、姓名和是否有电话号码等信息。

第13~16行代码用于获取同一个联系人Id下的所有电话号码。

第17~29行代码通过while循环遍历光标Cursor，并将获得的姓名、电话号码、归属地等信息添加到BlackContactInfo对象中。其中第21行代码判断name是否等于number，当不等于时，将name添加到BlackContactInfo对象中。

2. 为列表设置数据

在ContactsActivity中创建setData()方法，在该方法中，将获取到的联系人信息显示到ListView列表中，并为ListView设置条目点击监听事件。具体代码如下所示。

```
1  public void setData(){
2    final List<BlackContactInfo> infos = getContacts();
3    InterceptionAdapter adapter = new InterceptionAdapter(infos, this,3);
4    listView.setAdapter(adapter);
5    listView.setOnItemClickListener(new AdapterView.OnItemClickListener() {
6      @Override
7      public void onItemClick(AdapterView<?> parent, View view, int position, long id)
8      {
9         BlackContactInfo info = infos.get(position);
10        String num = info.getPhoneNumber();
11        BlackNumberDao dao = new BlackNumberDao(ContactsActivity.this);
12        if (dao.isNumberExist(num)){
13           Toast.makeText(ContactsActivity.this,"黑名单中已存在该号码",
14                   Toast.LENGTH_SHORT).show();
15        }else{
16           boolean flag = dao.add(info);
17           if (flag){
18               Toast.makeText(ContactsActivity.this,"添加黑名单成功",
19                           Toast.LENGTH_SHORT).show();
20               finish();
21           }
22        }
23     }
24   });
25 }
```

上述代码中，第2行代码调用getContacts()方法获取联系人数据库中的所有联系人信息。

第3~4行代码为listView设置adapter适配器，其中创建InterceptionAdapter适配器时，在该适配器的构造函数中传入sign为3，用于标记选择联系人界面的列表。

第5~24行代码通过调用setOnItemClickListener()方法为ListView控件设置条目点击事件的监听器，并重写onItemClick()方法。

第9行代码通过调用get()方法获取被点击条目的BlackContactInfo对象info。

第12~22行代码通过调用isNumberExist()方法判断电话号码是否在黑名单数据库中已经存在，如果存在，则提示用户“黑名单中已存在该号码”，否则，通过add()方法将info添加到数据库中，如果添加成功，则提示用户“添加黑名单成功”，并关闭选择联系人界面。

3．添加跳转到选择联系人的逻辑代码

由于点击对话框中的“从通讯录中添加”选项时，会跳转到选择联系人界面，因此需要找到BlackListActivity.java中的onClick()方法，在该方法中的注释“//跳转到选择联系人”下方添加跳转到选择联系人界面的逻辑代码，具体代码如下。

```
Intent intent1 = new Intent(this,ContactsActivity.class);
startActivity(intent1);
```

选择联系人界面的逻辑代码文件ContactsActivity.java的完整代码详见【文件4-25】所示。

完整代码：文件 4-25

任务15　实现黑名单拦截功能

任务综述

为了实现后台拦截黑名单电话的功能设计需求，我们首先需要创建拦截来电的广播，获取广播中来电电话的号码，并调用isNumberExist()方法判断此电话号码在黑名单中是否存在，如果存在，则通过endCall()方法挂断此电话，然后在内容观察者中通过deleteCallLog()方法删除该电话号码的未接来电记录。最后在骚扰拦截服务中注册拦截来电的广播。

【知识点】

- 广播接收者。
- 内容观察者。
- 服务。

【技能点】

- 掌握如何使用广播监听来电电话。
- 掌握如何使用内容观察者观察联系人数据库中的通话记录表的变化。
- 掌握如何使用服务在后台实现拦截电话的功能。

任务15-1　创建拦截来电广播接收者

如何实现拦截电话的功能呢？首先我们需要知道手机什么时候来电，来电的电话号码是什么，这些信息的获取需要监听系统广播。因此需要创建一个广播接收者InterceptCallReciever用于接收来电信息。

在com.itheima.mobilesafe.interception包中创建reciever包，在reciever包中创建InterceptCallReciever.java。具体代码【文件4-26】所示。

【文件4-26】InterceptCallReciever.java

```
1  package com.itheima.mobilesafe.interception.reciever;
2  ......
3  public class InterceptCallReciever extends BroadcastReceiver {
4     @Override
5     public void onReceive(Context context, Intent intent) {
6        BlackNumberDao dao = new BlackNumberDao(context);
7        if (!intent.getAction().equals(Intent.ACTION_NEW_OUTGOING_CALL)) {
8           String mIncomingNumber = "";
9           // 如果是来电
10          TelephonyManager tManager = (TelephonyManager) context
11             .getSystemService(Service.TELEPHONY_SERVICE);
12          switch (tManager.getCallState()) {
13             case TelephonyManager.CALL_STATE_RINGING:  //来电响铃
14                mIncomingNumber = intent.getStringExtra("incoming_number");
15                if (mIncomingNumber == null){
16                   return;
17                }
18                if(dao.isNumberExist(mIncomingNumber)){
19                   //注册内容观察者
20                   //挂断电话
21                }
22             break;
23          }
24       }
25    }
26 }
```

上述代码中，第7~24行代码用于判断接收到的是否为去电电话，如果不是，则通过调用getCallState()方法获取电话的状态，当来电的状态为TelephonyManager.CALL_STATE_RINGING时，表示当前来电的电话状态为来电响铃阶段，第14行通过调用getStringExtra("incoming_number")方法，获取来电响铃阶段的电话号码。

第15~17行代码判断来电的电话号码mIncomingNumber是否为null，如果为null，则调用return方法，退出onReceive()方法。

第18~21行代码通过调用BlackNumberDao对象的isNumberExist()方法，判断当前来电电话mIncomingNumber是否在黑名单数据库中，如果存在，则执行注册内容观察者，挂断电话的操作。

由于在广播接收者中需要监听手机电话改变的状态，因此需要在项目的AndroidManifest.xml文件中添加监听电话状态改变的权限，具体代码如下：

```
<uses-permission android:name="android.permission.READ_PHONE_STATE" />
```

任务15-2　挂断电话

当用户接收到黑名单中的来电电话时，需要挂断该来电电话，因此创建endCall()方法实现此功能。实现挂断电话功能的具体步骤如下：

1．实现挂断电话的功能

在InterceptCallReciever类中创建endCall()方法，在该方法中通过反射的相关知识实现挂断电话的功能，具体代码如下所示。

```
1  //挂断电话
2  public void endCall(Context context) {
3      try {
4          Class<?> clazz = context.getClassLoader().loadClass(
5              "android.os.ServiceManager");
6          Method method = clazz.getDeclaredMethod("getService", String.class);
7          IBinder iBinder = (IBinder) method.invoke(null,
8              Context.TELEPHONY_SERVICE);
9          ITelephony itelephony = ITelephony.Stub.asInterface(iBinder);
10         itelephony.endCall();
11     } catch (Exception e) {
12         e.printStackTrace();
13     }
14 }
```

上述代码中，第4~5行代码通过调用getClassLoader().loadClass()方法反射获取到Service管理类ServiceManager的字节码clazz。

第6行代码通过调用clazz字节码的getDeclaredMethod()方法获取getService()方法，getDeclaredMethod("getService", String.class)方法中的第1个参数"getService"表示方法名，String.class表示该方法需要传入参数的类型。

第7~8行代码通过调用Method对象的invoke()方法执行getService()方法，由于getService()方法是静态的，因此invoke()的第一个参数可以为null，第二个参数是TELEPHONY_SERVICE。由于getService()方法的返回值是一个IBinder对象（远程服务的代理类），因此需要使用AIDL的规则将其转化为接口类型，由于我们的操作是挂断电话，因此需要使用与电话相关的ITelephony.aidl，然后调用接口中的endCall()方法将电话挂断即可。

需要注意的是，与电话相关的操作一般都使用TelephonyManager类，但是由于挂断电话的方法在ITelephony接口中，而这个接口是隐藏的（@hide）在开发时看不到，因此需要使用ITelephony.aidl。在使用ITelephony.aidl时，需要在src/main包中创建aidl包，并在aidl包中创建一个com.android.internal.telephony包，然后将ITelephony.aidl文件复制到该包中。

2．调用挂断电话的方法

由于接收的来电电话在黑名单中存在时，程序将会调用endCall()方法挂断此电话，所以需要找到InterceptCallReciever类中的onReceive()方法，在该方法中的注释“//挂断电话”下方调用endCall()方法，具体代码如下所示。

```
//挂断电话
endCall(context);
```

任务15–3　创建未接电话的内容观察者

当用户挂断电话后，通讯录app中的通话记录界面会出现该号码的未接电话记录，因此需要在挂断电话之前注册内容观察者，当观察到联系人数据库中的通话记录表发生变化后，将通话记录中的骚扰电话的未接信息删除掉。创建挂断电话的内容观察者的具体步骤如下：

1. 创建内容观察者

在InterceptCallReciever类中，创建CallLogObserver类继承自ContentObserver，并重写onChange()方法，在该方法中删除挂断的未接记录，具体代码如下所示。

```
1  private class CallLogObserver extends ContentObserver {
2      private String incomingNumber;
3      private Context context;
4      public CallLogObserver(Handler handler, String incomingNumber,
5              Context context) {
6                  super(handler);
7                  this.incomingNumber = incomingNumber;
8                  this.context = context;
9      }
10     // 观察到数据库内容变化调用的方法
11     @Override
12     public void onChange(boolean selfChange) {
13         context.getContentResolver().unregisterContentObserver(this);
14         deleteCallLog(incomingNumber, context);
15         super.onChange(selfChange);
16     }
17 }
```

上述代码中，当观察到联系人数据库中的通话记录表中发生变化时，将会执行onChange()方法，在该方法中首先注销内容观察者，然后调用deleteCallLog()方法删除已挂断的电话号码的未接记录。

2. 删除未接电话的记录

在InterceptCallReciever类中，创建deleteCallLog()方法，删除电话号码对应的未接记录，具体代码如下所示。

```
1  //清除呼叫记录
2  public void deleteCallLog(String incomingNumber, Context context) {
3      ContentResolver resolver = context.getContentResolver();
4      Uri uri = Uri.parse("content://call_log/calls");  //通话记录
5      Cursor cursor = resolver.query(uri, new String[] { "_id" }, "number=?",
6          new String[] { incomingNumber }, "_id desc limit 1");
7      if (cursor.moveToNext()) {
8          String id = cursor.getString(0);
9          int flag = resolver.delete(uri, "_id=?", new String[] { id });
10     }
11 }
```

上述代码中，第2～11行代码创建了deleteCallLog()方法，当黑名单中的电话呼入时，手机系统通话记录中会显示该条记录，因此需要把通话记录中的黑名单通话记录删除。手机上拨打电话与接听电话产生的记录都在系统contacts应用下的contacts2.db数据库中，使用ContentResolver对象查询并删除数据库的通话记录表中黑名单号码所产生的记录即可。

3. 注册未接电话的内容观察者

由于挂断电话后，需要删除联系人数据库中骚扰电话的未接来电记录，因此需要在endCall()方法执行前，注册内容观察者，找到InterceptCallReciever类中的onReceive()方法，在该方法中的注释“注册内容观察者”下方，“//挂断电话”上方添加注册内容观察者的代码，具体代码如下所示。

```
1  //注册内容观察者
2  Uri uri = Uri.parse("content://call_log/calls");
3  context.getContentResolver().registerContentObserver(
4          uri,
5          true,
6          new CallLogObserver(new Handler(), mIncomingNumber,
7              context));
8  //挂断电话
```

拦截来电广播的广播接收者的逻辑代码文件InterceptCallReciever.java的完整代码详见【文件4-27】所示。

完整代码：文件 4-27

任务15-4　更新黑名单数据

由于骚扰拦截界面会显示拦截电话号码的次数，因此当拦截电话号码成功后，需要在黑名单数据库中更新拦截电话号码的次数，在BlackNumberDao中创建update()方法实现此功能。更新黑名单数据的具体步骤如下：

1. 创建更新拦截次数的方法

在BlackNumberDao类中创建update()方法，在该方法中首先使用SQLiteDatabase类的query()方法查询来电号码被拦截的次数，在此基础上加1，之后再使用SQLiteDatabase类的update()方法更新拦截次数。具体代码如下所示。

```
1  /*
2  * 更新来电电话的拦截次数
3  */
4  public boolean update(String number) {
5     SQLiteDatabase db = blackNumberOpenHelper.getWritableDatabase();
6        Cursor cursor = db.query("blacknumber", null, "phoneNum=?",
7           new String[] { number }, null, null, null);
8     if (cursor.moveToNext()) {
9        int times = cursor.getInt(cursor.getColumnIndex("times"));
10       if (String.valueOf(times) == null){
11          times = 1;
12       }else{
13          times = times +1;
14       }
15       ContentValues values = new ContentValues();
16       values.put("times", times);
17       db.update("blacknumber",values,"phoneNum=?",new String[] {number});
18       cursor.close();
19       db.close();
```

```
20         return true;
21     }
22     cursor.close();
23     db.close();
24     return false;
25 }
```

2. 实现更新拦截次数的功能

由于挂断电话后，需要将拦截电话的次数更新到黑名单数据库中，因此需要找到InterceptCallReciever类中的onReceive()方法，在该方法中的"endCall(context);"下方添加更新数据库的代码，具体代码如下所示。

```
endCall(context);
dao.update(mIncomingNumber);
```

黑名单数据库的操作类的逻辑代码文件BlackNumberDao.java的完整代码详见【文件4-28】所示。

完整代码：文件 4-28

任务15-5 骚扰拦截服务

为了使骚扰拦截的功能能够在后台运行，因此需要创建骚扰拦截服务，在该服务中注册拦截来电的广播接收者，即可实现不在骚扰拦截界面，也可以拦截骚扰电话的功能。实现骚扰拦截服务的步骤如下：

1. 创建骚扰拦截服务

在com.itheima.mobilesafe.interception包中创建service包，在service包中创建InterceptionService.java。具体代码【文件4-29】所示。

【文件4-29】InterceptionService.java

```
1  package com.itheima.mobilesafe.interception.service;
2  ......
3  public class InterceptionService extends Service {
4     private InterceptCallReciever receiver;
5     @Override
6     public IBinder onBind(Intent intent) {
7         return null;
8     }
9     @Override
10    public void onCreate() {
11        IntentFilter recevierFilter = new IntentFilter();
12        recevierFilter.addAction(Intent.ACTION_NEW_OUTGOING_CALL);
13        recevierFilter.addAction("android.intent.action.PHONE_STATE");
14        receiver = new InterceptCallReciever();
15        registerReceiver(receiver, recevierFilter);
```

```
16          super.onCreate();
17      }
18      @Override
19      public void onDestroy() {
20          super.onDestroy();
21          unregisterReceiver(receiver);
22      }
23 }
```

上述代码中，第10~23行分别重写了onCreate()方法和onDestroy()方法，其中第10～14行代码注册了来电电话广播，第20行代码注销来电电话广播。

2．注册服务

在AndroidManifest.xml文件中注册骚扰拦截服务，具体代码如下所示：

```
<service
android:name=".interception.service.InterceptionService">
</service>
```

3．开启骚扰拦截服务

由于需要在后台拦截电话，因此需要在骚扰拦截界面InterceptionActivity.java中添加开启骚扰拦截服务的逻辑代码，在该类中，分别需要在getPermissions ()方法中的注释“//1．不需要申请权限，打开拦截电话的服务”下方、“//2．不需要申请权限，打开拦截电话的服务”下方和onRequestPermissionsResult()方法中的注释“//3．开启骚扰拦截的服务”的下方添加开启骚扰拦截服务的逻辑代码。具体代码如下所示。

```
Intent intent = new Intent(this,InterceptionService.class);
startService(intent);
```

本章小结

本章主要讲解了手机卫士项目中的骚扰拦截模块，该模块包含了骚扰拦截模块的界面和布局的搭建，以及通过编写黑名单数据库、来电电话的广播、骚扰拦截服务实现骚扰拦截的功能。该模块功能复杂，尤其是挂断电话的操作使用了AIDL进程间通信，编程者要加强学习，并要动手完成所有代码，为学习后面模块奠定了基础。

第5章 病毒查杀模块

学习目标：

◎ 掌握病毒查杀界面布局的搭建，能够独立制作病毒查杀界面。

◎ 掌握病毒查杀进度界面布局的搭建，能够独立制作病毒查杀进度界面。

◎ 掌握病毒查杀模块的开发，能够实现对手机中的病毒进行扫描与清除的功能。

随着互联网的迅速发展，计算机对人们来说是比较常见的，当使用计算机时，最让人烦恼的事情是计算机被病毒感染，病毒会干扰计算机系统，并破坏系统中的程序，有些病毒会窃取用户隐私和资料。同样，在人们使用手机时也会遇到被病毒感染的情况，只不过手机的病毒都存储在APK文件中，只要将病毒所在的APK文件删除即可将其清理掉，本章将针对病毒查杀模块进行详细讲解。

任务1 “病毒查杀”设计分析

任务综述

病毒查杀界面主要用于显示查杀与未查杀病毒的信息以及“全盘扫描”条目。在当前任务中，我们通过工具Axure RP 9 Beat来设计病毒查杀界面的原型图，使其达到用户需求的效果。为了让读者学习如何设计病毒查杀界面，本任务将针对病毒查杀界面的原型和UI设计进行分析。

任务1-1 原型分析

为了检测手机中安装的软件是否存在病毒，我们在手机安全卫士应用中设计了一个病毒查杀模块，在该模块中包含病毒查杀界面与病毒查杀进度界面。病毒查杀界面包含了查杀病毒的图片、上次查杀病毒的时间以及“全盘扫描”条目，其中“全盘扫描”条目主要用于跳转到病毒查杀进度界面。

通过情景分析后，总结用户需求，病毒查杀界面设计的原型图如图5-1所示。在图5-1中不仅显示了病毒查杀界面的原型图，还将病毒查杀进度界面的原型图也绘制出来了，并通过箭线图的方式表示2个界面之间的关系。

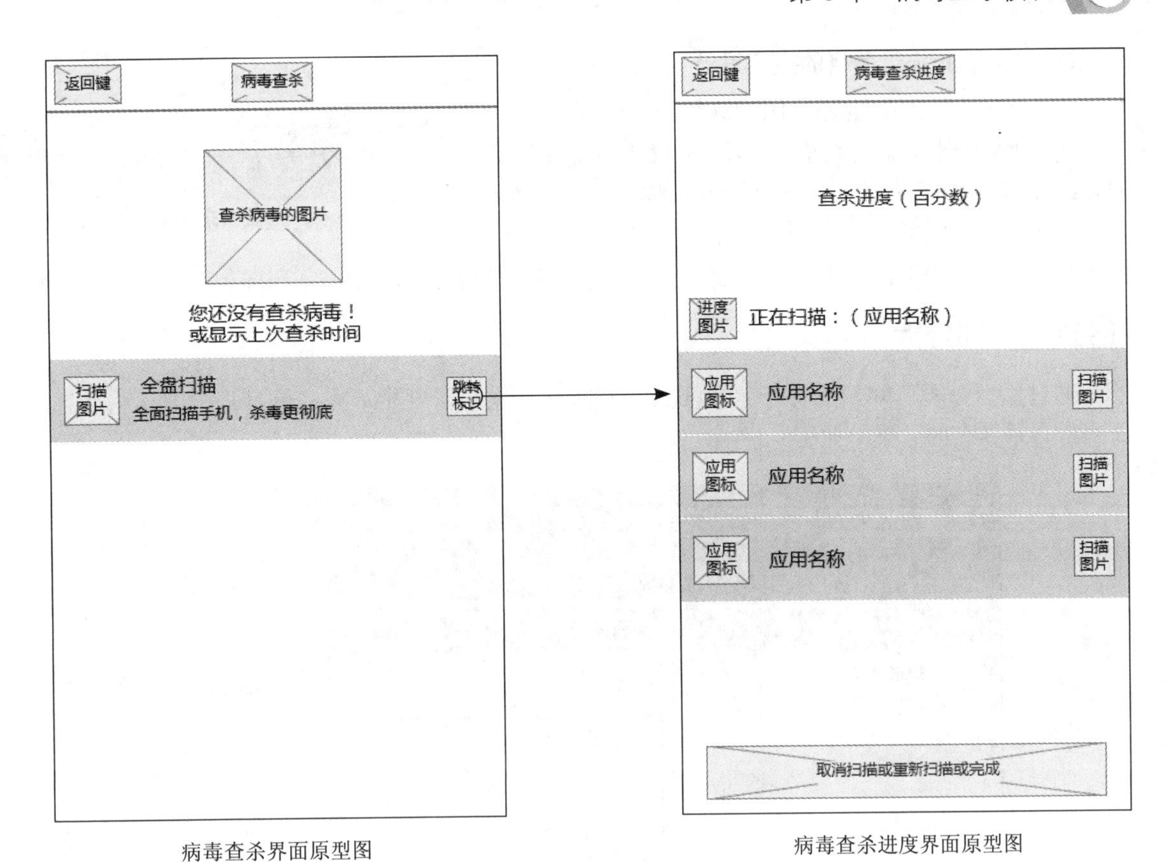

病毒查杀界面原型图　　　　病毒查杀进度界面原型图

图5-1　病毒查杀模块原型图

根据图5-1中设计的病毒查杀界面原型图，分析界面上各个功能的设计与放置的位置，具体如下：

1．标题栏设计

标题栏原型图设计如图5-2所示。

2．查杀病毒信息的显示设计

查杀病毒信息显示的原型图设计如图5-3所示。

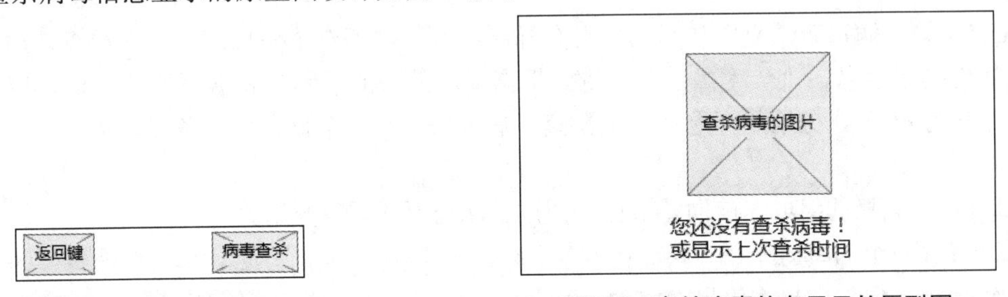

图5-2　标题栏原型图　　　　**图5-3　查杀病毒信息显示的原型图**

为了体现该界面为病毒查杀界面，我们在标题栏下方设计显示一个查杀病毒的图片。为了让用户知道是否查杀过病毒，我们在查杀病毒图片下方设计显示对应的查杀病毒信息，当用户没有进行过病毒查杀操作时，显示的信息为“您还没有查杀病毒！”，当用户进行了病毒查杀操作时，显示的信息为“上次查杀：具体查杀时间”。

3．“全盘扫描”条目的显示设计

“全盘扫描”条目的原型图设计如图5-4所示。

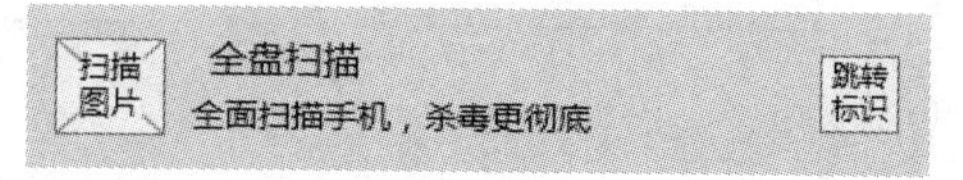

图5-4　全盘扫描条目原型图

为了跳转到病毒查杀进度界面（后续创建），我们在病毒查杀界面设计了一个“全盘扫描”条目，在条目的左侧显示扫描图片，条目的中间位置显示“全盘扫描”与“全面扫描手机，杀毒更彻底”文本信息，条目的右侧显示跳转标识。

任务1-2　UI分析

通过原型分析可知，病毒查杀界面具体有哪些功能，需要显示哪些信息，根据这些信息，设计病毒查杀界面的效果，如图5-5所示。

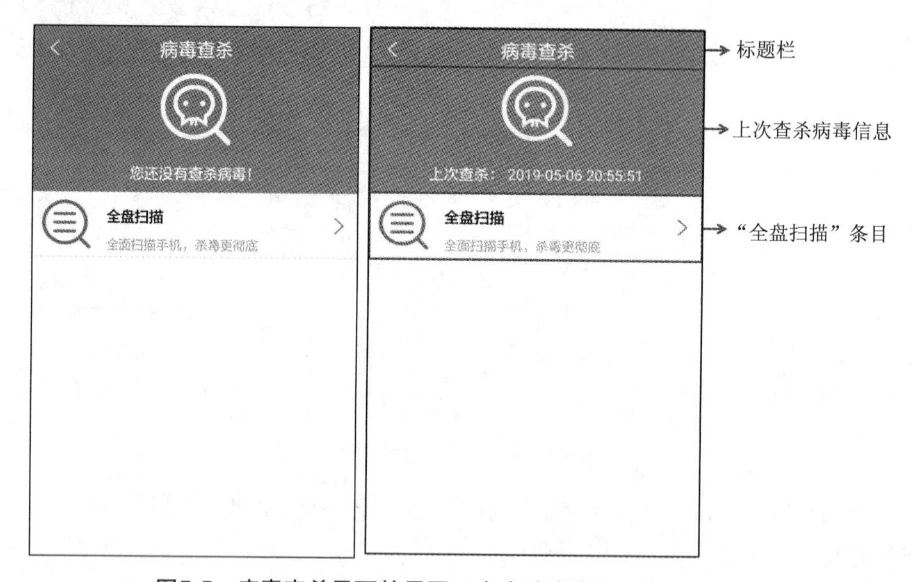

图5-5　病毒查杀界面效果图（未查杀病毒与已查杀病毒）

根据图5-5展示的病毒查杀界面效果图，分析该图的设计过程，具体如下：

1．病毒查杀界面布局设计

由图5-5可知，病毒查杀界面显示的信息有标题、返回键、查杀病毒图片、上次查杀病毒时间与未查杀病毒提示信息、“全盘扫描”条目。根据界面效果的展示，将病毒查杀界面按照从上至下的顺序划分为3部分，分别是标题栏、上次查杀病毒信息、“全盘扫描”条目，接下来详细分析这3部分。

第1部分：标题栏的组成在前面章节已介绍过，此处不再重复介绍。

第2部分：由1个病毒查杀图片与1个文本组成，其中，文本用于显示上次查杀病毒的时间或“您还没有查杀病毒!”的提示信息。

第3部分：由1个扫描病毒图片、2个文本、1条灰色分割线、1个蓝色箭头图片组成，其中，2个文本分别用于显示“全盘扫描”与“全面扫描手机，查毒更彻底”信息。

2．图片形状与颜色设计

（1）标题栏设计

标题栏UI设计效果如图5-6所示。

图5-6　标题栏UI效果

（2）查杀病毒信息的显示设计

查杀病毒信息显示的UI设计效果如图5-7所示。

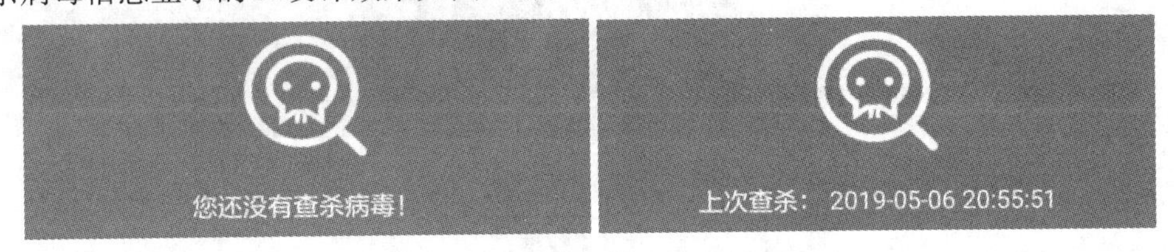

图5-7　查杀病毒信息显示的UI效果

在查杀病毒界面，需要让用户知道本界面主要用于显示病毒查杀的信息，因此在标题栏下方设计一个宽为填充父窗体，高为180像素的蓝色背景，在蓝色背景的中间设计一个类似放大镜的图片，接着设计一个类似病毒的图片放在放大镜的圆中，表示查杀病毒的意思。为了让用户清晰地看到上次查杀病毒的时间或未查杀病毒的提示信息，我们将这些文本信息的颜色设计为白色。

（3）“全盘扫描”条目设计

“全盘扫描”条目UI设计效果如图5-8所示。

由于在图片设计中，与放大镜类似的图片一般表示扫描或查找的意思，因此在“全盘扫描”条目的左侧，我们设计了一个类似放大镜的图片，表示扫描手机中应用的意思，图片的颜色设计为蓝色。为了提示用户可以点击此条目，我们在条目右侧设计了一个箭头形状的图片，该图片表示对条目可以进行点击操作，箭头图片的颜色设置为蓝色。

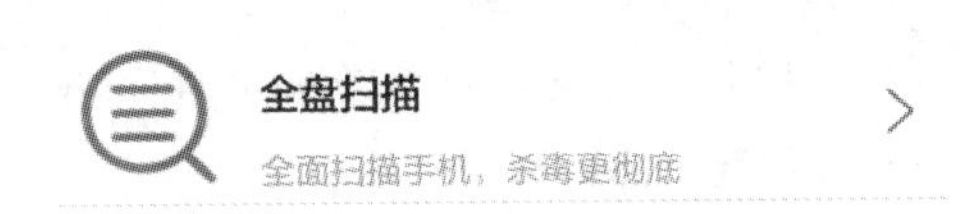

图5-8　“全盘扫描”条目UI效果

任务2　搭建病毒查杀界面

为了实现病毒查杀界面的UI设计效果，在界面的布局代码中使用TextView控件、ImageView控件、View控件完成病毒查杀界面查杀病毒的提示信息、“全盘扫描”文本、“全面扫描手机，杀毒更彻底”文本、病毒查杀图片、扫描图片、灰色分割线以及箭头图片的显示。接下来，本任务将通过布局代码搭建病毒查杀界面。

【知识点】

- ImageView控件、TextView控件、View控件。
- style样式。

【技能点】

- 通过常用布局控件显示界面信息。
- 创建文本信息的样式。

本任务要搭建的病毒查杀界面效果如图5-9所示。

搭建病毒查杀界面布局的具体步骤如下：

1．创建病毒查杀界面

在com.itheima.mobilesafe包中创建一个viruskilling包，在该包中创建一个Empty Activity类，命名为VirusScanActivity并将布局文件名指定为activity_virus_scan。

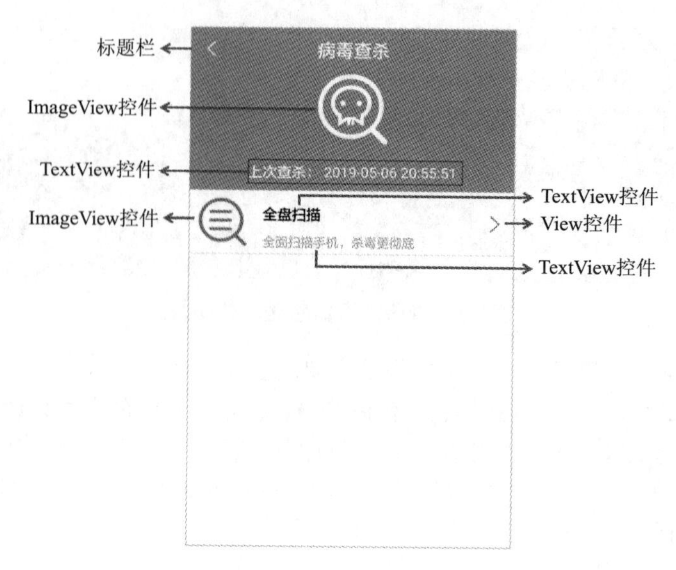

图5-9　病毒查杀界面

2. 导入界面图片

将病毒查杀界面所需要的图片virus_scan_icon.png、quick_scan_icon.png、right_arrow_blue.png导入到drawable-hdpi文件夹中。

3. 放置界面控件

在activity_virus_scan.xml文件中，通过<include>标签引入标题栏布局（main_title_bar.xml），放置3个TextView控件分别用于显示未进行病毒查杀的提示信息或上次查杀时间、“全盘扫描”文本、“全面扫描手机，杀毒更彻底”文本，2个ImageView控件分别用于显示病毒查杀图片与扫描图片，2个View控件分别用于显示“全盘扫描”条目右侧的蓝色箭头与底部的灰色分割线，具体代码如【文件5-1】所示。

【文件5-1】activity_virus_scan.xml

```
1  <?xml version="1.0" encoding="utf-8"?>
2  <LinearLayout xmlns:android="http://schemas.android.com/apk/res/android"
3      android:layout_width="match_parent"
4      android:layout_height="match_parent"
5      android:orientation="vertical"
6      android:background="@android:color/white">
7      <RelativeLayout
8          android:layout_width="match_parent"
9          android:layout_height="180dp"
10         android:background="@color/blue_color" >
11         <include layout="@layout/main_title_bar" />
12         <ImageView
13             android:layout_width="80dp"
14             android:layout_height="80dp"
15             android:layout_centerInParent="true"
16             android:background="@drawable/virus_scan_icon" />
17         <TextView
18             android:id="@+id/tv_last_scan_time"
19             style="@style/textview16sp"
```

```
20              android:layout_alignParentBottom="true"
21              android:layout_centerHorizontal="true"
22              android:layout_marginBottom="10dp"
23              android:textColor="@android:color/white" />
24      </RelativeLayout>
25      <RelativeLayout
26          android:id="@+id/rl_all_scan_virus"
27          android:layout_width="match_parent"
28          android:layout_height="70dp">
29          <ImageView
30              android:id="@+id/iv_quick_scan"
31              style="@style/wrapcontent"
32              android:src="@drawable/quick_scan_icon"
33              android:layout_alignParentLeft="true"
34              android:layout_centerVertical="true"
35              android:layout_marginLeft="10dp"/>
36          <TextView
37              android:id="@+id/tv_all_scan"
38              style="@style/textview16sp"
39              android:layout_toRightOf="@+id/iv_quick_scan"
40              android:layout_marginLeft="15dp"
41              android:layout_marginTop="15dp"
42              android:text="全盘扫描"/>
43          <TextView
44              style="@style/textview14sp"
45              android:layout_below="@+id/tv_all_scan"
46              android:layout_marginLeft="15dp"
47              android:layout_toRightOf="@+id/iv_quick_scan"
48              android:layout_marginTop="10dp"
49              android:text="全面扫描手机，杀毒更彻底"/>
50          <View
51              android:layout_width="13dp"
52              android:layout_height="20dp"
53              android:background="@drawable/right_arrow_blue"
54              android:layout_alignParentRight="true"
55              android:layout_centerVertical="true"
56              android:layout_marginRight="15dp"/>
57          <View
58              android:layout_width="match_parent"
59              android:layout_height="1.0px"
60              android:background="@android:color/darker_gray"
61              android:layout_alignParentBottom="true"/>
62      </RelativeLayout>
63 </LinearLayout>
```

4. 创建文本样式textview14sp

病毒查杀界面的“全面扫描手机，杀毒更彻底”文本的字体大小为14sp、文本位置居中、字体颜色为灰色，由于后续代码中的TextView控件也会用到这些样式，因此将这些代码抽取出来放在res/styles.xml文件中作为一个样式供后续控件调用，该样式的名称设置为“textview14sp”，具体代码如下所示。

```
<style name="textview14sp" parent="wrapcontent">
    <item name="android:textSize">14sp</item>
```

```
    <item name="android:gravity">center_vertical</item>
    <item name="android:textColor">@android:color/darker_gray</item>
</style>
```

任务3　实现病毒查杀界面功能

任务综述

为了实现病毒查杀界面设计的功能，在界面的逻辑代码中需要创建initView()方法用于初始化界面控件、创建copyDB()方法将病毒数据库复制到项目中的files目录下，同时，将VirusScanActivity实现View.OnClickListener接口，完成界面控件的点击事件。接下来，本任务将通过逻辑代码实现病毒查杀界面的功能。

【知识点】

- SharedPreferences类。
- Thread线程。
- View.OnClickListener接口。

【技能点】

- 通过SharedPreferences类获取上次查杀病毒的时间。
- 通过Thread线程实现复制病毒数据库功能。
- 通过View.OnClickListener接口实现控件的点击事件。

任务3-1　展示病毒数据库

随着智能手机的发展，手机病毒的种类越来越多，病毒数据库中的数据也越来越庞大，为了方便起见，我们使用第三方病毒数据库anvitirus.db。在该数据库中的表datable中存放了一些病毒信息，这些信息可以通过数据库工具（如SQLite Expert）进行查看。

使用查看数据库的工具SQLite Expert打开病毒数据库中的表datable，该表中存放的是病毒的一些信息，具体如图5-10所示。

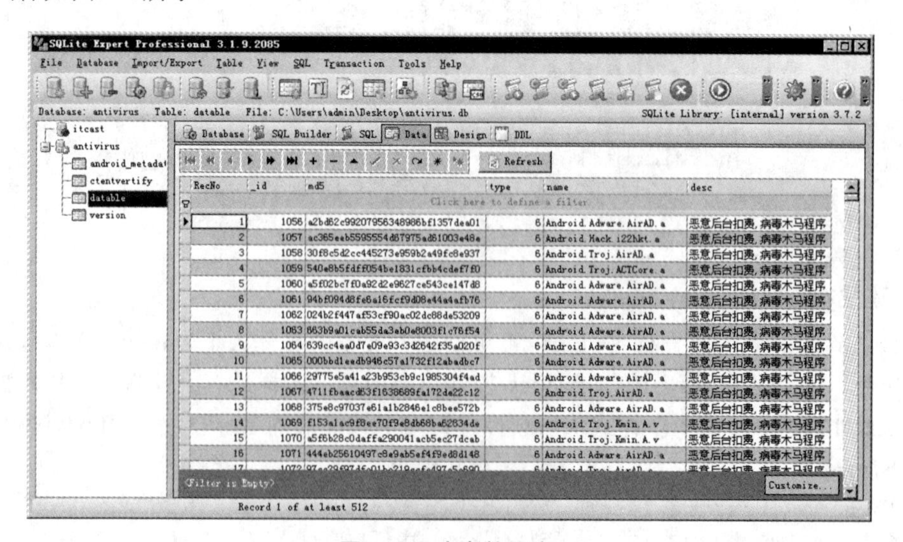

图5-10　病毒数据库

如图5-10所示，datable表中主要包含_id、md5、type、name、desc等字段，这些字段分别用于表示自增主键、病毒MD5码、病毒类型、病毒名称、病毒描述信息。

任务3–2　初始化界面控件

由于需要获取病毒查杀界面的控件并为其设置一些数据和点击事件，因此需要在VirusScanActivity中创建一个initView()方法用于初始化界面控件，具体代码如【文件5-2】所示。

【文件5-2】VirusScanActivity.java

```
1  package com.itheima.mobilesafe.viruskilling;
2  ......
3  public class VirusScanActivity extends Activity {
4      private TextView mLastTimeTV;
5      @Override
6      protected void onCreate(Bundle savedInstanceState) {
7          super.onCreate(savedInstanceState);
8          setContentView(R.layout.activity_virus_scan);
9          initView();
10     }
11     /**
12      * 初始化界面控件
13      */
14     private void initView() {
15         TextView tv_back = findViewById(R.id.tv_back);     // 获取返回键
16         ((TextView) findViewById(R.id.tv_main_title)).setText("病毒查杀");// 设置界面标题
17         tv_back.setVisibility(View.VISIBLE);              // 显示返回键
18         mLastTimeTV = findViewById(R.id.tv_last_scan_time);// 获取显示上次查杀时间的控件
19     }
20 }
```

任务3–3　显示查杀病毒的时间

为了让用户知道上次是否查杀过手机应用中的病毒，我们在病毒查杀进度界面显示了上一次查杀病毒的时间。如果之前没有查杀过病毒，则会提示用户“您还没有查杀病毒！”，否则，需要通过SharedPreferences类的getString()方法获取上次查杀病毒的时间（该信息在后续病毒查杀进度界面将被保存到SharedPreferences中）。显示上一次查杀病毒时间的具体代码如下所示。

```
1  public class VirusScanActivity extends Activity implements View.OnClickListener{
2      ......
3      private SharedPreferences mSP;
4      @Override
5      protected void onCreate(Bundle savedInstanceState) {
6          super.onCreate(savedInstanceState);
7          setContentView(R.layout.activity_virus_scan);
8          mSP = getSharedPreferences("config", MODE_PRIVATE);// 获取 SharedPreferences 对象
9          ......
10     }
11     ......
12     @Override
13     protected void onResume() {
14         String string = mSP.getString("lastVirusScan", "您还没有查杀病毒！");
15         mLastTimeTV.setText(string);
```

```
16          super.onResume();
17      }
18      ……
19 }
```

上述代码中，第8行代码通过getSharedPreferences()方法获取上次查杀病毒的时间。

第14行代码通过getString()方法获取SharedPreferences文件中存放的上次查杀病毒的时间。其中，getString()方法中的第1个参数lastVirusScan表示config.xml文件中属性name的值，第2个参数“您还没有查杀病毒！”表示默认值。

第15行代码通过setText()方法将上一次查杀病毒的时间设置到界面控件上。

任务3-4 复制病毒数据库到项目中

病毒查杀界面的病毒数据库需要存放在项目中，便于后续程序对该数据库的获取。因此我们需要将病毒数据库antivirus.db导入到项目中的assets文件夹中，在VirusScanActivity中创建一个copyDB()方法，在该方法中通过IO流的形式将病毒数据库复制到项目中的“/data/data/com.itheima.mobilesafe/files”文件夹中，具体代码如下所示。

```
1 public class VirusScanActivity extends Activity{
2      ……
3      @Override
4      protected void onCreate(Bundle savedInstanceState) {
5          super.onCreate(savedInstanceState);
6          setContentView(R.layout.activity_virus_scan);
7          ……
8          copyDB("antivirus.db");
9          ……
10     }
11      ……
12     /**
13      * 复制病毒数据库
14      * @param dbname
15      */
16     private void copyDB(final String dbname) {
17         new Thread(){
18             public void run() {
19                 try {
20                     File file = new File(getFilesDir(),dbname);
21                     if(file.exists()&&file.length()>0){
22                         Log.i("VirusScanActivity", "数据库已存在！");
23                         return ;
24                     }
25                     InputStream is = getAssets().open(dbname);
26                     FileOutputStream fos  = openFileOutput(dbname, MODE_PRIVATE);
27                     byte[] buffer = new byte[1024];
28                     int len = 0;
29                     while((len = is.read(buffer))!= -1){
30                         fos.write(buffer, 0, len);
31                     }
32                     is.close();
```

```
33                    fos.close();
34                } catch (Exception e) {
35                    e.printStackTrace();
36                }
37            };
38        }.start();
39    }
40    ......
41 }
```

上述代码中，第17~38行创建了一个Thread线程，在该线程中通过IO流的形式将病毒数据库antivirus.db复制到项目中的“/data/data/com.itheima.mobilesafe/files”目录下。

第20行代码中的File()方法的第1个参数getFilesDir()表示files文件夹的路径，第2个参数dbname表示病毒数据库名称antivirus.db。

第25行代码通过open()方法从项目中的assets文件夹中获取病毒数据库的输入流对象is，第26行代码通过openFileOutput()方法获取文件输出流对象fos。

第29~31行代码通过while循环将病毒数据库写入到files文件夹中。

第32~33行代码通过调用close()方法分别关闭输入流与输出流的对象。

需要注意的是，使用完输入流与输出流对象时，需要通过close()方法分别关闭对应的对象。

任务3-5　实现界面控件的点击事件

由于病毒查杀界面的返回键、“全盘扫描”条目都需要实现点击事件，因此将VirusScanActivity实现View.OnClickListener接口，并重写onClick()方法，在该方法中实现控件的点击事件。实现界面控件点击事件的具体步骤如下：

1. 实现返回键与“全盘扫描”条目的点击事件

在VirusScanActivity的onClick()方法中，根据被点击控件的Id实现对应控件的点击事件，具体代码如下所示。

```
1  public class VirusScanActivity extends Activity implements View.OnClickListener
2  {
3      ......
4      private void initView() {
5          tv_back.setOnClickListener(this);//设置返回键的点击事件的监听器
6          //设置"全盘扫描"条目的点击事件的监听器
7          findViewById(R.id.rl_all_scan_virus).setOnClickListener(this);
8      }
9      /**
10      *  实现界面上控件的点击事件
11      */
12     @Override
13     public void onClick(View v) {
14         switch (v.getId()) {
15             case R.id.tv_back:                    //返回键点击事件
16                 finish();
17                 break;
18             case R.id.rl_all_scan_virus:          //"全盘扫描"条目点击事件
19                 //跳转到病毒查杀进度界面
```

```
20                    break;
21            }
22        }
23        ......
24 }
```

2．跳转到病毒查杀界面的逻辑代码

点击首页界面的“病毒查杀”按钮时，程序会跳转到病毒查杀界面，因此需要找到HomeActivity中的onClick()方法，在该方法中的注释“//病毒查杀”下方添加跳转到病毒查杀界面的逻辑代码，具体代码如下：

```
Intent virusIntent=new Intent(this,VirusScanActivity.class);
startActivity(virusIntent);
```

病毒查杀界面的逻辑代码文件VirusScanActivity.java的完整代码详见【文件5-3】所示。

完整代码：文件 5-3

任务4 “病毒查杀进度”设计分析

任务综述

病毒查杀进度界面主要用于扫描手机中的应用，在扫描过程中，如果发现应用中存在病毒，则将此应用的名称用红色字体显示，扫描完成后，可以手动卸载带有病毒的应用。在当前任务中，我们通过工具Axure RP 9 Beat来设计病毒查杀进度界面的原型图，使其达到用户需求的效果。为了让读者学习如何设计病毒查杀进度界面，本任务将针对病毒查杀进度界面的原型和UI设计进行分析。

任务4-1 原型分析

根据前面的内容可知，当点击病毒查杀界面的“全盘扫描”条目时，程序会跳转到病毒查杀进度界面。在该界面需要扫描手机中已安装的应用，检查应用中是否存在病毒。为了让用户清晰地看到查杀病毒过程中的详细信息，在病毒查杀进度界面中需要显示查杀进度的百分比（已扫描应用数量/手机中应用总数量）、当前扫描的应用名称、已扫描的应用信息，界面底部的取消扫描或重新扫描或完成按钮。

通过情景分析后，总结用户需求，病毒查杀进度界面设计的原型图如图5-11所示。

根据图5-11中设计的病毒查杀进度界面原型图，分析界面上各个功能的设计与放置的位置，具体如下：

1．标题栏设计

标题栏原型图设计如图5-12所示。

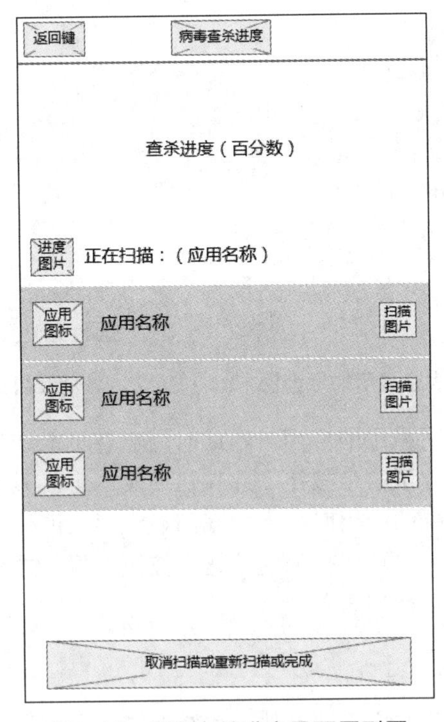

图5-11　病毒查杀进度界面原型图

2．扫描信息的显示设计

扫描信息显示的原型图设计如图5-13所示。

图5-12　标题栏原型图

图5-13　扫描信息显示的原型图

病毒查杀进度界面会自动扫描手机中的所有应用，并对这些应用进行病毒查杀，为了让用户清晰地看到当前查杀的进度和应用程序，我们在标题栏下方设计一个当前查杀进度的百分比和“正在扫描：（应用名称）”，在“正在扫描：（应用名称）”左侧还设计了一个进度图片。当扫描应用时，进度图片会沿着顺时针方向进行旋转，当扫描结束时，图片的动画状态也结束，同时，“正在扫描：（应用名称）”信息替换为“扫描完成！”信息。

3．已扫描应用信息的显示设计

已扫描应用信息显示的原型图设计如图5-14所示。

已扫描的应用信息主要包含应用图标、应用名称、扫描图片，为了让用户可以直观地看到扫描了哪些应用，每个应用的图标、名称、扫描图片等信息可以以条目的形式显示，根据条目的设计习惯，条目的左侧放置应用图标，条目的中间位置放置应用名称，条目的右侧放置一个扫描图片，表示已经扫描过此应用。多个条目可以组成一个列表，这样已扫描的应用信息可以通过一个列表的形式进行显示。

4．底部按钮的设计

底部按钮的原型图设计如图5-15所示。

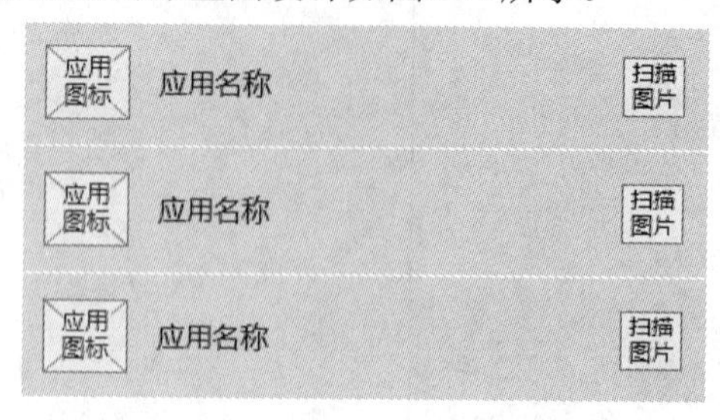

图5-14 已扫描应用信息显示的原型图

图5-15 底部按钮的原型图

在病毒查杀进度界面扫描手机中的应用时，此时用户有可能选择取消扫描或重新扫描或完成操作，因此我们在界面底部设计了一个按钮，此按钮的文本可以显示为“取消扫描”或“重新扫描”或“完成”。当扫描手机中的应用时，界面底部显示“取消扫描”按钮，点击该按钮，此时按钮上显示“重新扫描”。点击“重新扫描”按钮，按钮上再次显示“取消扫描”，当完成扫描操作时，界面底部的按钮文本显示“完成”。

任务4-2 UI分析

通过原型分析可知病毒查杀进度界面具体有哪些功能，需要显示哪些信息，根据这些信息，设计病毒查杀进度界面的效果，如图5-16所示。

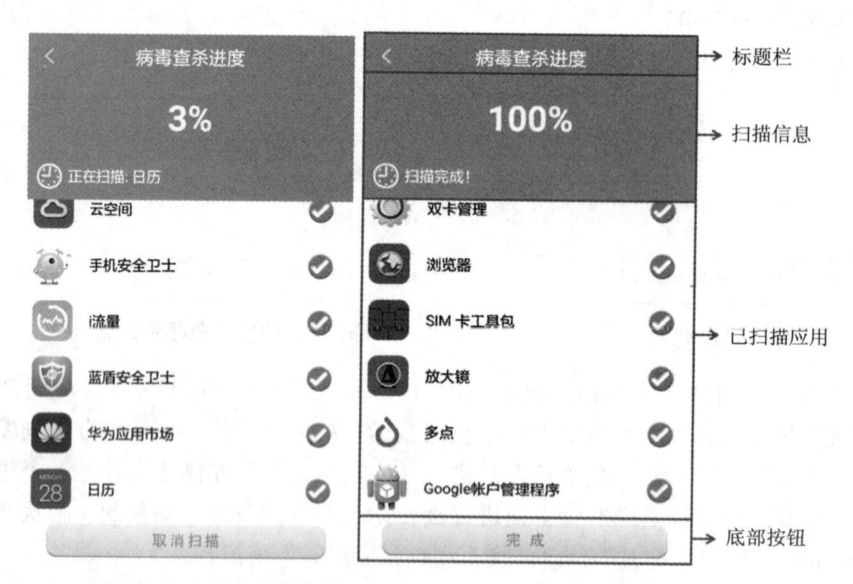

图5-16 病毒查杀进度界面效果图（正在扫描与扫描完成界面）

根据图5-16展示的病毒查杀进度界面效果图，分析该图的设计过程，具体如下：

1．病毒查杀进度界面布局设计

由图5-16可知，病毒查杀进度界面显示的信息有标题、返回键、查杀进度百分比、扫描的动画图片、当前扫描的应用名称或“扫描完成！”文本、已扫描的应用列表、“取消扫描”按钮、“重新扫描”按钮、“完成”按钮。根据界面效果的展示，将病毒查杀进度界面按照从上至下的顺序划分为4部分，分别是标题栏、扫描信息、已扫描应用、底部按钮，接下来详细分析这4部分。

第1部分：由于标题栏的组成在前面章节已介绍过，此处不再重复介绍。

第2部分：由1个查杀进度图片和2个文本组成，其中，2个文本分别用于显示扫描的进度百分比与“正在扫描：（应用名称）”或“扫描完成！”信息。

第3部分：由1个列表显示已扫描应用信息。

第4部分：由1个按钮显示“取消扫描”、“重新扫描”或“完成”等状态中的1个信息。

2．图片形状与颜色设计

（1）标题栏设计

标题栏UI设计效果如图5-17所示。

图5-17　标题栏UI效果

（2）扫描信息显示设计

扫描信息显示的UI设计效果如图5-18所示。

图5-18　扫描信息显示的UI效果（扫描中和扫描完成）

为了更形象地表示扫描的动作，我们设计了一个钟表样式的图片，该图片中还设计有指针与对应的刻度。扫描信息的背景设置为主题色（蓝色），扫描信息上的图片与文本颜色都设计为白色。

（3）已扫描应用列表设计

已扫描应用信息列表的UI设计效果如图5-19所示。

图5-19　已扫描应用信息的列表UI效果

病毒查杀进度界面中已扫描的应用信息列表主要用于显示应用图标、应用名称以及扫描完成图标。其中，应用图标是从扫描到的信息中获取的，不用设计。在此列表中需要设计的只有右边的扫描完成图标，该图标表示已经扫描过的应用。在扫描垃圾界面已经讲述过此图片的设计原理，在此处不再重复描述。

（4）“取消扫描”（“重新扫描”或“完成”）按钮设计

“取消扫描”（“重新扫描”或“完成”）按钮UI设计效果如图5-20所示。

图5-20 “取消扫描”（“重新扫描”或“完成”）按钮UI效果

“取消扫描”按钮、“重新扫描”按钮、“完成”按钮都是界面底部的按钮，为了统一按钮的风格，将这3个按钮的背景和字体设置为相同的样式。以“取消扫描”按钮为例，为了区分“取消扫描”按钮的点击与未点击状态，我们为其设计了2个背景图片，当按钮被点击时，背景设置为有立体阴影的浅灰色图片，文本设置为蓝色。当按钮未被点击时，背景设置为有立体阴影的蓝色图片，文本设置为白色。

任务5 搭建病毒查杀进度界面

任务综述

为了实现病毒查杀进度界面的UI设计效果，在界面的布局代码中使用TextView控件、ImageView控件、ListView控件、Button控件完成病毒查杀进度界面上的查杀进度、扫描的应用名称、扫描图片、已扫描的应用列表以及“取消扫描”（“重新扫描”或“完成”）按钮的显示。在扫描手机应用的过程中，界面上的扫描图片会不断地进行顺时针转动。接下来，本任务将通过布局代码搭建病毒查杀进度界面的布局。

【知识点】

- ImageView控件、ListView控件、Button控件。
- 背景选择器。

【技能点】

- 创建病毒查杀进度界面布局文件。
- 创建Button控件的背景选择器。

任务5-1 搭建病毒查杀进度界面布局

病毒查杀进度界面主要由2个TextView控件、1个ImageView控件、1个ListView控件以及1个Button控件组成。其中，2个TextView控件分别显示查杀进度与扫描到的应用名称，1个ImageView控件用于显示扫描图片，1个ListView控件用于显示已扫描的应用列表，1个Button控件用于显示“取消扫描”（“重新扫描”或“完成”）按钮，病毒查杀进度界面的效果如图5-21所示。

搭建病毒查杀进度界面布局的具体步骤如下：

1. 创建清理垃圾界面

在com.itheima.mobilesafe.viruskilling包中创建一个Empty Activity类，命名为VirusScanSpeedActivity，并将布局文件名指定为activity_virus_scan_speed。

2. 导入界面图片

将病毒查杀进度界面所需要的图片scanning_icon.png、cancel_scan_selected.png、cancel_scan_normal.png、restart_scan_selected.png、restart_scan_normal.png导入到drawable-hdpi文件夹中。

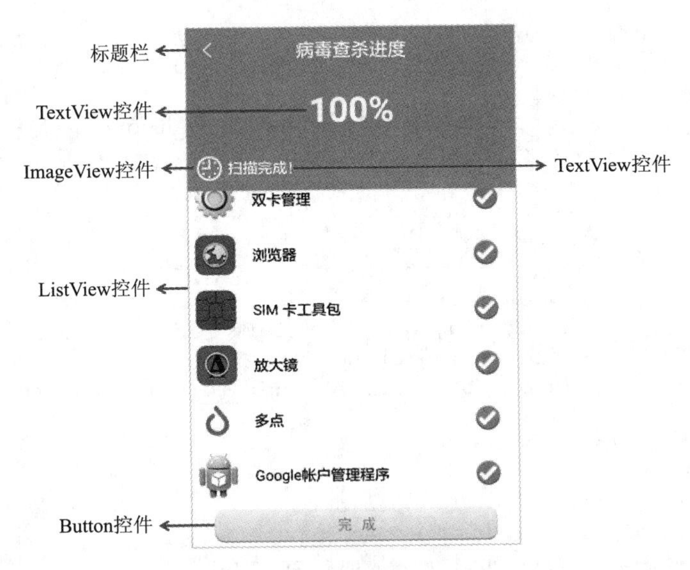

图5-21　病毒查杀进度界面

3. 放置界面控件

在activity_virus_scan_speed.xml文件中，通过<include>标签引入标题栏布局（main_title_bar.xml），放置2个TextView控件分别用于显示查杀进度百分比数据与“正在扫描：（应用名称）”，1个ImageView控件用于显示扫描图片，1个ListView控件用于显示已扫描的应用列表，1个Button控件用于显示底部按钮（“取消扫描”、“重新扫描”或“完成”按钮），具体代码如【文件5-4】所示。

【文件5-4】activity_virus_scan_speed.xml

```
1  <?xml version="1.0" encoding="utf-8"?>
2  <LinearLayout xmlns:android="http://schemas.android.com/apk/res/android"
3      android:layout_width="match_parent"
4      android:layout_height="match_parent"
5      android:background="@android:color/white"
6      android:orientation="vertical">
7      <RelativeLayout
8          android:layout_width="match_parent"
9          android:layout_height="180dp"
10         android:background="@color/blue_color">
11         <include layout="@layout/main_title_bar" />
12         <TextView
13             android:id="@+id/tv_scan_process"
14             style="@style/wrapcontent"
15             android:layout_centerInParent="true"
16             android:textColor="@android:color/white"
17             android:textSize="38sp"
18             android:textStyle="bold" />
19         <LinearLayout
20             android:layout_width="match_parent"
21             android:layout_height="wrap_content"
22             android:layout_alignParentBottom="true"
23             android:layout_marginLeft="10dp"
24             android:layout_marginBottom="10dp"
```

```
25             android:gravity="center_vertical"
26             android:orientation="horizontal">
27             <ImageView
28                 android:id="@+id/iv_scanning_icon"
29                 android:layout_width="30dp"
30                 android:layout_height="30dp"
31                 android:background="@drawable/scanning_icon" />
32             <TextView
33                 android:id="@+id/tv_scan_app"
34                 style="@style/textview16sp"
35                 android:layout_marginLeft="5dp"
36                 android:singleLine="true"
37                 android:textColor="@android:color/white" />
38         </LinearLayout>
39     </RelativeLayout>
40     <ListView
41         android:id="@+id/lv_scan_apps"
42         android:layout_width="match_parent"
43         android:layout_height="wrap_content"
44         android:layout_weight="10"
45         android:background="@android:color/white" />
46     <LinearLayout
47         android:layout_width="match_parent"
48         android:layout_height="wrap_content"
49         android:layout_margin="5dp"
50         android:gravity="center">
51         <Button
52             android:id="@+id/btn_cancel_scan"
53             android:layout_width="312dp"
54             android:layout_height="40dp"
55             android:background="@drawable/btn_cancel_scan_selector"/>
56     </LinearLayout>
57 </LinearLayout>
```

4. 创建“取消扫描”按钮的背景选择器

在项目中res/drawable文件夹中创建一个“取消扫描”按钮的背景选择器btn_cancel_scan_selector.xml，当按钮按下时显示蓝色背景与白色文字的图片（cancel_scan_selected.png），当按钮弹起时显示浅灰色背景与蓝色文字的图片（cancel_scan_normal.png），具体代码如【文件5-5】所示。

【文件5-5】btn_cancel_scan_selector.xml

```
1 <?xml version="1.0" encoding="utf-8"?>
2 <selector xmlns:android="http://schemas.android.com/apk/res/android" >
3     <item android:state_pressed="true"  android:drawable="@drawable/
4                                                   cancel_scan_selected"/>
5     <item android:state_pressed="false" android:drawable="@drawable/
6                                                     cancel_scan_normal"/>
7 </selector>
```

5. 创建“重新扫描”按钮的背景选择器

在项目中的res/drawable文件夹中创建一个“重新扫描”按钮的背景选择器btn_restart_scan_selector.xml，当按钮按下时显示蓝色背景与白色文字的图片（restart_scan_selected.png），当按钮弹起时显示浅灰色背景与蓝色文字的图片（restart_scan_normal.png），具体代码如【文件5-6】所示。

【文件5-6】btn_restart_scan_selector.xml

```
1  <?xml version="1.0" encoding="utf-8"?>
2  <selector xmlns:android="http://schemas.android.com/apk/res/android" >
3      <item android:state_pressed="true" android:drawable="@drawable/
4                                                  restart_scan_selected"/>
5      <item android:state_pressed="false" android:drawable="@drawable/
6                                                   restart_scan_normal"/>
7  </selector>
```

任务5-2　搭建病毒查杀进度界面条目布局

由于病毒查杀进度界面用到了ListView控件，因此需要为该控件搭建一个条目界面，该界面由2个ImageView控件与1个TextView控件分别组成应用图标、已扫描图片以及应用名称，界面效果如图5-22所示。

搭建病毒查杀进度界面条目布局的具体步骤如下：

1. 创建病毒查杀进度界面条目布局

在res/layout文件夹中，创建一个布局文件item_list_virus_killing.xml。

图5-22　病毒查杀进度界面条目

2. 放置界面控件

在item_list_virus_killing.xml文件中，放置2个ImageView控件分别用于显示应用图标与已扫描图片，1个TextView控件用于显示应用名称，具体代码如【文件5-7】所示。

【文件5-7】item_list_virus_killing.xml

```
1  <?xml version="1.0" encoding="utf-8"?>
2  <RelativeLayout xmlns:android="http://schemas.android.com/apk/res/android"
3      android:layout_width="match_parent"
4      android:layout_height="wrap_content"
5      android:orientation="vertical"
6      android:background="@android:color/white">
7      <ImageView
8          android:id="@+id/iv_app_icon"
9          android:layout_width="50dp"
10         android:layout_height="50dp"
11         android:layout_centerVertical="true"
12         android:layout_alignParentLeft="true"
13         android:layout_margin="5dp"/>
14     <TextView
15         android:id="@+id/tv_app_name"
16         style="@style/textview16sp"
17         android:textColor="@android:color/darker_gray"
18         android:layout_toRightOf="@+id/iv_app_icon"
19         android:layout_centerVertical="true"
20         android:layout_marginLeft="10dp"/>
21     <ImageView
22         android:id="@+id/iv_right_img"
23         android:layout_width="30dp"
24         android:layout_height="30dp"
25         android:layout_alignParentRight="true"
26         android:layout_marginRight="20dp"
27         android:layout_centerVertical="true"/>
28 </RelativeLayout>
```

任务6　实现病毒查杀进度界面功能

任务综述

为了实现病毒查杀进度界面设计的功能，在逻辑代码中需要通过getFileMd5()方法将应用的路径转化为MD5码，通过checkVirus()方法检测当前应用路径的MD5码是否在病毒数据库中，如果存在，说明当前应用中存在病毒，否则，不存在病毒。接着将是否有病毒的信息通过Handler类与Message类的对象传递到主线程中并更新界面数据信息。同时，还需要将VirusScanSpeedActivity实现View.OnClickListener接口，完成界面部分控件的点击事件。接下来，本任务将通过逻辑代码实现病毒查杀进度界面的功能。

【知识点】

- getFileMd5()方法。
- checkVirus()方法。
- Handler类、Message类。
- View.OnClickListener接口。

【技能点】

- 通过getFileMd5()方法获取应用路径的MD5码。
- 通过checkVirus()方法检测病毒数据库中是否存在应用路径的MD5码。
- 通过Handler类与Message类的对象将查杀病毒的信息传递到主线程中。
- 通过View.OnClickListener接口实现控件的点击事件。

任务6-1　检测文件是否是病毒

如果想要检测一个文件是否存在病毒，则需要将该文件路径转化后的MD5码与病毒数据库anvitirus.db中所有的MD5码进行比对，如果比对成功，则表示该文件中存在病毒，否则，不存在病毒。

在com.itheima.mobilesafe.viruskilling包中创建一个dao包，在dao包中创建一个AntiVirusDao类，在该类中创建checkVirus()方法用于检查传递过来的MD5码是否是病毒文件的MD5码，具体代码如【文件5-8】所示。

【文件5-8】AntiVirusDao.java

```
1  package com.itheima.mobilesafe.viruskilling.dao;
2  ……
3  public class AntiVirusDao {
4      /**
5       * 检查某个 md5 是否是病毒
6       * @param md5
7       * @return null 代表扫描安全
8       */
9      public static String checkVirus(String md5) {
10         String desc = null;
11         // 打开病毒数据库
12         SQLiteDatabase db = SQLiteDatabase.openDatabase(
13                 "/data/data/com.itheima.mobilesafe/files/antivirus.db", null,
14                                          SQLiteDatabase.OPEN_READONLY);
```

```
15        Cursor cursor = db.rawQuery("select desc from datable where md5=?",
16                                                 new String[] { md5 });
17        if (cursor.moveToNext()) {
18           desc = cursor.getString(0);
19        }
20        cursor.close();
21        db.close();
22        return desc;
23     }
24 }
```

上述代码中，第12~14行代码通过openDatabase()方法打开病毒数据库并获取SQLiteDatabase类的对象db，该方法中的第1个参数"/data/data/com.itheima.mobilesafe/files/antivirus.db"表示数据库的路径，第2个参数null表示创建Cursor对象时使用的工厂类，此处传递为null，表示使用系统的默认工厂类。第3个参数"SQLiteDatabase.OPEN_READONLY"表示以只读方式打开数据库。

第15~16行代码通过rawQuery()方法查询病毒数据库中是否存在传递到checkVirus()方法中的md5字符串对应的病毒描述信息（desc），如果存在，则rawQuery()方法返回的Cursor对象中会存在获取的病毒描述信息，否则，该对象中没有任何数据信息。

第17~19行代码通过moveToNext()方法判断Cursor对象中是否有病毒描述信息，如果有，则通过getString(0)方法获取此信息，并在第22行将获取的病毒信息返回。

第20~21行代码分别通过close()方法关闭光标对象cursor与数据库对象db。

任务6-2　获取文件的MD5码

当对手机中的应用进行病毒查杀时，需要将应用的APK文件路径转换为MD5码，因此我们需要在项目的com.itheima.mobilesafe.viruskilling包中创建一个utils包，在该包中创建一个工具类MD5Utils，在该类中创建一个getFileMd5()方法将传递过来的文件路径转换为MD5码，具体代码如【文件5-9】所示。

【文件5-9】MD5Utils.java

```
1  package com.itheima.mobilesafe.viruskilling.utils;
2  ......
3  public class MD5Utils {
4     /**
5      * 获取文件的 md5 值，
6      * @param path 文件的路径
7      * @return null 文件不存在
8      */
9     public static String getFileMd5(String path) {
10       try {
11          MessageDigest digest = MessageDigest.getInstance("md5");
12          File file = new File(path);
13          FileInputStream fis = new FileInputStream(file);
14          byte[] buffer = new byte[1024];
15          int len = -1;
16          while ((len = fis.read(buffer)) != -1) {
17             digest.update(buffer, 0, len);
18          }
19          byte[] result = digest.digest();
```

```
20          StringBuilder sb = new StringBuilder();
21          for (byte b : result) {
22             int number = b & 0xff;
23             String hex = Integer.toHexString(number);
24             if (hex.length() == 1) {
25                sb.append("0" + hex);
26             } else {
27                sb.append(hex);
28             }
29          }
30          return sb.toString();
31       } catch (Exception e) {
32          e.printStackTrace();
33          return null;
34       }
35    }
36 }
```

上述代码中，第9~35行代码创建了getFileMd5()方法，该方法接收的参数path表示手机中某个应用的全路径。

第11行代码通过MessageDigest的getInstance()方法获取数据加密的对象digest，然后在第19行代码中通过对象digest的digest()方法对文件路径进行加密。

多学一招：获取MD5码工具

市面上有很多获取MD5码的工具，例如MD5Count.exe就是其中的一个，其图标是一个骷髅头☠，看起来很霸气。在使用这个工具时，直接双击其图标运行程序，然后将要计算的文件直接拖到该界面中即可生成MD5码，如图5-23所示。

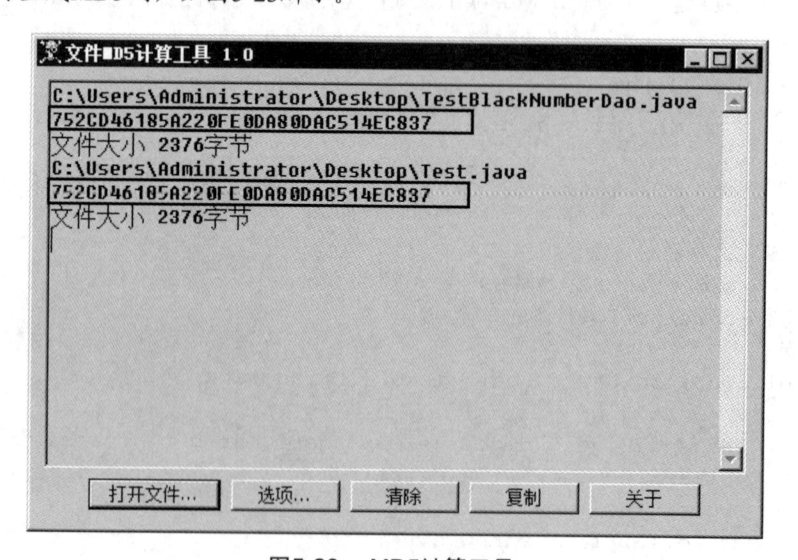

图5-23　MD5计算工具

需要注意的是，每个程序的MD5码都是唯一的。图5-23中的两个文件内容是相同的，只不过名字不同而已，因此获得的MD5码是一样的。

任务6-3　封装应用信息实体类

由于已扫描的手机应用信息都包含应用名称、是否是病毒、应用包名、应用描述、应用图标等属性，因此需要创建一个应用信息的实体类ScanAppInfo来存放这些属性。

在com.itheima.mobilesafe.viruskilling包中创建一个entity包，在该包中创建一个ScanAppInfo类，在该类中创建应用信息的属性，具体代码如【文件5-10】所示。

【文件5-10】ScanAppInfo.java

```
1 package com.itheima.mobilesafe.viruskilling.entity;
2 import android.graphics.drawable.Drawable;
3 public class ScanAppInfo {
4     public String appName;          //应用名称
5     public boolean isVirus;         //是否是病毒
6     public String packagename;      //应用包名
7     public String description;      //应用描述
8     public Drawable appicon;        //应用图标
9 }
```

任务6-4　编写应用信息列表适配器

由于病毒查杀进度界面的应用信息列表是用ListView控件展示的，因此需要创建一个数据适配器ScanVirusAdapter对ListView控件进行数据适配。创建适配器ScanVirusAdapter的具体步骤如下：

1．创建适配器ScanVirusAdapter

在com.itheima.mobilesafe.viruskilling包中创建adapter包，在该包中创建一个继承BaseAdapter的ScanVirusAdapter类，该类重写了getCount()、getItem()、getItemId()、getView()方法，分别用于获取列表条目总数、对应条目对象、条目对象的Id、对应的条目视图。为了减少缓存，在getView()方法中复用了convertView对象，具体代码如【文件5-11】所示。

【文件5-11】ScanVirusAdapter.java

```
1  package com.itheima.mobilesafe.viruskilling.adapter;
2  ......
3  public class ScanVirusAdapter extends BaseAdapter {
4      private List<ScanAppInfo> mScanAppInfos;
5      private Context context;
6      public ScanVirusAdapter(List<ScanAppInfo> scanAppInfo, Context context) {
7          super();
8          mScanAppInfos = scanAppInfo;
9          this.context = context;
10     }
11     @Override
12     public int getCount() {
13         return mScanAppInfos.size();
14     }
15     @Override
16     public Object getItem(int position) {
17         return mScanAppInfos.get(position);
18     }
19     @Override
20     public long getItemId(int position) {
```

```
21          return position;
22      }
23      @Override
24      public View getView(int position, View convertView, ViewGroup parent) {
25          ViewHolder holder;
26          if (convertView == null) {
27              convertView = View.inflate(context, R.layout.item_list_virus_killing,
28                                                                          null);
29              holder = new ViewHolder();
30              holder.mAppIconImgv = convertView.findViewById(R.id.iv_app_icon);
31              holder.mAppNameTV = convertView.findViewById(R.id.tv_app_name);
32              holder.mScanIconImgv = convertView.findViewById(R.id.iv_right_img);
33              convertView.setTag(holder);
34          } else {
35              holder = (ViewHolder) convertView.getTag();
36          }
37          ScanAppInfo scanAppInfo = mScanAppInfos.get(position);
38          if (!scanAppInfo.isVirus) {
39              holder.mScanIconImgv.setBackgroundResource(R.drawable.blue_right_icon);
40              holder.mAppNameTV.setTextColor(context.getResources().getColor(R.
41                                                                  color.black));
42              holder.mAppNameTV.setText(scanAppInfo.appName);
43          } else {
44              holder.mAppNameTV.setTextColor(context.getResources().getColor(R.
45                                                             color.bright_red));
46              holder.mAppNameTV.setText(scanAppInfo.appName + "(" +
47                                               scanAppInfo.description + ")");
48          }
49          holder.mAppIconImgv.setImageDrawable(scanAppInfo.appicon);
50          return convertView;
51      }
52      static class ViewHolder {
53          ImageView mAppIconImgv;
54          TextView mAppNameTV;
55          ImageView mScanIconImgv;
56      }
57  }
```

上述代码中，第27~28行代码通过inflate()方法加载列表条目布局文件item_list_virus_killing.xml。

第29~33行代码首先创建了ViewHolder类的对象holder，其次通过findViewById()方法获取列表条目界面上的控件，然后通过setTag()方法将对象holder添加到convertView中。

第37行代码通过get()方法获取当前条目对应的应用信息。

第38~48行代码判断当前条目对应的应用是否带有病毒，如果应用不带病毒，则在第39~42行代码分别通过setBackgroundResource()方法、setTextColor()方法、setText()方法设置应用的已扫描图片、应用名称颜色为黑色以及应用名称。如果应用带病毒，则在第44~47行代码分别通过setTextColor()方法与setText()方法设置应用的名称颜色为红色、应用的名称位置设置为病毒描述信息。

第49行代码通过setImageDrawable()方法设置应用的图标。

第52~56行代码创建了一个ViewHolder类，在该类中定义列表条目上的控件对象。

2. 添加红色与黑色颜色值

当检测到带病毒的应用时，会将应用名称设置为红色，未检测到病毒的应用名称设置为黑色，因此需要在res/values文件夹中的colors.xml文件中添加红色与黑色的颜色值，具体代码如下所示。

```
<color name="black">#000000</color>
<color name="bright_red">#F22723</color>
```

任务6-5　初始化界面控件

由于需要获取病毒查杀进度界面的控件并为其设置一些数据和动画，因此需要在VirusScanSpeedActivity中创建initView()方法与startAnim()方法分别初始化界面控件与实现扫描图片的动画效果，具体代码如【文件5-12】所示。

【文件5-12】VirusScanSpeedActivity.java

```
1  package com.itheima.mobilesafe.viruskilling;
2  ......
3  public class VirusScanSpeedActivity extends Activity {
4      private int total,process;
5      private TextView mProcessTV,mScanAppTV;
6      private PackageManager pm;
7      private boolean flag,isStop;
8      private Button mCancelBtn;
9      private ImageView mScanningIcon;
10     private RotateAnimation rani;
11     private ListView mScanListView;
12     private ScanVirusAdapter adapter;
13     private List<ScanAppInfo> mScanAppInfos = new ArrayList<ScanAppInfo>();
14     private SharedPreferences mSP;
15     @Override
16     protected void onCreate(Bundle savedInstanceState) {
17         super.onCreate(savedInstanceState);
18         setContentView(R.layout.activity_virus_scan_speed);
19         pm = getPackageManager();
20         mSP = getSharedPreferences("config", MODE_PRIVATE);
21         initView();
22     }
23     private void initView() {
24         TextView tv_back = findViewById(R.id.tv_back);
25         ((TextView) findViewById(R.id.tv_main_title)).setText("病毒查杀进度");
26         tv_back.setVisibility(View.VISIBLE);
27         mProcessTV =  findViewById(R.id.tv_scan_process);
28         mScanAppTV =  findViewById(R.id.tv_scan_app);
29         mCancelBtn = findViewById(R.id.btn_cancel_scan);
30         mScanListView =  findViewById(R.id.lv_scan_apps);
31         adapter = new ScanVirusAdapter(mScanAppInfos, this);
32         mScanListView.setAdapter(adapter);
33         mScanningIcon = findViewById(R.id.iv_scanning_icon);
34         startAnim();// 开始扫描动画
35     }
36     private void startAnim() {
```

```
37         if (rani == null) {
38                 //设置动画沿着顺时针方向旋转
39            rani = new RotateAnimation(0, 360, Animation.RELATIVE_TO_SELF,
40                               0.5f, Animation.RELATIVE_TO_SELF, 0.5f);
41         }
42         rani.setRepeatCount(Animation.INFINITE);        //动画重复次数
43         rani.setDuration(2000);                         //动画间隔2000毫秒
44         mScanningIcon.startAnimation(rani);             //开始动画
45     }
46 }
```

上述代码中，第37~41行代码用于创建RotateAnimation类的对象rani，判断了RotateAnimation类的对象是否为null，如果为null，则需要通过new关键字创建RotateAnimation类的对象rani。在RotateAnimation()方法中有6个参数，其中，第1个参数0表示动画的起始角度，第2个参数360表示动画的结束角度，第3个参数Animation.RELATIVE_TO_SELF表示相对值，第4个参数0.5f表示横坐标的比例，第5个参数Animation.RELATIVE_TO_SELF表示相对值，第6个参数0.5f表示纵坐标的比例。

第42行代码通过setRepeatCount()方法设置动画的循环次数，该方法中的参数Animation.INFINITE表示永久循环。

第43行代码通过setDuration(2000)方法设置动画的间隔时间为2000毫秒。

第44行代码通过startAnimation()方法开始动画。

任务6–6 实现病毒查杀功能

由于需要扫描手机中的应用是否存在病毒，因此在VirusScanSpeedActivity中通过getInstalledPackages()方法获取手机中所有已安装的应用，并对这些应用进行遍历，将每个应用的APK文件路径的MD5码与病毒数据库中的MD5码进行比对，如果比对一致，则说明应用中存在病毒，否则，不存在病毒。将扫描手机应用时获取的信息通过Handler类与Message类的对象传递到主线程中，并更新界面数据信息。实现病毒查杀功能的具体步骤如下：

1. 实现扫描病毒的功能

在VirusScanSpeedActivity中创建一个scanVirus()方法，在该方法中创建一个Thread线程，在此线程中通过for循环遍历手机中已安装的应用，检查应用中是否存在病毒，具体代码如下所示。

```
1  protected static final int SCAN_BENGIN = 100;
2  protected static final int SCANNING = 101;
3  protected static final int SCAN_FINISH = 102;
4  private void scanVirus() {
5     flag = true;
6     isStop = false;
7     process = 0;
8     mScanAppInfos.clear();
9     new Thread() {
10       public void run() {
11          Message msg = Message.obtain();
12          msg.what = SCAN_BENGIN;
13          mHandler.sendMessage(msg);
14          List<PackageInfo> installedPackages = pm.getInstalledPackages(0);
15          total = installedPackages.size();
```

```
16          for (PackageInfo info : installedPackages) {
17             if (!flag) {
18                isStop = true;
19                return;
20             }
21             String apkpath = info.applicationInfo.sourceDir;
22             //检查获取这个文件的 MD5 码
23             String md5info = MD5Utils.getFileMd5(apkpath);
24             String result = AntiVirusDao.checkVirus(md5info);
25             msg = Message.obtain();
26             msg.what = SCANNING;
27             ScanAppInfo scanInfo = new ScanAppInfo();
28             if (result == null) {
29                scanInfo.description = "扫描安全";
30                scanInfo.isVirus = false;
31             } else {
32                scanInfo.description = result;
33                scanInfo.isVirus = true;
34             }
35             process++;
36             scanInfo.packagename = info.packageName;
37             scanInfo.appName = info.applicationInfo.loadLabel(pm).toString();
38             scanInfo.appicon = info.applicationInfo.loadIcon(pm);
39             msg.obj = scanInfo;
40             msg.arg1 = process;
41             mHandler.sendMessage(msg);
42             try {
43                Thread.sleep(300);
44             } catch (InterruptedException e) {
45                e.printStackTrace();
46             }
47          }
48          msg = Message.obtain();
49          msg.what = SCAN_FINISH;
50          mHandler.sendMessage(msg);
51       };
52    }.start();
53 }
```

上述代码中，第9~52行代码创建了一个Thread线程，在该线程中通过for循环遍历手机中安装的应用，并通过checkVirus()方法判断当前应用中是否存在病毒，如果该方法的返回值为空，则说明当前应用中不存在病毒，否则，存在病毒，将获取的信息通过Handler类与Message类传递到主线程中。

第14行代码通过getInstalledPackages()方法获取手机中安装的所有应用。

2．更新病毒查杀进度界面信息

当扫描完手机中安装的应用后，程序会将扫描信息通过Handler类的对象传递到主线程中。在主线程中创建一个Handler类，在该类的handleMessage()方法中接收子线程传递过来的数据，并根据这些数据更新界面信息，具体代码如下所示。

```
1  private Handler mHandler = new Handler() {
2      public void handleMessage(Message msg) {
3          switch (msg.what) {
4             case SCAN_BENGIN:
5                 mScanAppTV.setText("初始化杀毒引擎中...");
6                 break;
7             case SCANNING:
8                 ScanAppInfo info = (ScanAppInfo) msg.obj;
9                 mScanAppTV.setText("正在扫描: " + info.appName);
10                int speed = msg.arg1;
11                mProcessTV.setText((speed * 100 / total) + "%");
12                mScanAppInfos.add(info);
13                adapter.notifyDataSetChanged();
14                mScanListView.setSelection(mScanAppInfos.size());
15                break;
16            case SCAN_FINISH:
17                mScanAppTV.setText("扫描完成! ");
18                mScanningIcon.clearAnimation();
19                mCancelBtn.setBackgroundResource(R.drawable.btn_finish_selector);
20                saveScanTime();
21                break;
22         }
23     }
24 };
25 private void saveScanTime() {
26     SharedPreferences.Editor edit = mSP.edit();
27     SimpleDateFormat sdf = new SimpleDateFormat("yyyy-MM-dd HH:mm:ss",
28                                                  Locale.getDefault());
29     String currentTime = sdf.format(new Date());
30     currentTime = "上次查杀:  " + currentTime;
31     edit.putString("lastVirusScan", currentTime);
32     edit.commit();
33 }
```

上述代码中，第4~6行代码接收开始扫描时子线程传递过来的初始化信息。

第7~15行代码接收正在扫描的信息。其中，第8、10行代码通过msg.obj与msg.arg1分别获取正在扫描的应用信息与进度信息。第9、11行代码分别通过setText()方法将获取的应用名称与扫描的进度信息显示到界面上。

第12~14行代码分别通过add()方法、notifyDataSetChanged()方法以及setSelection()方法将应用信息设置到集合mScanAppInfos中、更新界面数据信息以及设置列表滚动到当前扫描的应用位置。

第16~21行代码接收完成扫描的信息。第17行代码通过setText()方法将扫描应用名称的位置设置为“扫描完成！”信息。第18行代码通过clearAnimation()方法清除界面的扫描动画。第19行代码通过setBackgroundResource()方法设置界面底部按钮的背景为“完成”按钮的背景。第20行代码通过调用saveScanTime()方法保存查杀病毒的时间。

第25~33行代码定义了一个saveScanTime()方法，该方法主要通过putString()方法将查杀病毒的时间保存到SharedPreferences中。

任务6–7　实现界面控件的点击事件

病毒查杀进度界面的返回键、“取消扫描”按钮、“重新扫描”按钮以及“完成”按钮都需要实现点击事件，因此将VirusScanSpeedActivity实现View.OnClickListener接口，并重写onClick()方法，在该方法中实现控件的点击事件。实现界面控件点击事件的具体步骤如下：

1. 实现界面控件的点击事件

将VirusScanSpeedActivity实现View.OnClickListener接口，并重写onClick()方法，在该方法中根据被点击控件的Id实现对应控件的点击事件，具体代码如下所示。

```
1 public class VirusScanSpeedActivity extends Activity implements View.
2 OnClickListener {
3     ……
4     private void initView() {
5         ……
6         tv_back.setOnClickListener(this);
7         mCancelBtn.setOnClickListener(this);
8     }
9     @Override
10    public void onClick(View v) {
11        switch (v.getId()) {
12            case R.id.tv_back:
13                finish(); //关闭当前界面
14                break;
15            case R.id.btn_cancel_scan:
16                if (process == total & process > 0) {//扫描已完成
17                    finish(); //关闭当前界面
18                } else if (process > 0 & process < total & isStop == false) {
19                    mScanningIcon.clearAnimation();//清除扫描动画
20                    flag = false;//取消扫描
21                    //更换重新扫描按钮的背景图片
22                    mCancelBtn.setBackgroundResource(R.drawable.
23                                              btn_restart_scan_selector);
24                } else if (isStop) {
25                    startAnim(); //开始扫描动画
26                    scanVirus(); //重新扫描
27                    //更换取消扫描按钮背景图片
28                    mCancelBtn.setBackgroundResource(R.drawable.
29                                              btn_cancel_scan_selector);
30                }
31                break;
32        }
33    }
34    ……
35 }
```

上述代码中，第12~14行代码实现了返回键的点击事件，点击返回键，程序会调用finish()方法关闭当前界面。

第15~31行代码实现了“完成”按钮、“重新扫描”按钮、“取消扫描”按钮的点击事件。第16~18行代码判断扫描进度是否完成，如果完成，则实现“完成”按钮的点击事件，程序会调用

finish()方法关闭当前界面。

第18~24行代码通过判断扫描进度变量process与变量isStop的值，进而判断当前界面显示的是否是“取消扫描”按钮，如果是，点击该按钮，程序首先会调用clearAnimation()方法清除界面的扫描动画，其次设置flag的值为false表示停止扫描手机应用，然后通过setBackgroundResource()方法将“取消扫描”按钮上的图片替换为“重新扫描”按钮的图片。

第24~30行代码通过判断isStop值来判断当前界面的按钮，当isStop为true时，需要停止扫描手机中的应用，界面上显示的是“重新扫描”按钮，点击此按钮，程序首先会调用startAnim()方法开始扫描动画，其次调用scanVirus()方法重新扫描手机应用，然后通过setBackgroundResource()方法将“重新扫描”按钮上的图片替换为“取消扫描”按钮的图片。

2. 调用scanVirus()方法

由于进入病毒查杀进度界面时，会自动扫描手机中的应用，因此需要在VirusScanSpeedActivity的onCreate()方法中调用scanVirus()方法，具体代码如下所示。

```
@Override
protected void onCreate(Bundle savedInstanceState) {
    ......
    scanVirus();
}
```

3. 跳转到病毒查杀进度界面的逻辑代码

由于点击病毒查杀界面的“全盘扫描”条目时，程序会跳转到病毒查杀进度界面，因此需要在程序中找到VirusScanActivity中的onClick()方法，在该方法中的注释“//跳转到病毒查杀进度界面”下方添加跳转到病毒查杀进度界面的逻辑代码，具体代码如下：

```
Intent intent=new Intent(this,VirusScanSpeedActivity.class);
startActivity(intent);
```

病毒查杀进度界面的逻辑代码文件VirusScanSpeedActivity.java的完整代码详见【文件5-13】所示。

完整代码：文件 5-13

本 章 小 结

本章主要讲解了手机安全卫士项目的病毒查杀模块，该模块中包含了病毒查杀界面与病毒查杀进度界面布局的搭建，并通过getInstalledPackages()方法获取手机中安装的应用，接着对获取的应用APK路径进行MD5转码，遍历这些MD5码，通过SQLiteDatabase类的rawQuery()方法检测当前的MD5码是否存在病毒数据库中，进而实现病毒的查杀功能。希望读者认真学习本章内容，熟练掌握查询数据库与文件路径MD5码的获取操作，便于后续对类似功能的实现。

第6章　软件管理模块

学习目标：

◎ 掌握软件管理界面布局的搭建，能够独立制作软件管理界面。

◎ 掌握如何获取剩余手机内存与SD卡容量，实现显示这些信息的功能。

◎ 掌握如何注册与接收卸载应用的广播，实现更新界面数据信息的功能。

◎ 掌握软件管理模块的开发，能够实现对手机中的软件进行启动、卸载、分享等功能。

在日常生活中，每个手机都装有很多程序。为了方便管理这些程序，我们在手机安全卫士软件中开发了一个软件管理模块，该模块主要用于管理手机中安装的所有程序。当选中软件管理列表中的某个程序时，程序下方会弹出三个按钮，分别是“启动”、“卸载”以及“分享”按钮，通过这些按钮对程序进行相应的操作。本章将针对软件管理模块进行详细讲解。

任务1　软件管理界面分析

任务综述

软件管理界面主要用于显示手机内存与SD卡容量信息，并对获取的用户程序（用户安装到手机中的应用）与系统程序（手机系统自带的应用）进行启动、卸载（部分系统程序进行不了该操作）、分享等操作。在当前任务中，我们通过工具Axure RP 9 Beat来设计软件管理的原型图，使其达到用户需求的效果。为了让读者学习如何设计软件管理界面，本任务将针对软件管理界面的原型和UI设计进行分析。

任务1-1　原型分析

为了方便管理手机中安装的软件程序，我们在手机安全卫士软件中设计了一个软件管理模块，该模块中只包含一个软件管理界面，该界面主要用于显示手机剩余内存与SD卡剩余容量信息、用户程序与系统程序的个数、用户程序与系统程序的列表信息。当点击界面列表中某个条目时，条目下方会弹出三个按钮，分别是“启动”按钮、“卸载”按钮、“分享”按钮，分别点击这三个按钮时，程序会进行相应的操作。

通过情景分析后，总结用户需求，软件管理界面设计的原型图如图6-1所示。在图6-1中不仅显示了软件管理界面的原型图1，还将点击某个应用条目时，条目下方弹出“启动”按钮、“卸载”按钮、“分享”按钮的软件管理界面原型图2也绘制出来了，并通过箭线图的方式表示了这2个界面之间的关系。

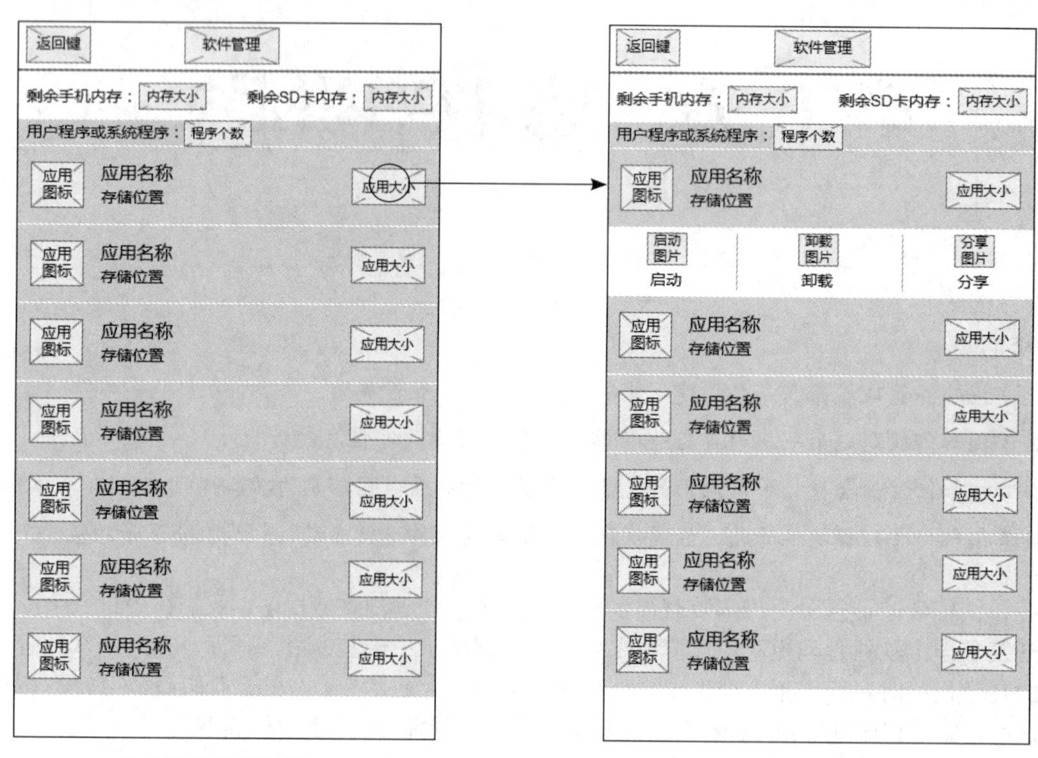

软件管理界面原型图1　　软件管理界面原型图2

图6-1　软件管理模块原型图

根据图6-1中设计的软件管理界面原型图，分析界面上各个功能的设计与放置的位置，具体如下：

1．标题栏设计

标题栏原型图设计如图6-2所示。

2．剩余内存信息显示的设计

剩余内存信息显示的原型图设计如图6-3所示。

图6-2　标题栏原型图　　**图6-3　剩余内存信息显示的原型图**

为了让用户更直观地看到手机与SD卡内存的剩余量，我们在标题栏下方设计显示剩余手机内存大小与剩余SD卡内存大小的信息。

3．应用信息的显示设计

应用信息的原型图设计如图6-4所示。

从手机中获取的应用信息主要包含应用图标、应用名称、存储位置、应用大小，为了让用户可以直观地看到这些信息，我们将每个应用的图标、名称、存储位置以及大小等信息以条目的形式显示。根据条目的设计习惯，条目左侧放置应用图标，条目中间位置以上下排列的方式分别放置应用名称与存储位置信息，条目右侧放置应用大小信息。多个条目可以组成一个列表，所有的应用信息可以通过一个列表的形式进行显示。在用户程序与系统程序列表的第一个条目需要显示对应程序的个数信息。

4．操作应用按钮的设计

操作应用按钮的原型图设计如图6-5所示。

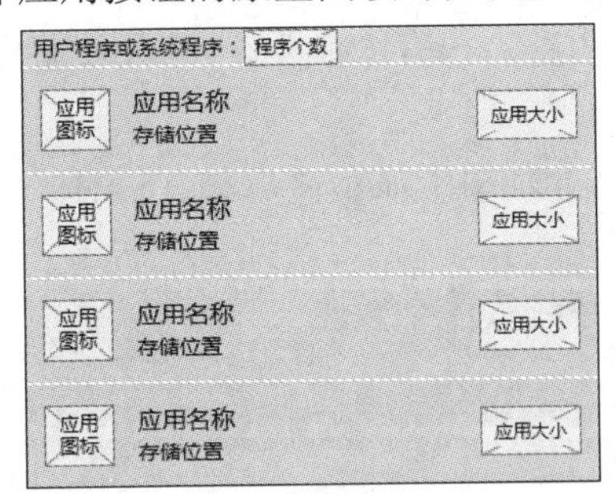

图6-4　应用信息的原型图

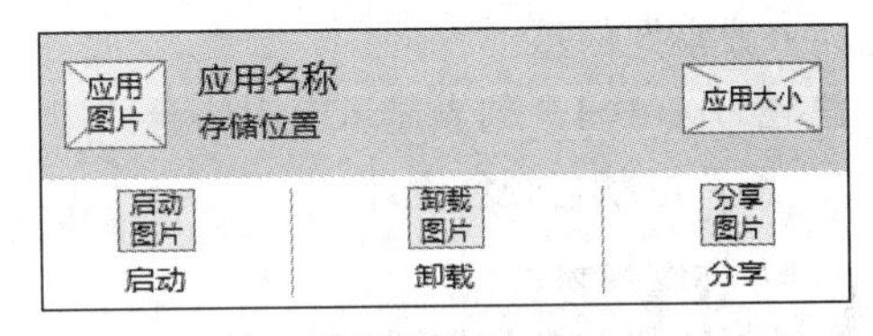

图6-5　操作应用按钮的原型图

一般情况下，对一个应用的管理包括启动、卸载、分享等操作，根据这些操作我们设计了三个按钮，分别是“启动”按钮、“卸载”按钮、“分享”按钮。界面列表中的每个应用都可以进行这些操作，为了方便用户操作并明确操作的是哪个应用，我们将这三个按钮设计在每个应用的下方显示，当点击应用列表中的某个条目时，条目下方会弹出三个按钮，点击这些按钮会对应用做出相应的操作。为了更直观地看到这三个按钮，我们在按钮的文字上方设计了对应的图片。

任务1–2　UI分析

通过原型分析可知软件管理界面具体有哪些功能，需要显示哪些信息，根据这些信息，设计软件管理界面的效果，如图6-6所示。

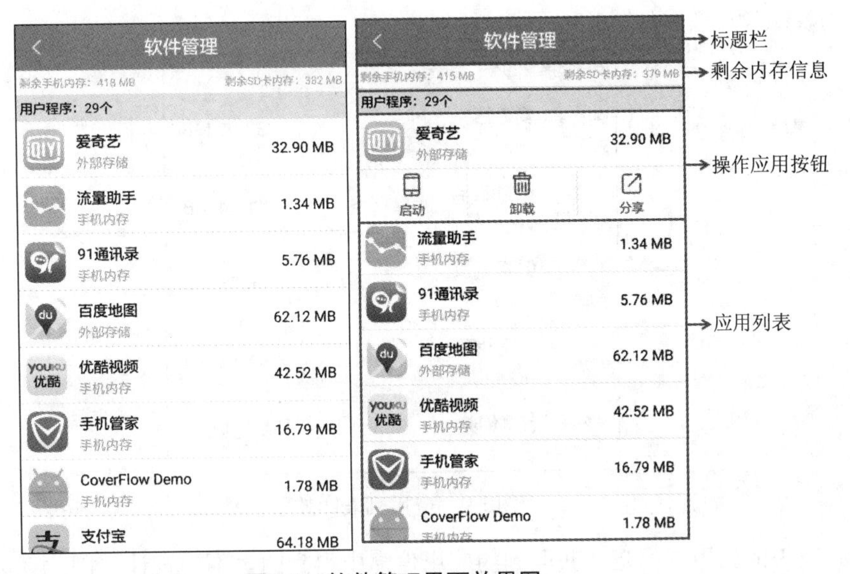

图6-6　软件管理界面效果图

根据图6-6展示的软件管理界面效果图，分析该图的设计过程，具体如下：

1．软件管理界面布局设计

由图6-6可知，软件管理界面显示的信息有标题、返回键、剩余手机内存、剩余SD卡容量、应用列表（列表中包含用户程序和系统程序个数）、“启动”按钮、“卸载”按钮、“分享”按钮。根据界面效果的展示，将软件管理界面根据功能划分为4部分，分别是标题栏、剩余内存信息、操作应用按钮、应用列表。

第1部分：标题栏的组成在前面章节已介绍过，此处不再重复介绍。

第2部分：由2个文本组成，1个用于显示“剩余手机内存：内存大小”，1个用于显示“剩余SD卡内存：内存大小”。

第3部分：由3个文本与2个灰色分割线组成，3个文本分别用于显示“启动”信息、“卸载”信息、“分享”信息。

第4部分：由1个列表显示应用信息、用户程序个数、系统程序个数。

2．图片形状与颜色设计

（1）标题栏设计

标题栏UI设计效果如图6-7所示。

（2）剩余内存信息的显示设计

剩余内存信息显示的UI设计效果如图6-8所示。

图6-7　标题栏UI效果

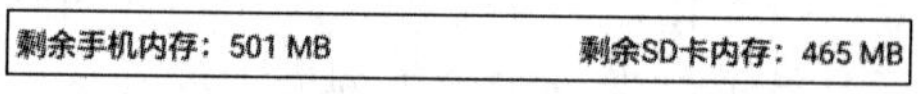

图6-8　剩余内存信息显示的UI效果

在软件管理界面需要显示手机与SD卡剩余的内存大小信息，这些信息不是此界面的主要信息。一般情况下，在白色背景上显示的主要文本信息使用黑色字体显示，次要信息使用灰色字体显示，因此剩余手机内存与剩余SD卡内存大小的文本颜色设计为灰色，字体大小为12 sp。

（3）应用列表设计

应用列表UI设计效果如图6-9所示。

图6-9　应用列表UI效果

由于列表中的应用图标是从获取到的应用信息中得到的，不用设计，因此在应用列表中需要设计的只有文字的大小与颜色，一般情况下，在白色背景上需要显示的主要信息使用黑色字体显示，次要信息以灰色字体显示，因此设计列表中用户程序与系统程序个数信息文本颜色为黑色，字体大小为14 sp，应用名称与应用大小的文本颜色为黑色，文本大小为16 sp，应用的存储位置的文本颜色为灰色，字体大小为14 sp。

（4）操作应用按钮的设计

操作应用按钮的UI设计效果如图6-10所示。

列表条目下方的“启动”按钮主要用于启动应用，启动的应用是手机中已安装的，我们将“启动”按钮的图片设计为一个手机样式的图片来显示。“卸载”按钮主要用于卸载应用，我们将“卸载”按钮的图片设计为一个垃圾桶样式的图片来显示。“分享”按钮的功能主要用于分享应用，我们将“分享”按钮的图片设计为一个分享图片来显示。这些图片与文字颜色的设计都与主题颜色一致。

图6-10　操作应用按钮的UI效果

任务2　搭建软件管理界面

任务综述

为了实现软件管理界面的UI设计效果，在界面的布局代码中使用TextView控件、ListView控件完成软件管理界面上的剩余手机内存大小与SD卡容量信息、用户程序与系统程序个数信息、应用列表信息、“启动”按钮、“卸载”按钮以及“分享”按钮的显示。接下来，本任务将通过布局代码搭建软件管理界面的布局。

【知识点】

TextView控件、ListView控件。

【技能点】

- 通过TextView控件显示界面的文本信息。
- 通过ListView控件显示界面的程序列表。

任务2-1　搭建软件管理界面布局

软件管理界面主要由布局main_title_bar.xml（标题栏）与3个TextView控件分别组成标题栏、剩余手机内存大小、剩余SD下的容量、用户程序与系统程序个数信息，由1个ListView控件显示界面上的应用列表信息，软件管理界面的效果如图6-11所示。

搭建软件管理界面布局的具体步骤如下：

1. 创建软件管理界面

在com.itheima.mobilesafe包中创建一个appmanager包，在该包中创建一个Empty Activity类，命名为AppManagerActivity，并将布局文件名指定为activity_app_manager。

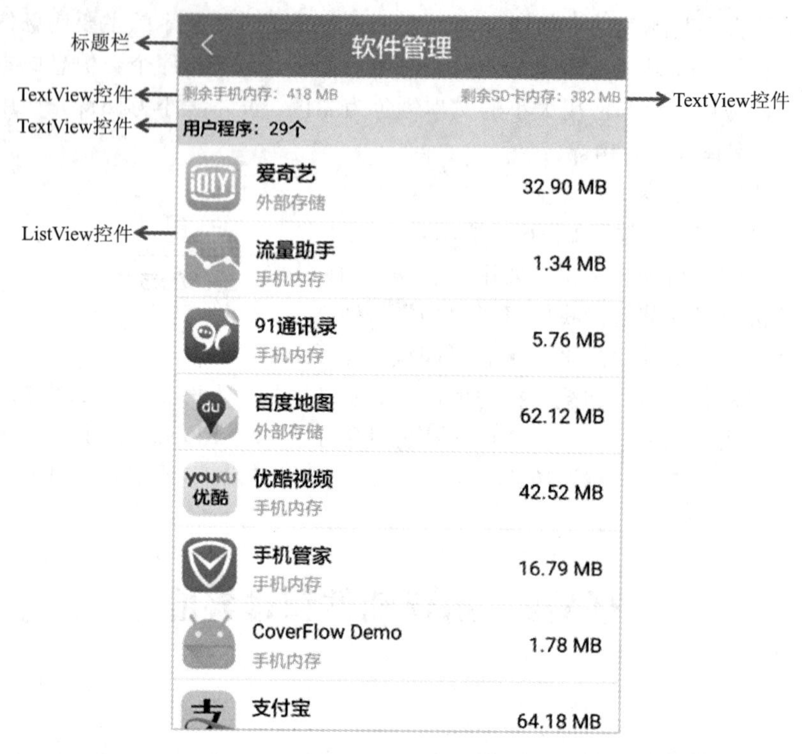

图6-11　软件管理界面

2. 放置界面控件

在activity_app_manager.xml文件中，通过<include>标签引入标题栏布局（main_title_bar.xml），放置3个TextView控件分别用于显示剩余手机内存大小、剩余SD卡容量、用户程序与系统程序的个数信息，1个ListView控件用于显示应用列表信息，具体代码如【文件6-1】所示。

【文件6-1】activity_app_manager.xml

```
1  <?xml version="1.0" encoding="utf-8"?>
2  <LinearLayout xmlns:android="http://schemas.android.com/apk/res/android"
3      android:layout_width="match_parent"
4      android:layout_height="match_parent"
5      android:background="@android:color/white"
6      android:orientation="vertical">
7      <include layout="@layout/main_title_bar" />
8      <RelativeLayout
9          android:layout_width="match_parent"
10         android:layout_height="wrap_content"
11         android:layout_margin="5dp">
12         <TextView
13             android:id="@+id/tv_phone_memory"
14             style="@style/textview12sp"
15             android:layout_alignParentLeft="true" />
16         <TextView
17             android:id="@+id/tv_sd_memory"
18             style="@style/textview12sp"
19             android:layout_alignParentRight="true" />
```

```
20     </RelativeLayout>
21     <FrameLayout
22         android:layout_width="match_parent"
23         android:layout_height="match_parent">
24         <ListView
25             android:id="@+id/lv_app"
26             android:layout_width="match_parent"
27             android:layout_height="match_parent"
28             android:listSelector="@android:color/transparent" />
29         <TextView
30             android:id="@+id/tv_app_number"
31             android:layout_width="match_parent"
32             android:layout_height="wrap_content"
33             android:background="@color/gray"
34             android:padding="5dp"
35             android:textColor="@android:color/black" />
36     </FrameLayout>
37 </LinearLayout>
```

任务2-2　搭建软件管理界面条目布局

由于软件管理界面用到了ListView控件，因此需要为该控件搭建一个条目界面，该界面主要由1个ImageView控件与6个TextView控件组成应用图标、应用名称、应用存储位置、应用大小、“启动”按钮、“卸载”按钮以及“分享”按钮，界面效果如图6-12所示。

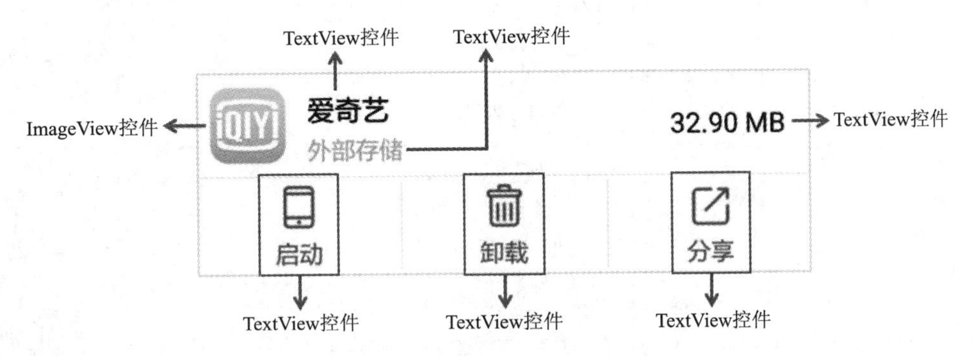

图6-12　软件管理界面条目

搭建软件管理界面条目布局的具体步骤如下：

1. 创建扫描垃圾界面条目布局

在res/layout文件夹中，创建一个布局文件item_appmanager_list.xml。

2. 导入界面图片

将软件管理界面条目所需要的图片launch_icon.png、uninstall_icon.png、share_icon.png导入到drawable-hdpi文件夹中。

3. 放置界面控件

在item_appmanager_list.xml文件中，放置1个ImageView控件用于显示应用图标，6个TextView控件分别用于显示应用名称、应用存储位置、应用大小、“启动”按钮、“卸载”按钮以及“分享”按钮，3个View控件分别用于显示应用条目与3个按钮之间的一条灰色分割线以及3个按钮彼此之间的两条灰色分割线，具体代码如【文件6-2】所示。

【文件6-2】item_appmanager_list.xml

```
1  <?xml version="1.0" encoding="utf-8"?>
2  <LinearLayout xmlns:android="http://schemas.android.com/apk/res/android"
3      android:layout_width="match_parent"
4      android:layout_height="wrap_content"
5      android:orientation="vertical">
6      <RelativeLayout
7          android:layout_width="match_parent"
8          android:layout_height="wrap_content"
9          android:layout_margin="5dp">
10         <ImageView
11             android:id="@+id/iv_icon"
12             android:layout_width="50dp"
13             android:layout_height="50dp"/>
14         <TextView
15             android:id="@+id/tv_size"
16             style="@style/textview16sp"
17             android:layout_marginRight="10dp"
18             android:layout_alignParentRight="true"
19             android:layout_centerVertical="true"/>
20         <TextView
21             android:id="@+id/tv_name"
22             style="@style/textview16sp"
23             android:layout_toRightOf="@+id/iv_icon"
24             android:layout_marginLeft="10dp"
25             android:layout_marginTop="5dp"/>
26         <TextView
27             android:id="@+id/tv_appisroom"
28             style="@style/textview14sp"
29             android:layout_marginTop="3dp"
30             android:layout_alignLeft="@+id/tv_name"
31             android:layout_toRightOf="@+id/iv_icon"
32             android:layout_below="@+id/tv_name"/>
33         </RelativeLayout>
34       <View
35           android:layout_width="match_parent"
36           android:layout_height="1px"
37           android:background="@color/light_gray"/>
38     <LinearLayout
39         android:id="@+id/ll_option_app"
40         android:layout_width="match_parent"
41         android:layout_height="wrap_content"
42         android:orientation="horizontal"
43         android:layout_marginTop="3dp"
44         android:visibility="visible">
45         <TextView
46             android:id="@+id/tv_launch"
```

```
47              style="@style/tvblue14sp"
48              android:drawableTop="@drawable/launch_icon"
49              android:text=" 启动 "/>
50          <View
51              android:layout_width="1px"
52              android:layout_height="match_parent"
53              android:background="@color/light_gray"/>
54          <TextView
55              android:id="@+id/tv_uninstall"
56              style="@style/tvblue14sp"
57              android:drawableTop="@drawable/uninstall_icon"
58              android:text=" 卸载 "/>
59          <View
60              android:layout_width="1px"
61              android:layout_height="match_parent"
62              android:background="@color/light_gray"/>
63          <TextView
64              android:id="@+id/tv_share"
65                      style="@style/tvblue14sp"
66              android:text=" 分享 "
67              android:drawableTop="@drawable/share_icon"/>
68          </LinearLayout>
69 </LinearLayout>
```

4．添加灰色颜色值

由于软件管理界面的应用条目与3个操作按钮之间有一条灰色的分割线，3个操作按钮之间也存在两条灰色分割线，为了显示这3条分割线，我们需要在res/values文件夹中的colors.xml文件中添加灰色分割线的颜色值，具体代码如下：

```
<color name="light_gray">#30000000</color>
```

5．创建文本样式tvblue14sp

由于软件管理界面中的“启动”、“卸载”和“分享”文本在布局中平均分配，并且文本都为14sp，位置居中，字体颜色为蓝色，图片的内边距都为3dp，因此将此代码抽取出来放在res/styles.xml文件中作为一个样式供后续控件调用，此样式的名称设置为“tvblue14sp”，具体代码如下所示。

```
1 <style name="zero_widthwrapcontent">
2     <item name="android:layout_width">0dp</item>
3     <item name="android:layout_height">wrap_content</item>
4     <item name="android:layout_weight">1</item>
5 </style>
6 <style name="tvblue14sp" parent="zero_widthwrapcontent">
7     <item name="android:textSize">14sp</item>
8     <item name="android:drawablePadding">3dp</item>
9     <item name="android:gravity">center</item>
10    <item name="android:textColor">@color/colorPrimary</item>
11 </style>
```

任务3 实现软件管理界面功能

任务综述

为了实现软件管理界面设计的功能，在界面的逻辑代码中需要封装应用程序实体类，通过getInstalledPackages()方法获取手机中所有的应用程序，创建startApplication()方法、uninstallApplication()方法以及shareApplication()方法实现应用的开启、卸载、分享等功能，注册卸载应用的广播"Intent.ACTION_PACKAGE_REMOVED"，通过Handler类将获取的信息显示到软件管理界面。接下来，本任务将通过逻辑代码实现软件管理界面的功能。

【知识点】

- getInstalledPackages()方法。
- startApplication()方法。
- uninstallApplication()方法。
- shareApplication()方法。
- 卸载应用广播"Intent.ACTION_PACKAGE_REMOVED"。
- Handler类与Message类。

【技能点】

- 通过getInstalledPackages()方法获取手机中已安装的应用程序信息。
- 通过startApplication()方法开启手机中的应用程序。
- 通过uninstallApplication()方法卸载手机中的应用程序。
- 通过shareApplication()方法分享手机中的应用程序。
- 通过接收卸载应用广播"Intent.ACTION_PACKAGE_REMOVED"更新界面数据信息。
- 通过Handler类与Message类实现更新界面数据信息的功能。

任务3-1 封装应用程序实体类

由于软件管理界面获取的手机中的应用信息都具有应用名称、应用图标、应用包名、应用路径、应用大小、应用是否存在手机内存中、是否是用户应用、此应用是否被选中等属性，因此需要创建一个应用程序实体类AppInfo来存放这些属性。

在com.itheima.mobilesafe.appmanager包中创建一个entity包，在该包中创建一个AppInfo类，在该类中创建应用信息的属性，具体代码如【文件6-3】所示。

【文件6-3】AppInfo.java

```
1  package com.itheima.mobilesafe.appmanager.entity;
2  import android.graphics.drawable.Drawable;
3  public class AppInfo {
4      public String packageName;              //应用包名
5      public Drawable icon;                   //应用图标
6      public String appName;                  //应用名称
7      public String apkPath;                  //应用路径
8      public long appSize;                    //应用大小
9      public boolean isInRoom;                //是否在手机内存中
10     public boolean isUserApp;               //是否是用户应用
11     public boolean isSelected = false;      //是否选中，默认都为false
```

```
12      /** 获取应用在手机中的位置 */
13      public String getAppLocation(boolean isInRoom) {
14          if (isInRoom) {
15              return "手机内存";
16          } else {
17              return "外部存储";
18          }
19      }
20 }
```

上述代码中，第13~19行代码创建了一个getAppLocation()方法，用于获取应用在手机中存放的位置。

任务3-2　获取手机中的所有应用

由于软件管理界面需要对手机中已安装的所有应用进行一些操作，因此需要获取手机中已安装的所有应用，该功能相对比较独立，并且代码较多，我们将其单独抽取出来放在一个专门定义的类GetAppInfos中，从而提高代码的可复用性。

在com.itheima.mobilesafe.appmanager包中创建utils包，在该包中创建一个类GetAppInfos，在该类中定义一个方法getAppInfos()，用于获取手机中已安装的所有应用，具体代码如【文件6-4】所示。

【文件6-4】GetAppInfos.java

```
1  package com.itheima.mobilesafe.appmanager.utils;
2  ......
3  public class GetAppInfos {
4      /**
5       * 获取手机中所有应用程序
6       */
7      public static List<AppInfo> getAppInfos(Context context){
8          PackageManager pm = context.getPackageManager();// 获取应用程序的包管理器
9          List<PackageInfo> packInfos = pm.getInstalledPackages(0);// 获取所有应用
10         List<AppInfo> appinfos = new ArrayList<AppInfo>();
11         for(PackageInfo packInfo:packInfos){
12             AppInfo appinfo = new AppInfo();
13             String packname = packInfo.packageName; // 获取包名
14             appinfo.packageName = packname;
15             Drawable icon = packInfo.applicationInfo.loadIcon(pm); // 获取应用图标
16             appinfo.icon = icon;
17             // 获取应用名称
18             String appname = packInfo.applicationInfo.loadLabel(pm).toString();
19             appinfo.appName = appname;
20             // 应用程序的 apk 文件路径
21             String apkpath = packInfo.applicationInfo.sourceDir;
22             appinfo.apkPath = apkpath;
23             File file = new File(apkpath);
24             long appSize = file.length();
25             appinfo.appSize = appSize;
26             // 应用程序安装的位置
```

```
27                int flags = packInfo.applicationInfo.flags; //二进制映射
28                if((ApplicationInfo.FLAG_EXTERNAL_STORAGE & flags)!=0){
29                    appinfo.isInRoom = false;//外部存储
30                }else{
31                    appinfo.isInRoom = true;//手机内存
32                }
33                if((ApplicationInfo.FLAG_SYSTEM&flags)!=0){
34                    appinfo.isUserApp = false;//系统应用
35                }else{
36                    appinfo.isUserApp = true;//用户应用
37                }
38                appinfos.add(appinfo);
39            }
40            return appinfos;
41        }
42 }
```

上述代码中，第8行代码通过getPackageManager()方法获取应用程序的包管理器的对象pm。

第9行代码通过getInstalledPackages(0)方法获取手机中已安装的所有应用程序。

第11~39行代码通过for循环将获取到的所有应用信息封装到集合appinfos中。其中，第12~25行代码将获取的packInfos集合对象中的应用包名、应用图标、应用名称、应用的apk文件路径、应用大小封装到AppInfo的对象appinfo中。

第27行代码用于获取应用的标记flags。

第28~32行代码通过获取的flags判断当前遍历的应用程序是否安装在外部存储设备中，如果安装在外部存储设备中，则将AppInfo中的属性isInRoom的值设置为false，否则，安装在手机内存中，并将属性isInRoom的值设置为true。

第33~37行代码通过flags判断应用程序是否为系统应用，如果判断条件(ApplicationInfo.FLAG_SYSTEM&flags)!=0成立，则是系统应用，此时将AppInfo中的属性isUserApp的值设置为false，否则，是用户应用，将isUserApp属性设置为true。

第38行代码通过add()方法将AppInfo的对象appinfo添加到集合appinfos中。

任务3-3　实现应用的开启、卸载、分享功能

当点击软件管理界面列表中的某个条目时，条目下方会弹出开启、卸载、分享等按钮，点击这些按钮会实现对应的操作，由于实现这些操作的代码相对比较独立，因此将这些代码抽取出来存放在一个专门定义的工具类EngineUtils中，在该类中分别创建startApplication()方法、uninstallApplication()方法以及shareApplication()方法来实现应用的开启、卸载、分享等功能，方便后续的调用，从而减少软件管理界面逻辑代码中的代码量，提高代码的简洁性。实现应用的开启、卸载、分享功能的具体步骤如下：

1. 添加RootTools.jar库

在项目的libs文件夹中导入RootTools.jar库，选中RootTools.jar库，右击选择【Add As Library】选项会弹出一个对话框，单击该对话框上的【OK】按钮即可将RootTools.jar库添加到项目中。

2. 创建工具类EngineUtils

在com.itheima.mobilesafe.appmanager.utils包中创建一个工具类EngineUtils，该类主要用于实现

开启、卸载、分享应用的功能，具体代码如【文件6-5】所示。

【文件6-5】EngineUtils.java

```
package com.itheima.mobilesafe.appmanager.utils;
......
public class EngineUtils {
}
```

3. 实现应用的开启功能

在EngineUtils类中创建一个startApplication()方法，用于开启手机中已安装的应用程序，具体代码如下所示。

```
1  public static void startApplication(Context context, AppInfo appInfo) {
2      PackageManager pm = context.getPackageManager();// 获取包管理器
3      // 获取安装包的启动意图
4      Intent intent = pm.getLaunchIntentForPackage(appInfo.packageName);
5      if (intent != null) {
6          context.startActivity(intent);
7      } else {
8          Toast.makeText(context, "该应用没有启动界面", Toast.LENGTH_SHORT).show();
9      }
10 }
```

上述代码中，第2行代码通过getPackageManager()方法获取包管理器的对象pm。

第4行代码通过调用getLaunchIntentForPackage()方法获取安装包的启动意图，该方法中传递的参数是应用的包名。

第5~9行代码通过判断获取的意图对象intent是否为null来判断该应用是否可以被启动，如果intent不为null，则通过startActivity()方法启动此应用程序，否则，会通过Toast提示用户“该应用没有启动界面”。

4. 实现应用的卸载功能

在EngineUtils类中创建一个uninstallApplication()方法，用于卸载手机中已安装的应用程序，具体代码如下所示。

```
1  public static void uninstallApplication(Context context, AppInfo appInfo) {
2      if (appInfo.isUserApp) {// 通过隐式意图卸载应用程序
3          Intent intent = new Intent();
4          intent.setAction(Intent.ACTION_DELETE); // 当前Activity执行的卸载程序的动作
5          intent.setData(Uri.parse("package:" + appInfo.packageName));
6          context.startActivity(intent);
7      } else {
8          // 系统应用，需要Root权限 利用linux命令删除文件
9          if (!RootTools.isRootAvailable()) {
10             Toast.makeText(context, "卸载系统应用，必须要Root权限",
11                                         Toast.LENGTH_SHORT).show();
12             return;
13         }
14         try {
15             if (!RootTools.isAccessGiven()) {// 判断是否授权Root权限
16                 Toast.makeText(context, "请授权黑马小护卫Root权限",
17                                         Toast.LENGTH_SHORT).show();
```

```
18                  return;
19              }
20              RootTools.sendShell("mount -o remount ,rw /system", 3000);
21              RootTools.sendShell("rm -r " + appInfo.apkPath, 30000);
22          } catch (Exception e) {
23              e.printStackTrace();
24          }
25      }
26 }
```

上述代码中，第2~7行代码通过判断AppInfo对象中的属性isUserApp的值是否为true来判断当前应用程序是否为用户程序，如果为用户程序，则调用startActivity()方法通过隐式意图的方式卸载应用程序。

第7~25行代码主要用于卸载手机中安装的系统程序。其中，第9~13行代码通过isRootAvailable()方法判断当前手机是否授权了Root权限，如果没有授权Root权限，则通过Toast提示用户“卸载系统应用，必须要Root权限”。如果授权了手机的Root权限，第14~24行代码会通过isAccessGiven()方法判断当前手机安全卫士应用是否授权Root权限，如果应用没获取到Root权限，则通过Toast提示用户“请授权黑马小护卫Root权限”信息，否则，通过sendShell()方法执行Linux命令即可卸载系统程序。

5. 实现应用的分享功能

在EngineUtils类中创建一个shareApplication()方法，用于分享手机中已安装的应用程序，具体代码如下所示。

```
1 public static void shareApplication(Context context, AppInfo appInfo) {
2     Intent intent = new Intent("android.intent.action.SEND"); //启动发送短信的功能
3     intent.addCategory("android.intent.category.DEFAULT"); //指定当前动作被执行的环境
4     intent.setType("text/plain"); //分享的类型为文本类型
5     intent.putExtra(Intent.EXTRA_TEXT,
6                     "推荐您使用一款软件，名称叫：" + appInfo.appName
7                     + "下载路径：https://play.google.com/store/apps/details?id="
8                     + appInfo.packageName); //分享的内容
9     context.startActivity(intent);//跳转到发送短信的界面
10 }
```

上述代码中，第2行代码指定当前Activity可以执行的动作“android.intent.action.SEND”，该动作可以启动系统短信功能。

第3行代码通过addCategory()方法指定了当前动作被执行的环境，该方法中传递的参数“android.intent.category.DEFAULT”表示Android系统中默认的执行方式，按照普通Activity的执行方式执行。

第4行代码通过setType()方法设置分享内容的类型，该方法中传递的参数“text/plain”表示分享的类型为文本类型。

第5~8行代码通过putExtra()方法设置分享的内容信息。

第9行代码通过startActivity()方法启动系统的短信界面。

工具类文件EngineUtils.java的完整代码详见【文件6-6】所示。

完整代码：文件 6-6

任务3-4　编写应用列表适配器

由于软件管理界面的应用信息列表是用ListView控件展示的，因此需要创建一个数据适配器AppManagerAdapter对ListView控件进行数据适配。具体步骤如下：

1．创建数据适配器AppManagerAdapter

在com.itheima.mobilesafe.appmanager包中创建adapter包，在该包中创建一个继承BaseAdapter的类AppManagerAdapter，并在该类中重写getCount()、getItem()、getItemId()、getView()方法，分别用于获取条目总数、对应条目对象、条目对象的Id、对应的条目视图，具体代码如【文件6-7】所示。

【文件6-7】AppManagerAdapter.java

```
1  package com.itheima.mobilesafe.appmanager.adapter;
2  ......
3  public class AppManagerAdapter extends BaseAdapter {
4      private List<AppInfo> UserAppInfos;           //用户程序集合
5      private List<AppInfo> SystemAppInfos;         //系统程序集合
6      private Context context;
7      public AppManagerAdapter(List<AppInfo> userAppInfos, List<AppInfo>
8                                          systemAppInfos, Context context) {
9          super();
10         UserAppInfos = userAppInfos;
11         SystemAppInfos = systemAppInfos;
12         this.context = context;
13     }
14     @Override
15     public int getCount() {
16         //因为有两个条目需要用于显示用户程序与系统程序，因此返回值需要加 2
17         return UserAppInfos.size() + SystemAppInfos.size() + 2;
18     }
19     @Override
20     public Object getItem(int position) {
21         if (position == 0) {
22             //第 0 个位置显示的应该是用户程序的个数的标签
23             return null;
24         } else if (position == (UserAppInfos.size() + 1)) {
25             return null;
26         }
27         AppInfo appInfo;
28         if (position < (UserAppInfos.size() + 1)) {
29             //用户程序，多了一个 textview 的标签，位置 position 需要 -1
30             appInfo = UserAppInfos.get(position - 1);
31         } else {
```

```
32              //系统程序
33              int location = position - UserAppInfos.size() - 2;
34              appInfo = SystemAppInfos.get(location);
35          }
36          return appInfo;
37      }
38      @Override
39      public long getItemId(int position) {
40          return position;
41      }
42      @Override
43      public View getView(int position, View convertView, ViewGroup parent) {
44          return convertView;
45      }
46 }
```

上述代码中，第7~13行代码创建了AppManagerAdapter类的构造方法，在该方法中获取传递过来的用户程序集合userAppInfos与系统程序集合systemAppInfos。

第14~18行代码重写了getCount()方法用于显示当前列表中条目的数量。由于在应用列表中有2个条目需要显示用户程序个数与系统程序个数，因此getCount()方法的返回值为用户程序的个数与系统程序的个数之和加上2，也就是UserAppInfos.size() + SystemAppInfos.size() + 2。

第19~37行代码重写了getItem()方法，该方法用于返回当前位置的条目对象。其中，第21~26行代码通过判断position的值设置getItem()方法的返回值，当position=0时，也就是列表中显示的第一个条目，由于列表的第一个条目显示的是用户程序的个数信息，因此将返回值设置为null。当position= UserAppInfos.size() + 1时，也就是列表中显示的最后一个用户程序的下一个条目，由于此条目显示的是系统程序的个数信息，因此将返回值也设置为null。

第28~35行代码用于获取当前条目对应的程序个数信息。当position< UserAppInfos.size() + 1时，此时position对应的条目为用户程序，条目对应的数据对象为UserAppInfos.get(position – 1)。由于用户程序列表中第一个条目显示的是用户程序的个数信息，因此获取用户程序条目对应的数据时，实际位置为position – 1。当position>=UserAppInfos.size() + 1时，此时position对应的条目为系统程序，条目对应的数据对象为SystemAppInfos.get(position – UserAppInfos.size() – 2)，由于系统程序列表中的第一个条目显示的是系统程序的个数，并且系统程序显示在用户程序下方，因此获取系统程序的条目对应的数据时，实际位置为position – UserAppInfos.size() – 2。

第38~41行代码重写了getItemId()方法，该方法用于返回当前条目对应的位置position。

第42~45行代码重写了getView()方法，该方法用于获取当前位置（position）对应的条目视图，并将设置好的条目视图返回，该方法在后续会进行详细讲解。

2. 将单位dip转换为px

在布局文件中设置控件大小的单位时，既可以用px，也可以用dip或者dp。一般情况下，常用的单位为dip，该单位可以保证在不同屏幕分辨率的设备上控件的大小是一致的。但是在逻辑代码中，很多控件都只提供了设置大小单位为px的方法，没有提供设置大小单位为dip的方法。为了在逻辑代码中设置程序个数控件的内边距，我们在AppManagerAdapter类中创建一个dip2px()方法，在该方法中根据手机的分辨率将单位从dip转换为px，具体代码如下所示。

```
1  /**
```

```
2    * dip 转换为像素 px
3    */
4  public static int dip2px(Context context, float dpValue) {
5      try {
6        final float scale = context.getResources().getDisplayMetrics().density;
7          return (int) (dpValue * scale + 0.5f);
8      } catch (Exception e) {
9          e.printStackTrace();
10     }
11     return (int) dpValue;
12 }
```

上述代码中，第6行代码通过context.getResources().getDisplayMetrics().density获取设备屏幕的密度，第7行代码使用公式dpValue * scale + 0.5f（此公式读者会用即可）计算dip转换为px的值。

3. 创建用户程序与系统程序个数信息显示的控件

由于在应用列表中需要显示用户程序与系统程序的个数信息，该信息可以通过文本控件TextView显示，因此我们在AppManagerAdapter类中创建一个getTextView()方法，在该方法中创建一个TextView控件，并对控件的背景颜色、内边距以及文本颜色进行设置，具体代码如下所示。

```
1  /**
2    * 创建一个 TextView
3    */
4  private TextView getTextView() {
5    TextView tv = new TextView(context); // 创建一个 TextView 对象
6    // 设置 TextView 控件的背景颜色为灰色
7    tv.setBackgroundColor(context.getResources().getColor(R.color.light_gray));
8    // 设置 TextView 控件的内边距
9    tv.setPadding(dip2px(context, 5), dip2px(context, 5), dip2px(context, 5),
10                                                        dip2px(context, 5));
11   // 设置 TextView 控件的文本颜色为黑色
12   tv.setTextColor(context.getResources().getColor(R.color.black));
13   return tv;
14 }
```

上述代码中，第4~14行代码动态创建一个TextView控件，用于显示列表中的用户程序与系统程序的个数信息。其中，第7、9、12行代码分别通过setBackgroundColor()方法、setPadding()方法、setTextColor()方法设置TextView控件的背景颜色为灰色、内边距为5dp、文本颜色为黑色。

4. 创建ViewHolder类

当软件管理界面的应用列表快速滑动时，需要为每个条目的界面控件设置值。为了避免列表滑动时，每次都重新创建很多控件对象，提高程序的性能，我们在AppManagerAdapter类中创建一个ViewHolder类，在该类中定义条目上的控件对象，具体代码如下所示。

```
1  static class ViewHolder {
2       TextView mLuanchAppTV;          // 启动 App
3       TextView mUninstallTV;          // 卸载 App
4       TextView mShareAppTV;           // 分享 App
5       ImageView mAppIconImgv;         //App 图标
6       TextView mAppLocationTV;        //App 位置
7       TextView mAppSizeTV;            //App 大小
8       TextView mAppNameTV;            //App 名称
9       LinearLayout mAppOptionLL;      // 操作 App 的线性布局
10 }
```

5. 实现“启动”按钮、“分享”按钮以及“卸载”按钮的点击事件

点击软件管理界面的应用列表条目时，条目下方都会弹出3个按钮，分别是“启动”按钮、“分享”按钮、“卸载”按钮，点击这3个按钮会实现相应的操作，为了实现这3个按钮的点击事件，我们在AppManagerAdapter类中创建了一个MyClickListener类，并实现了View.OnClickListener接口，具体代码如下所示。

```
1 class MyClickListener implements View.OnClickListener {
2     private AppInfo appInfo;
3     public MyClickListener(AppInfo appInfo) {
4         super();
5         this.appInfo = appInfo;
6     }
7     @Override
8     public void onClick(View v) {
9         switch (v.getId()) {
10            case R.id.tv_launch:
11              // 启动应用
12              EngineUtils.startApplication(context, appInfo);
13              break;
14            case R.id.tv_share:
15              // 分享应用
16              EngineUtils.shareApplication(context, appInfo);
17              break;
18            case R.id.tv_uninstall:
19              // 卸载应用，需要注册广播接收者
20              if (appInfo.packageName.equals(context.getPackageName())) {
21                  Toast.makeText(context, "您没有权限卸载此应用！ ",
22                                       Toast.LENGTH_SHORT).show();
23                  return;
24            }
25            EngineUtils.uninstallApplication(context, appInfo);
26            break;
27        }
28    }
29 }
```

上述代码中，第3~6行代码定义了MyClickListener类的构造方法，在该方法中获取传递过来的应用对象appInfo。

第10~13行代码实现了“启动”按钮的点击事件，点击此按钮，程序会调用startApplication()方法启动对应的应用程序。

第14~17行代码实现了“分享”按钮的点击事件，点击此按钮，程序会调用shareApplication()方法将对应的应用程序分享出去。

第18~26行代码实现了“卸载”按钮的点击事件，点击此按钮，程序首先判断用户是否有权限卸载当前的应用，如果有，则会调用uninstallApplication()方法卸载当前应用，如果没有，则会通过Toast类提示用户“您没有权限卸载此应用！”。

6. 设置列表中的条目视图

由于应用列表中的条目需要在适配器中加载布局文件才会显示条目的效果，因此在应用列表适配器AppManagerAdapter的getView()方法中需要加载条目的布局文件，并设置条目界面的数据信息，具体代码如下所示。

```
1   package com.itheima.mobilesafe.appmanager.adapter;
2   ……
3   public class AppManagerAdapter extends BaseAdapter{
4     ……
5     @Override
6     public View getView(int position, View convertView, ViewGroup parent) {
7            if (position == 0) { //如果position为0，则为TextView
8               TextView tv = getTextView();
9               tv.setText("用户程序：" + UserAppInfos.size() + "个");  //用户程序个数信息
10              return tv;
11          } else if (position == (UserAppInfos.size() + 1)) {
12              TextView tv = getTextView();
13              tv.setText("系统程序：" + SystemAppInfos.size() + "个");//系统程序个数信息
14              return tv;
15          }
16          AppInfo appInfo;
17          if (position < (UserAppInfos.size() + 1)) {
18             appInfo = UserAppInfos.get(position - 1);//获取用户程序信息
19          } else {
20              //获取系统程序信息
21              appInfo = SystemAppInfos.get(position - UserAppInfos.size() - 2);
22          }
23          ViewHolder viewHolder = null;
24          if (convertView != null & convertView instanceof LinearLayout) {
25              viewHolder = (ViewHolder) convertView.getTag();
26          } else {
27              viewHolder = new ViewHolder();
28              convertView = View.inflate(context, R.layout.item_appmanager
29                                                              _list,null);
30              viewHolder.mAppIconImgv = (ImageView) convertView.findViewById(R.
31                                                              id.iv_icon);
32              viewHolder.mAppLocationTV = (TextView) convertView.findViewById(R.
33                                                          id.tv_appisroom);
34              viewHolder.mAppSizeTV = (TextView) convertView.findViewById(R.
35                                                              id.tv_size);
36              viewHolder.mAppNameTV = (TextView) convertView.findViewById(R.
37                                                              id.tv_name);
38              viewHolder.mLuanchAppTV = (TextView) convertView.findViewById(R.
39                                                            id.tv_launch);
40              viewHolder.mShareAppTV = (TextView) convertView.findViewById(R.
41                                                             id.tv_share);
42              viewHolder.mUninstallTV = (TextView) convertView.findViewById(R.
43                                                         id.tv_uninstall);
44              viewHolder.mAppOptionLL = (LinearLayout) convertView.findViewById(R.
45                                                       id.ll_option_app);
46              convertView.setTag(viewHolder);
47          }
48          if (appInfo != null) {
49              //设置应用存放在手机中的位置信息
50              viewHolder.mAppLocationTV.setText(appInfo.getAppLocation(
```

```
51                                                   appInfo.isInRoom));
52              viewHolder.mAppIconImgv.setImageDrawable(appInfo.icon);//设置应用图标
53              //设置应用大小
54              viewHolder.mAppSizeTV.setText(Formatter.formatFileSize(context,
55
56                                                   appInfo.appSize));
                viewHolder.mAppNameTV.setText(appInfo.appName);//设置应用名称
57              if (appInfo.isSelected) { //如果条目被选中
58                  //显示操作应用的布局
59                  viewHolder.mAppOptionLL.setVisibility(View.VISIBLE);
60              } else {
61                  //隐藏操作应用的布局
62                  viewHolder.mAppOptionLL.setVisibility(View.GONE);
63              }
64          }
65          //分别设置"启动"按钮、"分享"按钮、"卸载"按钮的点击监听事件
66          MyClickListener listener = new MyClickListener(appInfo);
67          viewHolder.mLuanchAppTV.setOnClickListener(listener);
68          viewHolder.mShareAppTV.setOnClickListener(listener);
69          viewHolder.mUninstallTV.setOnClickListener(listener);
70          return convertView;
71      }
72      ......
73 }
```

上述代码中，第7~15行代码用于显示用户程序与系统程序的个数信息。其中，第7~11行代码通过判断当前position是否等于0，创建一个TextView控件，并为该控件设置用户程序的个数信息。第11~15行代码通过判断当前position是否等于(UserAppInfos.size() + 1)，创建一个TextView控件，并为该控件设置系统程序的个数信息。

第17~19行代码通过get(position－1)方法获取当前条目对应的用户程序信息。由于用户程序列表中的第一个条目是用户程序个数信息，因此获取用户程序列表中当前条目的数据信息时，位置position需要减去1。

第19~22行代码通过get(position－UserAppInfos.size()－2)方法获取当前条目对应的系统程序信息。由于系统程序列表与用户程序列表在同一个列表中显示，系统程序与用户程序个数信息也显示在该列表中。由于系统程序列表在用户程序列表下方显示，因此获取系统程序列表中当前条目的数据信息时，位置position需要减去UserAppInfos.size()–2，其中，UserAppInfos.size()表示用户程序的总个数，2表示列表中的用户程序与系统程序个数信息显示的条目数量。

第23~47行代码通过inflate()方法加载了应用列表条目的布局文件，并获取条目界面上需要用到的控件与布局信息。

第24~26行代码判断了convertView是否为null，并且是否包含线性布局，如果不为null且包含线性布局，则说明前面已经加载过条目的布局文件，也获取过条目界面上的控件，此时，只需要通过getTag()方法获取原来创建的convertView对象，不用再次进行加载布局并获取控件信息的操作，复用convertView的方法可以减少程序的资源消耗。

第26~47行代码判断convertView为null的情况，此时需要首先通过inflate()方法加载应用列表条目的布局文件item_appmanager_list.xml，其次通过findViewById()方法获取条目界面的控件信息，然后通过setTag()方法将获取的界面信息对象viewHolder添加到convertView中。

第48~62行代码用于设置界面数据信息。第50~56行代码分别通过setText()方法与setImageDrawable()方法设置条目界面的应用位置、应用图标、应用大小以及应用名称信息。

第57~63行代码通过判断每个应用程序的属性isSelected的值来设置操作应用的布局的显示与隐藏。当isSelected的值为true时，程序会通过setVisibility()方法将操作应用的布局设置为显示状态，当isSelected的值为false时，程序会通过setVisibility()方法将操作应用的布局设置为隐藏状态。

第66~70行代码通过setOnClickListener()方法分别设置操作应用程序的“启动”按钮、“分享”按钮以及“卸载”按钮的点击事件的监听器，接着将设置好的View对象convertView返回。

软件管理界面列表适配器的逻辑代码文件AppManagerAdapter.java的完整代码详见【文件6-8】所示。

完整代码：文件 6-8

任务3-5　初始化界面控件

由于需要获取软件管理界面的控件并为其设置一些数据与点击事件，因此需要在AppManagerActivity中创建一个initView()方法用于初始化界面控件，接着创建一个getMemoryFromPhone()方法获取剩余手机内存与SD卡内存的大小并显示到界面上，具体代码如【文件6-9】所示。

【文件6-9】AppManagerAdapter.java

```
1  package com.itheima.mobilesafe.appmanager;
2  ......
3  public class AppManagerActivity extends Activity implements OnClickListener {
4      private TextView mPhoneMemoryTV; //剩余手机内存
5      private TextView mSDMemoryTV;      //剩余 SD 卡内存
6      private ListView mListView;
7      private List<AppInfo> appInfos;
8      private List<AppInfo> userAppInfos = new ArrayList<AppInfo>();
9      private List<AppInfo> systemAppInfos = new ArrayList<AppInfo>();
10     private AppManagerAdapter adapter;
11     private TextView mAppNumTV; //应用程序个数
12     @Override
13     protected void onCreate(Bundle savedInstanceState) {
14         super.onCreate(savedInstanceState);
15         setContentView(R.layout.activity_app_manager);
16         initView();
17     }
18     /**
19      * 初始化控件
20      */
21     private void initView() {
22         findViewById(R.id.title_bar).setBackgroundColor(
23                 getResources().getColor(R.color.blue_color));
24         TextView tv_back = findViewById(R.id.tv_back);
25         TextView tv_main_title = findViewById(R.id.tv_main_title);
```

```
26          tv_main_title.setText("软件管理");
27          tv_back.setOnClickListener(this);
28          tv_back.setVisibility(View.VISIBLE);
29          mPhoneMemoryTV = findViewById(R.id.tv_phone_memory);
30          mSDMemoryTV = findViewById(R.id.tv_sd_memory);
31          mAppNumTV = findViewById(R.id.tv_app_number);
32          mListView = findViewById(R.id.lv_app);
33          getMemoryFromPhone();// 获取剩余手机内存与SD卡内存大小
34      }
35      /**
36       * 获取手机和SD卡剩余内存
37       */
38      private void getMemoryFromPhone() {
39          long avail_sd = Environment.getExternalStorageDirectory().getFreeSpace();
40          long avail_rom = Environment.getDataDirectory().getFreeSpace();
41          //格式化内存
42          String str_avail_sd = Formatter.formatFileSize(this, avail_sd);
43          String str_avail_rom = Formatter.formatFileSize(this, avail_rom);
44          mPhoneMemoryTV.setText("剩余手机内存：" + str_avail_rom);
45          mSDMemoryTV.setText("剩余SD卡内存：" + str_avail_sd);
46      }
47      @Override
48      public void onClick(View v) {
49          switch (v.getId()) {
50              case R.id.tv_back: //实现返回键的点击事件
51                  finish();
52                  break;
53          }
54      }
55  }
```

上述代码中，第21~34行代码创建了initView()方法，在该方法中通过findViewById()方法获取界面上的控件，并通过setOnClickListener()方法设置返回键的点击事件监听器。

第38~46行代码创建了getMemoryFromPhone()方法，用于获取剩余的手机内存与SD卡容量。其中，第39行代码通过getExternalStorageDirectory().getFreeSpace()方法获取SD卡的剩余容量，第40行代码通过getDataDirectory().getFreeSpace()方法获取手机的剩余内存。

第42~43行代码分别通过formatFileSize()方法格式化获取的剩余手机内存与SD卡容量。第44~45行代码分别通过setText()方法将获取的剩余内存信息显示到界面上。

第47~54行代码重写了onClick()方法，在该方法中根据用户点击的返回键Id，实现返回键的点击事件。点击返回键，程序会调用finish()方法关闭当前界面。

任务3-6 注册卸载应用的广播

当卸载手机应用成功时，Android系统会发送一条卸载应用的广播，该广播的Action为“Intent.ACTION_PACKAGE_REMOVED”。此时，为了更新应用列表的信息，我们在AppManagerActivity中通过registerReceiver()方法注册了一个接收卸载应用广播的广播接收者UninstallRececiver，并初始化软件管理界面的信息，具体代码如下所示。

```
1  package com.itheima.mobilesafe.appmanager;
2  ......
3  public class AppManagerActivity extends Activity implements View.OnClickListener {
4      private UninstallRececiver receciver;//接收卸载应用程序成功的广播
5      @Override
6      protected void onCreate(Bundle savedInstanceState) {
7          super.onCreate(savedInstanceState);
8          setContentView(R.layout.activity_app_manager);
9          //注册卸载应用程序的广播
10         receciver = new UninstallRececiver();
11         IntentFilter intentFilter = new IntentFilter(Intent.ACTION_PACKAGE_REMOVED);
12         intentFilter.addDataScheme("package");
13         registerReceiver(receciver, intentFilter);
14         initView();
15     }
16     ......
17     /**
18      * 卸载应用程序的广播接收者
19      */
20     class UninstallRececiver extends BroadcastReceiver {
21         @Override
22         public void onReceive(Context context, Intent intent) {//接收广播
23             initData();
24         }
25     }
26     @Override
27     protected void onDestroy() {
28         unregisterReceiver(receciver);//注销注册的广播
29         receciver = null;
30         super.onDestroy();
31     }
32 }
```

上述代码中，第10~13行代码用于注册卸载应用的广播。其中，第11行代码通过IntentFilter()方法实例化了过滤器，该方法中传递的参数“Intent.ACTION_PACKAGE_REMOVED”表示要过滤的广播。第12行代码通过addDataScheme()方法设置过滤器的数据匹配类型为“package”，第13行代码通过registerReceiver()方法注册卸载应用的广播。

第20~25行代码创建了广播接收者UninstallRececiver，用于接收卸载应用的广播消息。首先在广播接收者UninstallRececiver的onReceive()方法中，接收系统发送过来的卸载应用程序的广播消息，然后调用initData()方法初始化界面的数据信息。

第26~31行代码重写了onDestroy()方法，用于注销卸载应用的广播。当软件管理界面销毁时，程序会调用unregisterReceiver()方法注销广播，同时，将广播接收者的对象receiver设置为null。

任务3-7　实现应用列表显示的功能

为了在软件管理界面的应用列表中显示手机中已安装的用户程序、系统程序以及程序的个数信息，我们首先在AppManagerActivity中创建一个initData()方法，在该方法中调用getAppInfos()方法获取手机中的所有应用程序，其次创建一个initListener()方法，在该方法中设置列表控件

ListView的点击事件与滑动事件，然后通过Handler类与Message类将获取的应用程序信息显示到界面上。实现应用列表显示功能的具体步骤如下：

1. 获取应用列表数据

在AppManagerActivity中创建一个initData()方法，在该方法中创建一个Thread线程，在线程中获取手机中已安装的用户程序与系统程序，并将获取的信息通过Handler类对象的sendEmptyMessage()方法传递到主线程中，具体代码如下所示。

```
1  protected static final int APP_LIST_DATA = 10; //获取应用列表数据
2  protected static final int REFRESH_DATA = 15;  //刷新界面数据
3  private void initData() {
4      appInfos = new ArrayList<AppInfo>();
5      new Thread() {
6          public void run() {
7              appInfos.clear();
8              userAppInfos.clear();
9              systemAppInfos.clear();
10             appInfos.addAll(GetAppInfos.getAppInfos(AppManagerActivity.this));
11             for (AppInfo appInfo : appInfos) {
12                 //如果是用户App
13                 if (appInfo.isUserApp) {
14                     userAppInfos.add(appInfo);
15                 } else {
16                     systemAppInfos.add(appInfo);
17                 }
18             }
19             mHandler.sendEmptyMessage(APP_LIST_DATA);
20         };
21     }.start();
22 }
```

上述代码中，第5~21行代码创建了一个Thread线程，在该线程中首先调用getAppInfos()方法获取手机中已安装的应用程序，其次以for循环的方式将这些程序分为用户程序与系统程序分别存放在集合userAppInfos与systemAppInfos中，然后通过调用Handler（该类在后续代码中创建）对象的sendEmptyMessage()方法将获取的应用程序信息传递到主线程中。

2. 实现列表条目被选中的功能

为了准确地记录用户点击的是应用列表中的哪个条目，我们在AppManagerActivity中创建了一个initListener()方法，具体代码如下所示。

```
1  private void initListener() {
2      mListView.setOnItemClickListener(new AdapterView.OnItemClickListener() {
3          @Override
4          public void onItemClick(AdapterView<?> parent, View view,
5                                  final int position, long id) {
6              if (adapter != null) {
7                  new Thread() {
8                      public void run() {
9                          AppInfo mappInfo = (AppInfo) adapter.getItem(position);
10                         //记录当前条目的状态
11                         boolean flag = mappInfo.isSelected;
```

```
12                      //将集合中所有条目的 AppInfo 变为未选中状态
13                      for (AppInfo appInfo : userAppInfos) {
14                          appInfo.isSelected = false;
15                      }
16                      for (AppInfo appInfo : systemAppInfos) {
17                          appInfo.isSelected = false;
18                      }
19                      if (mappInfo != null) {
20                          //如果已经选中，则变为未选中
21                          if (flag) {
22                              mappInfo.isSelected = false;
23                          } else {
24                              mappInfo.isSelected = true;
25                          }
26                         mHandler.sendEmptyMessage(REFRESH_DATA);
27                      }
28                  };
29              }.start();
30          }
31      }
32    });
33 }
```

上述代码中，第2~32行代码通过setOnItemClickListener()方法实现了应用列表条目的点击事件。其中，第7~29行创建了一个Thread线程，在该线程的run()方法中，首先通过getItem()方法获取当前位置对应的应用程序对象，其次定义一个变量flag来记录当前应用是否被选中的状态。

第13~18行代码分别通过for循环将用户程序集合userAppInfos与系统程序集合systemAppInfos中的所有应用是否被选中的状态属性isSelected的值设置为false，也就是未被选中的状态。

第21~25行代码通过判断变量flag的值设置当前条目是否被选中的状态，当flag为true时，表示当前条目处于被选中的状态，此时点击此条目，条目的被选中状态会变为未选中状态，应用的属性isSelected的值设置为false。当flag为false时，表示当前条目为未被选中的状态，此时点击条目，条目的被选中状态会变为选中状态，应用的属性isSelected的值设置为true。

第26行代码通过Handler（此类在后续代码中创建）对象的sendEmptyMessage()方法将条目是否被选中的信息传递到主线程中。

3. 实现用户程序个数与系统程序个数的显示

当滑动应用列表时，用户程序列表的第一个条目显示的是用户程序的个数信息，用户程序的最后一个条目的下一个条目显示的是系统程序的个数信息。为了实现这个效果，我们需要在initListener()方法中通过setOnScrollListener()方法设置ListView控件滑动时界面信息的显示，具体代码如下所示。

```
1 private void initListener() {
2     ……
3     mListView.setOnScrollListener(new AbsListView.OnScrollListener() {
4         @Override
5         public void onScrollStateChanged(AbsListView view, int scrollState) {
6         }
7         @Override
```

```
8           public void onScroll(AbsListView view, int firstVisibleItem,
9                                int visibleItemCount, int totalItemCount) {
10              if (firstVisibleItem >= userAppInfos.size() + 1) {
11                  mAppNumTV.setText("系统程序：" + systemAppInfos.size() + "个");
12              } else {
13                  mAppNumTV.setText("用户程序：" + userAppInfos.size() + "个");
14              }
15          }
16      });
17 }
```

上述代码中，第7~15行代码重写了onScroll()方法，该方法用于处理ListView控件的滑动事件。其中，第10行代码判断第一个条目的位置是否大于等于（userAppInfos.size() + 1），如果大于，则说明此条目下方是系统程序列表信息，此条目显示的是系统程序的个数信息，在第11行代码中通过setText()方法设置系统程序的个数信息。否则，说明此条目下方是用户程序列表信息，此条目显示的是用户程序的个数信息，在第13行代码中通过setText()方法设置用户程序的个数信息。

4. 更新应用列表界面信息

由于软件管理界面获取到的应用信息与条目是否被选中的信息需要通过Handler对象的sendEmptyMessage()方法将信息传递到主线程中，因此在AppManagerActivity中创建一个Handler类接收传递过来的数据信息并更新界面，具体代码如下所示。

```
1 public class AppManagerActivity extends Activity implements OnClickListener {
2     ......
3     private Handler mHandler = new Handler() {
4         public void handleMessage(android.os.Message msg) {
5             switch (msg.what) {
6                 case APP_LIST_DATA: //接收获取到的手机应用信息
7                     if (adapter == null) {
8                         adapter = new AppManagerAdapter(userAppInfos, systemAppInfos,
9                                                         AppManagerActivity.this);
10                    }
11                    //将添加完数据的adapter设置给列表控件
12                    mListView.setAdapter(adapter);
13                    adapter.notifyDataSetChanged();  //刷新界面数据信息
14                    break;
15                case REFRESH_DATA: //接收条目是否被选中的信息
16                   adapter.notifyDataSetChanged(); //刷新界面数据信息
17                    break;
18            }
19        }
20    };
21    ......
22 }
```

上述代码中，第7~10行代码首先判断了adapter是否为null，如果为null，则通过new关键字与构造方法AppManagerAdapter()创建一个adapter对象，将接收到的用户程序集合userAppInfos与系统程序集合systemAppInfos传递到构造方法AppManagerAdapter()中。

第12行代码通过setAdapter()方法将创建的adapter对象设置到列表控件ListView上。

第13行代码通过notifyDataSetChanged()方法刷新列表界面数据信息。

第15~17行代码接收条目是否被选中的信息。其中，第16行代码通过notifyDataSetChanged()方法刷新列表界面数据信息。

5．调用initData()方法与initListener()方法

由于获取到的手机应用数据、列表控件的滑动事件、点击事件监听器的设置都需要在initView()方法中调用，因此在initView()方法中的语句“getMemoryFromPhone();”下方调用这两个方法，具体代码如下所示。

```
private void initView() {
    ......
    initData();
    initListener();
}
```

6．跳转到软件管理界面的逻辑代码

由于点击首页界面的“软件管理”按钮时，程序会跳转到软件管理界面，因此需要找到HomeActivity中的onClick()方法，在该方法中的注释“//软件管理”下方添加跳转到软件管理界面的逻辑代码，具体代码如下：

```
Intent managerIntent=new Intent(this,AppManagerActivity.class);
startActivity(managerIntent);
```

软件管理界面的逻辑代码文件AppManagerActivity.java的完整代码详见【文件6-10】所示。

完整代码：文件 6-10

扫码看代码

本 章 小 结

本章主要讲解了手机安全卫士项目中的软件管理模块，该模块包含了如何搭建软件管理界面的布局与实现界面的功能，在逻辑代码中首先通过getInstalledPackages()方法获取手机中安装的所有应用，其次分别通过startApplication()方法、uninstallApplication()方法、shareApplication()方法实现应用的启动、卸载与分享操作，并通过广播来接收卸载应用的信息。本章内容知识点较多，希望读者能认真学习，学会如何获取手机中所有应用，并对这些应用进行启动、卸载、分享等操作。

第 7 章 程序锁模块

学习目标：

◎ 掌握程序锁模块中界面布局的搭建，独立制作模块中的各个界面。

◎ 掌握如何使用Service，实现监听任务栈顶存放应用界面的功能。

◎ 掌握程序锁模块的开发，能够实现对手机中的应用进行加锁与解锁功能。

每个人手机上都有一些隐私信息不想被别人看到，例如短信、照片等，为此我们设计了程序锁功能，使用程序锁功能可以对手机中某个应用上锁，进而保护此应用不被其他人随便进入。如果需要打开加锁应用时，只需输入正确的程序锁密码即可。本章将针对程序锁模块进行详细讲解。

任务1 “设置密码”设计分析

任务综述

设置密码界面功能较为简单，主要用于设置程序锁密码信息。在当前任务中，我们通过工具Axure RP 9 Beat设计设置密码界面的原型图，使其达到用户需求的效果。为了让读者学习如何设计设置密码界面，本任务将针对设置密码界面的原型和UI设计进行分析。

任务1–1 原型分析

为了保护手机中的应用不被随意访问，我们在手机安全卫士应用中设计了程序锁模块，该模块包含了设置密码界面、程序锁界面、输入密码界面。其中，设置密码界面主要用于输入需要设置的密码信息，并将此密码作为程序锁的密码。

通过情景分析后，总结用户需求，设置密码界面设计的原型图如图7-1所示。在图7-1中，不仅显示了设置密码界面的原型图，还显示了程序锁界面原型图与输入密码界面原型图，并通过箭线图的方式表示这3个界面之间的关系。

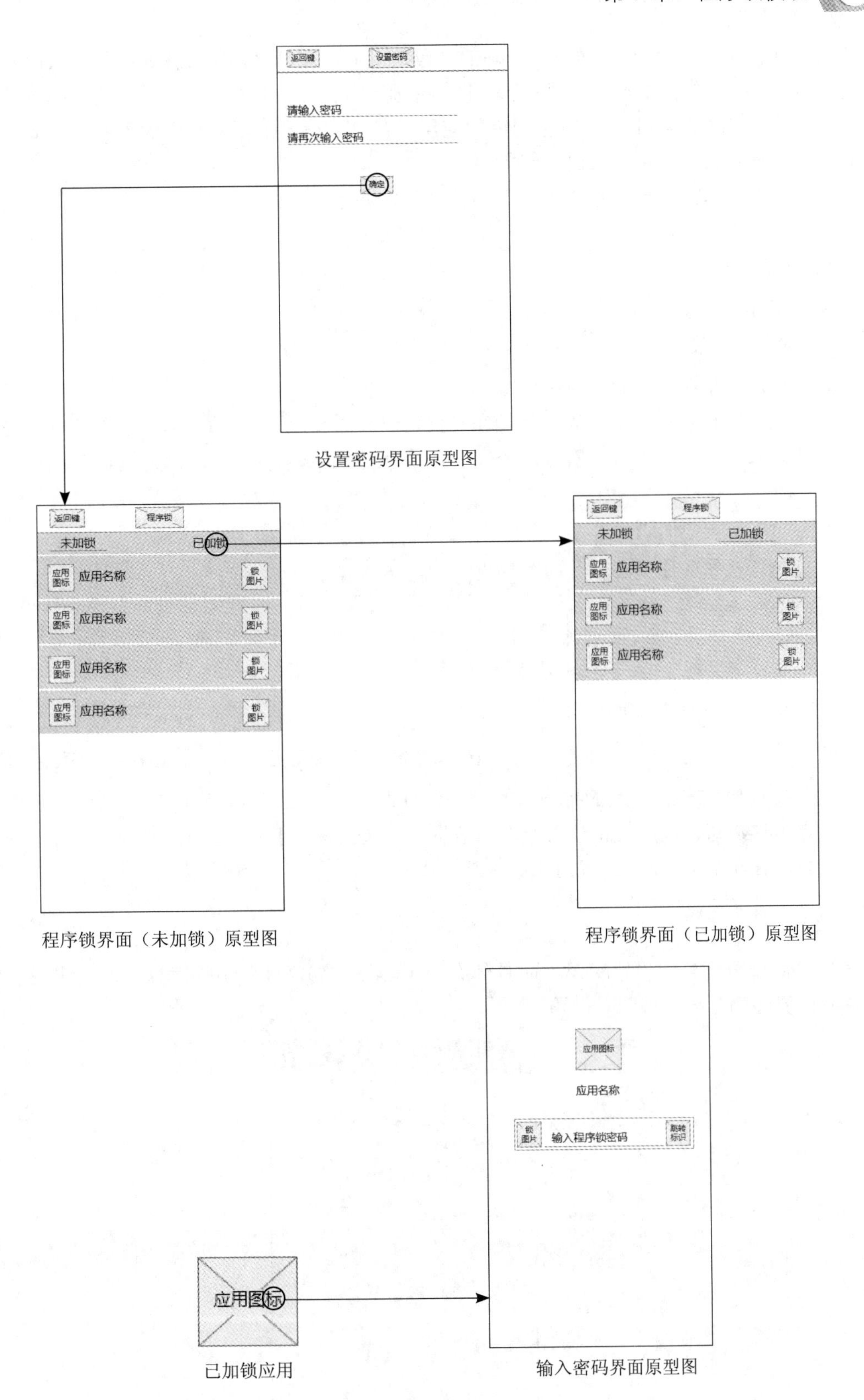

图7-1　程序锁模块原型图

图7-1中，在设置密码界面输入正确的密码信息后，点击“确定”按钮，程序会跳转到程序锁界面，该界面有2个选项卡，分别是已加锁与未加锁，这2个选项卡下方对应的是已加锁与未加锁的应用列表。当在手机桌面点击已加锁的应用时，会弹出一个输入密码的界面，在此界面需要输入正确的程序锁密码才可进入已加锁应用中。

根据图7-1中设计的设置密码界面原型图，分析界面上各个功能的设计与放置的位置，具体如下：

1．标题栏设计

标题栏原型图设计如图7-2所示。

2．输入密码设计

输入密码原型图设计如图7-3所示。

为了让用户设置程序锁密码，我们在设置密码界面设计了2个输入框，输入框中的提示信息分别是“请输入密码”与“请再次输入密码”，这2个提示信息可以让用户知道输入框中需要输入的信息。

3．“确定”按钮设计

“确定”按钮的原型图设计如图7-4所示。

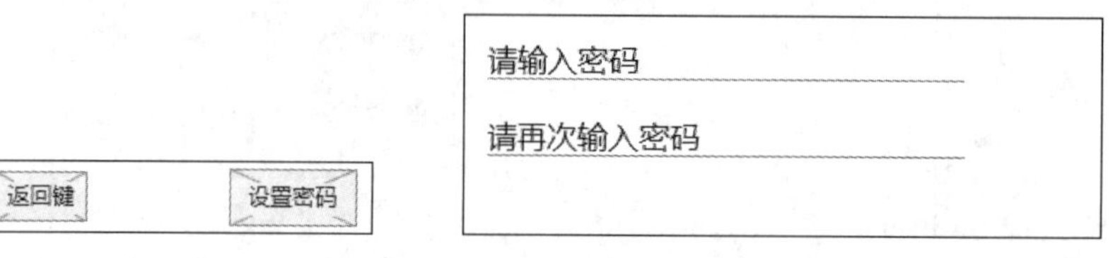

图7-2　标题栏原型图　　图7-3　输入密码原型图 　　图7-4　“确定”按钮原型图

输入完密码信息后，为了将输入的密码进行保存，我们在设置密码界面设计了一个“确定”按钮，点击该按钮，程序会将输入的密码信息保存起来，便于后续查询。“确定”按钮位于2个输入框下方，并在水平方向居中显示。

任务1-2　UI分析

通过原型分析可知设置密码界面具体有哪些功能，需要显示哪些信息，根据这些信息，设计设置密码界面的效果，如图7-5所示。

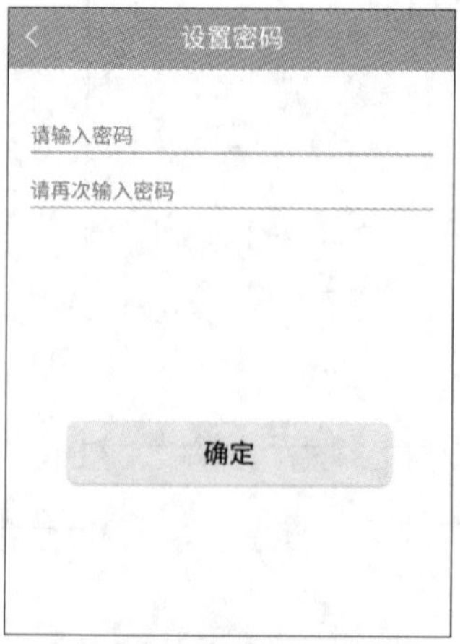

图7-5　设置密码界面效果图

根据图7-5展示的设置密码界面效果图，分析该图的设计过程，具体如下：

1．设置密码界面布局设计

由图7-5可知，设置密码界面显示的信息有标题栏、输入密码信息、“确定”按钮。其中，输入密码信息由2个输入框组成，1个用于输入密码信息，1个用于再次输入密码信息。“确定”信息是由1个按钮显示。

2．颜色设计

（1）标题栏设计

标题栏UI设计效果如图7-6所示。

（2）输入密码设计

输入密码的UI设计效果如图7-7所示。

图7-6　标题栏UI效果

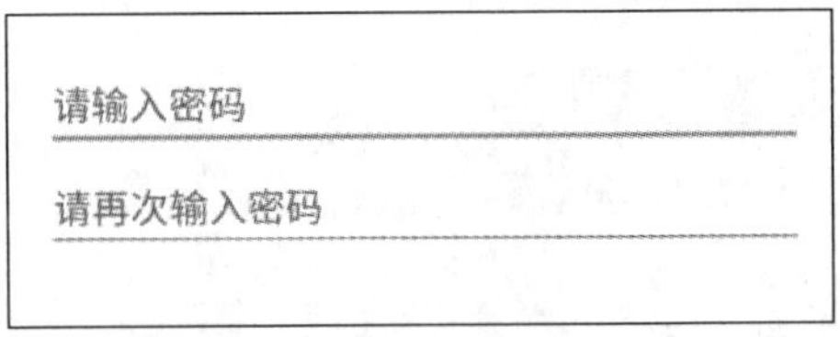

图7-7　输入密码UI效果图

一般情况下，输入框的提示语都用灰色文字显示。当输入框获取到焦点时，下画线颜色会被系统默认设置一个颜色，此处的默认颜色为蓝绿色，当输入框失去焦点时，下画线颜色被默认设置为灰色。

（3）“确定”按钮设计

“确定”按钮的UI设计效果如图7-8所示。

图7-8　“确定”按钮UI效果图

为了区分“确定”按钮的未点击与点击状态，我们为其设计了两个背景颜色，当未点击此按钮时，按钮的背景为灰色，文本为黑色，当点击此按钮时，按钮背景为深灰色，文本为黑色。

任务2　搭建设置密码界面

任务综述

为了实现设置密码界面的UI设计效果，在界面的布局代码中使用EditText控件、Button控件完成密码的输入与“确定”按钮的显示。本任务将通过布局代码搭建设置密码界面的布局。

【知识点】

- EditText控件。
- Button控件。

【技能点】

- 通过EditText控件显示输入框。
- 通过Button控件显示“确定”按钮。

本任务需要搭建的设置密码界面效果如图7-9所示。

图7-9　设置密码界面

搭建设置密码界面布局的具体步骤如下：

1．创建设置密码界面

在com.itheima.mobilesafe包中创建applock包，在该包中创建一个Empty Activity类，命名为SetPasswordActivity，并将布局文件名指定为activity_set_password。

2．放置界面控件

在activity_set_password.xml文件中，通过<include>标签引入标题栏（main_title_bar.xml），放置2个EditText控件分别用于显示“请输入密码”与“请再次输入密码”输入框，1个Button控件（背景选择器使用bg_button_selector.xml）用于显示“确定”按钮，具体代码如【文件7-1】所示。

【文件7-1】activity_set_password.xml

```
1  <?xml version="1.0" encoding="utf-8"?>
2  <RelativeLayout xmlns:android="http://schemas.android.com/apk/res/android"
3      android:layout_width="match_parent"
4      android:layout_height="match_parent"
5      android:background="@android:color/white">
6      <include
7          layout="@layout/main_title_bar"/>
8      <EditText
9          android:id="@+id/enter_psw1"
10         android:layout_width="match_parent"
11         android:layout_height="wrap_content"
12         android:layout_marginLeft="20dp"
13         android:layout_marginRight="20dp"
14         android:textSize="16sp"
15         android:hint=" 请输入密码 "
16         android:layout_below="@+id/title_bar"
17         android:layout_marginTop="30dp"
18         android:textColor="@android:color/black"
19         android:textColorHint="@color/dark_gray"
```

```
20          android:password="true"/>
21      <EditText
22          android:id="@+id/enter_psw2"
23          android:layout_width="match_parent"
24          android:layout_height="wrap_content"
25          android:layout_marginLeft="20dp"
26          android:layout_marginRight="20dp"
27          android:textSize="16sp"
28          android:hint="请再次输入密码"
29          android:layout_below="@+id/enter_psw1"
30          android:textColor="@android:color/black"
31          android:textColorHint="@color/dark_gray"
32          android:password="true"/>
33      <Button
34          android:id="@+id/bt_enter"
35          android:layout_width="250dp"
36          android:layout_height="wrap_content"
37          android:text="确定"
38          android:textSize="20sp"
39          android:layout_centerInParent="true"
40          android:textColor="@android:color/black"
41          android:background="@drawable/bg_button_selector"/>
42  </RelativeLayout>
```

任务3　实现设置密码界面功能

任务综述

为了实现设置密码界面设计的功能，在界面的逻辑代码中创建initView()方法获取界面控件，实现View.OnClickListener接口，完成界面控件的点击事件。在控件的点击事件中，将用户输入的密码通过MD5加密算法进行加密，并将加密后的密码保存到SharedPreferences文件中。接下来，本任务将通过逻辑代码实现设置密码界面的功能。

【知识点】

- View.OnClickListener接口。
- SharedPreferences类。

【技能点】

- 通过View.OnClickListener接口实现控件的点击事件。
- 使用SharedPreferences类将密码数据保存到本地。

任务3-1　初始化界面控件

由于需要获取设置密码界面的控件并为其设置一些数据，因此在SetPasswordActivity中创建一个initView()方法初始化界面控件，具体代码如【文件7-2】所示。

【文件7-2】SetPasswordActivity.java

```
1  package com.itheima.mobilesafe.applock;
2  ......
```

```
3  public class SetPasswordActivity extends Activity {
4      private EditText enter_psw1,enter_psw2;
5      private  String password;
6      @Override
7      protected void onCreate(Bundle savedInstanceState) {
8          super.onCreate(savedInstanceState);
9          setContentView(R.layout.activity_set_password);
10         initView();
11     }
12     private void initView() {
13         RelativeLayout title_bar = findViewById(R.id.title_bar);
14         title_bar.setBackgroundColor(getResources().getColor(R.color.blue_color));
15         TextView title = findViewById(R.id.tv_main_title);
16         title.setText("设置密码");
17         enter_psw1 = findViewById(R.id.enter_psw1);
18         enter_psw2 = findViewById(R.id.enter_psw2);
19         TextView tv_back = findViewById(R.id.tv_back);
20         tv_back.setVisibility(View.VISIBLE);
21     }
22 }
```

任务3-2　MD5加密算法

MD5的全称是Message-Digest Algorithm 5（信息—摘要算法），MD5算法简单来说就是把任意长度的字符串变换成固定长度（通常是32位）的16进制字符串。在存储密码过程中，直接存储明文密码是很危险的，因此在存储密码前需要使用MD5算法加密，这样不仅提高了用户信息的安全性，同时也增加了密码破解的难度。实现对字符串进行MD5加密的具体步骤如下：

1．创建MD5Utils类

选中com.itheima.mobilesafe.applock包，在该包下创建一个utils包，在utils包中创建一个Java类，命名为MD5Utils。

2．对字符串进行MD5加密

在MD5Utils类中创建一个md5()方法，在该方法中对字符串进行MD5加密，具体代码如【文件7-3】所示。

【文件7-3】MD5Utils.java

```
1  package com.itheima.mobilesafe.applock.utils;
2  ......
3  public class MD5Utils {
4      /**
5       *  md5 加密的算法
6       */
7      public static String md5(String text){
8          try {
9              MessageDigest digest = MessageDigest.getInstance("md5");
10             byte[] result = di gest.digest(text.getBytes());
11             StringBuilder sb  =new StringBuilder();
12             for(byte b : result){
13                 int number = b&0xff;     //获取b字节的低8位
14                 String hex = Integer.toHexString(number);
15                 if(hex.length()==1){
16                     sb.append("0"+hex);
```

```
17                }else{
18                    sb.append(hex);
19                }
20            }
21            return sb.toString();
22        } catch (NoSuchAlgorithmException e) {
23            e.printStackTrace();
24            return "";
25        }
26    }
27 }
```

上述代码中，第9行代码通过MessageDigest类的getInstance()方法获取加密对象digest。

第10行代码通过digest()方法将要加密的字符串转化为字节数组result。

第12~20行代码通过for循环遍历result字节数组，其中，第13行代码对数组中的元素b进行与运算，获取数组元素b的低8位，第14行代码通过调用toHexString()方法获取number的16进制字符串，第15~19行代码将获取的字符串hex 添加到sb字符串中。

任务3–3　实现保存密码的功能

由于设置密码界面的返回键和“确定”按钮都需要实现点击事件，因此将SetPasswordActivity实现View.OnClickListener接口，并重写onClick()方法，在该方法中根据被点击控件的Id实现对应控件的点击事件，具体代码如下所示。

```
1  public class SetPasswordActivity extends Activity implements View.OnClickListener {
2      ......
3      private void initView() {
4          ......
5          findViewById(R.id.bt_enter).setOnClickListener(this);
6          tv_back.setOnClickListener(this);
7      }
8      @Override
9      public void onClick(View v) {
10         switch (v.getId()){
11             case R.id.tv_back:
12                 finish();
13                 break;
14             case R.id.bt_enter:
15               String psw1=enter_psw1.getText().toString();
16               String psw2=enter_psw2.getText().toString();
17               if(psw1!=null&& psw2 != null && !psw1.isEmpty()&& !psw2.isEmpty()){
18                    if(psw1.equals(psw2)){
19                    SharedPreferences sp = getSharedPreferences("config",
20                              MODE_PRIVATE);
21                        SharedPreferences.Editor editor = sp.edit();
22                        editor.putString("password",MD5Utils.md5(psw1));
23                        editor.commit();
24                        //跳转到程序锁界面
25                    }else{
26                        Toast.makeText(this, "密码不一致，请重新输入",
27                                  Toast.LENGTH_SHORT).show();
```

```
28                 }
29             }else{
30                 Toast.makeText(this,"密码不能为空",Toast.LENGTH_SHORT).show();
31             }
32             break;
33         }
34     }
35 }
```

上述代码中，第14~32行代码实现了“确定”按钮的点击事件。

第15、16行代码通过getText()方法分别获取界面上两个输入框中的信息。

第17~31行代码通过if条件语句判断输入框中的信息psw1与psw2是否为空，如果为空，则通过第30行代码提示用户“密码不能为空”，如果不为空，则通过第18行代码判断两个输入框中的信息是否一致，如果一致，则将输入的密码信息保存到SharedPreferences文件中，如果不一致，则通过第26~27行代码提示用户“密码不一致，请重新输入”。

第19~23行代码主要用于将输入的密码保存到SharedPreferences文件中。其中，第19、20行代码通过getSharedPreferences()方法获取SharedPreferences对象sp。第21行代码通过edit()方法获取编辑器SharedPreferences.Editor的对象editor。第22~23行代码分别通过putString()方法与commit()方法将密码保存到config.xml文件中。

由于点击首页界面的“程序锁”条目时，程序会跳转到设置密码界面，因此需要找到HomeActivity中的onClick()方法，在该方法中的注释“//程序锁”下方添加跳转到程序锁界面的逻辑代码，具体代码如下：

```
Intent appLockIntent=new Intent(this, SetPasswordActivity.class);
startActivity(appLockIntent);
```

设置密码界面的逻辑代码文件SetPasswordActivity.java的完整代码详见【文件7-4】所示。

完整代码：文件 7-4

任务4 “程序锁”设计分析

任务综述

程序锁界面主要用于显示未加锁和已加锁列表，在当前任务中，我们将使用Axure RP 9 Beat工具来设计程序锁界面，使之达到用户需求的界面效果。为了让读者学习如何设计程序锁界面，本任务将针对程序锁界面的原型与UI设计进行分析。

任务4-1 原型分析

为了显示已加锁与未加锁的应用，并对应进行加锁与解锁的操作，我们设计了程序锁界面，该界面主要显示未加锁与已加锁的程序列表，同时在这两个列表的每个条目中设计了对应的加锁与解锁按钮，这两个按钮可对程序进行加锁与解锁操作。

通过情景分析后，总结用户需求，程序锁界面设计的原型图如图7-10所示，在图7-10中显示了程序锁界面的原型图（未加锁与已加锁），并通过箭线图的方式表示了这2个界面之间的关系。

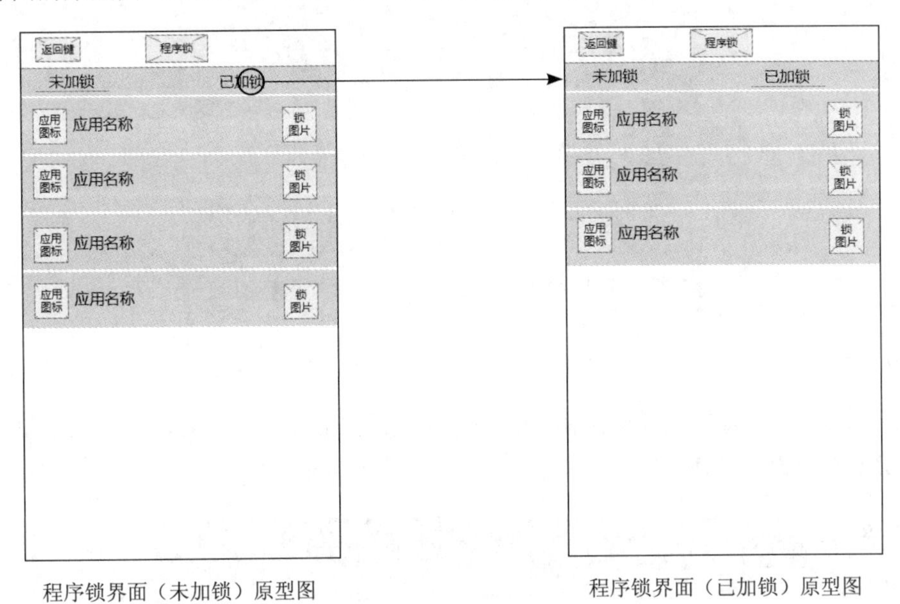

程序锁界面（未加锁）原型图　　程序锁界面（已加锁）原型图

图7-10　程序锁界面原型图

根据图7-10中设计的程序锁界面原型图，分析界面上各个功能的设计与放置的位置，具体如下：

1．标题栏设计

标题栏原型图设计如图7-11所示。

2．选项卡的设计

选项卡原型图设计如图7-12所示。

图7-11　标题栏原型图　　**图7-12　选项卡原型图**

为了在程序锁界面可以显示未加锁与已加锁程序列表，我们在程序锁界面设计了2个选项卡，分别是“未加锁”与“已加锁”选项卡，这2个选项卡下方对应的是未加锁与已加锁程序信息，当切换选项卡时，下方会显示对应的程序信息。

3．程序列表（未加锁与已加锁）设计

在程序锁界面，未加锁的应用信息主要包含应用图标、应用名称、未加锁图片，为了让用户可以直观地看到哪些应用是未加锁应用，每个应用的图标、名称、未加锁图片等信息可以以条目的形式显示，根据条目的设计习惯，条目的左侧放置应用图标，条目的中间位置放置应用名称，条目的右侧放置未加锁图片，多个条目可以组成一个列表，这样未加锁的应用信息可以通过一个列表的形式进行显示（见图7-13）。已加锁的应用信息与未加锁的应用信息类似，因此已加锁应用信息也以列表的形式进行显示，只是每个条目右侧的图片换为已加锁图片。

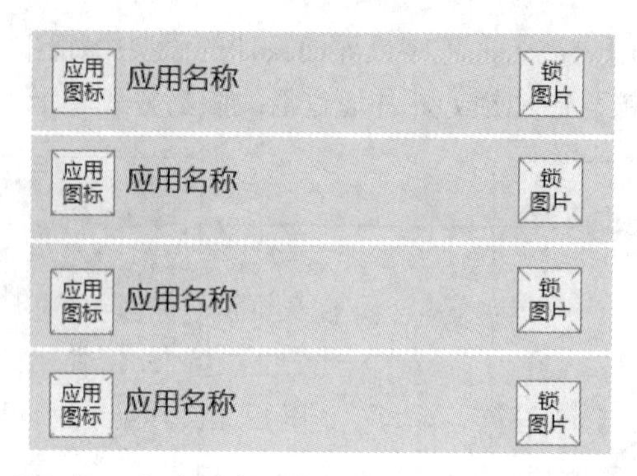

图7-13 程序列表（未加锁与已加锁）原型图

任务4-2 UI分析

通过原型分析可知，程序锁界面具体有哪些功能，需要显示哪些信息，根据这些信息，设计程序锁界面的效果，如图7-14所示。

图7-14 程序锁界面效果图

根据图7-14展示的程序锁界面效果图，分析该图的设计过程，具体如下：

1. 程序锁布局设计

由图7-14可知，程序锁界面显示的信息有标题栏、“未加锁”选项卡、“已加锁”选项卡、未加锁列表、已加锁列表。根据界面效果的展示，将程序锁界面按照从上至下的顺序划分为3部分，分别是标题栏、选项卡、程序列表（未加锁与已加锁），接下来详细分析这3部分。

- 标题栏：由于标题栏的组成在前面任务中已介绍过，此处不再重复介绍。
- 选项卡：由2个文本与2个下画线组成，2个文本分别用于显示“已加锁”与“未加锁”信息。
- 程序列表（未加锁与已加锁）：由2个列表组成，1个用于显示未加锁程序信息，1个用于显示已加锁程序信息。

2. 颜色设计

（1）标题栏设计

标题栏UI设计效果如图7-15所示。

（2）选项卡设计

选项卡的UI设计效果如图7-16所示。

图7-15　标题栏UI效果

图7-16　选项卡UI效果

为了提示当前界面的程序列表对应的是哪个选项卡，我们为“未加锁”与“已加锁”选项卡设置了2种状态，1种是被选中的状态，1种是未被选中的状态。当被选中时，选项卡的文本颜色为红色，文本大小为16 sp，选项卡下方显示一条红色下画线。当未被选中时，选项卡的文本颜色为黑色，文本大小为16 sp，选项卡下方不显示下画线。

（3）程序列表（未加锁与已加锁）设计

程序列表（未加锁与已加锁）的UI设计效果如图7-17所示。

图7-17　程序列表（未加锁与已加锁）UI效果

程序列表主要用于显示应用图片、应用名称、锁的图标。其中，应用图片是从获取到的应用信息中得到的，不用设计。在此列表中需要设计的是文字的大小、文本的颜色以及锁的图标。根据本界面的色调搭配，我们将文本设置为灰色，大小设置为16 sp。未加锁的图标，我们通过一个打开的锁的图片来显示，已加锁图标通过一个关闭的锁的图片显示。为了让用户更容易观察到程序是已加锁还是未加锁，我们将锁的图标的颜色设计为红色。

任务5　搭建程序锁界面

任务综述

为了实现程序锁界面的UI设计效果，在界面的布局代码中使用TextView控件、View控件、ImageView控件、ListView控件完成程序锁界面的文本、下画线与程序列表的显示，使用ViewPager控件实现未加锁和已加锁列表的切换。接下来，本任务将通过布局代码搭建程序锁界面的布局。

【知识点】

- TextView控件、View控件、ImageView控件。

● ViewPager控件、ListView控件。

【技能点】

● 通过常用控件完成界面的图片、文本、下画线信息的显示。
● 使用ViewPager控件实现未加锁和已加锁列表的切换。

任务5-1 搭建程序锁界面布局

程序锁界面主要由布局main_title_bar.xml（标题栏）、2个TextView控件、2个View控件、1个ViewPager控件组成，其中，2个TextView控件与2个View控件分别显示“未加锁”与“已加锁”选项卡，ViewPager控件用于显示未加锁（已加锁）程序列表，程序锁界面的效果如图7-18所示。

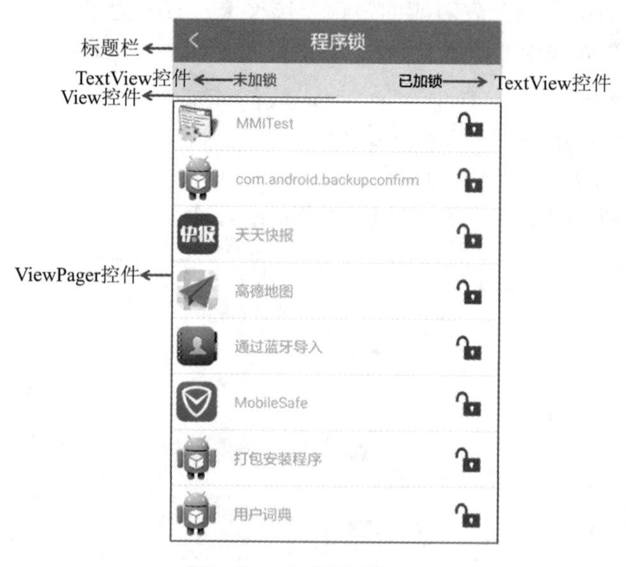

图7-18 程序锁界面

搭建程序锁界面布局的具体步骤如下：

1. 创建程序锁界面

在程序中选中com.itheima.mobilesafe.applock包，在该包中创建一个Empty Activity类，命名为AppLockActivity，并将布局文件名指定为activity_app_lock。

2. 导入界面图片

将程序锁界面所需要的图片slide_view.png导入到drawable-hdpi文件夹中。

3. 放置界面控件

在activity_app_lock.xml文件中，通过<include>标签引入标题栏布局（main_title_bar.xml），放置2个TextView控件分别显示未加锁和已加锁文本，2个View控件分别用于显示2个选项卡下方的下画线，1个ViewPager控件用于显示未加锁与已加锁程序列表。具体代码如【文件7-5】所示。

【文件7-5】activity_app_lock.xml

```
1  <?xml version="1.0" encoding="utf-8"?>
2  <LinearLayout xmlns:android="http://schemas.android.com/apk/res/android"
3      android:layout_width="match_parent"
4      android:layout_height="match_parent"
5      android:orientation="vertical"
```

```
6       android:background="@android:color/white">
7       <include layout="@layout/main_title_bar" />
8       <LinearLayout
9           android:layout_width="match_parent"
10          android:layout_height="35dp"
11          android:orientation="horizontal"
12          android:background="@color/gray"
13          android:gravity="center_vertical">
14          <TextView
15              android:id="@+id/tv_unlock"
16              style="@style/zero_widthwrapcontent"
17              android:textSize="16sp"
18              android:gravity="center"
19              android:padding="5dp"
20              android:textColor="@color/bright_red"
21              android:text=" 未加锁 "/>
22          <TextView
23              android:id="@+id/tv_lock"
24              style="@style/zero_widthwrapcontent"
25              android:textSize="16sp"
26              android:gravity="center"
27              android:padding="5dp"
28              android:text=" 已加锁 "
29              android:textColor="@android:color/black"/>
30      </LinearLayout>
31      <LinearLayout
32          android:layout_width="match_parent"
33          android:layout_height="wrap_content"
34          android:background="@color/gray"
35          android:orientation="horizontal" >
36          <View
37              android:id="@+id/view_slide_unlock"
38              style="@style/zero_widthwrapcontent"
39              android:layout_height="3dp"
40              android:background="@drawable/slide_view" />
41          <View
42              android:id="@+id/view_slide_lock"
43              style="@style/zero_widthwrapcontent"
44              android:layout_height="3dp"
45              android:layout_gravity="bottom"/>
46      </LinearLayout>
47      <android.support.v4.view.ViewPager
48          android:id="@+id/vp_applock"
49          android:layout_width="match_parent"
50          android:layout_height="match_parent" />
51 </LinearLayout>
```

任务5-2　搭建程序列表界面布局

在程序锁界面需要显示程序列表，该列表包含未加锁程序列表与已加锁程序列表，这2个列表都由1个ListView控件显示对应的程序列表信息，界面效果如图7-19所示。

图7-19　程序列表界面（未加锁列表和已加锁列表）

搭建程序锁列表界面布局的具体步骤如下：

1. 创建程序锁列表界面布局

在res/layout文件夹中，创建2个布局文件fragment_appunlock.xml与fragment_applock.xml，分别是未加锁程序列表布局文件和已加锁程序列表布局文件。

2. 放置界面控件

在fragment_appunlock.xml文件中，放置1个ListView控件用于显示未加锁程序列表信息，具体代码如【文件7-6】所示。

【文件7-6】fragment_appunlock.xml

```
1  <?xml version="1.0" encoding="utf-8"?>
2  <LinearLayout xmlns:android="http://schemas.android.com/apk/res/android"
3      android:layout_width="match_parent"
4      android:layout_height="match_parent"
5      android:orientation="vertical"
6      android:background="@android:color/white">
7    <ListView
8          android:id="@+id/lv_unlock"
9          android:layout_width="match_parent"
10         android:layout_height="match_parent"
11         android:divider="@color/gray"
12         android:dividerHeight="1px"/>
13 </LinearLayout>
```

由于已加锁程序列表布局与未加锁程序列表布局一样，因此将fragment_appunlock.xml中的布局代码复制到fragment_applock.xml布局文件中，并将fragment_applock.xml布局文件中ListView控件的属性“android:id”的值修改为“@+id/lv_lock”。

任务5-3　搭建程序列表界面条目布局

由于程序列表（未加锁和已加锁列表）用到了ListView控件，因此需要为该控件搭建一个条目界面。该界面主要由2个ImageView控件与1个TextView控件分别组成应用图标、锁的图片、应用名称，界面效果如图7-20所示。

图7-20　程序锁条目布局

搭建程序列表界面条目布局的具体步骤如下：

1. 创建程序列表界面条目布局文件

程序列表（已加锁和未加锁列表）中的条目布局与第5章病毒查杀进度界面条目的布局一致，都放置了2个ImageView控件与1个TextView控件。为了重复利用代码，减少代码的冗余，我们直接使用病毒查杀界面的条目布局文件item_list_virus_killing.xml。

2. 导入界面图片

将程序列表界面条目需要的图片applock_icon.png、appunlock_icon.png导入到drawable-hdpi文件夹中。

任务6　程序锁数据库

任务综述

为了实现存储程序锁模块中数据的功能，需要在项目中创建一个程序锁数据库applock.db，在该数据库中创建一个程序锁表applock。为了对数据库表中的数据进行操作，我们还创建了一个数据库操作类AppLockOpenHelper。接下来，本任务将通过逻辑代码实现创建程序锁数据库与数据库的操作类。

【知识点】

execSQL()方法。

【技能点】

通过execSQL()方法创建程序锁数据库。

任务6-1　创建程序锁数据库

由于程序锁模块中需要保存程序的数据信息，便于后续对这些信息进行增、删、改、查的操作，因此需要创建一个程序锁数据库与程序锁表。创建程序锁数据库的具体步骤如下：

1. 创建AppLockOpenHelper类

在com.itheima.mobilesafe.applock包中创建一个db包，在该包中创建一个Java类，命名为AppLockOpenHelper并继承SQLiteOpenHelper类，该类用于创建程序锁数据库。

2. 创建程序锁表

由于程序的数据信息需要单独存放在一个表中，方便后续对其进行操作，因此在重写的onCreate()方法中通过execSQL()方法创建一个程序锁表applock，具体代码如【文件7-7】所示。

【文件7-7】AppLockOpenHelper.java

```
1  package com.itheima.mobilesafe.applock.db;
```

```
2 ......
3 public class AppLockOpenHelper extends SQLiteOpenHelper{
4     public AppLockOpenHelper(Context context) {
5         super(context, "applock.db", null, 1);
6     }
7     @Override
8     public void onCreate(SQLiteDatabase db) {
9         db.execSQL("create table applock (id integer primary key autoincrement, " +
10                                             "packagename  varchar(20))");
11    }
12    @Override
13    public void onUpgrade(SQLiteDatabase db, int oldVersion, int newVersion) {
14    }
15 }
```

上述代码中，第5行代码通过super()方法创建了程序锁数据库applock.db。

第9~10行代码通过调用execSQL()方法创建了程序锁表applock。该方法中传递的第1个参数“id integer primary key autoincrement”表示自增主键id，第2个参数“packagename varchar(20)”表示应用包名。

需要注意的是，由于程序锁表中需要存储的主要是已加锁的应用包名，因此在数据库表applock中只定义了一个包名字段packagename。

任务6-2 创建数据库操作类

由于我们需要对程序锁数据库中的数据信息进行增、删、改、查的操作，因此在com.itheima.mobilesafe.applock.db包中创建一个dao包，在该包中创建一个操作程序锁数据库的类AppLockDao，具体代码如【文件7-8】所示。

【文件7-8】AppLockDao.java

```
1 package com.itheima.mobilesafe.applock.db.dao;
2 ......
3 public class AppLockDao {
4     private Context context;
5     private AppLockOpenHelper openHelper;
6     public AppLockDao(Context context) {
7         this.context = context;
8         openHelper = new AppLockOpenHelper(context);
9     }
10 }
```

任务7 实现程序锁界面功能

任务综述

为了实现程序锁界面设计的功能，在界面的逻辑代码中首先需要创建getAppInfos()方法获取手机所有应用程序，并将应用信息根据是否上锁显示到已加锁和未加锁列表中，其次通过调用checkUsagePermission()和onActivityResult()方法开启“使用访问记录”的权限，然后通过创建initView()方法初始化控件，并为ViewPager控件添加适配器，最后创建程序锁服务，使用该服务监听任务栈顶的应用是否在程序锁数据库中。接下来，本任务将通过逻辑代码实现程序锁界面的功能。

【知识点】

- android:get_usage_stats（使用记录访问权限）。
- Fragment类。
- OnPageChangeListener接口。
- Service（服务）。

【技能点】

- 通过checkUsagePermission()方法与onActivityResult()方法动态申请使用记录访问权限。
- 使用Fragment类显示未加锁和已加锁界面。
- 通过实现接口OnPageChangeListener监听ViewPager控件中界面的切换。
- 通过Service监听任务栈的变化。

任务7–1　封装应用信息实体类

由于程序锁界面中显示的应用程序信息都包含包名、图标、名称和是否加锁等属性，因此需要创建一个应用程序的实体类AppInfo存放这些属性。

在com.itheima.mobilesafe.applock包中创建一个entity包，在该包中创建应用程序的实体类AppInfo，具体代码如【文件7-9】所示。

【文件7-9】AppInfo.java

```
1  package com.itheima.mobilesafe.applock.entity;
2  import android.graphics.drawable.Drawable;
3  public class AppInfo{
4       public String packageName;   //应用程序包名
5       public Drawable icon;        //应用程序图标
6       public String appName;       //应用程序名称
7       public boolean isLock;       //应用程序是否加锁
8  }
```

任务7–2　获取手机中所有程序

由于程序锁界面需要操作手机中安装的应用程序，实现这些操作的代码相对比较独立，因此我们将这些代码单独抽取出来放在一个工具类AppInfoParser中，便于后续调用。

在com.itheima.mobilesafe.applock.utils包中创建一个工具类AppInfoParser，在该类中实现获取手机中的所有程序信息，具体代码如【文件7-10】所示。

【文件7-10】AppInfoParser.java

```
1  package com.itheima.mobilesafe.applock.utils;
2  ......
3  public class AppInfoParser{
4      /**
5       *  获取手机中所有的应用程序
6       */
7      public static List<AppInfo> getAppInfos(Context context){
8          PackageManager pm = context.getPackageManager();
9          List<PackageInfo> packInfos = pm.getInstalledPackages(0);
10         List<AppInfo> appinfos = new ArrayList<AppInfo>();
11         for(PackageInfo packInfo:packInfos){
12             AppInfo appinfo = new AppInfo();
```

```
13              String packname = packInfo.packageName;
14              appinfo.packageName = packname;
15              Drawable icon = packInfo.applicationInfo.loadIcon(pm);
16              appinfo. icon = icon;
17              String appname = packInfo.applicationInfo.loadLabel(pm).toString();
18              appinfo.appName = appname;
19              appinfos.add(appinfo);
20              appinfo = null;
21          }
22          return appinfos;
23      }
24  }
```

上述代码中，第7~23行代码创建了getAppInfos()静态方法用于获取手机中安装的应用程序。其中，第8行代码用于获取PackageManager包管理器，第9行代码通过调用getInstalledPackages(0)方法获取手机中安装的应用集合appinfos。

第11~21行代码通过for循环遍历获取的应用程序集合packInfos，并将该集合中的应用信息AppInfo（包名、应用图片、应用名称）添加到集合appinfos中。

任务7-3 编写程序列表适配器

由于程序锁界面的程序列表（未加锁与已加锁列表）使用了ListView控件，因此需要创建一个数据适配器AppLockAdapter对ListView控件进行数据适配。

在com.itheima.mobilesafe.applock包中创建adapter包，在adapter包中创建一个AppLockAdapter类继承自BaseAdapter类，并重写getCount()、getItem()、getItemId ()、getView()方法，分别用于获取条目总数、对应条目对象、条目对象的Id、对应的条目视图，具体代码如【文件7-11】所示。

【文件7-11】AppLockAdapter.java

```
1  package com.itheima.mobilesafe.applock.adapter;
2  ......
3  public class AppLockAdapter extends BaseAdapter {
4      private List<AppInfo> appInfos;
5      private Context context;
6      public AppLockAdapter(List<AppInfo> appInfos, Context context) {
7          super();
8          this.appInfos = appInfos;
9          this.context = context;
10     }
11     @Override
12     public int getCount() {
13         return appInfos.size();
14     }
15     @Override
16     public Object getItem(int position) {
17         return null;
18     }
19     @Override
20     public long getItemId(int position) {
21         return position;
22     }
23     @Override
24     public View getView(int position, View convertView, ViewGroup parent) {
```

```
25          ViewHolder holder;
26          if(convertView !=null && convertView instanceof RelativeLayout){
27              holder = (ViewHolder) convertView.getTag();
28          }else{
29              holder = new ViewHolder();
30              convertView = View.inflate(context, R.layout.item_list_virus_killing, null);
31              holder.mAppIconImgv = (ImageView) convertView.findViewById(
32                                                  R.id.iv_app_icon);
33              holder.mAppNameTV = (TextView) convertView.findViewById(R.id.tv_app_name);
34              holder.mLockIcon = (ImageView) convertView.findViewById(R.id.iv_right_img);
35              convertView.setTag(holder);
36          }
37          final AppInfo appInfo = appInfos.get(position);
38          holder.mAppIconImgv.setImageDrawable(appInfo.icon);
39          holder.mAppNameTV.setText(appInfo.appName);
40          if(appInfo.isLock){
41              //表示当前应用已加锁
42              holder.mLockIcon.setBackgroundResource(R.drawable.applock_icon);
43          }else{
44              //当前应用未加锁
45              holder.mLockIcon.setBackgroundResource(R.drawable.appunlock_icon);
46          }
47          return convertView;
48      }
49      static class ViewHolder{
50          TextView mAppNameTV;
51          ImageView mAppIconImgv;
52          ImageView mLockIcon;
53      }
54  }
```

上述代码中，第40~46行代码通过调用AppInfo类的isLock属性判断当前应用是否为已加锁应用，如果是，则通过setBackgroundResource()方法将锁的图片设置为已加锁图片（applock_icon.png），否则，将锁的图片设置为未加锁图片（appunlock_icon.png）。

需要注意的是，已加锁程序列表界面条目布局与未加锁程序列表界面条目布局使用的是同一个布局文件，因此已加锁程序列表与未加锁程序列表也可以使用同一个适配器AppLockAdapter。

任务7-4　实现未加锁列表界面功能

未加锁列表界面主要用于显示没有加锁的程序信息，当点击列表中的某个条目时，程序会将条目中的应用信息从未加锁列表界面中删除，并添加到已加锁列表界面中，实现未加锁列表界面功能的具体步骤如下：

1. 创建未加锁列表界面

在com.itheima.mobilesafe.applock包中创建一个fragment包，在该包中创建一个Fragment，命名为AppUnLockFragment，该Fragment用于处理未加锁列表界面的数据信息，具体代码如【文件7-12】所示。

【文件7-12】AppUnLockFragment.java

```
1  package com.itheima.mobilesafe.applock.fragment;
2  ......
3  public class AppUnLockFragment extends Fragment{
```

```
4  private ListView mUnLockLV;
5      @Override
6      public View onCreateView(LayoutInflater inflater, ViewGroup container,
7                                                Bundle savedInstanceState) {
8          View view =  inflater.inflate(R.layout.fragment_appunlock, null);
9          mUnLockLV = (ListView) view.findViewById(R.id.lv_unlock);
10         return view;
11     }
12 }
```

上述代码中，第5~11行代码重写了onCreateView()方法，在该方法中首先通过inflate()方法加载未加锁列表界面的布局文件fragment_appunlock.xml，然后通过findViewById()方法获取列表控件，最后将加载完布局文件的View对象返回。

2. 重写onResume()方法

在AppUnLockFragment类中重写onResume()方法，在该方法中加载界面数据并更新界面信息，具体代码如下所示。

```
1  private AppLockAdapter adapter;
2  private AppLockDao dao;
3  private List<AppInfo> appInfos;                          //手机中所有应用程序的集合
4  List<AppInfo> unlockApps = new ArrayList<AppInfo>(); //手机中未加锁的应用程序集合
5  private Uri uri = Uri.parse("content://com.itheima.mobilesafe.applock");
6  ......
7  @Override
8  public void onResume() {
9      appInfos = AppInfoParser.getAppInfos(getActivity());
10     fillData();
11     super.onResume();
12     getActivity().getContentResolver().registerContentObserver(uri, true,
13                                    new ContentObserver(new Handler()) {
14         @Override
15         public void onChange(boolean selfChange) {
16             fillData();
17         }
18     });
19 }
20 public void fillData() {
21     unlockApps.clear();
22     dao = new AppLockDao(getActivity());
23     for(AppInfo info : appInfos){
24         if(!dao.find(info.packageName)){
25             //未加锁
26             info.isLock = false;
27             unlockApps.add(info);
28         }
29     }
30     if(adapter == null){
31         adapter = new AppLockAdapter(unlockApps, getActivity());
32         mUnLockLV.setAdapter(adapter);
33     }else{
34         adapter.notifyDataSetChanged();
35     }
36 }
```

上述代码中，第9行代码通过调用AppInfoParser类的getAppInfos()方法获取手机中安装的所有应用。

第12~18行代码通过调用registerContentObserver()方法注册内容观察者，观察程序锁数据库中的数据是否发生变化，如果发生变化，则回调onChange()方法，在该方法中调用fillData()方法刷新未加锁列表界面的数据信息。

第20~36行代码创建了fillData()方法，用于设置未加锁列表界面的数据信息。其中，第21行代码通过调用clear()方法清空unlockApps集合中的数据。第23~29行代码通过for循环遍历appInfos集合，第24行代码通过调用find()方法判断appInfos集合中的应用程序是否在程序锁数据库中已存在，如果不存在，则将应用的属性isLock的值设置为false，并通过add()方法将应用添加到unlockApps集合中。

第30~35行代码实现了刷新界面列表中数据的功能。其中，第30行代码用于判断adapter是否为null，如果为null，则通过new关键字创建AppLockAdapter对象adapter，并通过setAdapter()方法将adapter加载到界面列表控件上，否则，调用notifyDataSetChanged()方法刷新未加锁列表界面。

3. 查询应用包名是否在程序锁数据库中

在AppLockDao类中创建find()方法，用于查看应用的包名是否在程序锁数据库中已经存在，如果存在，则返回true，否则，返回false。具体代码如下所示。

```
1  public class AppLockDao {
2  ......
3  /**
4       *  查询某个包名是否存在
5       */
6      public boolean find(String packagename) {
7          SQLiteDatabase db = openHelper.getReadableDatabase();
8          Cursor cursor = db.query("applock", null, "packagename=?",
9                  new String[] { packagename }, null, null, null);
10         if (cursor.moveToNext()) {
11             cursor.close();
12             return true;
13         } else {
14             cursor.close();
15             return false;
16         }
17     }
18 }
```

4. 实现列表条目的点击事件

在AppUnLockFragment中创建initListener()方法，在该方法中实现未加锁列表条目的点击事件监听器，当用户点击未加锁列表中的条目时，将该条目中的应用程序信息添加到程序锁数据库中，并删除未加锁列表中显示的对应数据。具体代码如下所示。

```
1  @Override
2  public void onResume() {
3      ......
4      initListener();
5      super.onResume();
6      ......
7  }
8  private void initListener() {
```

```
9       mUnLockLV.setOnItemClickListener(new AdapterView.OnItemClickListener() {
10          @Override
11          public void onItemClick(AdapterView<?> parent, View view,
12                  final int position, long id) {
13              if(unlockApps.get(position).packageName.equals("com.itheima.mobilesafe")){
14                  return;
15              }
16              //给应用加锁
17              //播放一个动画效果
18              TranslateAnimation ta = new TranslateAnimation(Animation.RELATIVE_TO_SELF,
19                              0, Animation.RELATIVE_TO_SELF, 1.0f,
20                      Animation.RELATIVE_TO_SELF, 0, Animation.RELATIVE_TO_SELF, 0);
21              ta.setDuration(300);
22              view.startAnimation(ta);
23              new Thread(){
24                  public void run() {
25                      try {
26                          Thread.sleep(300);
27                      } catch (InterruptedException e) {
28                          e.printStackTrace();
29                      }
30                      getActivity().runOnUiThread(new Runnable() {
31                          @Override
32                          public void run() {
33                              //程序锁信息被加入到数据库了
34                              dao.insert(unlockApps.get(position).packageName);
35                              unlockApps.remove(position);
36                              adapter.notifyDataSetChanged();//通知界面更新
37                          }
38                      });
39                  }
40              }.start();
41          }
42      });
43 }
```

上述代码中，第8~43代码创建了initListener()方法，用于实现未加锁列表的点击事件。

第9行代码通过调用setOnItemClickListener()方法为列表控件添加条目点击事件的监听器。

第10~41行代码重写了AdapterView.OnItemClickListener接口中的onItemClick()方法，该方法用于实现未加锁列表条目的点击事件。

第13~15行代码通过if条件语句判断当前点击的条目应用包名是否为手机卫士的包名，如果是，则程序返回，不再继续执行下方代码。

第18~22行代码通过TranslateAnimation类实现了被点击的条目在300毫秒内向右滑动被删除的动画。

第23~40行代码创建了一个Thread线程，在该线程的run()方法中通过sleep()方法将该线程中的代码延迟300毫秒后再执行。

第30~38行代码调用Activity的runOnUiThread()方法，该方法用于处理界面信息，在runOnUiThread()方法中实现Runnable接口的run()方法，在该方法中首先通过insert()方法将被点击条目应用的包名保存到数据库中，其次通过remove()方法删除集合unlockApps中被点击条目的应用数据，然后通过notifyDataSetChanged()方法更新未加锁列表界面。

5. 添加已加锁应用包名到数据库中

在AppLockDao类中创建insert()方法，将已加锁应用的包名保存到程序锁数据库中，如果添加成功，该方法返回true，否则，返回false，具体代码如下所示。

```
1  public class AppLockDao {
2  ......
3      private Uri uri = Uri.parse("content://com.itheima.mobilesafe.applock");
4      public boolean insert(String packagename) {
5          SQLiteDatabase db = openHelper.getWritableDatabase();
6          ContentValues values = new ContentValues();
7          values.put("packagename", packagename);
8          long rowid = db.insert("applock", null, values);
9          if(rowid == -1) {// 插入不成功
10             return false;
11         }else { // 插入成功
12             context.getContentResolver().notifyChange(uri, null);
13             return true;
14         }
15     }
16 }
```

上述代码中，第12行代码通过ContentResolver（内容观察者）的notifyChange()方法，通知程序锁数据库的内容观察者（后续代码中创建）数据库中的数据发生了变化。

任务7-5　实现已加锁列表界面功能

已加锁列表界面主要用于显示已加锁的程序信息，当点击列表中某个条目时，程序会将条目中的应用信息从已加锁列表界面中删除，并添加到未加锁列表界面中，实现已加锁列表界面功能的具体步骤如下：

1. 创建已加锁列表界面

在com.itheima.mobilesafe.applock.fragment包中创建一个Fragment，命名为AppLockFragment，该Fragment用于处理已加锁列表界面的数据信息，具体代码如【文件7-13】所示。

【文件7-13】AppLockFragment.java

```
1  package com.itheima.mobilesafe.applock.fragment;
2  ......
3  public class AppLockFragment extends Fragment{
4      private ListView mLockLV;
5      @Override
6      public View onCreateView(LayoutInflater inflater, ViewGroup container,
7              Bundle savedInstanceState) {
8          View view =  inflater.inflate(R.layout.fragment_applock, null);
9          mLockLV = view.findViewById(R.id.lv_lock);
10         return view;
11     }
12 }
```

2. 重写onResume()方法

在AppLockFragment类中重写onResume()方法，在该方法中加载界面数据并更新界面信息，具体代码如下所示。

```
1  List<AppInfo> unlockApps = new ArrayList<AppInfo>();
2  private AppLockDao dao;
```

```
3  private List<AppInfo> appInfos;
4  List<AppInfo> mLockApps = new ArrayList<AppInfo>();
5  private AppLockAdapter adapter;
6  private Uri uri = Uri.parse("content://com.itheima.mobilesafe.applock");
7  @Override
8  public void onResume(){
9      dao = new AppLockDao(getActivity());
10     appInfos = AppInfoParser.getAppInfos(getActivity());
11     fillData();
12     super.onResume();
13     getActivity().getContentResolver().registerContentObserver(uri, true,
14                                       new ContentObserver(new Handler()) {
15         @Override
16         public void onChange(boolean selfChange) {
17             fillData();
18         }
19     });
20 }
21 private void fillData() {
22     mLockApps.clear();
23     for (AppInfo appInfo : appInfos) {
24         if(dao.find(appInfo.packageName)){
25             //已加锁
26             appInfo.isLock = true;
27             mLockApps.add(appInfo);
28         }
29     }
30     if(adapter == null){
31         adapter = new AppLockAdapter(mLockApps, getActivity());
32         mLockLV.setAdapter(adapter);
33     }else{
34         adapter.notifyDataSetChanged();
35     }
36 }
```

上述代码中，第13~19行代码通过registerContentObserver()方法注册程序锁数据库的内容观察者，当程序锁数据中的数据发生变化时，程序会执行onChange()方法，在该方法中调用fillData()方法刷新已加锁列表界面。

3. 实现列表条目的点击事件

当用户点击已加锁列表中的条目时，表示该条目中的应用已变为未加锁应用，接着将条目中的应用数据从已加锁数据库中删除，并删除已加锁列表中显示的对应数据。具体代码如下所示。

```
1  @Override
2  public void onResume(){
3      ......
4      initListener();
5      super.onResume();
6      ......
7  }
8  private void initListener() {
9  mLockLV.setOnItemClickListener(new AdapterView.OnItemClickListener() {
10         @Override
```

```
11          public void onItemClick(AdapterView<?> parent, View view,
12                  final int position, long id) {
13              //播放一个动画效果
14              TranslateAnimation ta = new TranslateAnimation(Animation.RELATIVE_TO_SELF,
15                                      0, Animation.RELATIVE_TO_SELF, -1.0f,
16                      Animation.RELATIVE_TO_SELF, 0, Animation.RELATIVE_TO_SELF, 0);
17              ta.setDuration(300);
18              view.startAnimation(ta);
19              new Thread(){
20                  public void run() {
21                      try {
22                          Thread.sleep(300);
23                      } catch (InterruptedException e) {
24                          e.printStackTrace();
25                      }
26                      getActivity().runOnUiThread(new Runnable() {
27                          @Override
28                          public void run() {
29                              // 删除数据库的包名
30                              dao.delete (mLockApps.get(position).packageName);
31                              // 更新界面
32                              mLockApps.remove(position);
33                              adapter.notifyDataSetChanged();
34                          }
35                      });
36                  };
37              }.start();
38          }
39      });
40  }
```

上述代码中，第30行代码通过delete()方法（该方法在后续代码中创建）删除程序锁数据中对应的应用数据。

4. 删除程序锁数据库中的数据

在AppLockDao类中创建delete()方法，用于删除程序锁数据库中指定包名的应用信息，如果删除成功，则该方法返回true，否则，返回false，具体代码如下所示。具体代码如下所示。

```
1  public class AppLockDao {
2  ......
3      /**
4       *  删除一条数据
5       */
6      public boolean delete(String packagename) {
7          SQLiteDatabase db = openHelper.getWritableDatabase();
8          int rownum = db.delete("applock", "packagename=?",
9                  new String[] { packagename });
10         if(rownum == 0){
11             return false;
12         }else {
13             context.getContentResolver().notifyChange(uri, null);
14             return true;
15         }
16     }
17 }
```

上述代码中，第13行代码通过ContentResolver（内容观察者）的notifyChange()方法，通知程序锁数据库的内容观察者（后续代码中创建）数据库中的数据发生了变化。

任务7-6 创建内容提供者

由于在Android系统8.0及以上使用内容观察者观察数据库数据变化时，需要创建内容提供者提供相对应authority key，否则程序会崩溃，因此创建内容提供者。

在com.itheima.mobilesafe.applock包中创建一个provider包，在该包处右击选择【New】→【Other】→【Content Provider】选项，指定Class Name（类名称）为AppLockContentProvider和URI Authorities（唯一标识，通常使用包名）为com.itheima.mobilesafe.applock。具体代码如【文件7-14】所示。

【文件7-14】AppLockContentProvider.java

```
1  package com.itheima.mobilesafe.applock.utils;
2  ......
3  public class AppLockContentProvider extends ContentProvider {
4      public AppLockContentProvider() {
5      }
6      @Override
7      public int delete(Uri uri, String selection, String[] selectionArgs) {
8          // Implement this to handle requests to delete one or more rows.
9          throw new UnsupportedOperationException("Not yet implemented");
10     }
11     @Override
12     public String getType(Uri uri) {
13         throw new UnsupportedOperationException("Not yet implemented");
14     }
15     @Override
16     public Uri insert(Uri uri, ContentValues values) {
17         throw new UnsupportedOperationException("Not yet implemented");
18     }
19     @Override
20     public boolean onCreate() {
21         return false;
22     }
23     @Override
24     public Cursor query(Uri uri, String[] projection, String selection,
25                         String[] selectionArgs, String sortOrder) {
26         throw new UnsupportedOperationException("Not yet implemented");
27     }
28     @Override
29     public int update(Uri uri, ContentValues values, String selection,
30                       String[] selectionArgs) {
31         throw new UnsupportedOperationException("Not yet implemented");
32     }
33 }
```

任务7-7 申请使用记录访问权限

当在Android 5.0以上的系统中获取手机中的应用程序时，需要动态获取使用记录访问“PACKAGE_USAGE_STATS”权限。该权限为系统权限，并且该权限需要用户在Setting页面单独授权才可使用。动态申请使用记录访问权限的具体步骤如下：

1．在AndroidManifest.xml文件中添加使用记录访问权限

在项目的AndroidManifest.xml文件中添加“PACKAGE_USAGE_STATS”权限，具体代码如下所示。

```
<uses-permission android:name="android.permission.PACKAGE_USAGE_STATS"/>
```

2．动态申请使用记录访问权限

在AppLockActivity中创建checkUsagePermission()方法，该方法用于查看当前程序是否获得了使用记录的访问权限，具体代码如下所示。

```
1  @Override
2  protected void onCreate(Bundle savedInstanceState) {
3      super.onCreate(savedInstanceState);
4      setContentView(R.layout.activity_app_lock);
5      checkUsagePermission();
6  }
7  private boolean checkUsagePermission() {
8      if(Build.VERSION.SDK_INT >= Build.VERSION_CODES.KITKAT) {
9          AppOpsManager appOps = (AppOpsManager)
10                 getSystemService(Context.APP_OPS_SERVICE);
11         int mode = 0;
12         mode = appOps.checkOpNoThrow("android:get_usage_stats",
13                 android.os.Process.myUid(), getPackageName());
14         boolean granted = mode == AppOpsManager.MODE_ALLOWED;
15         if (!granted) {
16             Intent intent = new Intent(Settings.ACTION_USAGE_ACCESS_SETTINGS);
17             startActivityForResult(intent, 1);
18             return false;
19         }
20     }
21     return true;
22 }
```

上述代码中，第7~22行代码创建了checkUsagePermission()方法，用于申请使用记录访问权限，当申请权限成功时，该方法返回值为true，否则，返回值为false。

第9~10行代码通过调用getSystemService()方法获取应用程序操作管理类AppOpsManager的对象。

第12~13行代码通过调用AppOpsManager对象的checkOpNoThrow()方法获取当前应用程序是否获得了“android:get_usage_stats”权限的状态值，如果该状态值mode为AppOpsManager.MODE_ALLOWED，则表示已经获取了使用记录访问权限。

第15~19行代码首先通过if条件语句判断granted的值是否为false，如果为false，则表示没有申请到使用记录访问权限，此时需要通过startActivityForResult()方法跳转到设置界面，手动开启手机安全卫士应用的使用记录访问权限。

3．重写onActivityResult()方法

在AppLockActivity中重写onActivityResult()方法，在该方法中通过checkOpNoThrow()方法获取当前应用是否获得使用记录访问权限“android:get_usage_stats”，如果获取，则通过Toast类提示用户已开启此权限，否则，提示用户“请开启此权限，否则无法获取手机中的应用程序”，具体代码如下所示。

```
1 @Override
2 protected void onActivityResult(int requestCode, int resultCode, Intent data) {
3     super.onActivityResult(requestCode, resultCode, data);
4     if (requestCode == 1) {
5         AppOpsManager appOps = (AppOpsManager)
6                 getSystemService(Context.APP_OPS_SERVICE);
7         int mode = 0;
8         mode = appOps.checkOpNoThrow("android:get_usage_stats",
9                 android.os.Process.myUid(), getPackageName());
10        boolean granted = mode == AppOpsManager.MODE_ALLOWED;
11        if (!granted) {
12            Toast.makeText(this, "请开启android:get_usage_stats权限，" +
13                    "否则无法获取程序的应用列表", Toast.LENGTH_SHORT).show();
14        }else{
15            Toast.makeText(this, "已开启android:get_usage_stats权限",
16                    Toast.LENGTH_SHORT).show();
17        }
18    }
19 }
```

任务7-8　初始化界面控件

由于需要获取程序锁界面上的控件并为其设置一些数据，因此需要在AppLockActivity中创建一个initView()方法，用于初始化界面控件，具体代码如下所示。

```
1 public class AppLockActivity extends Activity {
2     private ViewPager mAppViewPager;
3     private TextView mLockTV;
4     private TextView mUnLockTV;
5     private View slideLockView;
6     private View slideUnLockView;
7     @Override
8     protected void onCreate(Bundle savedInstanceState) {
9         super.onCreate(savedInstanceState);
10        ......
11        initView();
12    }
13    private void initView() {
14        RelativeLayout title_bar = findViewById(R.id.title_bar);
15        title_bar.setBackgroundColor(getResources().getColor(R.color.blue_color));
16        TextView tv_back = findViewById(R.id.tv_back);
17        tv_back.setVisibility(View.VISIBLE);
18        TextView title = findViewById(R.id.tv_main_title);
19        title.setText("程序锁");
20        mAppViewPager = (ViewPager) findViewById(R.id.vp_applock);
21        mLockTV = (TextView) findViewById(R.id.tv_lock);
22        mUnLockTV = (TextView) findViewById(R.id.tv_unlock);
23        slideLockView = findViewById(R.id.view_slide_lock);
24        slideUnLockView = findViewById(R.id.view_slide_unlock);
25    }
26 }
```

任务7-9　加载已加锁与未加锁列表界面

创建完已加锁和未加锁列表界面的Fragment后，需要将这两个界面的Fragment加载到

ViewPager控件中，因此需要在AppLockActivity中创建initData()方法，在该方法中加载已加锁与未加锁列表界面。加载已加锁与未加锁界面的具体步骤如下：

1. 设置ViewPager控件中的数据

在AppLockActivity中创建initData()方法，在该方法中将未加锁与已加锁列表界面对应的Fragment添加到集合mFragments中，并为ViewPager控件设置适配器FragmentAdapter，具体代码如下所示。

```
1 public class AppLockActivity extends FragmentActivity{
2     ......
3     List<Fragment> mFragments = new ArrayList<Fragment>();
4      @Override
5     protected void onCreate(Bundle savedInstanceState) {
6          ......
7          initData();
8      }
9      private void initData() {
10        AppUnLockFragment unLock = new AppUnLockFragment();
11        AppLockFragment lock = new AppLockFragment();
12        mFragments.add(unLock);
13        mFragments.add(lock);
14        FragmentManager fm = getSupportFragmentManager();
15        FragmentAdapter adapter = new FragmentAdapter(fm);
16        mAppViewPager.setAdapter(adapter);
17     }
18 }
```

上述代码中，第14行代码通过调用getSupportFragmentManager()方法获取了FragmentManager对象，由于该方法在FragmentActivity中存在，因此将AppLockActivity继承的Activity类修改为FragmentActivity。

第15~16行代码创建了FragmentAdapter适配器对象，并通过setAdapter()方法为ViewPager设置适配器。

2. 创建适配器FragmentAdapter

在AppLockActivity中创建FragmentAdapter类继承FragmentPagerAdapter类，在FragmentAdapter类中重写getItem()方法和getCount()方法，分别用于获取对应位置的Fragment对象和Fragment的总数，具体代码如下所示。

```
1 class FragmentAdapter extends FragmentPagerAdapter{
2     public FragmentAdapter(FragmentManager fm) {
3         super(fm);
4     }
5     @Override
6     public Fragment getItem(int arg0) {
7         return mFragments.get(arg0);
8     }
9     @Override
10    public int getCount() {
11        return mFragments.size();
12    }
13 }
```

任务7–10 实现界面控件的点击事件

由于程序锁界面的返回键、未加锁和已加锁选项卡都需要实现点击事件，因此需要将AppLockActivity实现View.OnClickListener接口，并重写onClick()方法，在该方法中根据被点击控件的Id实现对应控件的点击事件，具体代码如下所示。

```
1  public class AppLockActivity extends FragmentActivity implements View.OnClickListener{
2      ......
3      private void initView() {
4          ......
5          tv_back.setOnClickListener(this);
6          mLockTV.setOnClickListener(this);
7          mUnLockTV.setOnClickListener(this);
8      }
9      @Override
10     public void onClick(View v) {
11         switch (v.getId()) {
12             case R.id.tv_back:
13                 finish();
14                 break;
15             case R.id.tv_lock:
16                 mAppViewPager.setCurrentItem(1);
17                 break;
18             case R.id.tv_unlock:
19                 mAppViewPager.setCurrentItem(0);
20                 break;
21             }
22     }
23 }
```

上述代码中，第5~7行代码通过setOnClickListener()方法分别为返回键、“已加锁”选项卡和“未加锁”选项卡设置了点击事件的监听器。

第12~14行代码实现了返回键的点击事件，当点击该按钮时，程序会调用finish()方法关闭当前界面。

第15~17行代码实现了“已加锁”选项卡的点击事件，当点击该选项卡时，程序通过调用setCurrentItem(1)方法将当前界面显示已加锁程序列表。

第18~20行代码实现了“未加锁”选项卡的点击事件，当点击该选项卡时，程序通过调用setCurrentItem(0)方法将当前界面显示未加锁程序列表。

任务7–11 实现界面水平滑动的功能

由于界面的ViewPager控件中加载的是已加锁列表界面和未加锁列表界面，当左右滑动ViewPager控件中的界面时，会切换不同的界面进行显示，此时界面对应的选项卡也会进行相应的切换，显示不同的效果。实现界面水平滑动功能的具体步骤如下：

1. 实现ViewPager控件的滑动事件

在AppLockActivity中创建initListener()方法，在该方法中实现ViewPager.OnPageChangeListener接口，并重写onPageSelected ()方法、onPageScrolled ()方法以及onPageScrollStateChanged ()方法，在onPageSelected()方法中实现界面水平滑动时，已加锁与未加锁选项卡的设置，具体代码如下所示。

```
1  package com.itheima.mobilesafe.applock;
2  public class AppLockActivity extends FragmentActivity implements OnClickListener{
3      ......
4      protected void onCreate(Bundle savedInstanceState) {
5      ......
6      initListener();
7      }
8      private void initListener() {
9          mAppViewPager.setOnPageChangeListener(new ViewPager.OnPageChangeListener() {
10             @Override
11             public void onPageSelected(int arg0) {
12                 if(arg0 == 0){    //处于未加锁界面
13                     slideUnLockView.setBackgroundResource(R.drawable.slide_view);
14                     slideLockView.setBackgroundColor(
15                             getResources().getColor(R.color.transparent));
16                     mLockTV.setTextColor(getResources().getColor(R.color.black));
17                     mUnLockTV.setTextColor(
18                             getResources().getColor(R.color.bright_red));
19                 }else{
20                     slideLockView.setBackgroundResource(R.drawable.slide_view);
21                     slideUnLockView.setBackgroundColor(
22                             getResources().getColor(R.color.transparent));
23                     mLockTV.setTextColor(getResources().getColor(R.color.bright_red));
24                     mUnLockTV.setTextColor(getResources().getColor(R.color.black));
25                 }
26             }
27             @Override
28             public void onPageScrolled(int arg0, float arg1, int arg2) {
29             }
30             @Override
31             public void onPageScrollStateChanged(int arg0) {
32             }
33         });
34     }
35 }
```

上述代码中，第10~26行重写了onPageSelected()方法，当ViewPager控件中的界面水平滑动停止时，程序会回调该方法，该方法用于设置界面对应的选项卡信息。onPageSelected()方法中的参数arg0表示当前界面处于滑动的第几个界面，界面的数量是从0开始计算，当arg0=0时，显示第一个界面（未加锁列表界面）。

第12~25行代码根据onPageSelected()方法传递的参数arg0改变选项卡中的文字和对应的下画线的颜色，当arg =0时，通过调用setBackgroundResource()方法设置未加锁选项卡下方的下画线颜色为红色，通过调用setBackgroundColor()方法设置已加锁选项卡的下画线为透明，通过setTextColor()方法分别设置未加锁选项卡的文本为红色、已加锁选项卡的文本为黑色。当arg不等于0时，未加锁与已加锁选项卡的设置与arg=0时的情况相反。

2．添加透明颜色值

由于选项卡下方的下画线需要设置为透明的颜色，因此需要在res/values文件夹中的colors.xml文件中添加透明的颜色值，具体代码如下：

```
<color name="transparent">#00000000</color>
```

3．跳转到程序锁界面

由于点击设置密码界面的“确定”按钮时，会跳转到程序锁界面，因此需要找到SetPasswordActivity中的onClick()方法，在该方法中的注释“//跳转到程序锁界面”下方添加跳转到程序锁界面的逻辑代码，具体代码如下所示。

```
Intent intent = new Intent(this,AppLockActivity.class);
startActivity(intent);
finish();
```

当在设置密码界面设置完成密码后，将直接进入程序锁界面，因此需要找到SetPasswordActivity中的onCreate()方法，在该方法中添加跳转到程序锁界面的逻辑代码，具体代码如下所示。

```
@Override
protected void onCreate(Bundle savedInstanceState) {
    ......
    SharedPreferences sp = getSharedPreferences("config", MODE_PRIVATE);
    String password = sp.getString("password","");
    if (!password.isEmpty()){
        //跳转到程序锁界面
        Intent intent = new Intent(this,AppLockActivity.class);
        startActivity(intent);
        finish();
    }
}
```

程序锁界面的逻辑代码文件AppLockActivity.java的完整代码详见【文件7-15】所示。

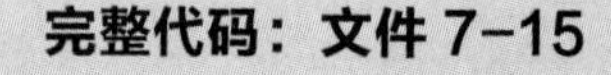

任务7-12　获取栈顶应用包名

由于程序锁服务需要获取当前手机系统栈顶的应用包名，根据该包名判断该应用是否被加锁保护，因此我们需在项目中创建getForegroundActivityName()方法、getUsageStatsList()方法、getForegroundUsageStats()方法获取当前系统栈顶的应用包名。获取栈顶应用包名的具体代码如下：

1．创建工具类ForegroundAppUtil

由于获取栈顶应用包名的方法中的代码较多且实现的功能相对较独立，因此单独抽取出来放在一个工具类ForegroundAppUtil中，便于后续调用。在com.itheima.mobilesafe.applock.utils包中创建一个工具类ForegroundAppUtil，具体代码如【文件7-16】所示。

【文件7-16】ForegroundAppUtil.java

```
1  package com.itheima.mobilesafe.applock.utils;
2  ......
3  public class ForegroundAppUtil {
4      private static final long END_TIME = System.currentTimeMillis(); //结束时间
5      private static final long TIME_INTERVAL = 7 * 24 * 60 * 60 * 1000L; //7天
```

```
6       private static final long START_TIME = END_TIME - TIME_INTERVAL;   //开始时间
7       /**
8        *  //获取栈顶的应用包名
9        */
10      public static String getForegroundActivityName(Context context) {
11          String currentClassName = "";
12          if (Build.VERSION.SDK_INT < Build.VERSION_CODES.LOLLIPOP) {
13              ActivityManager manager = (ActivityManager) context.getApplicationContext()
14                                .getSystemService(Context.ACTIVITY_SERVICE);
15              currentClassName = manager.getRunningTasks(1).get(0).
16                                               topActivity.getPackageName();
17          } else {
18              UsageStats initStat = getForegroundUsageStats(context, START_TIME, END_TIME);
19              if (initStat != null) {
20                  currentClassName = initStat.getPackageName();
21              }
22          }
23          return currentClassName;
24      }
25 }
```

上述代码中，第10~24行代码创建了getForegroundActivityName()方法，该方法用于获取当前任务栈顶的应用包名。

第12行代码判断当前Android系统的API是否小于21(Build.VERSION_CODES.LOLLIPOP表示API 21)，如果小于，则程序首先会通过getSystemService()方法获取Activity管理类的对象manager，其次通过调用getRunningTasks(1)方法获取正在运行的任务栈列表，然后通过调用get(0)方法获取最近使用的任务栈，最后通过topActivity属性，获取栈顶的Activity，并调用getPackageName()方法获取栈顶的包名。

第18~21行代码是Android系统的API大于21时执行的，用于获取当前任务栈的应用包名。该段代码首先通过getForegroundUsageStats()方法获取指定时间内前台应用使用统计数据的封装类的UsageStats对象，然后通过getPackageName()方法获取应用包名。

2. 获取前台应用使用统计数据的封装类UsageStats对象

在ForegroundAppUtil类中创建getForegroundUsageStats()方法，用于获取记录前台应用的集合。具体代码如下所示。

```
1  /**
2   *  获取记录前台应用的 UsageStats 对象
3   */
4  private static UsageStats getForegroundUsageStats(Context context, long startTime,
5                                                              long endTime) {
6      UsageStats usageStatsResult = null;
7      if (Build.VERSION.SDK_INT >= Build.VERSION_CODES.LOLLIPOP) {
8          List<UsageStats> usageStatses = getUsageStatsList(context, startTime, endTime);
9          if (usageStatses == null || usageStatses.isEmpty()) return null;
10         for (UsageStats usageStats : usageStatses) {
11             if (usageStatsResult == null || usageStatsResult.getLastTimeUsed() <
12                                         usageStats.getLastTimeUsed()) {
13                 usageStatsResult = usageStats;
14             }
15         }
```

```
16      }
17      return usageStatsResult;
18 }
19 /**
20  *  通过UsageStatsManager获取List<UsageStats>集合
21  */
22 public static List<UsageStats> getUsageStatsList(Context context, long startTime,
23                                                            long endTime) {
24      if (Build.VERSION.SDK_INT >= Build.VERSION_CODES.LOLLIPOP) {
25          UsageStatsManager manager = (UsageStatsManager) context.getApplicationContext().
26                                  getSystemService(Context.USAGE_STATS_SERVICE);
27              List<UsageStats> usageStatses = manager.
28                 queryUsageStats(UsageStatsManager.INTERVAL_BEST, startTime, endTime);
29          if (usageStatses == null || usageStatses.size() == 0) {
30                                                      // 没有权限，获取不到数据
31              Intent intent = new Intent(Settings.ACTION_USAGE_ACCESS_SETTINGS);
32              intent.addFlags(Intent.FLAG_ACTIVITY_NEW_TASK);
33              context.getApplicationContext().startActivity(intent);
34              return null;
35          }
36          return usageStatses;
37      }
38      return null;
39 }
```

上述代码中，第4~18行代码创建了getForegroundUsageStats()方法，其中，第8行代码通过调用getUsageStatsList()方法获取List<UsageStats>集合usageStatses，第9行代码通过if语句判断usageStatses集合是否为空，如果为空，则返回null。

第10~15行代码通过for循环遍历usageStatses集合，第11~14行代码用于获取usageStatses集合中最近使用的UsageStats对象，并将该对象赋值给usageStatsResult。

第22~39行代码创建了getUsageStatsList()方法，该方法用于获取指定时间内应用使用统计数据的List<UsageStats>集合。其中，第27~28行代码通过调用queryUsageStats(UsageStatsManager.INTERVAL_BEST, startTime, endTime)方法获取最近7天内的应用的使用数据。queryUsageStats()方法中的第1个参数UsageStatsManager.INTERVAL_BEST表示根据提供的时间间隔（从开始时间beginTime到结束时间endTime）获取应用的信息，第2个参数startTime表示开始统计的时间，第3个参数endTime()表示结束统计的时间。

任务7-13 监听任务栈顶的应用

由于手机安全卫士程序需要在后台监听任务栈顶的包名，根据包名判断当前开启的应用是否记录在程序锁数据库中，因此需要创建程序锁服务，在该服务中创建startApplockService()方法用于获取任务栈顶包名并判断其是否在程序锁数据库中，实现程序锁服务的具体步骤如下：

1. 创建程序锁服务

在com.itheima.mobilesafe.applock包中创建一个service包，并在该包中创建程序锁服务AppLockService，具体代码如【文件7-17】所示。

【文件7-17】AppLockService.java

```
1  package com.itheima.mobilesafe.applock.service;
2  ......
3  public class AppLockService extends Service{
4      private AppLockDao dao;
5      private List<String> packagenames;
6      @Override
7      public IBinder onBind(Intent intent) {
8          return null;
9      }
10     @Override
11     public void onCreate() {
12         dao = new AppLockDao(this);        // 创建 AppLockDao 实例
13         packagenames = dao.findAll();
14         super.onCreate();
15     }
16 }
```

上述代码中，第12~13行代码通过调用AppLockDao类的findAll()方法获取程序锁数据库中所有已加锁的包名。

2. 查询数据库中所有已加锁的包名

在AppLockDao类中创建findAll()方法，用于在程序锁数据库中查询所有已加锁的包名。具体代码如下所示。

```
1  /**
2   * 查询表中所有的包名
3   */
4  public List<String> findAll(){
5      SQLiteDatabase db = openHelper.getReadableDatabase();
6      Cursor cursor = db.query("applock", null, null, null, null, null, null);
7      List<String> packages = new ArrayList<String>();
8      while (cursor.moveToNext()) {
9          String string = cursor.getString(cursor.getColumnIndex("packagename"));
10         packages.add(string);
11     }
12     return packages;
13 }
```

3. 创建内容观察者

当程序锁数据库中的数据发生变化时，需要在程序锁服务中重新获取程序锁数据库中的数据，因此需要在AppLockService类中创建程序锁数据库的内容观察者MyObserver，具体代码如下所示。

```
1  private Uri uri = Uri.parse("content://com.itheima.mobilesafe.applock");
2  private MyObserver observer;
3  @Override
4  public void onCreate() {
5      ......
6      observer = new MyObserver(new Handler());
7      getContentResolver().registerContentObserver(uri,true,observer);
```

```
8       super.onCreate();
9   }
10 // 内容观察者
11 class MyObserver extends ContentObserver {
12      public MyObserver(Handler handler) {
13          super(handler);
14      }
15      @Override
16      public void onChange(boolean selfChange) {
17          packagenames = dao.findAll();
18          super.onChange(selfChange);
19      }
20 }
21 @Override
22 public void onDestroy() {
23     getContentResolver().unregisterContentObserver(observer);
24     observer = null;
25     super.onDestroy();
26 }
```

上述代码中，第6~7行代码通过调用registerContentObserver()方法注册了内容观察者MyObserver。

第11~20行代码创建了MyObserver，当程序锁数据库中的数据发生变化时，将会回调onChange()方法，在该方法中调用AppLockDao类的findAll()方法重新获取程序锁数据库中的数据。

第21~26行代码重写了onDestroy()方法，在该方法中，通过调用unregisterContentObserver()方法注销内容观察者MyObserver。

4. 实现监听任务栈中信息的功能

在AppLockService类中创建startApplockService()方法，监听任务栈中的信息。具体代码如下所示。

```
1  private String packageName;
2  private String tempStopProtectPackname;
3  @Override
4  public void onCreate() {
5      ......
6      startApplockService();
7      super.onCreate();
8  }
9  private void startApplockService() {
10     new Thread() {
11         public void run() {
12             while (true) {
13                 // 监视任务栈的情况， 最近使用的打开的任务栈在集合的最前面
14                 packageName =
15                         ForegroundAppUtil.getForegroundActivityName(AppLockService.this);
16                 // 判断这个包名是否需要被保护。
17                 if (packagenames.contains(packageName)) {
18                     // 判断当前应用程序是否需要临时停止保护（输入了正确的密码）
19                     if (!packageName.equals(tempStopProtectPackname)){
20                         // 需要保护，弹出输入密码界面
21                     }
```

```
22                  }
23                  try {
24                      Thread.sleep(30);
25                  } catch (InterruptedException e) {
26                      e.printStackTrace();
27                  }
28              }
29          };
30      }.start();
31 }
```

上述代码中，第10~30行代码创建了一个Thread线程，在该线程的run()方法中开启了一个while(true)死循环，在该循环中首先通过getForegroundActivityName()方法获取任务栈顶的应用包名，其次通过if条件语句判断从数据库获取的已加锁应用包名集合packagenames中是否包含当前获取的包名，然后通过if条件语句判断当前包名packagename是否为临时停止保护的包名，如果是，则需要弹出输入密码界面，否则，进入包名对应的应用中。

需要注意的是，当用户输入程序锁密码正确时，程序锁暂停对该应用进行保护，当前应用的包名就为临时停止保护包名。

5. 开启程序锁服务

由于需要在后台监听任务栈顶的包名，因此需要在程序锁界面对应的逻辑代码AppLock Activity中找到onCreate()方法，在该方法中添加开启程序锁服务的逻辑代码，具体代码如下所示。

```
Intent intent = new Intent(this,AppLockService.class);
startService(intent);
```

程序锁服务的逻辑代码文件AppLockService.java的完整代码详如【文件7-18】所示。

完整代码：文件 7-18

扫码看代码

任务8　“输入密码”设计分析

任务综述

输入密码界面主要用于用户输入程序锁密码信息。在当前任务中，我们通过工具Axure RP 9 Beat设计输入密码界面的原型图，使其达到用户需求的效果。为了让读者学习如何设计输入密码界面，本任务将针对输入密码界面的原型和UI设计进行分析。

任务8-1　原型分析

为了进入已加锁应用中，我们设计了一个输入密码界面，当程序锁服务检测到当前打开的应用程序属于已加锁应用时，会弹出输入密码界面，该界面主要显示应用图标、应用名称、锁图片、输入框、跳转标识，点击跳转标识，会跳转到被打开的已加锁应用中。

通过情景分析后，总结用户需求，输入密码界面设计的原型图如图7-21所示。

根据图7-21中设计的输入密码界面原型图，分析界面上各个功能的设计与放置的位置，输入密码界面主要部分的原型图如图7-22所示。

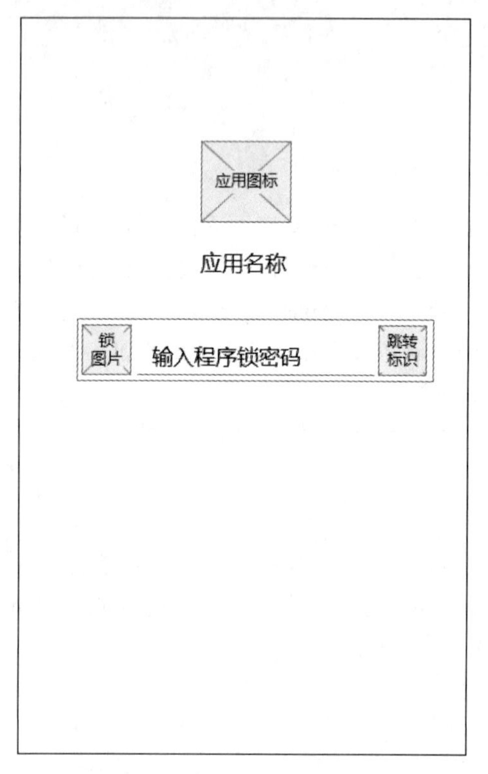

图7-21　输入密码界面原型图

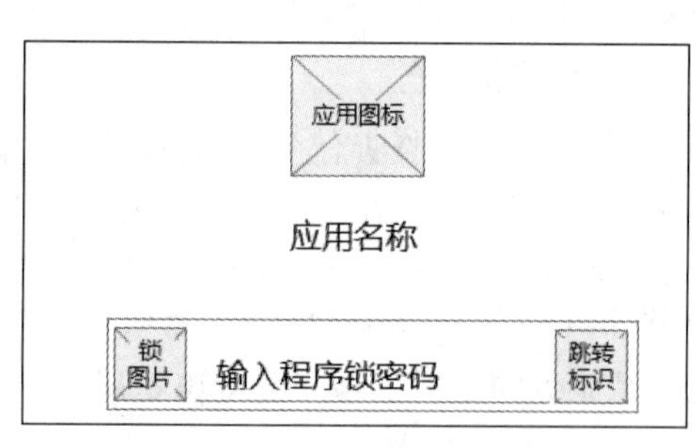

图7-22　输入密码原型图

在输入密码界面，为了提醒用户当前打开的是哪个应用，我们在界面上方设计显示被打开应用的图片和名称。为了提示用户当前输入框的作用，在输入框左侧添加锁的图片，在输入框中添加提示需要输入的内容，当输入完密码后，点击输入框右侧的跳转标识，进入已加锁应用中。

【任务8-2】UI分析

通过原型分析可知输入密码界面具体有哪些功能，需要显示哪些信息，根据这些信息，设计输入密码界面的效果，如图7-23所示。

根据图7-23展示的输入密码界面效果图，分析该图的设计过程，具体如下：

1．输入密码界面布局设计

由图7-23可知，输入密码界面由3个图片、1个文本、1个输入框组成。其中，3个图片分别为应用图片、锁的图片、“GO!”图片，1个文本用于显示应用名称，1个输入框用于输入程序锁密码。

2．颜色设计

输入密码界面主要部分的UI设计效果如图7-24所示。

输入密码界面主要用于显示应用图标、应用名称、锁的图片、密码输入框以及“GO!”图片。其中，应用图片是从获取到的应用信息中得到的，不用设计。在该界面中的文字有应用名称和输入框提示语，一般情况下，在白色背景上需要显示的主要信息使用黑色字体显示，字体大小为16 sp，次要信息以灰色字体显示，字体大小为14 sp，因此输入框中的提示语颜色设计为黑色，文本大小为16 sp，应用名称的文本颜色为灰色，字体大小为14 sp，锁的图片和“GO!”图片的颜色设置为绿色。

图7-23　输入密码界面效果图

图7-24　输入密码UI效果图

任务9　搭建输入密码界面布局

为了实现输入密码界面的UI设计效果，在界面的布局代码中使用ImageView控件、TextView控件、EditText控件完成界面的应用图片、锁图片、“GO!”图片、应用名称和输入框的显示。接下来，本任务将通过布局代码搭建输入密码界面的布局。

【知识点】

EditText控件、ImageView控件、TextView控件。

【技能点】

- 通过EditText控件显示密码输入框。
- 通过ImageView控件显示界面上的图片。
- 通过TextView控件显示应用名称。

本任务需要搭建的输入密码界面的效果如图7-25所示。

搭建输入密码界面布局的具体步骤如下：

1．创建输入密码界面

在程序中选中com.itheima.mobilesafe.applock包，在该包下创建一个Empty Activity类，命名为EnterPswActivity，并将布局文件名指定为activity_enter_psw。

2．导入图片

将输入密码界面所需要的图片coner_white_rec.png、enterpsw_icon.png、go_greenicon.png导入到项目的drawable-hdpi文件夹中。

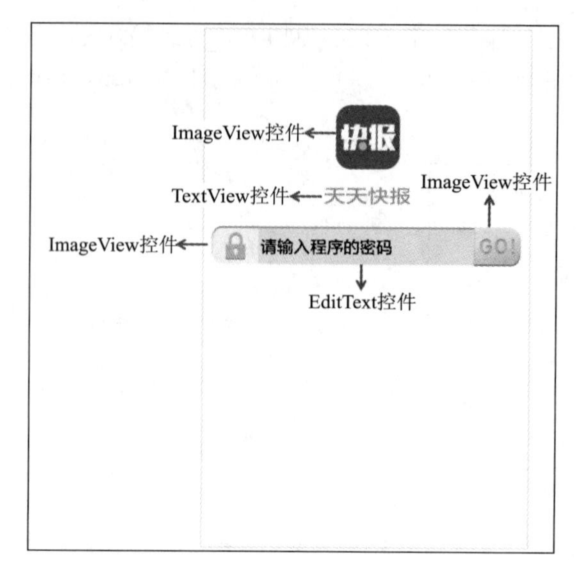

图7-25 输入密码界面

3．放置界面控件

在activity_enter_psw.xml文件中，放置3个ImageView控件分别用于显示应用图标、锁的图标、“GO!”图片，1个TextView控件用于显示应用名称，1个EditText控件用于显示密码输入框，具体代码如【文件7-19】所示。

【文件7-19】activity_enter_psw.xml

```
1  <?xml version="1.0" encoding="utf-8"?>
2  <LinearLayout xmlns:android="http://schemas.android.com/apk/res/android"
3      android:layout_width="match_parent"
4      android:layout_height="match_parent"
5      android:orientation="vertical"
6      android:background="@android:color/white">
7      <ImageView
8          android:id="@+id/imgv_appicon_enterpsw"
9          android:layout_width="80dp"
10         android:layout_height="80dp"
11         android:layout_gravity="center_horizontal"
12         android:layout_marginTop="80dp"/>
13     <TextView
14         android:id="@+id/tv_appname_enterpsw"
15         style="@style/wrapcontent"
16         android:layout_gravity="center_horizontal"
17         android:layout_margin="10dp"
18         android:textColor="@color/gray"
19         android:textScaleX="1.2"
20         android:textSize="20sp" />
21     <LinearLayout
22         android:id="@+id/ll_enterpsw"
23         android:layout_width="match_parent"
24         android:layout_height="45dp"
25         android:orientation="horizontal"
26         android:layout_margin="10dp"
27         android:background="@drawable/coner_white_rec">
```

```
28          <ImageView
29              android:layout_width="wrap_content"
30              android:layout_height="match_parent"
31              android:layout_weight="0.5"
32              android:background="@drawable/enterpsw_icon"/>
33          <EditText
34              android:id="@+id/et_psw_enterpsw"
35              android:layout_width="match_parent"
36              android:layout_weight="3"
37              android:layout_height="match_parent"
38              android:hint="请输入程序的密码"
39              android:inputType="textPassword"
40              android:background="@null"
41              android:textColorHint="@color/black"
42              android:textColor="@color/black"/>
43          <ImageView
44              android:id="@+id/imgv_go_enterpsw"
45              android:layout_width="wrap_content"
46              android:layout_height="match_parent"
47              android:layout_weight="0.5"
48              android:background="@drawable/go_greenicon"/>
49      </LinearLayout>
50  </LinearLayout>
```

任务10　实现输入密码界面功能

任务综述

为了实现输入密码界面设计的功能，在界面的逻辑代码中首先需要调用initView()方法初始化界面控件，其次调用initData()方法初始化界面数据，然后实现“GO！”图片的点击事件。接下来，本任务将通过逻辑代码实现程序锁界面的功能。

【知识点】

- View.OnClickListener接口。
- SharedPreferences类。

【技能点】

- 通过View.OnClickListener接口实现控件的点击事件。
- 读取SharedPreferences中保存的密码。

【任务10-1】初始化界面控件

由于需要获取输入密码界面上的控件并为其设置一些数据，因此在EnterPswActivity中创建一个initView()方法，用于初始化界面控件，具体代码如【文件7-20】所示。

【文件7-20】EnterPswActivity.java

```
1  package com.itheima.mobilesafe.applock;
2  ......
3  public class EnterPswActivity extends Activity{
4      private ImageView mAppIcon;
5      private TextView mAppNameTV;
6      private EditText mPswET;
```

```
7       private ImageView mGoImgv;
8       private LinearLayout mEnterPswLL;
9       @Override
10      protected void onCreate(Bundle savedInstanceState) {
11          super.onCreate(savedInstanceState);
12          setContentView(R.layout.activity_enter_psw);
13          initView();
14      }
15      //初始化控件
16      private void initView() {
17          mAppIcon = (ImageView) findViewById(R.id.imgv_appicon_enterpsw);
18          mAppNameTV = (TextView) findViewById(R.id.tv_appname_enterpsw);
19          mPswET = (EditText) findViewById(R.id.et_psw_enterpsw);
20          mGoImgv = (ImageView) findViewById(R.id.imgv_go_enterpsw);
21          mEnterPswLL = (LinearLayout) findViewById(R.id.ll_enterpsw);
22      }
23  }
```

【任务10-2】初始化界面数据

由于输入密码界面需要获取程序锁密码和程序锁服务传递过来的应用包名，因此在EnterPswActivity中创建一个initData()方法，在该方法中获取程序锁密码与传递过来的包名，并设置界面的应用图标与应用名称信息，具体代码如下所示。

```
1  private SharedPreferences sp;
2  private String password;
3  private String packagename;
4  @Override
5  protected void onCreate(Bundle savedInstanceState) {
6      ......
7      initData();
8  }
9  private void initData() {
10     sp = getSharedPreferences("config", MODE_PRIVATE);
11     password = sp.getString("password", null);
12     Intent intent = getIntent();
13     packagename = intent.getStringExtra("packagename");
14     PackageManager pm = getPackageManager();
15     try {
16         mAppIcon.setImageDrawable(pm.getApplicationInfo(packagename, 0).loadIcon(pm));
17         mAppNameTV.setText(pm.getApplicationInfo(packagename, 0).
18                                                 loadLabel(pm).toString());
19     } catch (NameNotFoundException e) {
20         e.printStackTrace();
21     }
22 }
```

上述代码中，第10行代码获取了SharedPreferences对象sp。

第11行代码通过getString()方法获取程序锁密码。

第13行代码通过getStringExtra()方法获取程序锁服务传递的应用包名。

第16~17行代码通过loadIcon()方法和loadLabel()方法分别获取应用的图标和名称，并将这些信息设置到界面控件上。

【任务10-3】实现界面控件的点击事件

由于输入密码界面的“GO!”图片需要实现点击事件，因此将EnterPswActivity实现View.OnClickListener接口，并重写onClick()方法，在该方法中实现控件的点击事件。实现界面控件点击事件的具体步骤如下：

1. 实现“GO！”图片的点击事件

在EnterPswActivity的onClick()方法中，根据被点击的“GO！”图片控件的Id实现该图片的点击事件，具体代码如下所示。

```
1  public class EnterPswActivity extends Activity implements View.OnClickListener{
2      private void initView() {
3          ......
4          mGoImgv.setOnClickListener(this);
5      }
6      @Override
7      public void onClick(View v) {
8          switch (v.getId()) {
9          case R.id.imgv_go_enterpsw:
10             //比较密码
11             String inputpsw = mPswET.getText().toString().trim();
12             if(TextUtils.isEmpty(inputpsw)){
13                 startAnim();
14                 Toast.makeText(this, "请输入密码！", Toast.LENGTH_SHORT).show();
15                 return;
16             }else{
17                 if(!TextUtils.isEmpty(password)){
18                     if(MD5Utils.md5(inputpsw).equals(password)){
19                         //发送自定义的广播消息，通知程序锁服务，对该应用暂停保护
20                         Intent intent = new Intent();
21                         intent.setAction("com.itheima.mobliesafe.applock");
22                         intent.putExtra("packagename",packagename);
23                         sendBroadcast(intent);
24                         finish();
25                     }else{
26                         startAnim();
27                         Toast.makeText(this, "密码不正确！", Toast.LENGTH_SHORT).show();
28                         return;
29                     }
30                 }
31             }
32             break;
33         }
34     }
35     private void startAnim() {
36         Animation animation =AnimationUtils.loadAnimation(this, R.anim.shake);
37         mEnterPswLL.startAnimation(animation);
38     }
39 }
```

上述代码中，第4行代码通过调用sctOnClickListener()方法为“GO!”图片设置点击事件的监听器。

第6~34行代码重写onClick()方法，其中，第12行代码主要判断当前输入的密码inputpsw是否为空，如果为空，则调用startAnim()方法播放动画，并通过Toast类提示用户“请输入密码！”信息。

第16~31行代码实现当输入的密码不为空时的情况。第17行代码通过TextUtils类的isEmpty()方法，判断文件中记录的密码password是否为空，如果不为空，则在第18行代码通过MD5Utils类的md5()方法对输入的密码inputpsw进行加密，接着通过equals()方法判断加密后的inputpsw与password是否一致，如果一致，则调用sendBroadcast()方法发送广播，如果不一致，则调用startAnim()方法播放动画，并提示用户“密码不正确!”。

第35~38行代码创建了startAnim()方法，在该方法中通过loadAnimation()方法加载控件震动的动画文件shake.xml，接着调用startAnimation()方法为线性布局mEnterPswLL加载动画。

2．实现输入框的震动效果

当用户在输入密码界面输入的密码不正确时，输入框会显示震动的动画效果，因此需要在res/anim文件夹中创建一个shake.xml文件，在该文件中实现震动的动画效果。具体代码如【文件7-21】所示。

【文件7-21】shake.xml

```
1  <?xml version="1.0" encoding="utf-8"?>
2  <translate xmlns:android="http://schemas.android.com/apk/res/android"
3      android:duration="1000"
4      android:fromXDelta="0"
5      android:interpolator="@anim/cycle_7"
6      android:toXDelta="10" />
```

上述代码中，<translate/>标签表示界面移动的动画效果，属性android:duration表示动画持续的时间，属性android:fromXDelta表示动画开始时，界面在X轴坐标的位置，属性android:toXDelta表示动画结束时，界面在X轴坐标的位置。属性android:interpolator表示插值器，该属性的值为循环加速器cycle_7.xml。

3．创建循环加速器

在res/anim文件夹中，创建cycle_7.xml文件，该文件用于实现动画的循环效果，具体代码如【文件7-22】所示。

【文件7-22】cycle_7.xml

```
1  <?xml version="1.0" encoding="utf-8"?>
2  <cycleInterpolator xmlns:android="http://schemas.android.com/apk/res/android"
3      android:cycles="6" />
```

上述代码中，标签<cycleInterpolator/>表示循环加速器，属性android:cycles的值表示循环的次数。

4．创建广播接收者

当用户在输入密码界面输入的密码正确时，将进入被开启的应用中，因此需要在程序锁服务AppLockService中创建程序锁广播接收者AppLockReceiver，接收用户输入密码正确时传递的信息，进而打开已加锁的应用，具体代码如下所示。

```
1  private AppLockReceiver receiver;
```

```
2  @Override
3  public void onCreate() {
4      ......
5      receiver = new AppLockReceiver();
6      IntentFilter filter = new IntentFilter("com.itheima.mobliesafe.applock");
7      registerReceiver(receiver, filter);
8      super.onCreate();
9  }
10 // 广播接收者
11 class AppLockReceiver extends BroadcastReceiver {
12     @Override
13     public void onReceive(Context context, Intent intent) {
14         if ("com.itheima.mobliesafe.applock".equals(intent.getAction())) {
15             tempStopProtectPackname = intent.getStringExtra("packagename");
16             startApplockService();
17         }
18     }
19 }
20 @Override
21 public void onDestroy() {
22     ......
23     unregisterReceiver(receiver);
24     receiver = null;
25     super.onDestroy();
26 }
```

5. 跳转到输入密码界面

当程序锁服务检测到当前打开的应用程序包名在程序锁数据库中时，会跳转到输入密码界面，供用户输入程序锁密码。因此找到服务AppLockService中的startApplockService()方法，在该方法中的注释“// 需要保护，弹出输入密码界面”下方添加跳转到输入密码界面的逻辑代码，具体代码如下所示。

```
Intent intent = new Intent(AppLockService.this, EnterPswActivity.class);
intent.putExtra("packagename", packageName);
intent.setFlags(Intent.FLAG_ACTIVITY_NEW_TASK);
startActivity(intent);
```

6. 设置输入密码界面的启动模式

由于需要在关闭输入密码界面后，获取任务栈顶的包名，从而开启在桌面上被点击的应用，因此将输入密码界面的启动模式设置为单实例模式，在AndroidManifest.xml文件中的EnterPswActivity类注册的activity中添加启动模式的属性，具体如下所示。

```
<activity
android:name=".applock.EnterPswActivity"
android:launchMode="singleInstance"
android:screenOrientation="portrait"/>
```

上述代码中，android:launchMode属性用于设置activity的启动模式，并将该属性的值设置为singleInstance，表示该Activity为单实例模式，这种模式下的Activity会单独占用一个栈，具有全局唯一性。

输入密码界面的逻辑代码文件EnterPswActivity.java的完整代码详见【文件7-23】所示。

完整代码：文件 7-23

本章小结

本章主要讲解了手机安全卫士项目中的程序锁模块，该模块主要讲解了如何显示未加锁和已加锁界面列表，并对已加锁界面中的应用程序进行保护的相关知识，本章的难点主要为如何使用服务和广播接收者实现程序保护和暂停保护的功能。希望读者可以认真学习本章内容，争取能够掌握本章涉及的知识，便于后续开发其他类似的项目。

第8章 网速测试模块

学习目标：

◎ 掌握网速测试界面布局的搭建，能够独立制作网速测试界面。

◎ 掌握测试结果界面布局的搭建，能够独立制作测试结果界面。

◎ 掌握网速测试模块的开发，能够实现对当前网络进行测速的功能。

在互联网时代，大家最离不开的就是网络，网络带给大家很多方便。但是在网络信号不太强的范围内，网络会特别卡顿，此时大家会想要了解当前网络的速度，为此我们在手机安全卫士应用中设计了一个网速测试的模块，该模块主要根据下载、上传文件的速度来测试网速，本章将针对网速测试模块进行详细讲解。

任务1 “网速测试”设计分析

任务综述

网速测试界面主要用于测试当前文件的下载和上传速度。在当前任务中，我们通过工具Axure RP 9 Beat设计网速测试界面的原型图，使其达到用户需求的效果。为了让读者学习如何设计网速测试界面，本任务将针对网速测试界面的原型和UI设计进行分析。

任务1-1 原型分析

为了让人们了解当前自己使用的网络速度，我们在手机安全卫士应用中设计了一个网速测试模块，该模块包含网速测试界面和测试报告界面。在网速测试界面测试网速之前，需要检查当前的网络类型，如果当前网络为无线网（Wi-Fi），则可以通过下载与上传文件测试网速。如果当前网络不为无线网，则通过一个对话框提示用户“网速测试需要使用流量，是否继续测试”。网速测试完成后，程序会自动进入测试报告界面，在该界面显示测试的结果信息。

通过情景分析后，总结用户需求，网速测试界面设计的原型图如图8-1所示。在图8-1中不仅显示了网速测试界面原型图，还显示了对话框原型图与测试报告界面原型图。

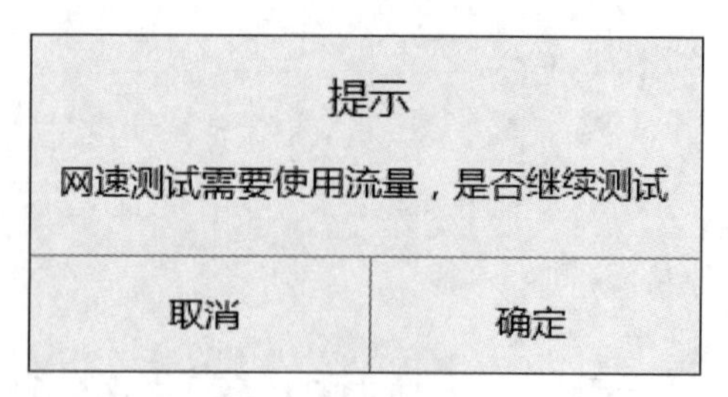

对话框原型图

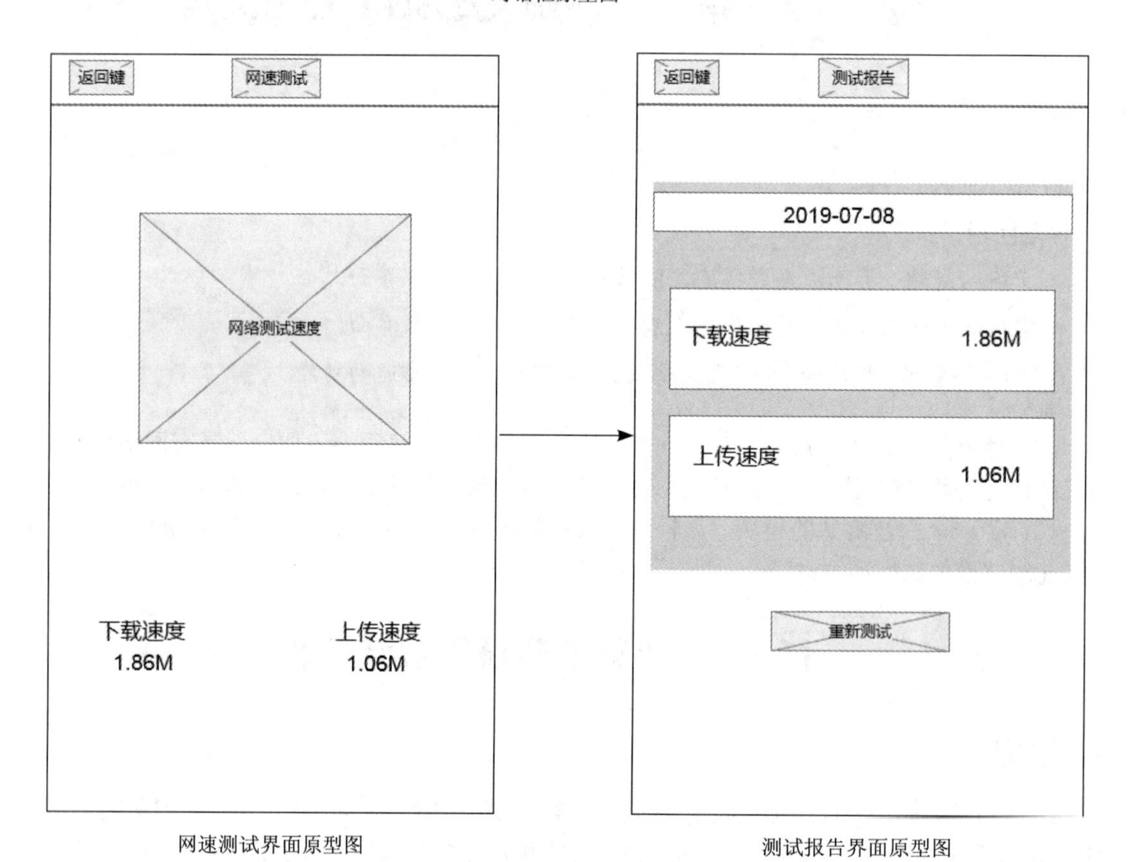

网速测试界面原型图

测试报告界面原型图

图8-1　网速测试模块原型图

根据图8-1中设计的网速测试界面原型图，分析界面上各个功能的设计与放置的位置，具体如下：

1．标题栏设计

标题栏原型图设计如图8-2所示。

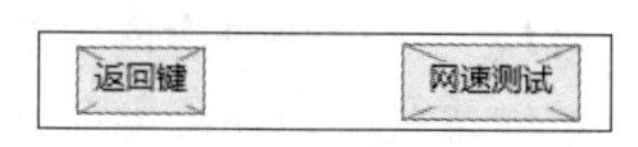

图8-2　标题栏原型图

2．网速测试信息显示设计

网速测试信息显示的原型图设计如图8-3所示。

为了让用户看到当前下载和上传文件的速度，在网速测试界面设计显示了网速测试的速度进度的效果，在原型图中通过一个占位符显示速度信息。在测试进度信息下方显示当前测试的下载和上传文件的速度，此速度的数据随着网速的变化而变化。

3. 对话框的显示设计

对话框显示的原型图设计如图8-4所示。

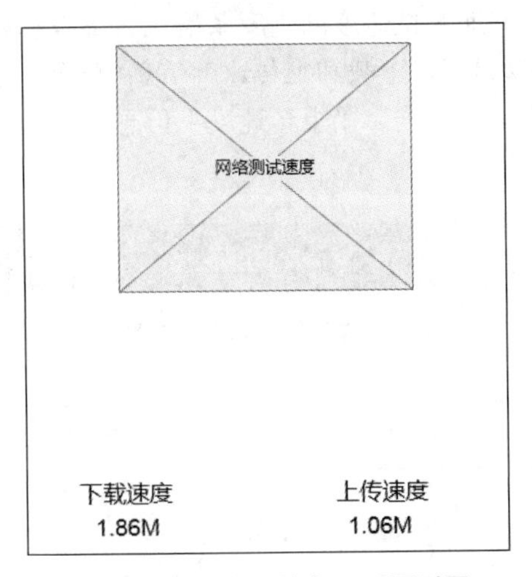

图8-3　网速测试信息显示原型图

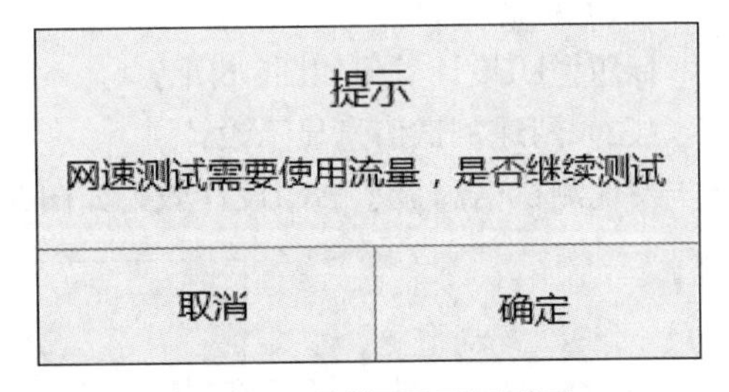

图8-4　对话框显示原型图

由于在网速测试界面测试速度时需要使用流量进行下载和上传文件的操作，当用户使用的网络为移动网络流量时，需要提示用户网速测试操作耗费流量。为此我们设计了一个对话框提示用户是否继续进行网速测试的操作，该对话的标题设置为“提示”，内容设置为“网速测试需要使用流量，是否继续测试”，对话框底部设计了2个按钮，分别是“取消”按钮和“确定”按钮。点击“取消”按钮，会取消网速测试操作，点击“确定”按钮，会继续进行网速测试操作。

任务1–2　UI分析

通过原型分析可知网速测试界面具体有哪些功能，需要显示哪些信息，根据这些信息，设计网速测试界面的效果，如图8-5所示。

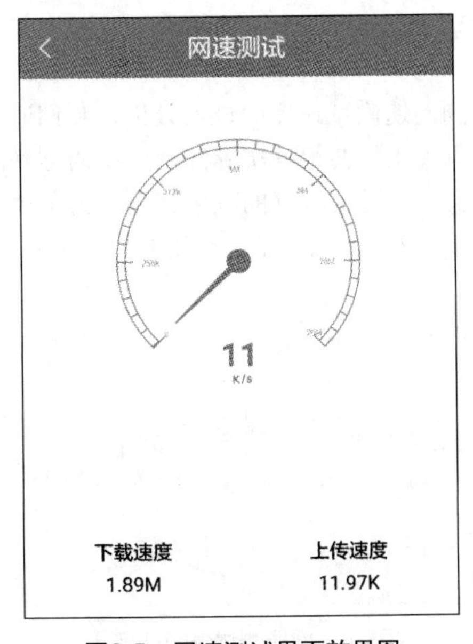

图8-5　网速测试界面效果图

根据图8-5展示的网速测试界面效果图，分析该图的设计过程，具体如下：

1．网速测试界面布局设计

由图8-5可知，网速测试界面显示的信息有标题栏、网速测试速度的进度条信息、下载和上传速度信息。其中，网速测试进度信息是由一个指针与圆盘显示。下载和上传速度信息由4个文本组成，4个文本分别用于显示“下载速度”信息、下载速度具体数据、“上传速度”信息、上传速度具体数据。

2．图形与颜色设计

（1）标题栏设计

标题栏UI设计效果如图8-6所示。

图8-6　标题栏UI效果

（2）网速测试信息显示设计

网速测试信息显示的UI设计效果如图8-7所示。

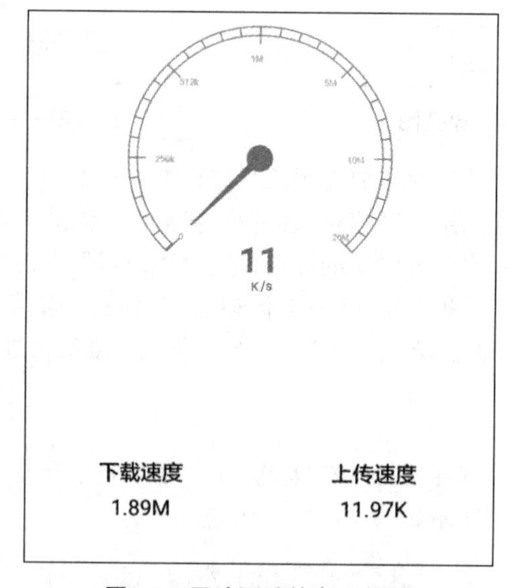

图8-7　网速测试信息UI效果

为了让用户可以直观地看到网速测试速度的进度效果，我们通过一个圆盘与指针来显示速度信息。圆盘上设计的有刻度信息，指针会根据实际的网速指向准确的刻度，圆盘下方开口的地方显示当前的网络速度。圆盘、指针、网速数据的颜色都设计为主体颜色。网速进度效果的下方，我们设计了下载与上传速度信息，这些信息的显示都使用黑色文字，文字大小设置为16 sp。

（3）对话框显示设计

对话框显示的UI设计效果如图8-8所示。

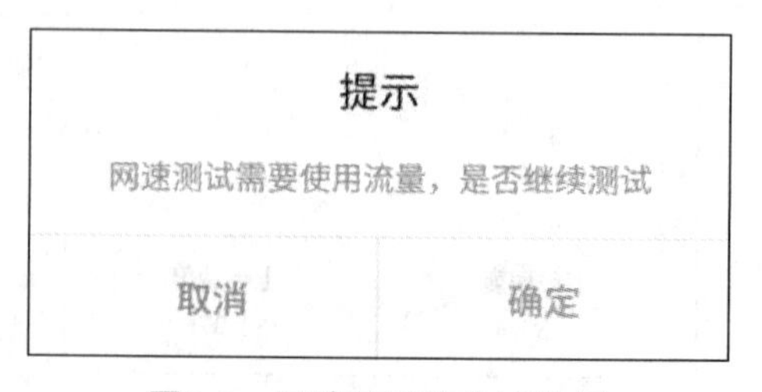

图8-8　网速测试信息UI效果

对话框的标题颜色设计为黑色，字体大小设计为18 sp，提示内容的颜色设置为灰色，大小为14 sp，“取消”和“确定”按钮的字体大小设计为16 sp，其中，“取消”按钮的文本颜色设置为灰色，“确定”按钮的文本颜色设置为蓝色。

任务2　搭建网速测试界面

任务综述

为了实现网速测试界面的UI设计效果，在界面的布局代码中通过自定义控件DashboardView、TextView控件、Button控件完成界面的圆盘、文本信息以及对话框中按钮的显示。接下来，本任务将通过布局代码搭建网速测试界面的布局。

【知识点】

- 自定义控件DashboardView。
- TextView控件、Button控件。

【技能点】

- 通过自定义控件DashboardView实现圆盘效果。
- 通过TextView控件显示界面文本信息。
- 通过Button控件显示对话框中的按钮。

任务2–1　实现圆盘效果

当程序进入网速测试界面时，界面上会显示一个圆盘，该圆盘由大圆弧、小圆弧、实心圆弧、圆点、指针、长刻度、小刻度、刻度值、当前网速值和网速单位组成。当网速改变时，圆盘上的网速值、指针和圆弧划过的位置会发生相应的变化。由于使用普通的控件无法实现此效果，因此需要自定义一个DashboardView控件来实现。圆盘效果如图8-9所示。

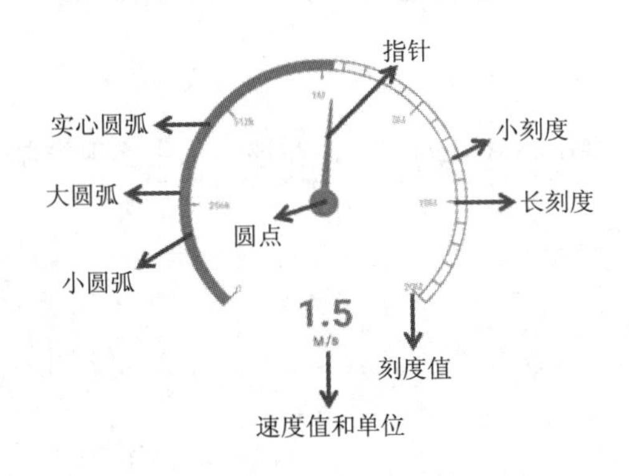

图8-9　圆盘效果

实现圆盘效果的具体步骤如下：

1. 创建自定义类DashboardView

在程序中选中com.itheima.mobilesafe包，在该包下创建一个netspeed包，在netspeed包中创建一个view包，在该包中创建一个自定义View类DashboardView，具体代码如【文件8-1】所示。

【文件8-1】DashboardView. java

```
1  package com.itheima.mobilesafe.netspeed.view;
2  ......
3  public class DashboardView extends View{
4      public DashboardView(Context context) {
5          super(context);
6      }
7      public DashboardView(Context context, @Nullable AttributeSet attrs) {
8          super(context, attrs);
9      }
10 }
```

上述代码中，第3行代码实现了DashboardView类继承自View类，并在第4~9行创建了两个构造函数。

2. 重写onDraw()方法

在DashboardView中重写onDraw()方法，用于绘制圆盘的图案。具体代码如下所示。

```
1  private int bWidth = 3;        //线宽
2  private int width;
3  private int height;
4  private int radius;
5  @Override
6  protected void onDraw(Canvas canvas) {
7      super.onDraw(canvas);
8      width = getWidth()-bWidth*2;
9      height = getHeight()-bWidth*2;
10     radius = width/2;
11     canvas.translate(radius + bWidth,radius + bWidth); //偏移中心点
12 }
```

上述代码中，第8~9行代码用于计算自定义圆盘的宽度和高度。

第10行代码通过自定义圆盘的宽度width计算圆盘的半径。

第11行代码中通过translate()方法将原点移动到坐标为(radius + bWidth,radius + bWidth)的位置。

3. 绘制圆弧

在DashboardView类中创建drawBArc()方法，在该方法中实现绘制大圆弧的功能，具体代码如下所示。

```
1  private int blue_color;
2  @Override
3  protected void onDraw(Canvas canvas) {
4      super.onDraw(canvas);
5      ......
6      //绘制大圆弧
7      drawBArc(canvas, radius);
8  }
9  //绘制大圆弧
10 private void drawBArc(Canvas canvas, int radius) {
11     blue_color = getResources().getColor(R.color.blue_color);
12     Paint bPaint = new Paint();
13     bPaint.setColor(blue_color);
14     bPaint.setAntiAlias(true);// 消除锯齿
15     bPaint.setStrokeWidth(bWidth);
```

```
16     bPaint.setStyle(Paint.Style.STROKE);//设置空心
17     RectF arcRectF = new RectF(-radius,-radius,radius,radius);
18     canvas.drawArc(arcRectF,135,270,false,bPaint);  //画圆弧
19     canvas.save();
20     canvas.restore();
21 }
```

上述代码中，第10~21行代码创建了drawBArc()方法，其中，第12~16行代码创建了Paint对象，并通过setColor()方法、setAntiAlias()方法、setStrokeWidth()方法、setStyle()方法分别为画笔设置颜色、消除锯齿、设置宽度以及空心的样式。

第17行代码创建了一个矩形arcRectF，第18行代码通过canvas对象的drawArc(arcRectF,135,270,false,bPaint)方法，在矩形中绘制初始角度为135，扫过角度为270的圆弧。其中第1个参数arcRectF表示确定圆弧形状与尺寸的边界，第2个参数135表示开始角度（以时钟3点的方向为0°，顺时针为正方向），第3个参数270表示扫过的弧度，第4个参数false 表示不包含圆心，第5个参数bPaint表示绘制圆弧的画笔。

由于小圆弧和大圆弧的绘制方法相似，区别在于小圆弧的半径等于大圆弧的半径减去小刻度的长度，因此在DashboardView 类的onDraw()方法中调用drawBArc()方法绘制小圆弧，具体代码如下所示。

```
1 private int smallline = 20;     //小刻度长
2 @Override
3 protected void onDraw(Canvas canvas) {
4     super.onDraw(canvas);
5     ......
6     //绘制小圆弧
7     drawBArc(canvas, radius - smallline);
8 }
```

4．绘制圆盘刻度值

在DashboardView 类中创建drawFont()方法，在该方法中实现绘制圆盘刻度值的功能，具体代码如下所示。

```
1 //显示的速度值
2 private String[] outSpeed = {"0","256k","512k","1M","5M","10M","20M"};
3 private int degree = 45;             //偏移度数
4 private int lineleng = 40;           //长刻度
5 @Override
6 protected void onDraw(Canvas canvas) {
7     super.onDraw(canvas);
8     ......
9     //绘制圆盘刻度值
10    drawFont(canvas, radius);
11 }
12 private void drawFont(Canvas canvas, int radius) {
13      //数字字体
14      Paint outSpeedPaint = new Paint();
15      outSpeedPaint.setColor(Color.parseColor("#FFBABABA"));
16      outSpeedPaint.setStrokeWidth(0);
17      outSpeedPaint.setTypeface(Typeface.DEFAULT_BOLD);
18      outSpeedPaint.setTextSize(20);
19      //计算字体的宽度
20      float width0 = outSpeedPaint.measureText(outSpeed[0]);
```

```
21      float width1 = outSpeedPaint.measureText(outSpeed[1]);
22      float width2 = outSpeedPaint.measureText(outSpeed[2]);
23      float width3 = outSpeedPaint.measureText(outSpeed[3]);
24      float width4 = outSpeedPaint.measureText(outSpeed[4]);
25      float width5 = outSpeedPaint.measureText(outSpeed[5]);
26      float width6 = outSpeedPaint.measureText(outSpeed[6]);
27      //计算字体显示位置的半径
28      radius = radius - lineleng * 2;
29      //绘制字体
30      canvas.drawText(outSpeed[0],-(int)(radius *Math.sin(degree)) + width0/2,
31              (int)(radius*Math.sin(degree))- width0/2,outSpeedPaint);
32      canvas.drawText(outSpeed[1],-radius -  width1/2 ,0,outSpeedPaint);
33      canvas.drawText(outSpeed[2],-(int)(radius*Math.sin(degree))+width2/2,
34              -(int)(radius*Math.sin(degree))+width2/2,outSpeedPaint);
35      canvas.drawText(outSpeed[3],-width3/2,-radius+width3/2,outSpeedPaint);
36      canvas.drawText(outSpeed[4],(int)(radius*Math.sin(degree))-width4,
37              -(int)(radius*Math.sin(degree))+ width4,outSpeedPaint);
38      canvas.drawText(outSpeed[5],radius-width5,0,outSpeedPaint);
39      canvas.drawText(outSpeed[6],(int)(radius*Math.sin(degree))-width6,
40              (int)(radius*Math.sin(degree))-width6,outSpeedPaint);
41 }
```

上述代码中，第14~18行代码创建了画笔对象outSpeedPaint，并通过setColor()方法、setStrokeWidth()方法、setTypeface()方法、setTextSize()方法设置画笔的颜色、画笔的粗细、字体样式（是否加粗）和字体大小等信息。

第20~26行代码通过调用measureText()方法获取字体（网速值）的宽度。

第28行代码重新计算字体显示的位置，解决字体显示的刻度数和圆盘刻度重合的问题。

第30~40行代码通过canvas对象的drawText(text, x, y, paint)方法在画布上绘制字体，该方法包含4个参数，第1个参数text表示绘制的文本字符串，第2个参数x表示X轴坐标，第3个参数y表示Y轴坐标，第4个参数paint表示画笔。由于圆盘划过的角度为270度，共7个网速值，因此每绘制一个字体划过的角度为45度，根据角度、半径和字体的宽度设置绘制字体显示的X轴和Y轴坐标。

5. 绘制中心圆点

在DashboardView 类中创建drawcenterBPaint()方法，在该方法中使用画笔在画布上绘制中心圆点。具体代码如下所示。

```
1  @Override
2  protected void onDraw(Canvas canvas) {
3      super.onDraw(canvas);
4      ......
5      //绘制中心圆点
6      drawcenterBPaint(canvas);
7  }
8  //绘制中心圆点
9  private void drawcenterBPaint(Canvas canvas) {
10     Paint centerBPaint = new Paint();
11     centerBPaint.setColor(blue_color);
12     centerBPaint.setAntiAlias(true);                         //消除锯齿
13     centerBPaint.setStrokeWidth(30);
14     centerBPaint.setStyle(Paint.Style.FILL);                 //设置实心
15     RectF arcRectF = new RectF(-30,-30,30,30);
16     canvas.drawArc(arcRectF,0,360,false,centerBPaint);
```

```
17     canvas.save();
18 }
```

6．绘制指针

在DashboardView类中创建drawPoint()方法，在该方法实现绘制指针的功能，具体代码如下所示。

```
1  private int progress = 0;    //当前进度
2  @Override
3  protected void onDraw(Canvas canvas) {
4      super.onDraw(canvas);
5      ......
6      //绘制指针
7      drawPoint(canvas, radius);
8  }
9  //绘制指针
10 private void drawPoint(Canvas canvas, int radius) {
11     Paint arrowsPaint = new Paint(Paint.ANTI_ALIAS_FLAG);
12     arrowsPaint.setColor(blue_color);
13     arrowsPaint.setStyle(Paint.Style.FILL_AND_STROKE);    //填充内部和描边
14     arrowsPaint.setAntiAlias(true);
15     Path path = new Path();
16     path.moveTo(10, -10);// 此点为多边形的起点
17     path.lineTo(10,10);
18     path.lineTo(-radius + smallline*4,2);
19     path.lineTo(-radius + smallline*4,-2);
20     path.close();
21     canvas.save(); // 保存 canvas 状态
22     canvas.rotate(progress-45);
23     canvas.drawPath(path,arrowsPaint);
24     canvas.restore();
25 }
```

上述代码中，第11~14行代码创建了绘制中心大圆的画笔对象arrowsPaint，并通过setStyle()方法为画笔设置填充内部和描边的样式。

第15行代码创建了画笔轨迹Path类的对象path。

第16行代码通过调用moveTo()方法将画笔移动至下一次操作的起点位置(10，-10)。

第17行代码通过调用lineTo(x,y)方法绘制上一个点到当前点(x,y)的直线。

第22行代码通过调用rotate()方法移动当前画布的角度为progress-45。

第23行代码通过调用canvas对象的drawPath()方法将path绘制到画布中。

7．绘制圆盘中弧度的颜色

当网速发生变化时，需要在圆盘的弧度中填充颜色，因此在DashboardView 类中创建drawChangArc()方法，在该方法中使用画笔在画布上绘制弧度填充的颜色，具体代码如下所示。

```
1  @Override
2  protected void onDraw(Canvas canvas) {
3      super.onDraw(canvas);
4      ......
5      //绘制改变的弧度
6      drawChangArc(canvas,radius);
7  }
8  //绘制改变的弧度
```

```
9  private void drawChangArc(Canvas canvas, int radius) {
10     //改变圆环
11     Paint changePain = new Paint();
12     changePain.setColor(blue_color);
13     changePain.setAntiAlias(true);// 消除锯齿
14     changePain.setStrokeWidth(smallline-bWidth);
15     changePain.setStyle(Paint.Style.STROKE);  //设置空心
16     RectF arcRectF = new RectF(-radius+smallline/2+bWidth/4,
17                                -radius+smallline/2+bWidth/4,
18                                radius-smallline/2-bWidth/4,
19                                radius-smallline/2-bWidth/4);
20     canvas.drawArc(arcRectF,135,progress,false, changePain);     //画圆弧
21 }
```

上述代码中，第11~15行代码首先创建了画笔Paint对象，然后通过调用setStrokeWidth()方法设置画笔绘制的宽度为smallline（小刻度的长度）减去bWidth（小圆弧的线宽）。

第20行代码调用canvas对象的drawArc()方法在RectF区域中绘制开始角度为135，扫过角度为progress的圆弧。

8．绘制长刻度

在DashboardView 类中创建drawScaleLeng()方法，在该方法中实现绘制长刻度的功能，具体代码如下所示。

```
1  @Override
2  protected void onDraw(Canvas canvas) {
3     super.onDraw(canvas);
4     ......
5     //绘制长刻度
6     drawScaleLeng(canvas, radius);
7  }
8  private void drawScaleLeng(Canvas canvas, int radius) {
9      //刻度长线
10     Paint linePaint = new Paint();
11     linePaint.setColor(blue_color);
12     linePaint.setStyle(Paint.Style.STROKE);
13     linePaint.setStrokeWidth(bWidth);
14     linePaint.setAntiAlias(true);
15     canvas.save();       // 保存 canvas 状态
16     canvas.rotate(135);// 从左下角开始 偏移以右边开始旋转 135 度
17     //7 个长刻度
18     for (int i = 0; i < 7; i++){
19         canvas.drawLine(radius,0,radius-lineleng,0,linePaint);
20         canvas.rotate(degree);
21     }
22     canvas.save();       // 保存 canvas 状态
23     canvas.restore();
24 }
```

上述代码中，第16行代码通过canvas对象的rotate()方法将画布旋转135度。

第19行代码通过调用canvas对象的drawLine()方法，在画笔中绘制以（radius，0）为起点、（radius-linelengleng，0）为终点的直线。其中，drawLine()方法中的第1个参数radius表示起始端点的X坐标，第2个参数0表示终止端点的X坐标，第3个参数radius-lineleng表示起始的Y坐标，第4个参数0表示终止端点的Y坐标，第5个参数linePaint表示画笔。绘制完长刻度后，在第20行代码中通

过rotate()方法将画布旋转45度，旋转到绘制下一个长刻度的位置，依次类推，绘制7个长刻度。

9．绘制小刻度

在DashboardView 类中创建drawScale()方法，在该方法中实现绘制小刻度的功能，具体代码如下所示。

```
1 private int sdegree = 9; //小刻度偏移度数
2 @Override
3 protected void onDraw(Canvas canvas) {
4    super.onDraw(canvas);
5    ......
6    //绘制小刻度
7    drawScale(canvas, radius);
8 }
9 private void drawScale(Canvas canvas, int radius) {
10     //刻度短线
11     Paint linesPaint = new Paint();
12     linesPaint.setColor(blue_color);
13     linesPaint.setStyle(Paint.Style.STROKE);
14     linesPaint.setStrokeWidth(bWidth);
15     linesPaint.setAntiAlias(true);
16     canvas.restore();
17     canvas.save(); // 保存canvas状态
18     canvas.rotate(135);// 从左下角开始 偏移以右边开始旋转135度
19     //30个刻度
20     for(int i=0;i<30;i++){
21         canvas.drawLine(radius,0,radius-smallline,0,linesPaint);
22         canvas.rotate(sdegree);
23     }
24     canvas.save(); // 保存canvas状态
25     canvas.restore();
26 }
```

上述代码中，第20~23行代码通过for循环遍历绘制30个小刻度。绘制的具体方法与绘制长刻度时调用的是一样的，此处不再重复介绍。

10．将网速换算为带单位的数据

在DashboardView 类中创建setInternetSpeed()方法，在该方法中将网速数据换算为带单位的数据，具体代码如下所示。

```
1 private long internetSpeed = 0;                    //当前网络速度，单位为K/s
2 private String centerSpeed = "0";                  //显示的速度
3 private String speedFont = "M/s";                  //速度单位，K/s，M/s
4 @RequiresApi(api = Build.VERSION_CODES.N)
5 public void setInternetSpeed(long internetSpeed) {
6     this.internetSpeed = internetSpeed;
7     calcSpeedNumber(internetSpeed);                //换算成字符串
8 }
9 //换算速度为字符串
10 @RequiresApi(api = Build.VERSION_CODES.N)
11 private void calcSpeedNumber(long internetSpeed) {
12     double templ = 0;
13     long speed = internetSpeed;
14     DecimalFormat df = new DecimalFormat("#.#");
15     if (speed >= 1048576) {
```

```
16          templ = (double) internetSpeed / (double)1048576;
17          centerSpeed = "" + df.format(templ);
18          speedFont = "M/s";
19      } else {
20          templ = (double) internetSpeed / (double)1024;
21          centerSpeed = "" + df.format(templ);
22          speedFont = "K/s";
23      }
24 }
```

上述代码中，第11~24行代码创建了calcSpeedNumber()方法，在该方法中对传入的速度数据换算成对应的单位数据进行显示。

11. 获取当前网速代表的度数

为了在自定义圆盘中绘制表示当前网速的弧度，我们需要将当前的网速转换为圆弧的度数，在DashboardView类中创建changearc()方法实现此功能，具体代码如下所示。

```
1  private int blackArc = 0;                                    //改变的度数
2  public void setInternetSpeed(long internetSpeed) {
3      ......
4      changearc();
5  }
6  private void changearc() {
7      int speedDegree = (int)internetSpeed/1024;         //将速度的单位换算成K
8      if (speedDegree >= 0 && speedDegree < 1024){
9          if (speedDegree == 0){
10             blackArc = 0;
11         }else if (speedDegree >0 && speedDegree < 256){
12             blackArc = speedDegree * 45 / 256;
13         }else if(speedDegree == 256){
14             blackArc = 45;
15         }else if(speedDegree > 256 && speedDegree <512){
16             blackArc = (speedDegree-256)*45/256 + 45;
17         }else if (speedDegree == 512){
18             blackArc = 90;
19         }else if(speedDegree > 512 && speedDegree <1024){
20             blackArc = (speedDegree-512)*45/512+90;
21         }
22     }else {
23         if(speedDegree == 1024){
24             blackArc = 135;
25         }else if(speedDegree > 1024 && speedDegree < 5120){
26             blackArc = (speedDegree-1024)*45/4096+135;
27         }else if(speedDegree == 5120){
28             blackArc = 180;
29         }else if(speedDegree > 5120 && speedDegree < 10240){
30             blackArc = (speedDegree-5120)*45/5120+180;
31         }else if(speedDegree == 10240){
32             blackArc = 225;
33         }else if (speedDegree > 10240 && speedDegree < 20480){
34             blackArc = (speedDegree-10240)*45/10240+225;
35         }else if(speedDegree == 20480){
36             blackArc = 270;
37         }
38     }
```

```
39 }
```

由于将当前的网速转换为度数后，需要刷新界面控件，因此在setInternetSpeed()方法中调用draw()方法重新绘制自定义控件，具体代码如下所示。

```
1  public void setInternetSpeed(long internetSpeed) {
2      ......
3      draw();
4  }
5  private void draw() {
6      for (int i = 0; i <= blackArc; i++){
7          progress = i;
8          postInvalidate();// 重新绘制
9      }
10 }
```

上述代码中，第6~9行代码通过for循环将当前网速的度数赋值给progress参数，并调用postInvalidate()方法重新绘制当前自定义View显示的界面。

12. 绘制网络速度和单位的文本

由于圆盘中需要显示当前网速数据和单位信息，因此在DashboardView类的drawFont()方法中添加如下代码。

```
1  private void drawFont(Canvas canvas, int radius) {
2      ......
3      //绘制显示圆环中的速度
4      outSpeedPaint.setColor(blue_color);
5      int centerSize = 80;
6      outSpeedPaint.setTextSize(centerSize);
7      float textWidth = outSpeedPaint.measureText(centerSpeed); // 中间字体的宽度
8      canvas.drawText(centerSpeed,-textWidth/2,radius,outSpeedPaint);
9      //绘制速度单位
10     outSpeedPaint.setTextSize(30);
11     float speedTextWidth = outSpeedPaint.measureText(speedFont);
12     canvas.drawText(speedFont,-speedTextWidth/2,radius+lineleng+centerSize/2,
13                                                        outSpeedPaint);
14 }
```

上述代码中，第4~8行代码通过drawText()方法实现了绘制圆环中网速数据的功能。

第10~13行代码通过drawText()方法实现了绘制圆环中网速数据单位的功能。

自定义View控件的文件DashboardView.java的完整代码详见【文件8-2】所示。

完整代码：文件 8-2

任务2-2　搭建网速测试界面布局

网速测试界面主要由布局main_title_bar.xml、1个自定义控件DashboardView、4个TextView控件分别组成标题栏、测速圆盘、“下载速度”文本、“上传速度”文本以及上传与下载速度的具体数据，网速测试界面的效果如图8-10所示。

搭建网速测试界面布局的具体步骤如下：

1. 创建网速测试界面

选中com.itheima.mobilesafe包，在该包中创建一个netspeed.activity包，在activity包中创建一个Empty Activity类，命名为NetDetectionActivity，并将布局文件名指定为activity_net_detection。

2. 放置界面控件

在activity_net_detection.xml文件中，通过<include>标签引入标题栏布局（main_title_bar.xml），放置1个自定义控件DashboardView用于显示测速圆盘，4个TextView控件分别用于显示“下载速度”文本、下载速度数据、“上传速度”文本和上传速度数据，具体代码如【文件8-3】所示。

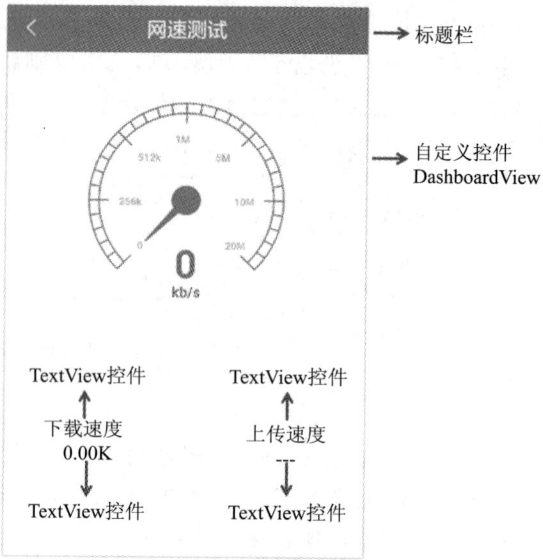

图8-10 网速测试界面

【文件8-3】activity_net_detection.xml

```
1  <?xml version="1.0" encoding="utf-8"?>
2  <RelativeLayout xmlns:android="http://schemas.android.com/apk/res/android"
3      android:layout_width="match_parent"
4      android:layout_height="match_parent"
5      android:background="@android:color/white">
6      <include
7          android:id="@+id/title_bar"
8          layout="@layout/main_title_bar"/>
9      <com.itheima.mobilesafe.netspeed.view.DashboardView
10         android:id="@+id/dv_speed"
11         android:layout_width="200dp"
12         android:layout_height="200dp"
13         android:text="0.0"
14         android:textSize="24sp"
15         android:textStyle="bold"
16         android:layout_marginTop="50dp"
17         android:layout_below="@+id/title_bar"
18         android:layout_centerHorizontal="true"/>
19     <RelativeLayout
20         android:id="@+id/download"
21         android:layout_width="wrap_content"
22         android:layout_height="wrap_content"
23         android:layout_marginLeft="60dp"
24         android:layout_marginTop="30dp"
25         android:layout_marginBottom="100dp"
26         android:layout_alignParentBottom="true">
27         <TextView
28             android:id="@+id/tv_rx"
29             android:layout_width="wrap_content"
30             android:layout_height="wrap_content"
31             android:text=" 下载速度 "
```

```
32              android:textSize="16sp"
33              android:textColor="@color/black"/>
34          <TextView
35              android:id="@+id/rx_speed"
36              android:layout_width="wrap_content"
37              android:layout_height="wrap_content"
38              android:text="---"
39              android:layout_marginTop="5dp"
40              android:layout_below="@+id/tv_rx"
41              android:layout_centerHorizontal="true"
42              android:textSize="16sp"
43              android:textColor="@color/black"/>
44      </RelativeLayout>
45      <RelativeLayout
46          android:layout_width="wrap_content"
47          android:layout_height="wrap_content"
48          android:layout_alignParentRight="true"
49          android:layout_marginRight="60dp"
50          android:layout_alignParentBottom="true"
51          android:layout_centerHorizontal="true"
52          android:layout_marginBottom="100dp">
53          <TextView
54              android:id="@+id/tv_tx"
55              android:layout_width="wrap_content"
56              android:layout_height="wrap_content"
57              android:text="上传速度"
58              android:textSize="16sp"
59              android:textColor="@color/black"/>
60          <TextView
61              android:id="@+id/tx_speed"
62              android:layout_width="wrap_content"
63              android:layout_height="wrap_content"
64              android:text="---"
65              android:textSize="16sp"
66              android:layout_marginTop="5dp"
67              android:layout_below="@+id/tv_tx"
68              android:layout_centerHorizontal="true"
69              android:textColor="@color/black"/>
70      </RelativeLayout>
71 </RelativeLayout>
```

任务2-3　实现对话框效果

对话框的界面布局由2个TextView控件、2个View控件、2个Button控件分别组成“提示”信息、“网速测试需要使用流量，是否继续测试”信息、2条灰色分割线、“确定”按钮、“取消”按钮。对话框的效果如图8-11所示。

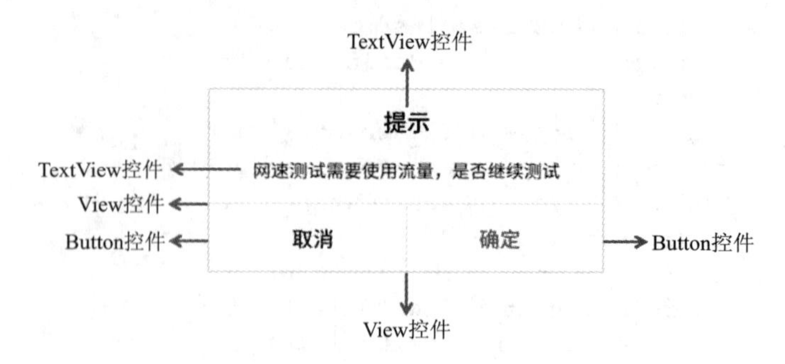

图8-11　对话框界面

实现对话框效果的具体步骤如下：

1. 创建custom_dialog.xml

在res/layout文件夹中，创建一个布局文件custom_dialog.xml。

2. 放置界面控件

在custom_dialog.xml文件中，放置2个TextView控件分别用于显示“提示”信息和“网速测试需要使用流量，是否继续测试”信息，2个Button控件分别用于显示“取消”按钮和“确定”按钮，2个View控件分别用于显示2条灰色分割线。具体代码如【文件8-4】所示。

【文件8-4】custom_dialog.xml

```
1  <?xml version="1.0" encoding="utf-8"?>
2  <LinearLayout xmlns:android="http://schemas.android.com/apk/res/android"
3      android:layout_width="match_parent"
4      android:layout_height="match_parent"
5      android:orientation="vertical"
6      android:background="@android:color/white">
7      <LinearLayout
8          android:layout_width="match_parent"
9          android:layout_height="wrap_content"
10         android:paddingTop="16dp"
11         android:orientation="vertical">
12         <TextView android:id="@+id/title"
13             android:layout_width="match_parent"
14             android:layout_height="wrap_content"
15             android:gravity="center"
16             android:visibility="visible"
17             android:textColor="#333333"
18             android:textSize="18sp"
19             android:layout_marginBottom="16dp"/>
20         <TextView android:id="@+id/message"
21             android:layout_width="match_parent"
22             android:layout_height="wrap_content"
23             android:gravity="center"
24             android:layout_marginLeft="20dp"
25             android:layout_marginRight="20dp"
26             android:textSize="14sp"
27             android:textColor="#999999" />
28         <View android:layout_width="match_parent"
29             android:layout_height="2px"
30             android:layout_marginTop="16dp"
```

```
31              android:background="#E8E8E8" />
32          <LinearLayout
33              android:layout_width="match_parent"
34              android:layout_height="wrap_content"
35              android:orientation="horizontal">
36              <Button android:id="@+id/negtive"
37                  android:layout_width="0dp"
38                  android:layout_height="wrap_content"
39                  android:layout_marginLeft="10dp"
40                  android:paddingTop="16dp"
41                  android:paddingBottom="16dp"
42                  android:layout_weight="1"
43                  android:background="@null"
44                  android:gravity="center"
45                  android:singleLine="true"
46                  android:textColor="#999999"
47                  android:textSize="16sp" />
48              <View android:id="@+id/column_line"
49                  android:layout_width="2px"
50                  android:layout_height="match_parent"
51                  android:background="#E8E8E8" />
52              <Button
53                  android:id="@+id/positive"
54                  android:layout_width="0dp"
55                  android:layout_height="wrap_content"
56                  android:layout_weight="1"
57                  android:layout_marginRight="10dp"
58                  android:paddingTop="16dp"
59                  android:paddingBottom="16dp"
60                  android:background="@null"
61                  android:gravity="center"
62                  android:textColor="#38ADFF"
63                  android:textSize="16sp" />
64          </LinearLayout>
65      </LinearLayout>
66 </LinearLayout>
```

任务3　实现网速测试界面功能

任务综述

为了实现网速测试界面设计的功能，在逻辑代码中首先需要搭建服务器并配置服务器外网，其次通过创建initView()方法初始化界面控件，然后创建createDialog()方法和checkNetSpeed()方法分别用于弹出对话框和检测当前的网速。接下来，本任务将通过逻辑代码实现网速测试界面的功能。

【知识点】

- Tomcat服务器。
- View.OnClickListener接口。
- 自定义对话框CommonDialog。

【技能点】

- 通过Tomcat搭建一个服务器。
- 通过网络通软件将服务器中的内网映射到外网。
- 通过View.OnClickListener接口实现控件的点击事件。
- 通过自定义对话框CommonDialog实现提示用户信息的功能。

任务3-1 搭建服务器

由于网速测试模块需要从网络上下载和上传文件来测试网速，因此需要搭建一个Tomcat服务器，将上传与下载文件存放在该服务器上。将服务端程序filemanage.war放入服务器中，既可从服务器中下载文件，也可以将文件上传到服务器中。这里，我们使用小型简易的服务器（Tomcat8.5.41）。搭建服务器的具体步骤如下：

1. 下载Tomcat

从Tomcat的官方网站下载Tomcat，下载的Tomcat文件为.zip文件，解压该文件到指定的目录便可使用。本任务将Tomcat的压缩文件直接解压到D盘的根目录中，会看到一个apache-tomcat-8.5.41文件夹，打开该文件夹可以看到Tomcat的目录结构，如图8-12所示。

由图8-12可知，Tomcat的安装目录中包含一系列的子目录，这些子目录分别用于存放不同功能的文件，接下来针对这些子目录进行简单介绍，具体如下：

- bin：用于存放Tomcat的可执行文件和脚本文件（扩展名为.bat的文件），如startup.bat。
- conf：用于存放Tomcat的各种配置文件，如web.xml、server.xml。
- lib：用于存放Tomcat服务器和所有Web应用程序需要访问的JAR文件。
- logs：用于存放Tomcat的日志文件。
- temp：用于存放Tomcat运行时产生的临时文件。
- webapps：Web应用程序的主要发布目录，通常将要发布的应用程序放到这个目录下。
- work：Tomcat的工作目录，JSP编译生成的Servlet源文件和字节码文件放到这个目录下。

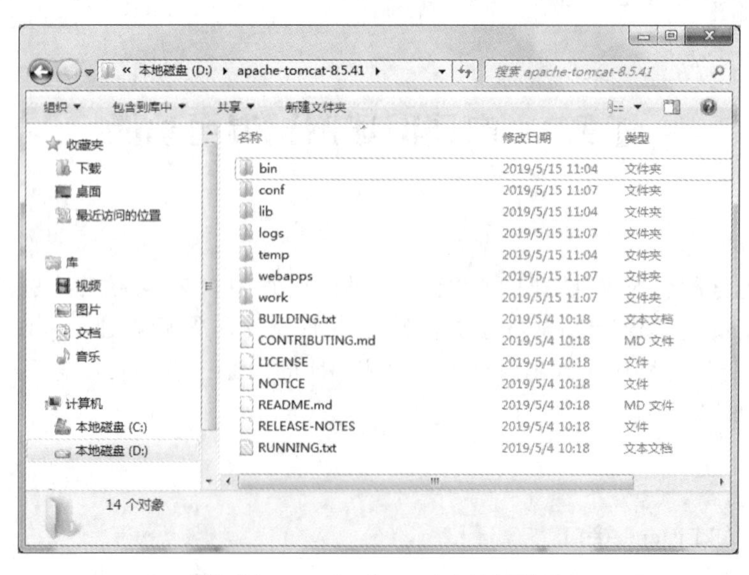

图8-12 apache-tomcat-8.5.41目录

2．放置Web应用程序

在Tomcat服务器中，我们将后台工程师开发的服务端程序filemanage.war放在webapps目录中，就可以使用服务器进行下载和上传文件。

3．启动Tomcat

在Tomcat安装目录的bin目录下，存放了许多脚本文件，其中startup.bat文件是启动Tomcat的脚本文件，双击该脚本文件即可启动服务器。Tomcat的启动信息如图8-13所示。

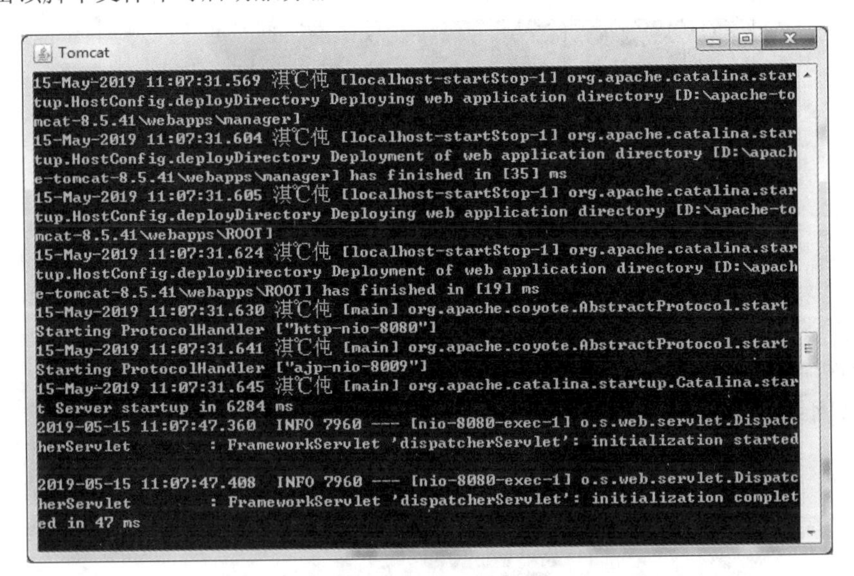

图8-13　Tomcat启动信息

Tomcat服务器启动后，在浏览器的地址栏中输入http://172.16.43.110:8080/filemanage/download?filename=python-3.5.2-amd64.exe访问Tomcat服务器，如果浏览器中的显示界面如图8-14所示，则说明Tomcat服务器安装部署成功了。

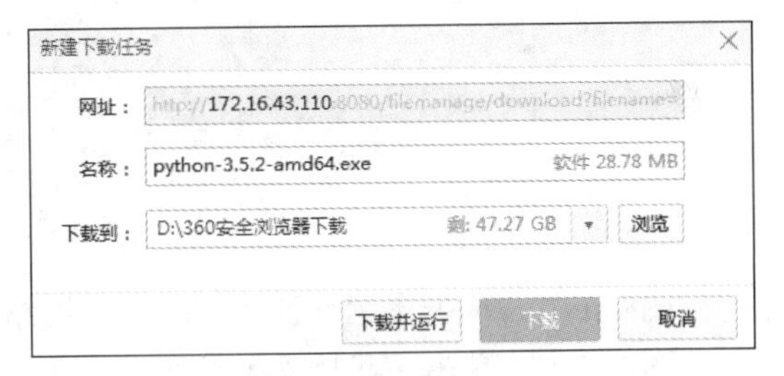

图8-14　网页访问界面

需要注意的是，http://172.16.43.110:8080/filemanage/download?filename=python-3.5.2-amd64.exe中的172.16.43.110为计算机的IP地址，测试时需要替换为服务器所在计算机的IP地址。

4．关闭Tomcat

关闭Tomcat有两种方式：第一种方式是运行Tomcat根目录下的bin文件夹中的脚本文件shutdown.bat；第二种方式是直接关闭Tomcat启动窗口。

任务3-2　配置服务器外网

由于使用Tomcat服务器设置的网络地址只能在内网中访问，不能使用流量进行外网访问，因此我们需要通过网络通工具映射内网端口，可在外网连接内网，使内网的网络地址可在外网进行访问。网络通工具是一款永久免费的内网端口映射、内网穿透软件，使用它可以可轻松访问内网，100%穿透内网。配置服务器外网的具体步骤如下：

1．下载网络通

在网络通的官方网站下载网络通，打开网页后，点击红色按钮“Windows版下载”进行下载，如图8-15所示。

图8-15　网络通下载界面

2．安装网络通

成功下载网络通安装包后，双击.exe文件，进入安全警告窗口，如图8-16所示。

图8-16　安全警告窗口

图8-16中，单击【运行】按钮，进入网络通安装窗口，如图8-17所示。

图8-17中，单击【我接受】按钮，进入选择安装类型的窗口，如图8-18所示。

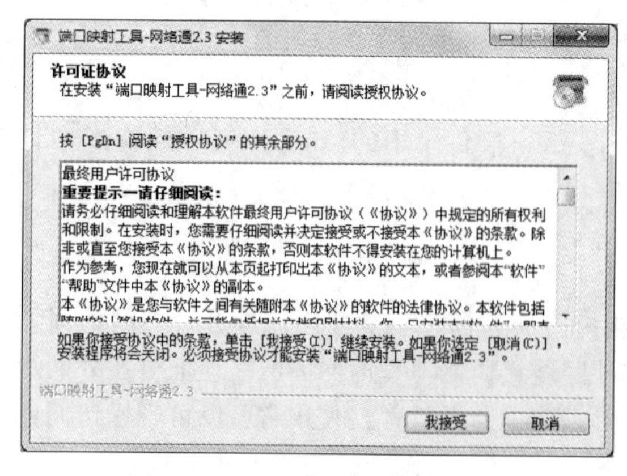

图8-17　网络通安装窗口

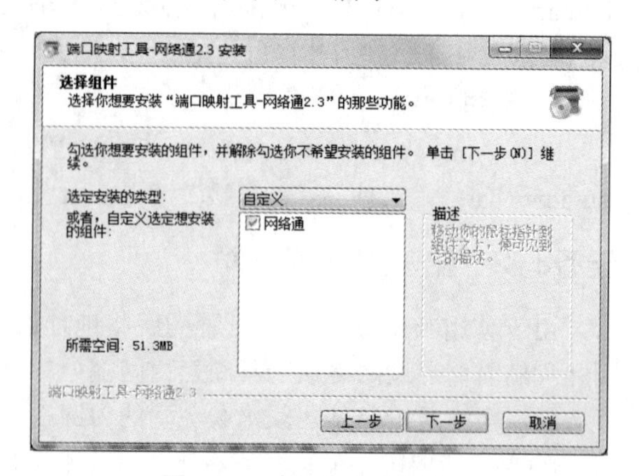

图8-18　选择安装类型窗口

图8-18中，单击【下一步】按钮，进入选择安装地址窗口，如图8-19所示。

图8-19中，单击【下一步】按钮，进入安装进度窗口，如图8-20所示。

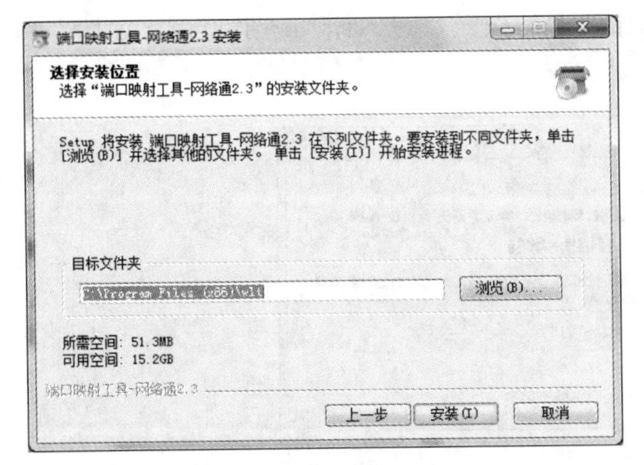

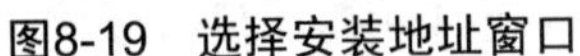
图8-19　选择安装地址窗口

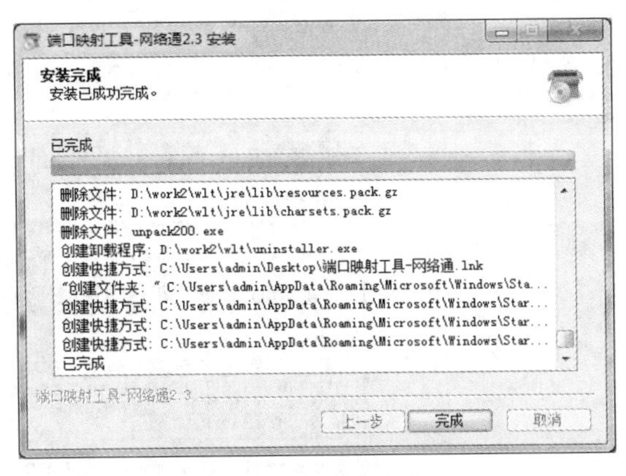

图8-20　安装进度窗口

图8-20中，单击【完成】按钮，安装完成。

3. 注册登录网络通

当安装完成后，会弹出网络通的首页窗口，如图8-21所示。

图8-21中，显示有“添加映射”按钮、“登录”按钮、“注册”按钮、“升级”按钮、“教程”按钮、“网站”按钮、“退出”按钮，单击这些按钮可以分别实现生成内网映射到网络的地址、登录网络通、注册网络通账户、升级到VIP套餐、查看网络通使用教程、进入网络通的网站、退出网络通等功能。

由于只有注册账户后才能使用“添加映射”的功能，因此首先单击“注册”按钮，进入网络通注册界面，如图8-22所示。

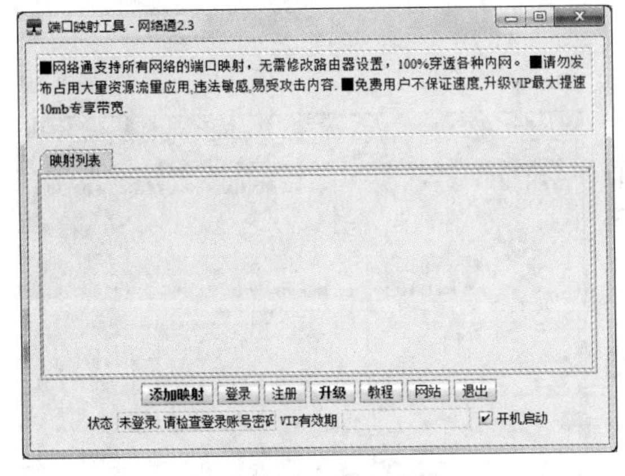

图8-21　网络通首页窗口

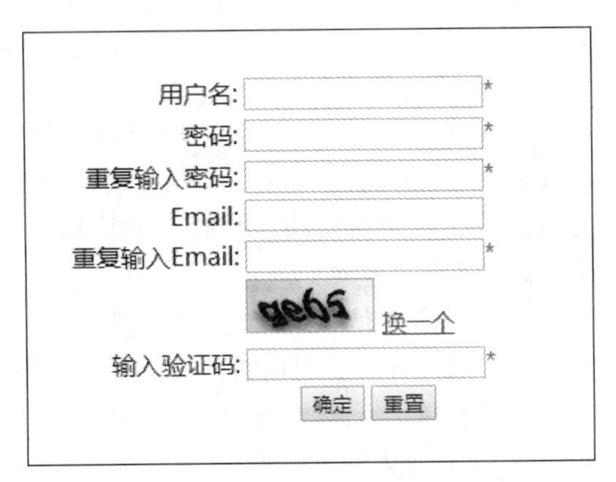

图8-22　网络通注册界面

图8-22中，输入框后带有红色*标识的都是必填项，按照提示填写完成后，点击“确定”按钮，即可完成注册账户操作。

完成注册后，在网络通首页窗口中点击“登录”按钮，进入登录窗口，如图8-23所示。

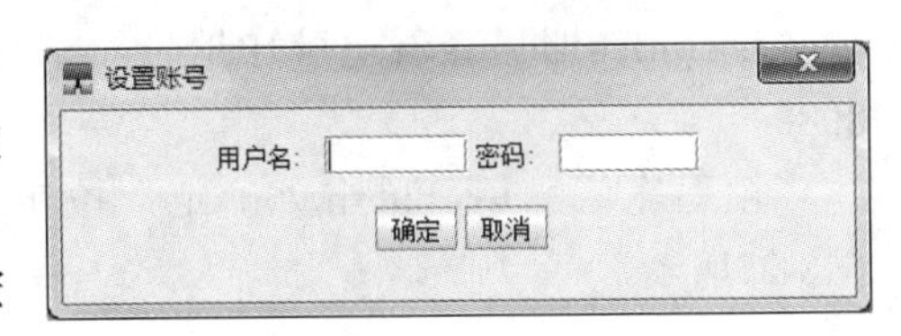

图8-23　登录窗口

图8-23中，输入注册的用户名和密码，输入完成后，点击“确定”按钮，完成登录操作。

4．添加映射

登录完成后，在网络通首页窗口中单击“添加映射”按钮，进入添加映射窗口，如图8-24所示。

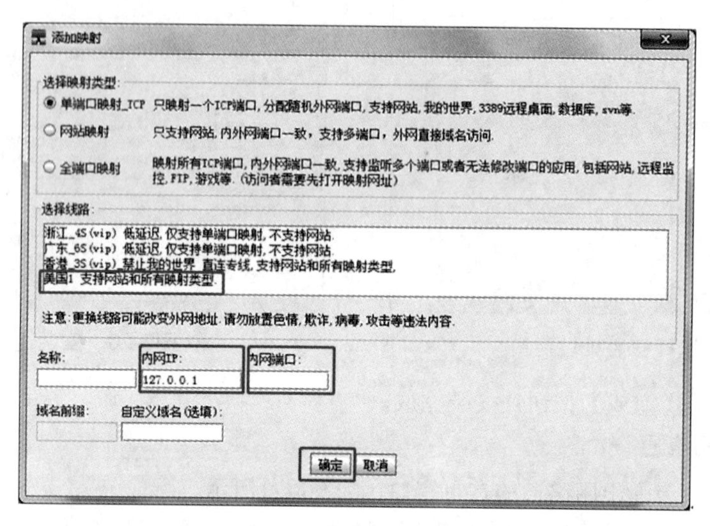

图8-24 添加映射窗口

图8-24中，有3部分组成，分别为选择映射类型、选择线路、添加内网IP和内网端口，添加映射的具体操作如下：

（1）选择映射类型

映射类型有3个选项，分别是单端口映射_TCP、网站映射、全端口映射，这些选项后面有详细的介绍，根据介绍选择合适的选项。在此任务中，选择默认的选项映射类型（单端口映射_TCP）。

（2）选择线路

选择线路有4个选项，分别是浙江_4S(vip)、广东_6S(vip)、香港_3S（vip）、美国1，这些选项后面有详细介绍，根据介绍选择合适的选项。在此任务中，选择美国1选项。

需要注意的是，线路有可能会进行更新，我们根据介绍选择合适的选项即可。如果没有注册VIP，我们只能选择“美国1”选项。

（3）设置内网IP与端口

内网IP为电脑的IP地址（在cmd命令窗口中，输入ipconfig即可查看电脑IP地址），内网端口为8080。

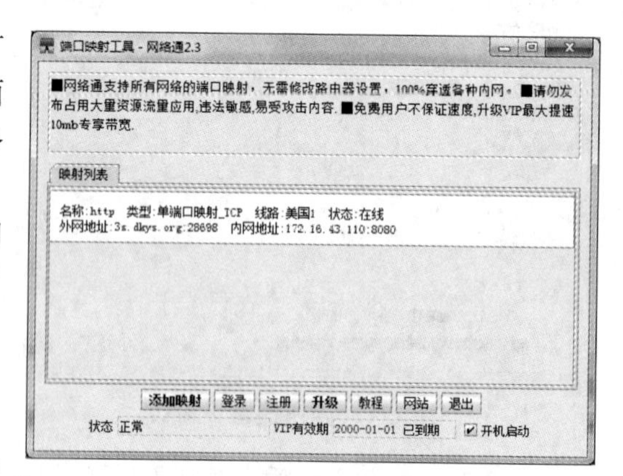

图8-25 网络通首页窗口

填写完信息后，单击“确定”按钮，在网络通首页窗口中查看添加的内网映射信息，如图8-25所示。

任务3-3　初始化界面控件

由于需要获取网速测试界面的控件并为其设置一些数据与点击事件，因此需要在NetDetectionActivity中创建一个initView ()方法，用于初始化界面控件，并将NetDetectionActivity 实现View.OnClickListener接口，重写onClick()方法，在该方法中实现界面控件的点击事件，具体代码如【文件8-5】所示。

【文件8-5】NetDetectionActivity.java

```
1  package com.itheima.mobilesafe.netspeed.activity;
2  ......
3  public class NetDetectionActivity extends Activity implements View.OnClickListener{
4      public TextView tv_txspeed,tv_rxspeed;
5      private DashboardView dv_speed;
6      @Override
7      protected void onCreate(Bundle savedInstanceState) {
8          super.onCreate(savedInstanceState);
9          setContentView(R.layout.activity_net_detection);
10         initView();
11     }
12     private void initView() {
13         RelativeLayout title_bar = findViewById(R.id.title_bar);
14         title_bar.setBackgroundColor(getResources().getColor(R.color.blue_color));
15         TextView title = findViewById(R.id.tv_main_title);
16         title.setText("网速测试");
17         TextView tv_back = findViewById(R.id.tv_back);
18         tv_back.setVisibility(View.VISIBLE);
19         tv_back.setOnClickListener(this);
20         tv_txspeed = findViewById(R.id.tx_speed);        //上传速度文本
21         tv_rxspeed = findViewById(R.id.rx_speed);        //下载速度文本
22         dv_speed = findViewById(R.id.dv_speed);          //圆盘速度
23     }
24     @Override
25     public void onClick(View v) {
26         switch (v.getId()){
27             case R.id.tv_back:
28                 finish();
29                 break;
30         }
31     }
32 }
```

任务3-4　创建自定义对话框

当测试网速时，使用的流量为移动网络时，需要弹出一个对话框提示用户“网速测试需要使用流量，是否继续测试”。由于Android系统中存在的对话框样式不够美观，因此需要自定义一个对话框。创建自定义对话框的具体步骤如下：

1. 创建自定义对话框CommonDialog

在程序的com.itheima.mobilesafe. netspeed.view包中创建一个Java类，命名为CommonDialog，并继承AlertDialog类，具体代码如【文件8-6】所示。

【文件8-6】CommonDialog.java

```
1  package com.itheima.mobilesafe.netspeed.view;
```

```
2  public class CommonDialog extends AlertDialog {
3      public CommonDialog(Context context) {
4          super(context);
5      }
6      @Override
7      protected void onCreate(Bundle savedInstanceState) {
8          super.onCreate(savedInstanceState);
9          setContentView(R.layout.custom_dialog);
10     }
11 }
```

上述代码中，第9行代码通过setContentView()方法加载了当前自定义对话框的布局文件custom_dialog.xml。

2．获取界面控件

在CommonDialog类中，创建一个initView()方法，在该方法中获取对话框界面的控件，具体代码如下所示。

```
1  private TextView titleTv;                    //显示的标题
2  private TextView messageTv;                  //显示的消息
3  private Button negtiveBn ,positiveBn;        //确认和取消按钮
4  @Override
5  protected void onCreate(Bundle savedInstanceState) {
6      super.onCreate(savedInstanceState);
7      setContentView(R.layout.custom_dialog);
8      initView();       //初始化界面控件
9  }
10 //初始化界面控件
11 private void initView() {
12     negtiveBn = (Button) findViewById(R.id.negtive);
13     positiveBn = (Button) findViewById(R.id.positive);
14     titleTv = (TextView) findViewById(R.id.title);
15     messageTv = (TextView) findViewById(R.id.message);
16 }
```

3．实现“确定”按钮与“取消”按钮的点击事件

在CommonDialog类中创建一个OnClickBottomListener接口，通过该接口实现“确定”按钮与“取消”按钮的点击事件，具体代码如下所示。

```
1  public OnClickBottomListener onClickBottomListener;
2  public interface OnClickBottomListener{
3      void onPositiveClick();// 实现确定按钮点击事件的方法
4      void onNegtiveClick(); // 实现取消按钮点击事件的方法
5  }
6  //设置按钮的点击事件
7  public CommonDialog setOnClickBottomListener(OnClickBottomListener
8                                           onClickBottomListener){
9      this.onClickBottomListener = onClickBottomListener;
10     return this;
11 }
12 private void initEvent() {
13     //设置确定按钮的点击事件的监听器
14     positiveBn.setOnClickListener(new View.OnClickListener() {
15         @Override
16         public void onClick(View v) {
```

```
17                if (onClickBottomListener!= null) {
18                    onClickBottomListener.onPositiveClick();
19                }
20            }
21        });
22        //设置取消按钮的点击事件的监听器
23        negtiveBn.setOnClickListener(new View.OnClickListener() {
24            @Override
25            public void onClick(View v) {
26                if (onClickBottomListener!= null) {
27                    onClickBottomListener.onNegtiveClick();
28                }
29            }
30        });
31 }
```

上述代码中，第2~5行代码定义了一个OnClickBottomListener接口，在该接口中定义了2个方法，分别是onPositiveClick()方法与onNegtiveClick()方法，这2个方法分别用于实现对话框中“确定”按钮与“取消”按钮的点击事件。

第7~11行代码创建了setOnClickBottomListener()方法，该方法用于设置按钮的点击事件，方法中的参数onClickBottomListener为接口的实例。

第12~31行代码创建了initEvent()方法，在该方法中设置了按钮的点击事件的监听器。

第14~21行代码为“确定”按钮设置了点击事件的监听器，在监听器的onClick()方法中用了接口onClickBottomListener 中的onPositiveClick()方法。

第23~30行代码为“取消”按钮设置了点击事件的监听器，在监听器的onClick()方法中用了接口onClickBottomListener 中的onNegtiveClick ()方法。

4. 调用初始化按钮点击事件的监听器方法

在CommonDialog类的onCreate()方法中调用initEvent()方法。具体代码如下所示。

```
1  @Override
2  protected void onCreate(Bundle savedInstanceState) {
3      ......
4      initEvent();
5  }
```

5. 初始化对话框界面数据

在CommonDialog类中，首先创建setMessage()方法、setTitle()方法、setPositive()方法、setNegtive()方法，分别设置对话框界面的提示信息、标题、“确定”按钮与“取消”按钮的文本信息。然后创建refreshView()方法，在该方法中将数据信息显示到对话框界面上，最后重写show()方法，在该方法中调用refreshView()方法刷新界面信息，具体代码如下所示。

```
1  private String message;
2  private String title;
3  private String positive,negtive;
4  public CommonDialog setMessage(String message) {
5      this.message = message;
6      return this ;
7  }
8  public CommonDialog setTitle(String title) {
9      this.title = title;
10     return this ;
```

```
11 }
12 public CommonDialog setPositive(String positive) {
13     this.positive = positive;
14     return this ;
15 }
16 public CommonDialog setNegtive(String negtive) {
17     this.negtive = negtive;
18     return this ;
19 }
20 //初始化界面控件的显示数据
21 private void refreshView() {
22     //如果自定义了title和message，会显示自定义的信息，否则不显示title和message的信息
23     if (!TextUtils.isEmpty(title)) {
24         titleTv.setText(title);              //设置标题控件的文本为自定义的title
25         titleTv.setVisibility(View.VISIBLE); //标题控件设置为显示状态
26     }else {
27         titleTv.setVisibility(View.GONE);     //标题控件设置为隐藏状态
28     }
29     if (!TextUtils.isEmpty(message)) {
30         messageTv.setText(message); //设置消息控件的文本为自定义的message信息
31     }
32     //如果自定义了按钮的文本，则按钮显示自定义的文本，否则，按钮显示"确定"或"取消"文本
33     if (!TextUtils.isEmpty(positive)) {
34         positiveBn.setText(positive); //设置按钮的文本为自定义的文本信息
35     }else {
36         positiveBn.setText("确定");    //设置按钮文本为"确定"
37     }
38     if (!TextUtils.isEmpty(negtive)) {
39         negtiveBn.setText(negtive);
40     }else {
41         negtiveBn.setText("取消");
42     }
43 }
44 @Override
45 public void show() {
46     super.show();
47     refreshView();
48 }
```

6. 创建对话框

在NetDetectionActivity类中，创建createDialog()方法，在该方法中设置对话框界面的信息。具体代码如下所示。

```
1 private void createDialog(String message) {
2     final CommonDialog dialog = new CommonDialog(NetDetectionActivity.this);
3     dialog.setTitle("提示");
4     dialog.setMessage(message);
5     dialog.setNegtive("取消");
6     dialog.setPositive("确定");
7     dialog.setOnClickBottomListener(new CommonDialog.
8             OnClickBottomListener() {
9         @Override
10        public void onPositiveClick() { //确定按钮的点击事件
11            dialog.dismiss();
12            //测试网络速度
```

```
13          }
14          @Override
15          public void onNegtiveClick() { //取消按钮的点击事件
16              dialog.dismiss();
17          }
18      });
19      dialog.show();
20 }
```

上述代码中，第2行代码创建了CommonDialog类的对象dialog。

第3~6行代码调用setTitle()方法、setMessage()方法、setNegtive()方法、setPositive()方法分别设置对话框的标题、提示内容、“取消”按钮与“确定”按钮的文本信息。

第7~18行代码调用setOnClickBottomListener()方法实现了“确定”按钮与“取消”按钮的点击事件，在该方法中实现OnClickBottomListener接口，并重写onPositiveClick()方法与onNegtiveClick()方法，在这2个方法中分别实现“确定”按钮与“取消”按钮的点击事件。

第19行代码通过调用show()方法显示对话框。

任务3-5　检测网络

由于网速测试操作需要实现上传与下载文件的功能，因此我们需要在NetDetectionActivity中创建checkNetworkAvalible()方法与isNetworkAvalible()方法实现检查当前网络是否可用，接着创建一个isWifi()方法检测当前网络类型是否为Wi-Fi。实现检测网络功能的具体步骤如下:

1．判断当前网络是否可用

在NetDetectionActivity中，创建一个checkNetworkAvalible()方法，在该方法中首先调用isNetworkAvalible()方法判断当前网络是否可用，然后调用isWifi()方法判断当前网络的类型是否为Wi-Fi，具体代码如下所示。

```
1  @Override
2  protected void onCreate(Bundle savedInstanceState) {
3      super.onCreate(savedInstanceState);
4      ......
5      checkNetworkAvalible();
6  }
7  private void checkNetworkAvalible() {
8      if (isNetworkAvalible()){   //判断是否有可用的网络
9          if (isWifi()){          //判断当前网络是否为 Wi-Fi
10             //检测网络速度
11         }else{
12             //弹出对话框、询问用户是否使用流量检测网络速度
13             String message = "网速测试需要使用流量，是否继续测试";
14             createDialog(message);
15         }
16     }else{
17         //提示用户请打开网络连接的弹框
18         String message = "连接不到网络，请打开网络继续测试";
19         Toast.makeText(NetDetectionActivity.this,message,Toast.LENGTH_SHORT).show();
20     }
21 }
22 public  boolean isNetworkAvalible() {
23     // 获得网络状态管理器
24     ConnectivityManager connectivityManager = (ConnectivityManager)this
```

```
25                  .getSystemService(Context.CONNECTIVITY_SERVICE);
26         if (connectivityManager == null) {
27             return false;
28         } else {
29             // 建立网络数组
30             NetworkInfo[] net_info = connectivityManager.getAllNetworkInfo();
31             if (net_info != null) {
32                 for (int i = 0; i < net_info.length; i++) {
33                     // 判断获得的网络状态是否是处于连接状态
34                     if (net_info[i].getState() == NetworkInfo.State.CONNECTED) {
35                         return true;
36                     }
37                 }
38             }
39         }
40         return false;
41 }
42 private boolean isWifi() {
43     ConnectivityManager connectivityManager = (ConnectivityManager) this
44             .getSystemService(Context.CONNECTIVITY_SERVICE);
45     NetworkInfo activeNetInfo = connectivityManager.getActiveNetworkInfo();
46     if(activeNetInfo!=null
47             && activeNetInfo.getType() == ConnectivityManager.TYPE_WIFI) {
48         return true;
49     }
50     return false;
51 }
```

上述代码中，第8行代码通过调用isNetworkAvalible()方法判断当前网络是否可用，如果不可用，则在第16~20行代码中通过Toast类提示用户”连接不到网络，请打开网络继续测试"，否则，在第9行代码中调用isWifi()方法判断当前网络的类型是否为Wi-Fi，如果为Wi-Fi，则检测网络速度，如果不为Wi-Fi，则通过调用createDialog()方法弹出对话框提示用户“网速测试需要使用流量，是否继续测试”。

第22~41行代码创建了isNetworkAvalible()方法，该方法用于判断当前网络是否可用。

第30行代码通过调用getAllNetworkInfo()方法获取网络数组net_info。

第31行代码判断net_info是否null，如果不为null，则通过for循环遍历网络数组net_info。

第34行代码通过getState()方法获取数组net_info中网络的连接状态，并判断获取网络状态是否等于NetworkInfo.State.CONNECTED（网络连接），如果等于，则当前的网络为连接的状态，在第35行代码中返回true。当遍历完网络数组net_info后没有网络连接状态时，在第40行代码中返回false。

第42~51行代码创建了isWifi()方法，在该方法中通过判断获取的网络类型是否为ConnectivityManager.TYPE_WIFI，判断当前网络的类型是否为Wi-Fi。

2. 添加申请访问网络连接的权限

由于网速测试界面需要使用网络进行下载与上传文件，并且需要检测网络的状态，因此需要在项目的AndroidManifest.xml文件中添加申请访问网络的权限和网络状态的权限，具体代码如下：

```
<uses-permission android:name="android.permission.INTERNET" />
<uses-permission android:name="android.permission.ACCESS_NETWORK_STATE" />
```

任务3-6　创建测试网速的工具类

在测试网速时，首先需要通过startShowTxSpeed()方法和startShowRxSpeed()方法开启子线程监听网速的变化，然后通过getTotalRxBytes()方法和getTotalTxBytes()方法获取网络的总流量数据，最后通过showRxSpeed()方法和showTxSpeed()方法将网络下载与上传速度传递到网速测试界面。由于这些代码量较大，因此抽取出来单独放在定义的工具类NetWorkSpeedUtil中，方便后续调用这些方法。创建测试网速的工具类的具体步骤如下：

1. 创建测试网速的工具类

在程序中选中com.itheima.mobilesafe.netspeed包，在该包下创建一个utils包，在该包中创建一个Java类，命名为NetWorkSpeedUtil，具体代码如【文件8-7】所示。

【文件8-7】NetWorkSpeedUtil.java

```
1  package com.itheima.mobilesafe.netspeed.utils;;
2  ......
3  public class NetWorkSpeedUtil {
4      private Context context;
5      private Handler mHandler;
6      public NetWorkSpeedUtil(Context context, Handler mHandler){
7          this.context = context;
8          this.mHandler = mHandler;
9      }
10 }
```

上述代码中，第6~9行代码创建了NetWorkSpeedUtil类的构造方法NetWorkSpeedUtil(Context context, Handler mHandler)，该方法中的第1个参数context表示上下文，第2个参数mHandler用于将NetWorkSpeedUtil 类中的数据传递到NetDetectionActivity中。

2. 获取下载与上传文件的总流量数据

在NetWorkSpeedUtil类中创建getTotalRxBytes()方法与getTotalTxBytes()方法，分别获取手机中下载和上传的总流量数据，具体代码如下所示。

```
1  private long getTotalRxBytes() {
2      boolean  isSupported  = TrafficStats.getUidRxBytes(context.getApplicationInfo().
3                                                  uid) == TrafficStats.UNSUPPORTED;
4      return isSupported ? 0 :(TrafficStats.getTotalRxBytes()/1024);// 转为 K
5  }
6  private long getTotalTxBytes() {
7      boolean isSupported = TrafficStats.getUidTxBytes(context.getApplicationInfo().
8                                                  uid) == TrafficStats.UNSUPPORTED;
9      return isSupported ? 0 :(TrafficStats.getTotalTxBytes()/1024);// 转为 K
10 }
```

上述代码中，第2~3行代码判断当前设备是否支持统计流量功能，如果支持，则通过调用TrafficStats类的getTotalRxBytes()方法获取下载的总流量，否则，获取到的总流量为0。

第6~10代码实现的是获取上传文件的总流量数据信息，与第1~5行代码获取下载文件的总流量数据逻辑类似，此处不再重复介绍。

3. 开启下载和上传的定时器

在NetWorkSpeedUtil类中创建startShowRxSpeed()方法与startShowTxSpeed()方法，在这2个方法中分别开启下载与上传文件的定时器，不断地获取下载与上传的总流量数据，具体代码如下所示。

```
1 private long lastTotalRxBytes = 0;
2 private long lastTimeRx = 0;
3 private long lastTotalTxBytes = 0;
4 private long lastTimeTx = 0;
5 private  Timer txTimer;
6 private Timer rxTimer;
7 TimerTask rxTask = new TimerTask() {
8     @Override
9     public void run() {
10        showRxSpeed();// 更新下载文件的流量速度，该方法在后续创建
11    }
12 };
13 TimerTask txTask = new TimerTask() {
14    @Override
15    public void run() {
16        showTxSpeed();// 更新上传文件的流量速度，该方法在后续创建
17    }
18 };
19 public void startShowRxSpeed(){
20    lastTotalRxBytes = getTotalRxBytes();
21    lastTimeRx = System.currentTimeMillis();
22    rxTimer = new Timer();
23    rxTimer.schedule(rxTask, 1000, 1000);// 1s后启动任务，每1s执行一次
24 }
25 public void startShowTxSpeed(){
26    lastTotalTxBytes = getTotalTxBytes();
27    lastTimeTx = System.currentTimeMillis();
28    txTimer = new Timer();
29    txTimer.schedule(txTask, 1000, 1000); // 1s后启动任务，每1s执行一次
30 }
```

上述代码中，第7~12行代码创建了一个下载任务rxTask，在执行该任务时，会调用showRxSpeed()方法将获取的下载速度传递到网速测试界面。

第13~18行代码创建了一个上传任务txTask，其中的代码逻辑与第7~12行代码中的逻辑一致，此处不再介绍。

第19~24行代码中创建了startShowRxSpeed()方法，用于启动下载任务的定时器。其中，第20行代码调用getTotalRxBytes()方法获取当前下载文件的网络总流量，第21行代码通过currentTimeMillis()方法获取当前的时间，第23行代码通过调用schedule()方法延迟1秒后启动rxTask下载任务，每1秒执行一次该任务。

第25~30行代码创建了startShowTxSpeed()方法，用于启动上传文件的定时器。其中的代码逻辑与startShowRxSpeed()方法中的逻辑一致，不再重复介绍。

4. 更新下载和上传的流量速度

在NetWorkSpeedUtil类中创建showRxSpeed()方法与showTxSpeed()方法，用于获取下载和上传的网络速度，并将这些速度信息传递到主线程中，具体代码如下所示。

```
1 private static final int MSG_RX_SPEED = 100;          // 下载速度信息
2 private static final int MSG_TX_SPEED = 101;          // 上传速度信息
3 // 下载的速度
4 private void showRxSpeed() {
5     long nowTotalRxBytes = getTotalRxBytes();
```

```
6      long nowTimeStamp = System.currentTimeMillis();
7      long speed = ((nowTotalRxBytes - lastTotalRxBytes) * 1000 /
8                                  (nowTimeStamp - lastTimeRx));// 毫秒转换
9      long speed2 = ((nowTotalRxBytes - lastTotalRxBytes) * 1000 %
10                                 (nowTimeStamp - lastTimeRx));// 毫秒转换
11     lastTimeRx = nowTimeStamp;
12     lastTotalRxBytes = nowTotalRxBytes;
13     Message msg = mHandler.obtainMessage();
14     msg.what = MSG_RX_SPEED;
15     msg.obj = String.valueOf(speed) + "." + String.valueOf(speed2);// 下载的网速
16     mHandler.sendMessage(msg);// 更新界面
17 }
18 // 上传的速度
19 private void showTxSpeed() {
20     long nowTotalTxBytes = getTotalTxBytes();
21     long nowTimeStamp = System.currentTimeMillis();
22     long speed = ((nowTotalTxBytes - lastTotalTxBytes) * 1000 /
23             (nowTimeStamp - lastTimeTx));// 毫秒转换
24     long speed2 = ((nowTotalTxBytes - lastTotalTxBytes) * 1000 %
25             (nowTimeStamp - lastTimeTx));// 毫秒转换
26     lastTimeTx = nowTimeStamp;
27     lastTotalTxBytes = nowTotalTxBytes;
28     Message msg = mHandler.obtainMessage();
29     msg.what = MSG_TX_SPEED;
30     msg.obj = String.valueOf(speed) + "." + String.valueOf(speed2) ; // 上传的网速
31     mHandler.sendMessage(msg);// 更新界面
32 }
```

上述代码中，第4~17行代码创建了showRxSpeed()方法，用于获取下载文件的总流量信息并将此信息通过Handler类传递到主线程中。其中，第5行代码通过getTotalRxBytes()方法获取当前网络的总下载流量，第6行代码通过currentTimeMillis()方法获取当前时间。

第7~8行代码用于获取当前下载网速值的小数点前的数据。将现在的总下载流量减去1秒前的总下载流量，除以现在时间nowTimeStamp和1秒前lastTimeRx的时间差，获取到下载网速speed。

第9~10行代码用于获取当前下载网速值的小数点后的数据。将现在总下载流量nowTotalRxBytes减去1秒前的下载流量lastTotalRxBytes，对现在时间nowTimeStamp和1秒前时间lastTimeRx的差取余，得到下载网速speed2。

第11~16行代码通过mHandler对象的sendMessage()方法将带有下载网速的消息发送到主线程中。

第19~32行代码创建了showTxSpeed()方法，用于获取上传文件的总流量信息，并将此信息通过Handler类传递到主线程中。该方法的逻辑和showRxSpeed()方法中的逻辑一致，此处不再介绍。

5. 取消下载和上传的定时器

在NetWorkSpeedUtil类中创建cancelRxSpeed()方法与cancelTxSpeed()方法，分别用于取消下载与上传定时器中的任务，具体代码如下所示。

```
1  public void cancelRxSpeed(){
2      rxTimer.cancel();
3  }
4  public void cancelTxSpeed(){
5      txTimer.cancel();
6  }
```

上述代码中，第2、5行代码通过Timer类的cancel()方法取消下载定时器rxTimer与上传定时器txTimer中执行的任务。

任务3-7　实现网速测试功能

在网速测试界面中，首先创建checkNetSpeed()方法检测当前网络，在该方法中调用startShowRxSpeed()方法开启测试下载速度的定时器，然后调用downloadFile()方法从服务器中下载文件，当下载结束时，更新界面上的下载网速并调用fileupload()方法上传文件，上传完成时，更新界面上的上传网速，最后自动跳转到测试报告界面。实现网速测试功能的具体步骤如下：

1．添加框架okhttp3.jar

由于测试网速时需要调用okhttp3.jar库中的OkHttpClient类向服务器请求数据，因此需要将okhttp3.jar库添加到项目中。右击项目名称，选择【Open Module Settings】→【app】→【Dependencies】选项，单击右上角的绿色加号并选择Library dependency选项，接着找到com.squareup.okhttp3:okhttp:4.0.1库并添加到项目中。

2．获取当前下载网速

在NetDetectionActivity中，创建一个checkNetSpeed()方法，该方法用于获取当前网络的下载速度，具体代码如下所示。

```
1  private NetWorkSpeedUtil netWorkSpeedUtil;
2  private float txspeed =0.0f;                            //上传速度
3  private float rxspeed =0.0f;                            //下载速度
4  private static final int MSG_RX_SPEED = 100;     //下载速度信息
5  private static final int MSG_TX_SPEED = 101;     //上传速度信息
6  ......
7  private Handler mHandler = new Handler(){
8      @RequiresApi(api = Build.VERSION_CODES.N)
9      @Override
10     public void handleMessage(Message msg) {
11         switch (msg.what) {
12             case MSG_RX_SPEED:    //更新网络下载速度
13                 if (msg.obj != null){
14                     float value = Float.valueOf(msg.obj.toString().trim());
15                     dv_speed.setInternetSpeed((int) value *1024);
16                     if (rxspeed < value){
17                         rxspeed = value;
18                     }
19                     tv_rxspeed.setText(getFormetSpeed(rxspeed));
20                 }
21                 break;
22             case MSG_TX_SPEED:    //更新网络上传速度
23                 if (msg.obj != null){
24                     float txValue = Float.valueOf(msg.obj.toString().trim());
25                     dv_speed.setInternetSpeed((int) txValue *1024);
26                     if (txspeed < txValue){
27                         txspeed = txValue;
28                     }
29                     tv_txspeed.setText(getFormetSpeed(txValue));
30                 }
31                 break;
32         }
```

```
33          super.handleMessage(msg);
34      }
35 };
36 public void checkNetSpeed() {
37     //在下载过程中测试下载的速度
38     netWorkSpeedUtil = new NetWorkSpeedUtil(this,mHandler);
39     netWorkSpeedUtil.startShowRxSpeed();
40     downloadFile();//下载文件
41 }
```

上述代码中，第12~21行代码接收子线程中传递过来的下载网速数据并更新界面的下载网速。其中，第15行代码通过setInternetSpeed()方法将下载速度显示到界面圆盘中，第19行代码通过setText()方法将当前下载速度的最大值设置到界面控件上。

第22~31行代码接收子线程中传递过来的上传网速数据并更新界面的上传网速。其实现逻辑与第12~21行代码中的逻辑一致，不再进行重复介绍。

第36~41行代码创建了checkNetSpeed()方法，在该方法中通过startShowRxSpeed()方法开启测试下载网速的定时器。

3．调用测试下载网速的方法

在NetDetectionActivity中找到checkNetworkAvalible()方法，在该方法的注释“//检测网络速度”下方调用checkNetSpeed()方法，开启子线程测试下载网速，具体代码如下所示。

```
1  private void checkNetworkAvalible() {
2      if (isNetworkAvalible()){//判断是否有可用的网络
3          if (isWifi()){          //判断当前网络是否为WIFI
4              //检测网络速度
5              checkNetSpeed();
6          }else{
7              //弹出对话框、询问用户是否使用流量检测网络速度
8          }
9      }else{
10         ......
11     }
12 }
```

在NetDetectionActivity中找到createDialog ()方法，在该方法中的注释“//测试网络速度”下方调用checkNetSpeed()方法，开启子线程测试下载网速，具体代码如下所示。

```
1  private void createDialog(String message) {
2      ......
3      @Override
4      public void onPositiveClick() { //确定按钮的点击事件
5          dialog.dismiss();
6         //测试网络速度
7         checkNetSpeed();
8      }
9  }
```

4．格式化数据

在NetDetectionActivity中创建getFormetSpeed()方法，在该方法中格式化上传与下载网速数据，具体代码如下所示。

```
1  public  String getFormetSpeed(float flow) {
2      String strSpeed = "";
```

```
3       if (flow < 1024) {
4           strSpeed = String.format("%.2f", flow)+"K/s";
5       } else if (flow < 1048576) {
6           strSpeed = String.format("%.2f", flow*1.0 / 1024)+"M/s";
7       } else if (flow > 1073741824){
8           strSpeed = String.format("%.2f", flow*1.0 / 1048576)+ "G/s";
9       }
10      return strSpeed;
11 }
```

5．实现下载文件的功能

在NetDetectionActivity中，创建一个downloadFile()方法，该方法用于从服务器中下载文件，具体代码如下所示。

```
1  private static final int MSG_FAIL = 10001;          //连接失败
2  private static final int MSG_RXOK = 10002;          //下载成功
3  private void downloadFile(){
4      //下载路径，如果路径无效了，可换成你的下载路径
5      final String url = "http://3s.dkys.org:10812/filemanage/download?filename=" +
6                                                   "python-3.5.2-amd64.exe";
7      OkHttpClient client = new OkHttpClient();
8      final Request request = new Request.Builder()
9              .url(url)
10             .get()               //默认就是GET请求，可以不写
11             .build();
12      Call call = client.newCall(request);
13      call.enqueue(new okhttp3.Callback() {
14          @Override
15          public void onFailure(Call call, IOException e) {
16              e.printStackTrace();
17              netWorkSpeedUtil.cancelRxSpeed();//停止测试下载网速定时器
18              Message msg = mHandler.obtainMessage();
19              msg.what = MSG_FAIL;
20              mHandler.sendMessage(msg);//更新界面
21          }
22          @Override
23          public void onResponse(Call call, Response response) throws IOException {
24              Sink sink = null;
25              BufferedSink bufferedSink = null;
26              try {
27                  String mSDCardPath= Environment.getExternalStorageDirectory().
28                                                          getAbsolutePath();
29                  File dest = new File(mSDCardPath,url.substring(url.lastIndexOf("=") + 1));
30                  sink = Okio.sink(dest);
31                  bufferedSink = Okio.buffer(sink);
32                  bufferedSink.writeAll(response.body().source());
33                  bufferedSink.close();
34                  Message msg = mHandler.obtainMessage();
35                  msg.what = MSG_RXOK;
36                  mHandler.sendMessage(msg);          //更新界面
37              } catch (Exception e) {
38                  e.printStackTrace();
39                  Message msg = mHandler.obtainMessage();
40                  msg.what = MSG_FAIL;
41                  mHandler.sendMessage(msg);          //更新界面
```

```
42              } finally {
43                  if(bufferedSink != null){
44                      bufferedSink.close();
45                  }
46                  netWorkSpeedUtil.cancelRxSpeed();
47              }
48          }
49      });
50 }
```

上述代码中，第8~11行代码首先通过调用Builder对象的url()方法设置了要访问的网络地址，然后调用get()方法设置该网络为GET请求，最后通过调用build()方法构建请求对象request。

第13~49行代码通过Call对象的enqueue()方法开启异步请求。当文件下载成功时，程序会回调Callback接口中的onResponse()方法，当文件下载失败时，程序会回调Callback接口中的onFailure()方法。

第14~21行重写了onFailure()方法，在该方法中通过调用cancelRxSpeed()方法停止测试当前下载网速的定时器，并调用Handler类的sendMessage()方法更新界面信息。

第22~49行代码重写了onResponse()方法，在该方法中将下载的文件存储到mSDCardPath路径中，并调用Handler类的sendMessage()方法更新界面中的下载网速信息。

6．更新下载速度的数据

在NetDetectionActivity中找Handler类重写的handleMessage()方法，在该方法中接收下载文件成功与失败的消息，具体代码如下所示。

```
1  private Handler mHandler = new Handler(){
2      @Override
3      public void handleMessage(Message msg) {
4          switch (msg.what) {
5              ......
6              case MSG_RXOK:
7                  tv_rxspeed.setText(getFormetSpeed(rxspeed));
8                  netWorkSpeedUtil.startShowTxSpeed();
9                  fileupload();
10                 break;
11             case MSG_FAIL:
12                 Toast.makeText(NetDetectionActivity.this,
13                         "请检测网络",Toast.LENGTH_SHORT).show();
14                 break;
15         }
16         super.handleMessage(msg);
17     }
18 };
```

上述代码中，第6~10行代码用于接收子线程中传递过来的下载文件成功的消息。

第7行代码通过setText()方法将下载网速数据信息设置到界面控件上。

第8行代码通过startShowTxSpeed()方法开启测试上传网速的定时器。

第9行代码通过fileupload()方法开始上传文件到服务器。

第11~14行代码接收子线程传递过来的下载文件失败的消息，并通过Toast类提示用户“请检测网络”。

7. 实现上传文件的功能

在NetDetectionActivity中创建fileupload()方法，在该方法中使用OkHttpClient类将下载的文件上传到服务器中。上传文件成功时，将信息传递到主线程中并更新界面信息，否则，提示用户“测试失败，请重新测试”，具体代码如下所示。

```
1  private static final int MSG_TXOK = 10003;
2  //上传的限制为30M以内的文件
3  public void fileupload() {
4      // 获得下载的文件路径
5      File file = new File(Environment.getExternalStorageDirectory(),
6                                              "python-3.5.2-amd64.exe");
7      OkHttpClient client = new OkHttpClient();
8      // 上传文件使用MultipartBody.Builder
9      RequestBody requestBody = new MultipartBody.Builder()
10             .setType(MultipartBody.FORM)
11     // 提交文件，第1个参数是键(name="fileUpload")，第2个参数是文件名，第3个参数是请求体
12             .addFormDataPart("fileUpload", file.getName(),
13                                        RequestBody.create(null, file))
14             .build();
15     // POST请求
16     Request request = new Request.Builder()
17             .url("http://3s.dkys.org:10812/filemanage/uploadFile")
18             .post(requestBody)
19             .build();
20     client.newCall(request).enqueue(new Callback() {
21         @Override
22         public void onFailure(Call call, IOException e) {
23             Toast.makeText(NetDetectionActivity.this,"测试失败，请重新测试",
24                                               Toast.LENGTH_SHORT).show();
25         }
26         @Override
27         public void onResponse(Call call, Response response) throws IOException {
28             Message msg = mHandler.obtainMessage();
29             msg.what = MSG_TXOK;
30             mHandler.sendMessage(msg);          //将上传成功的信息传递到主线程中
31             netWorkSpeedUtil.cancelTxSpeed();//停止测试上传网速的定时器
32         }
33     });
34 }
```

8. 更新上传速度的文本

在NetDetectionActivity中找到Handler类，在该类重写的handleMessage()方法中接收传递过来的上传文件成功的消息，具体代码如下所示。

```
1  private Handler mHandler = new Handler(){
2      @Override
3      public void handleMessage(Message msg) {
4          switch (msg.what) {
5              ......
6              case MSG_TXOK:
7                  //上传速度测试结束
```

```
8                tv_txspeed.setText(getFormetSpeed(txspeed));
9                //跳转到测试结果界面
10               break;
11           }
12           super.handleMessage(msg);
13 }
```

上述代码中，第6~10行代码接收子线程中传递过来的上传文件成功的消息。

第8行代码通过setText()方法将接收到的上传网速显示到界面控件上。

9．添加跳转到网速测试界面的逻辑代码

由于点击首页界面的“网速测试”条目时，程序会跳转到网速测试界面，因此需要找到HomeActivity中的onClick()方法，在该方法中的注释“//网速测试”下方添加跳转到网速测试界面的逻辑代码，具体代码如下所示。

```
Intent speedIntent=new Intent(this, NetDetectionActivity.class);
startActivity(speedIntent);
```

网速测试界面的逻辑代码文件NetDetectionActivity.java的完整代码详见【文件8-8】所示。

完整代码：文件 8-8

任务4　“测试报告”设计分析

任务综述

测试报告界面主要用于显示测试网速日期、上传与下载网速信息。在当前任务中，我们通过工具Axure RP 9 Beat设计测试报告界面的原型图，使其达到用户需求的效果。为了让读者学习如何设计测试报告界面，本任务将针对测试报告界面的原型和UI设计进行分析。

任务4-1　原型分析

为了让用户更清晰地看到上传与下载网速的信息，我们设计了一个测试报告界面。当网速测试界面测试完网速后，会自动进入测试报告界面，该界面用于展示测试网速的具体时间、下载网速信息、上传网速信息、“重新测试”按钮，点击界面上的“重新测试”按钮，会重新进入网速测试界面。

通过情景分析后，总结用户需求，测试报告界面设计的原型图如图8-26所示。

根据图8-26中设计的测试报告界面原型图，分析界面上各个功能的设计与放置的位置，具体如下：

1．标题栏设计

标题栏原型图设计如图8-27所示。

2．测试报告信息显示设计

测试报告信息显示设计的原型图如图8-28所示。

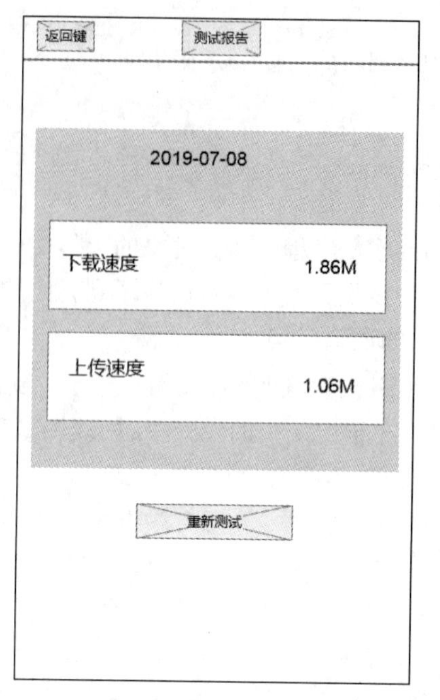

图8-26　测试报告界面原型图

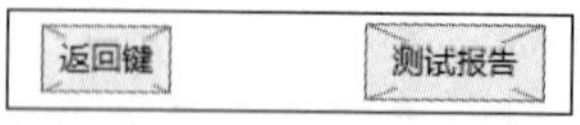

图8-27　标题栏原型图

图8-28　测试报告信息显示原型图

为了让用户更详细地看到在网速测试界面获取到的网络信息，我们在测试报告界面设计了一个显示报告信息的区域，在这个区域中需要显示测试的日期、下载速度与上传速度信息。

3. “重新测试”按钮设计

“重新测试”按钮设计的原型图如图8-29所示。

显示完测试报告信息之后，如果用户对测出的结果不太满意，想要重新测试一下当前网速，则在测试报告界面还需要设计一个“重新测试”按钮，点击该按钮，程序会重新回到网速测试界面，在该界面对当前的网络重新进行测试。一般情况下按钮的位置都在水平方向居中，“重新测试”按钮也不例外。

图8-29　“重新测试”按钮原型图

任务4–2　UI分析

通过原型分析可知测试报告界面具体有哪些功能，需要显示哪些信息，根据这些信息，设计测试报告界面的效果，如图8-30所示。

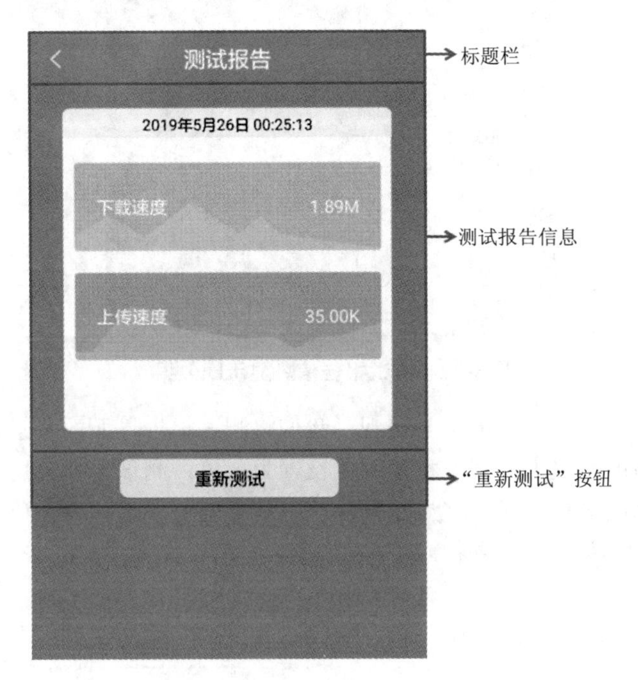

图8-30　测试报告界面效果图

根据图8-30展示的测试报告界面效果图，分析该图的设计过程，具体如下：

1. 测试报告布局设计

由图8-30可知，测试报告界面显示的信息有标题、返回键、测试日期、下载速度、上传速度、“重新测试”按钮。根据界面效果的展示，将测试报告界面按照从上至下的顺序划分为3部分，分别是标题栏、测试报告信息、“重新测试”按钮，接下来详细分析这3部分。

第1部分：标题栏的组成在前面章节已介绍过，此处不再重复介绍。

第2部分：由5个文本组成，分别用于显示测试日期、“下载速度”信息、下载速度数据、“上传速度”信息、上传速度数据。

第3部分：由1个按钮显示“重新测试”信息。

2. 颜色设计

（1）标题栏设计

标题栏UI设计效果如图8-31所示。

图8-31　标题栏UI效果

（2）测试报告信息显示设计

测试报告信息显示的UI设计效果如图8-32所示。

图8-32　测试报告信息显示UI效果

为了让测试报告信息显示得更清晰与美观，我们将测试报告界面的背景设置为主题色，测试报告信息背景的四个角度设置为椭圆，背景颜色设置为白色，测试日期使用黑色文本显示。为了区分下载速度与上传速度信息，我们将显示下载速度信息的背景设置为蓝色，显示上传速度信息的背景设置为紫色，上传速度与下载速度的文本信息的颜色设置为白色，文本大小设置为16 sp。

（3）“重新测试”按钮设计

“重新测试”按钮的UI设计效果如图8-33所示。

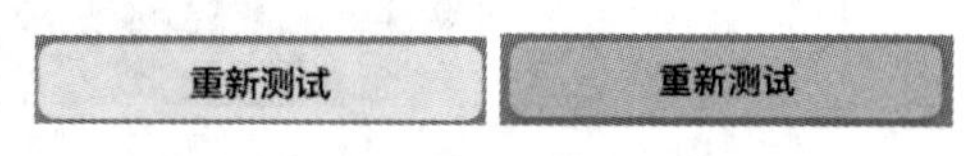

图8-33　“重新测试”按钮UI效果

为了区分“重新测试”按钮的点击与未点击状态，我们为其设计了两个背景颜色，当未点击此按钮时，按钮的背景显示灰色，按钮的文本显示黑色，当点击此按钮时，按钮背景显示深灰色，按钮的文本显示黑色。

任务5　搭建测试报告界面

为了实现测试报告界面的UI设计效果，在界面的布局代码中使用TextView控件、Button控件完成测试报告界面的测试日期、“下载速度”信息、下载速度数据、“上传速度”信息、上传速度数据等文本和“重新测试”按钮的显示，接下来，本任务将通过布局代码搭建测试结果界面的布局。

【知识点】

● TextView控件。

● Button控件。

【技能点】

● 通过TextView控件显示界面文本信息。

● 使用Button控件显示“重新测试”按钮。

本任务需要搭建的测试报告界面的效果如图8-34所示。

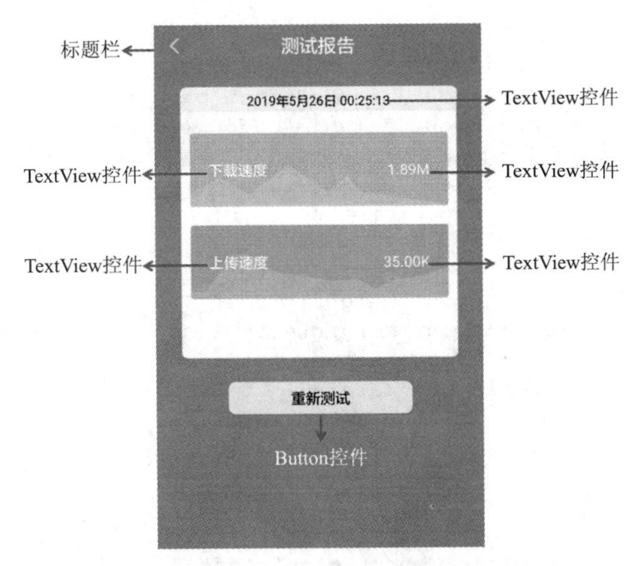

图8-34　测试结果界面

搭建测试报告界面布局的具体步骤如下

1. 创建网速测试界面

在com.itheima.mobilesafe.netspeed.activity包中创建一个Empty Activity类，命名为TestReportActivity，并将布局文件名指定为activity_test_report。

2. 导入界面图片

将测试报告界面所需要的图片bg_report.png、bg_rxspeed.png、bg_txspeed.png导入到drawable-hdpi文件夹中。

3. 放置界面控件

在activity_test_report.xml文件中，通过<include>标签引入标题栏布局（main_title_bar.xml），放置5个TextView控件分别用于显示测试日期、“下载速度”文本信息、下载速度数据、“上传速度”文本信息和上传速度数据，具体代码如【文件8-9】所示。

【文件8-9】activity_test_report.xml

```
1  <?xml version="1.0" encoding="utf-8"?>
2  <RelativeLayout xmlns:android="http://schemas.android.com/apk/res/android"
3      android:layout_width="match_parent"
4      android:layout_height="match_parent"
5      android:background="@color/blue_color">
6      <include
7          android:id="@+id/title_bar"
8          layout="@layout/main_title_bar"/>
9      <LinearLayout
10         android:id="@+id/speed"
11         android:layout_width="300dp"
12         android:layout_height="300dp"
13         android:layout_below="@+id/title_bar"
14         android:layout_centerHorizontal="true"
15         android:layout_marginTop="20dp"
16         android:background="@drawable/bg_report"
17         android:orientation="vertical">
```

```
18          <TextView
19              android:id="@+id/tv_time"
20              android:layout_width="match_parent"
21              android:layout_height="30dp"
22              android:gravity="center"
23              android:text="2019-04-03"
24              android:textColor="@color/black"/>
25          <RelativeLayout
26              android:layout_width="match_parent"
27              android:layout_height="80dp"
28              android:layout_marginLeft="10dp"
29              android:layout_marginTop="20dp"
30              android:layout_marginRight="10dp"
31              android:background="@drawable/bg_rxspeed">
32              <TextView
33                  android:layout_width="wrap_content"
34                  android:layout_height="wrap_content"
35                  android:layout_centerVertical="true"
36                  android:layout_marginLeft="20dp"
37                  android:text=" 下载速度 "
38                  android:textColor="#fff"
39                  android:textSize="16sp" />
40              <TextView
41                  android:id="@+id/tv_rxspeed"
42                  android:layout_width="wrap_content"
43                  android:layout_height="wrap_content"
44                  android:layout_alignParentRight="true"
45                  android:layout_centerVertical="true"
46                  android:layout_marginRight="20dp"
47                  android:text="5.7M/s"
48                  android:textColor="#fff"
49                  android:textSize="16sp" />
50          </RelativeLayout>
51          <RelativeLayout
52              android:layout_width="match_parent"
53              android:layout_height="80dp"
54              android:layout_marginLeft="10dp"
55              android:layout_marginTop="20dp"
56              android:layout_marginRight="10dp"
57              android:background="@drawable/bg_txspeed">
58              <TextView
59                  android:layout_width="wrap_content"
60                  android:layout_height="wrap_content"
61                  android:layout_centerVertical="true"
62                  android:layout_marginLeft="20dp"
63                  android:text=" 上传速度 "
64                  android:textColor="#fff"
65                  android:textSize="16sp" />
66              <TextView
67                  android:id="@+id/tv_txspeed"
68                  android:layout_width="wrap_content"
69                  android:layout_height="wrap_content"
70                  android:layout_alignParentRight="true"
71                  android:layout_centerVertical="true"
72                  android:layout_marginRight="20dp"
```

```
73                  android:text="5.7M/s"
74                  android:textColor="#fff"
75                  android:textSize="16sp" />
76          </RelativeLayout>
77      </LinearLayout>
78      <Button
79          android:id="@+id/restart"
80          android:layout_width="200dp"
81          android:layout_height="35dp"
82          android:text="重新测试"
83          android:textSize="16sp"
84          android:layout_centerHorizontal="true"
85          android:gravity="center"
86          android:layout_below="@+id/speed"
87          android:layout_marginTop="20dp"
88          android:background="@drawable/bg_button_selector"
89          android:textColor="@color/black"/>
90 </RelativeLayout>
```

任务6　实现测试报告界面功能

任务综述

为了实现测试报告界面设计的功能，在界面的逻辑代码中首先调用initView()方法初始化界面控件，然后创建initData()方法获取网速测试界面传递的下载和上传的速度，最后为TestReportActivity实现View.OnClickListener接口，并重写onClick()方法，实现界面控件的点击事件。接下来，本任务将通过逻辑代码实现测试报告界面的功能。

【知识点】

- View.OnClickListener接口。
- Intent类。

【技能点】

- 通过View.OnClickListener接口实现控件的点击事件。
- 通过Intent实现界面的跳转功能。

任务6-1　初始化界面控件

由于需要获取测试报告界面的控件并为其设置一些数据，因此在TestReportActivity中创建一个initView()方法，用于初始化界面控件，具体代码如【文件8-10】所示。

【文件8-10】TestReportActivity.java

```
1  package com.itheima.mobilesafe.netspeed.activity;
2  ......
3  public class TestReportActivity extends Activity {
4      private TextView tv_rxspeed,tv_txspeed;
5      @Override
6      protected void onCreate(Bundle savedInstanceState) {
7          super.onCreate(savedInstanceState);
8          setContentView(R.layout.activity_test_report);
9          initView();
```

```
10      }
11      private void initView() {
12          RelativeLayout title_bar = findViewById(R.id.title_bar);
13          title_bar.setBackgroundColor(getResources().getColor(R.color.blue_color));
14          TextView title = findViewById(R.id.tv_main_title);
15          title.setText("测试报告");
16          TextView tv_back = findViewById(R.id.tv_back);
17          tv_back.setVisibility(View.VISIBLE);
18          tv_rxspeed = findViewById(R.id.tv_rxspeed);
19          tv_txspeed = findViewById(R.id.tv_txspeed);
20      }
21 }
```

任务6-2　显示下载与上传网速

由于在测试报告界面需要获取网速测试界面传递的下载和上传的网速数据，并将该数据显示到界面上，因此需要在TestReportActivity中创建initData()方法，在该方法中实现此功能，具体代码如下所示。

```
1  @Override
2  protected void onCreate(Bundle savedInstanceState) {
3      ......
4      initData();
5  }
6  private void  initData(){
7      Intent intent = getIntent();
8      float rxspeed = intent.getFloatExtra("rxspeed",0.0f);  //下载速度
9      float txspeed = intent.getFloatExtra("txspeed",0.0f);  //上传速度
10     tv_rxspeed.setText(getFormetSpeed(rxspeed));
11     tv_txspeed.setText(getFormetSpeed(txspeed));
12     TextView tv_time = findViewById(R.id.tv_time);
13     Date  dt = new Date();
14     String time = dt.toLocaleString();
15     tv_time.setText(time);
16 }
17 public  String getFormetSpeed(float flow) {
18     String strSpeed = "";
19     if (flow < 1024) {
20         strSpeed = String.format("%.2f", flow)+"K/s";
21     } else if (flow < 1048576) {
22         strSpeed = String.format("%.2f", flow*1.0 / 1024)+"M/s";
23     } else if (flow > 1073741824){
24        strSpeed = String.format("%.2f", flow*1.0 / 1048576)+ "G/s";
25     }
26     return strSpeed;
27 }
```

上述代码中，第8、9行代码通过调用getFloatExtra()方法获取网速测试界面传递过来的下载和上传文件的速度。

任务6-3　实现界面控件的点击事件

由于测试报告界面的返回键和“重新测试”按钮都需要实现点击事件，因此需要将TestReportActivity实现View.OnClickListener接口，并重写onClick()方法，在该方法中实现控件的点

击事件，具体代码如下所示。

```
 1 public class TestReportActivity extends Activity implements View.OnClickListener {
 2     ......
 3     private void initView() {
 4         ......
 5         tv_back.setOnClickListener(this);
 6         findViewById(R.id.restart).setOnClickListener(this);
 7     }
 8     @Override
 9     public void onClick(View v) {
10         switch (v.getId()){
11             case R.id.tv_back:              //返回键
12                 finish();
13             break;
14             case R.id.restart:              //重新测试
15                 Intent intent = new Intent(this,NetDetectionActivity.class);
16                 startActivity(intent);
17                 finish();
18             break;
19         }
20     }
21 }
```

上述代码中，第5~6行代码通过调用setOnClickListener()方法为返回键和“重新测试”按钮设置点击事件的监听器。

第14~18行代码实现了“重新测试”按钮的点击事件，当点击该按钮时，程序会通过startActivity()方法跳转到网速测试界面，并通过finish()方法关闭当前界面。

测试报告界面的逻辑代码文件TestReportActivity.java的完整代码详见【文件8-11】。

完整代码：文件 8-11

扫码看代码

本 章 小 结

本章主要讲解了手机安全卫士的网速测试模块，该模块中包含了网速测试界面与测试报告界面以及这2个界面布局的搭建，在逻辑代码中通过downloadFile()方法与fileupload()方法分别下载和上传文件，通过TrafficStats类的getTotalRxBytes()方法与getTotalTxBytes()方法实现测试下载与上传文件速度的功能。希望读者可以认真学习本章内容，争取能够掌握本章涉及的知识，便于后续开发其他类似的项目。

第 9 章 流量监控模块

学习目标：

◎ 掌握流量监控模块中界面布局的搭建，能够独立制作模块中的各个界面。

◎ 掌握如何自定义控件SportProgressView，实现圆形进度条的效果。

◎ 掌握如何调用第三方图标库MPAndroidChart，实现柱状图的效果。

◎ 掌握流量监控模块的开发，实现流量相关数据的设置与显示功能。

随着互联网的发展，人们越来越依赖网络，每月手机的套餐流量越来越满足不了人们的需求，经常会有用户在不知不觉中被扣除超出套餐流量的费用情况。为了避免给用户造成不必要的损失，我们在手机安全卫士软件中设计了一个流量监控模块，该模块主要用于检测手机使用流量的情况，并根据用户设置的套餐流量计算本月剩余流量与今日使用的流量上限信息。本章将针对流量监控模块进行详细讲解。

任务1 “流量监控”设计分析

任务综述

流量监控界面主要用于显示本月流量信息的使用情况。在当前任务中，我们通过工具Axure RP 9 Beat设计流量监控界面的原型图，使其达到用户需求的效果。为了让读者学习如何设计流量监控界面，本任务将针对流量监控界面的原型和UI设计进行分析。

任务1–1 原型分析

为了监控手机中流量的使用情况，我们设计了流量监控模块，该模块包含套餐流量监控界面、设置套餐流量界面、本月详情界面。其中，流量监控界面主要用于显示本月剩余流量、本月已用流量、本月流量详情、今日已用流量以及今日建议使用的流量上限信息。点击流量监控界面上的“流量校准”按钮，程序会跳转到设置套餐流量界面，点击“查看详情”文本，会跳转到本月详情界面。

通过情景分析后，总结用户需求，流量监控界面设计的原型图如图9-1所示。在图9-1中不仅显示了流量监控界面的原型图，还将设置套餐流量界面原型图和本月详情界面原型图绘制出来了，并通过箭线图的方式表示了这3个界面之间的关系。

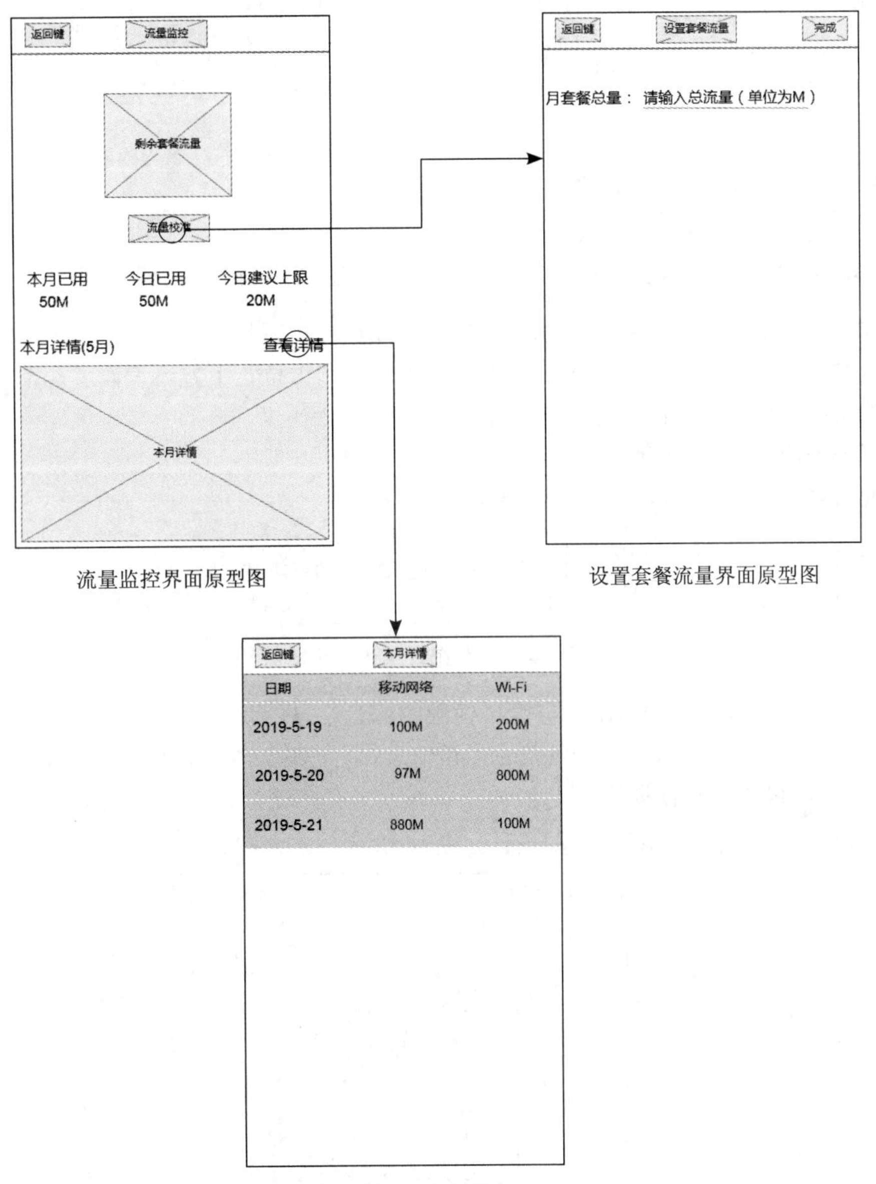

图9-1　流量监控模块原型图

根据图9-1中设计的流量监控界面原型图，分析界面上各个功能的设计与放置的位置，具体如下：

1．标题栏设计

标题栏原型图设计如图9-2所示。

2．剩余套餐流量显示设计

剩余套餐流量显示的原型图设计如图9-3所示。

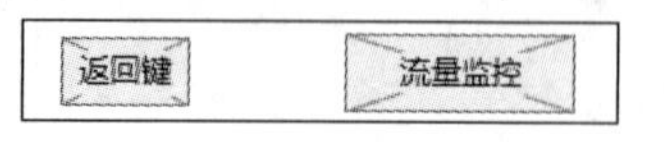

图9-2　标题栏原型图

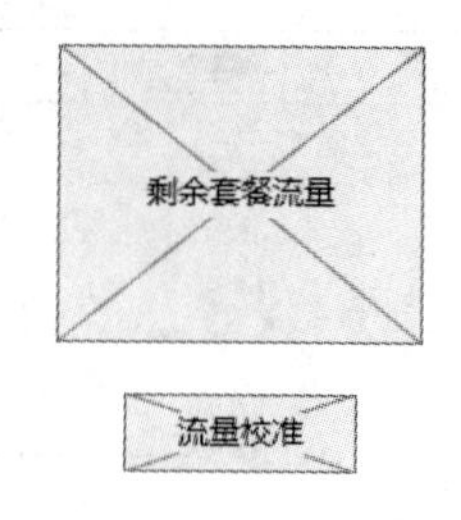

图9-3　剩余套餐流量原型图

为了让用户看到本月套餐流量的剩余情况，我们在标题栏下方设计了一个显示剩余套餐流量信息的区域，此区域在原型图中用一个占位符表示，该占位符下方还设计了一个“流量校准”按钮，该按钮用于跳转到设置套餐流量界面。

3．流量统计信息的显示设计

流量统计信息显示的原型图设计如图9-4所示。

本月已用	今日已用	今日建议上限
50M	50M	20M

图9-4　流量统计信息显示的原型图

为了让用户更详细地知道本月与今日使用的流量信息，我们在流量监控界面上设计了显示本月已用、今日已用、今日建议上限等信息，该信息在“流量校准”按钮下方显示。

4．本月流量详情信息的显示设计

本月流量详情信息显示的原型图设计如图9-5所示。

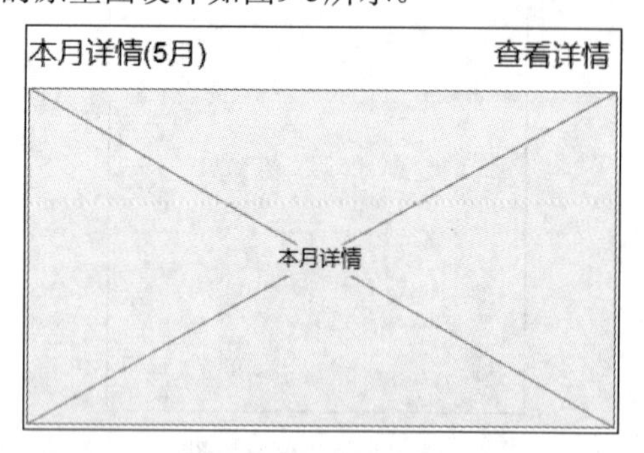

图9-5　本月流量详情信息显示的原型图

为了让用户清晰地看到本月每天使用流量的情况，我们在流量统计信息的下方显示了本月流量的详情信息，在本月详情信息的左上方显示提示信息“本月详情（月份）”，右上方显示“查看详情”，“查看详情”文本用于跳转到本月详情界面，方便用户看到本月更详细的流量使用信息。

任务1–2　UI分析

通过原型分析可知流量监控界面具体有哪些功能，需要显示哪些信息，根据这些信息，设计流量监控界面的效果，如图9-6所示。

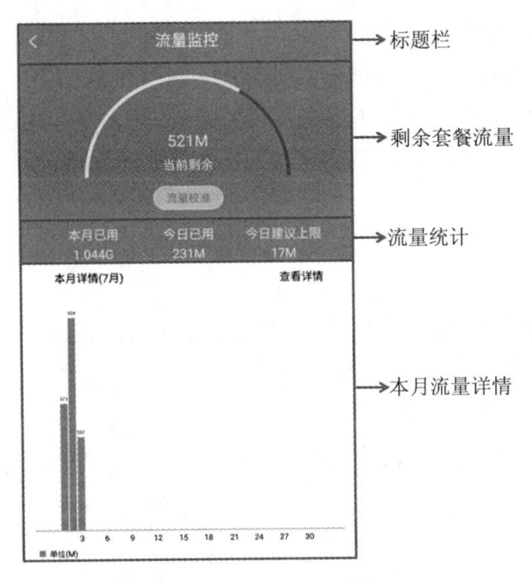

图9-6　流量监控界面效果图

根据图9-6展示的流量监控界面效果图，分析该图的设计过程，具体如下：

1. 流量监控界面布局设计

根据流量监控界面的效果图9-6可知，界面上显示的信息有标题栏、流量使用进度、剩余套餐流量信息、本月已用流量、今日已用流量、今日建议上限的流量、本月流量详情等信息。根据界面效果的展示，将流量监控界面按照从上至下的顺序划分为4部分，分别是标题栏、剩余套餐流量、流量统计、本月流量详情，接下来详细分析这4部分。

第1部分：由于标题栏的组成在前面任务中已介绍过，此处不再重复介绍。

第2部分：由1个圆形进度条、2个文本、1个按钮组成。其中，2个文本用于显示剩余套餐流量数据信息与“当前剩余”信息，1个按钮用于显示“流量校准”信息。

第3部分：由6个文本组成，分别用于显示“本月已用”、“今日已用”、“今日建议上限”信息和对应的3个流量值。

第4部分：由3个文本与1个柱状图组成。其中，3个文本分别用于显示“本月详情”、“查看详情”、“单位（M）”等信息，一个柱状图用于显示每天的流量详细信息。

2. 图形与颜色设计

（1）标题栏设计

标题栏UI设计效果如图9-7所示。

（2）剩余套餐流量的显示设计

剩余套餐流量显示的UI设计效果如图9-8所示。

流量监控

图9-7　标题栏UI效果

图9-8　剩余套餐流量显示的UI效果

一般情况下，我们会通过进度条的形式显示一些信息的剩余量，在此处，我们使用一个半圆形的进度条显示，进度条的背景设置为灰色，前置设置为白色。为了使剩余流量信息显示更为显眼，我们将剩余流量信息的背景设置为主题色（蓝色），剩余的流量数据信息与“当前剩余”文本设置为白色，字体大小分别为12sp，“流量校准”按钮的背景设置为灰白色，文字颜色设置为蓝色。

（3）流量统计信息的显示设计

流量统计信息显示的UI设计效果如图9-9所示。

为了与剩余套餐流量信息背景一致，我们将流量统计信息的背景也设置为主题色。流量统计信息的文本颜色都设置为白色，字体大小为16 sp。

（4）本月流量详情信息的显示设计

本月流量详情信息显示的UI设计效果如图9-10所示。

本月已用	今日已用	今日建议上限
1.044G	231M	17M

图9-9　流量统计信息显示的UI效果

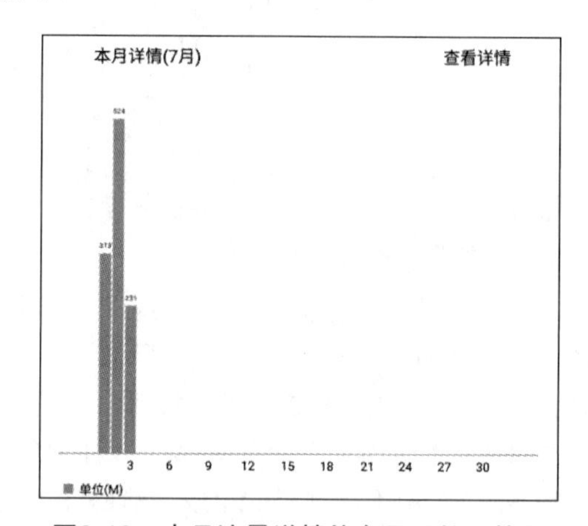

图9-10　本月流量详情信息显示的UI效果

为了更形象地表示本月每天的流量使用情况，我们设计了一个本月详情功能，此功能通过柱状图显示本月中每天使用的流量详情，柱状图中每个柱子的高低表示使用的流量大小（单位为M），柱状图中的填充颜色为蓝色，为了使柱状图显示得更清晰，我们将本月详情部分的背景设置为白色。

任务2　搭建流量监控界面

任务综述

为了实现流量监控界面的UI设计效果，在界面的布局代码中使用自定义控件SportProgressView、TextView控件、Button控件完成流量监控界面的圆形进度条、“当前剩余”、“本月详情”、“查看详情”的文本和“校准流量”按钮的显示，使用第三方控件com.github.mikephil.charting.charts.BarChart显示柱状图。接下来，本任务将通过布局代码搭建流量监控界面的布局。

【知识点】

- 自定义控件SportProgressView。
- TextView控件、Button控件。

- BarChar控件。

【技能点】

- 使用自定义控件SportProgressView显示圆形进度条和剩余流量值。
- 使用TextView控件显示界面的文本信息。
- 使用Button控件显示“校准流量”按钮。
- 使用BarChar控件显示界面的流量柱状图。

任务2-1　自定义圆形进度条

在流量监控界面需要显示一个圆形进度条，该进度条主要用于显示流量的剩余信息。由于使用普通的进度条无法实现圆形进度的效果，因此我们需要自定义一个SportProgressView控件来实现，圆形进度条的界面效果如图9-11所示。

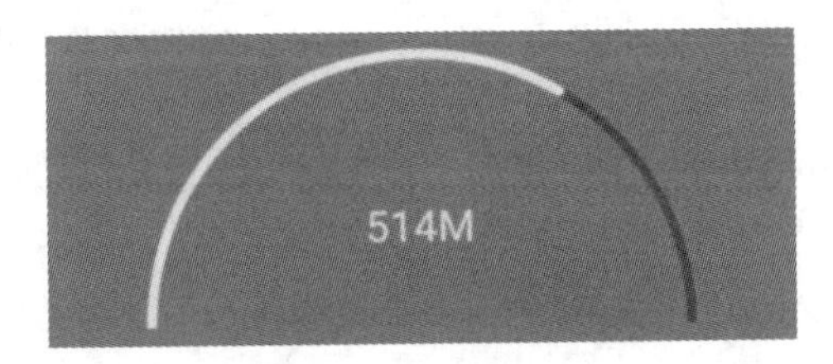

图9-11　圆形进度条

实现自定义圆形进度条的具体步骤如下：

1. 创建自定义控件SportProgressView

在com.itheima.mobilesafe包中创建一个monitor包，在该包中创建view包，在view包中创建一个自定义View类SportProgressView，具体代码如【文件9-1】所示。

【文件9-1】SportProgressView.java

```
1  package com.itheima.mobilesafe.monitor.view;
2  ......
3  public class SportProgressView extends View {
4      private Context mContext;
5      public SportProgressView(Context context) {
6          super(context);
7      }
8      public SportProgressView(Context context, @Nullable AttributeSet attrs) {
9          super(context, attrs);
10         mContext = context;
11     }
12 }
```

2. 初始化画笔

在SportProgressView类中创建init()方法，在该方法中初始化绘制圆形进度条和剩余流量数据的画笔，具体如下所示。

```
1  private Paint mPaint;                           //圆形进度条的画笔
2  private Paint mTextPaint;                       //剩余流量值的画笔
3  private int mProgressWidth = 14;                //圆形进度条的宽度
4  private int mStepTextSize = 10;                 //字体的大小
5  private int colorEmpty = getResources().getColor(R.color.dark_gray);
6  //空白进度条的颜色
```

```
7  ......
8  public SportProgressView(Context context, @Nullable AttributeSet attrs) {
9      super(context, attrs);
10     ......
11     init();
12 }
13 //初始化画笔
14 private void init() {
15     mPaint = new Paint(Paint.ANTI_ALIAS_FLAG);
16     mPaint.setStrokeWidth(mProgressWidth);
17     mPaint.setStyle(Paint.Style.STROKE);   //绘制边
18     mTextPaint = new Paint(Paint.ANTI_ALIAS_FLAG);
19     mTextPaint.setColor(colorEmpty);
20     mTextPaint.setTextSize(mStepTextSize);
21 }
```

上述代码中，第15、18行代码通过Paint()方法创建了绘制圆形进度条与剩余流量数据的画笔对象mPaint与mTextPaint。

第16~17行代码通过调用setStrokeWidth()方法、setStyle()方法分别设置了圆形进度条画笔的线条宽度与绘制图形边的样式。

第19~20行代码通过setColor()方法和setTextSize()方法设置了绘制剩余流量数据画笔的颜色和绘制的文本字体大小。

3. 重写onMeasure()方法

在SportProgressView类中重写onMeasure()方法，在该方法中计算自定义圆形进度条的宽高，并通过调用setMeasuredDimension()方法将计算的宽高值设置给自定义圆形进度条控件，具体代码如下所示。

```
1  private int mWidth;            //控件的宽度
2  private int mHeight;           //控件的高度
3  private int mProgressR;        //圆形进度条的半径
4  @Override
5  protected void onMeasure(int widthMeasureSpec, int heightMeasureSpec) {
6      int widthSpecMode = MeasureSpec.getMode(widthMeasureSpec); //获取控件宽度模式
7      int widthSpecSize = MeasureSpec.getSize(widthMeasureSpec); //获取控件宽度准确值
8      int heightSpecMode = MeasureSpec.getMode(heightMeasureSpec);//获取控件高度模式
9      int heightSpecSize = MeasureSpec.getSize(heightMeasureSpec);//获取控件高度准确值
10     if (widthSpecMode == MeasureSpec.EXACTLY) {   //完全，父元素决定子元素的宽度准确值
11         mWidth = widthSpecSize;
12     } else if (widthSpecMode == MeasureSpec.AT_MOST) {  //至多，子元素至多达到指定大小的值
13         mWidth = 500;
14     }
15     if (heightSpecMode == MeasureSpec.EXACTLY) {
16         mHeight = heightSpecSize;
17     } else if (widthSpecMode == MeasureSpec.AT_MOST) {
18         mHeight = 500;
19     }
20     //以给定的高度为限制条件，计算半径
21     mProgressR = mHeight - mProgressWidth / 2;
22     mWidth = mProgressR * 2 + mProgressWidth + getPaddingLeft() + getPaddingRight();
23     setMeasuredDimension(mWidth, mHeight);
24 }
```

上述代码中，第6~9行代码分别通过getMode()方法与getSize()方法获取当前父布局对子元素（自定义控件）宽度与高度的模式以及宽度与高度的准确值。

第10~19行代码获取自定义圆形进度条控件的宽高，当widthSpecMode模式为EXACTLY时，表示父布局决定子元素的宽度准确值，此时将父布局的宽赋值给mWidth，当widthSpecMode模式为AT_MOST时，表示子元素的最大值，此时设置自定义View的宽度mWidth的最大值为500。自定义控件的高度设置与宽度设置类似，不再进行重复介绍。

4. 重写onDraw()方法

在SportProgressView类中重写onDraw()方法，该方法用于绘制圆形进度条和剩余流量数据，具体代码如下所示。

```
1  @Override
2  protected void onDraw(Canvas canvas) {
3      int left = mProgressWidth / 2 + getPaddingLeft();
4      int right = left + 2 * mProgressR;
5      int top = mHeight  - mProgressR;
6      int bottom = mHeight  + mProgressR;
7      RectF rect = new RectF(left, top, right, bottom);
8      mPaint.setStrokeCap(Paint.Cap.ROUND);
9      mPaint.setColor(colorEmpty);
10     canvas.drawArc(rect, 180, 180, false, mPaint);
11 }
```

上述代码中，第3~6行获取了绘制的图形距左、右、上、下的值。

第7行代码根据图形距左、右、上、下的值创建了矩形rect。

第8~9行代码通过调用setStrokeCap()方法和setColor()方法分别设置了绘制的图形为圆形与画笔的颜色。

第10行代码通过canvas对象的drawArc(rect, 180, 180, false, mPaint) 绘制扫过角度为180的半圆形圆弧并且不包含圆心，其中，第1个参数rect表示圆弧形状与尺寸的边界，第2个参数180表示开始角度（以时钟3点的方向为0°，逆时针为正方向），第3个参数180表示扫过的弧度，false表示绘制的图形不包括圆心，mPaint表示绘制圆弧的画笔。

5. 实现绘制圆形进度条的进度

在SportProgressView类中创建setFlow()方法，在该方法中首先获取自定义圆形进度条控件需要显示的进度和本月剩余的流量，然后调用startAnimation()方法设置圆形进度条进度的动画，具体代码如下所示。

```
1  ......
2  private  Long total = 0l;
3  private Long used = 0l;
4  private Long surplus = 0l;
5  private float mProgress;
6  @RequiresApi(api = Build.VERSION_CODES.N)
7  public void setFlow(Long total, Long used) {
8      this.total = total;                  //本月总共的套餐流量
9      this.used = used/1024;               //本月已经使用的流量
10     surplus = total - this.used;  //本月剩余的套餐流量
11     startAnimation();                    //开启圆形进度条的动画
12 }
13 public void startAnimation() {
14     mProgress = 0f;
```

```
15     if (total== 0){
16         return;
17     }
18     ValueAnimator animator = ValueAnimator.ofFloat(0, used * 180 /total);
19     animator.setDuration(1600).start();
20     animator.addUpdateListener(new ValueAnimator.AnimatorUpdateListener() {
21         @Override
22         public void onAnimationUpdate(ValueAnimator animation) {
23             mProgress = (float) animation.getAnimatedValue();
24             invalidate();
25         }
26     });
27 }
```

第13~27行代码创建了startAnimation()方法，其中，第15行代码判断本月流量total是否为0，如果为0，则不继续执行下方代码。

第18行代码调用ValueAnimator类的ofFloat()方法创建了一个动画对象animator。其中，ofFloat(0, used * 180 /total)方法中的第1个参数0表示开始流量时，圆环的角度为0，第2个参数used * 180 /total表示当前使用的流量占全部流量在圆环中的角度。

第19行代码通过调用setDuration()方法设置动画播放的时长为1 600毫秒。

第20~26行代码实现了更新帧动画的监听器ValueAnimator.AnimatorUpdateListener，在onAnimationUpdate()方法中通过getAnimatedValue()方法计算当前动画滑动的角度，并调用invalidate()方法刷新自定义圆形进度条。

当调用invalidate()方法刷新自定义View时，会执行自定义圆形进度条控件中的onDraw()方法，在该方法中更新圆形进度条的进度，在onDraw()方法中添加绘制圆形进度条进度的具体代码如下所示。

```
1 private int colorStart = getResources().getColor(R.color.color_start);
2 @Override
3 protected void onDraw(Canvas canvas) {
4     ......
5     mPaint.setColor(colorStart);
6     canvas.drawArc(rect, 180, mProgress, false, mPaint);
7     drawProgressText(canvas, surplus);
8 }
```

上述代码中，第5行代码通过调用setColor()方法设置画笔的颜色，第6行代码通过调用Canvas类的drawArc()方法绘制当前进度条的进度，drawArc()方法中的第3个参数mProgress表示圆形进度条扫过的弧度，第7行代码通过调用drawProgressText()方法在自定义圆形进度条中绘制当前剩余流量数据的文本。

6. 添加进度条默认灰色颜色值

由于圆形进度条默认的颜色为灰色（#EAEAEA），为了便于颜色的管理，因此需要在res/values文件夹中的colors.xml文件中添加灰色颜色值，具体代码如下所示。

```
<color name="color_start">#EAEAEA</color>
```

7. 绘制剩余套餐流量数据

在SportProgressView类中创建drawProgressText()方法，在该方法中调用Canvas类的drawText()方法在圆形中间绘制剩余套餐流量数据，具体代码如下所示。

```
1  //绘制圆形中间现实的剩余套餐流量值的文本
2  private void drawProgressText(Canvas canvas, Long surplus) {
3      mTextPaint.setColor(colorStart);       //设置画笔颜色
4      mTextPaint.setTextSize(60);            //设置文本大小
5      String text = surplus+"M";             //剩余流量数据
6      float stringWidth = mTextPaint.measureText(text); //将剩余流量数据显示到圆环中
7      float baseline = mHeight / 2 + stringWidth/2 ;    //绘制文本的基准线
8      canvas.drawText(text, mWidth / 2 - stringWidth / 2, baseline, mTextPaint);
9  }
```

自定义控件SportProgressView的逻辑代码文件SportProgressView.java的完整代码详见【文件9-2】。

完整代码：文件 9-2

任务2-2　搭建剩余套餐流量界面布局

剩余套餐流量界面主要由布局main_title_bar.xml（标题栏）、1个自定义控件SportProgressView、1个TextView、1个Button控件分别组成圆形进度条和剩余流量数据、“当前剩余”文本、“流量校准”按钮，剩余套餐流量界面的效果如图9-12所示。

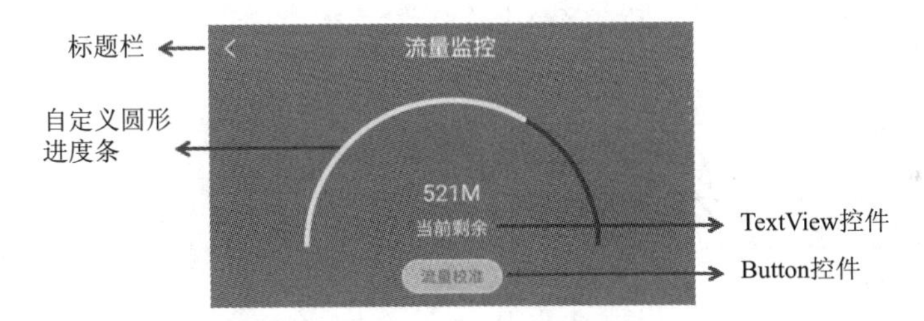

图9-12　剩余套餐流量界面

搭建剩余套餐流量界面布局的具体步骤如下：

1．创建流量监控界面

选中com.itheima.mobilesafe.monitor包中创建一个activity包，在该包中创建一个Empty Activity类，命名为TrafficMonitorActivity，并将布局文件名指定为activity_traffic_monitor。

2．导入界面图片

将剩余套餐流量界面所需要的图片calibration_bg.png导入到drawable-hdpi文件夹中。

3．放置界面控件

在activity_traffic_monitor.xml文件中，通过<include>标签引入标题栏布局（main_title_bar.xml），放置1个自定义控件ArcProgressBar用于显示圆形进度条与剩余流量数据，1个TextView控件用于显示“当前剩余”文本，1个Button控件用于显示“流量校准”按钮，具体代码如【文件9-3】所示。

【文件9-3】activity_traffic_monitor.xml

```
1  <?xml version="1.0" encoding="utf-8"?>
```

```
2  <RelativeLayout xmlns:android="http://schemas.android.com/apk/res/android"
3      android:layout_width="match_parent"
4      android:layout_height="match_parent"
5      android:background="@color/blue_color">
6      <include
7          layout="@layout/main_title_bar"/>
8      <com.itheima.mobilesafe.monitor.view.SportProgressView
9          android:id="@+id/sportview"
10         android:layout_width="300dp"
11         android:layout_height="130dp"
12         android:layout_centerHorizontal="true"
13         android:layout_below="@+id/title_bar"
14         android:layout_marginTop="20dp"/>
15     <TextView
16         android:id="@+id/setting_meal"
17         android:layout_width="wrap_content"
18         android:layout_height="wrap_content"
19         android:text="当前剩余"
20         android:textColor="#eaeaea"
21         android:textSize="12sp"
22         android:layout_centerHorizontal="true"
23         android:layout_marginBottom="10dp"
24         android:layout_alignBottom="@+id/sportview"/>
25     <Button
26         android:id="@+id/calibration"
27         android:layout_width="wrap_content"
28         android:layout_height="30dp"
29         android:layout_below="@+id/sportview"
30         android:text="流量校准"
31         android:layout_centerHorizontal="true"
32         android:layout_marginTop="12dp"
33         android:background="@drawable/calibration_bg"
34         android:textColor="@color/blue_color"/>
35 </RelativeLayout>
```

任务2-3 搭建流量统计界面布局

流量监控界面的流量统计主要由6个TextView组成，分别用于显示“本月已用”、“今日已用”和“今日建议上限”文本，以及本月已用、今日已用、今日建议上限的具体流量数据，流量统计界面的效果如图9-13所示。

本月已用	今日已用	今日建议上限
1.044G	231M	17M

图9-13 流量统计界面

在activity_traffic_monitor.xml布局文件中，在属性android:id的值为"@+id/calibration"的下方添加6个TextView控件，分别用于显示“本月已用”、“今日已用”和“今日建议上限”文本与对应的具体流量数据，具体代码如下所示。

```
1  <?xml version="1.0" encoding="utf-8"?>
2  <RelativeLayout xmlns:android="http://schemas.android.com/apk/res/android"
3      ......>
4      ......
5    <Button
```

```
6           android:id="@+id/calibration"
7           ......>
8       <LinearLayout
9           android:id="@+id/ll_used"
10          android:layout_width="match_parent"
11          android:layout_height="wrap_content"
12          android:orientation="horizontal"
13          android:layout_below="@+id/calibration"
14          android:layout_marginTop="20dp">
15          <LinearLayout
16              android:layout_width="0dp"
17              android:layout_height="wrap_content"
18              android:layout_weight="1"
19              android:orientation="vertical"
20              android:gravity="center">
21              <TextView
22                  android:layout_width="wrap_content"
23                  android:layout_height="wrap_content"
24                  android:text="本月已用"
25                  android:textColor="#eaeaea"
26                  android:textSize="16sp"/>
27              <TextView
28                  android:id="@+id/month_used"
29                  android:layout_width="wrap_content"
30                  android:layout_height="wrap_content"
31                  android:text="110M"
32                  android:textColor="#eaeaea"
33                  android:textSize="16sp"
34                  android:layout_marginTop="3dp"/>
35          </LinearLayout>
36          <LinearLayout
37              android:layout_width="0dp"
38              android:layout_height="wrap_content"
39              android:layout_weight="1"
40              android:orientation="vertical"
41              android:gravity="center">
42              <TextView
43                  android:layout_width="wrap_content"
44                  android:layout_height="wrap_content"
45                  android:text="今日已用"
46                  android:textColor="#eaeaea"
47                  android:textSize="16sp"/>
48              <TextView
49                  android:id="@+id/today_used"
50                  android:layout_width="wrap_content"
51                  android:layout_height="wrap_content"
52                  android:text="110M"
53                  android:textColor="#eaeaea"
54                  android:textSize="16sp"
55                  android:layout_marginTop="3dp"/>
56          </LinearLayout>
57          <LinearLayout
58              android:layout_width="0dp"
59              android:layout_height="wrap_content"
60              android:layout_weight="1"
```

```
61                android:orientation="vertical"
62                android:gravity="center">
63                <TextView
64                    android:layout_width="wrap_content"
65                    android:layout_height="wrap_content"
66                    android:text="今日建议上限"
67                    android:textColor="#eaeaea"
68                    android:textSize="16sp"
69                    />
70                <TextView
71                    android:id="@+id/upper_limit"
72                    android:layout_width="wrap_content"
73                    android:layout_height="wrap_content"
74                    android:text="110M"
75                    android:textColor="#eaeaea"
76                    android:textSize="16sp"
77                    android:layout_marginTop="3dp"/>
78            </LinearLayout>
79        </LinearLayout>
80 </RelativeLayout>
```

任务2-4　搭建本月流量详情界面布局

流量监控界面的本月流量详情主要是由2个TextView控件和1个第三方控件com.github.mikephil.charting.charts.BarChart组成，分别用于显示“本月详情（月份）”和“查看详情”的文本，以及柱状图，本月流量详情界面的效果如图9-14所示。

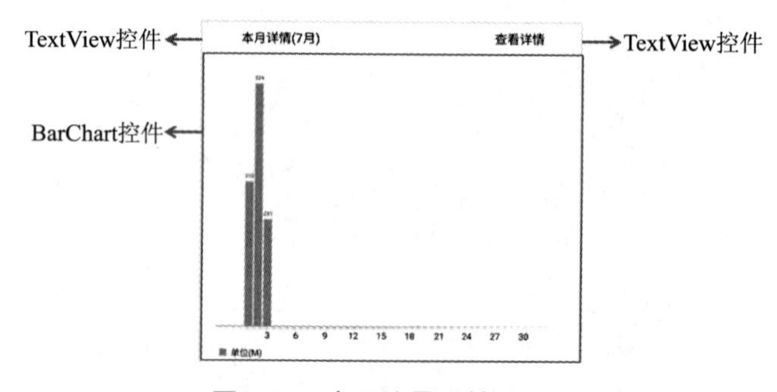

图9-14　本月流量详情界面

搭建本月流量详情界面布局的具体步骤如下：

1. 添加MPAndroidChart图表库

由于我们使用了第三方图表库MPAndroidChart中的BarChart控件显示柱状图，因此需要在项目中添加第三方图表库MPAndroidChart。首先在项目中找到build.gradle文件，在该文件中添加图表库MPAndroidChart所在的仓库地址“https://jitpack.io”，然后在build.gradle文件中的dependencies结点中加载库文件“com.github.PhilJay:MPAndroidChart:v3.0.3”，具体代码如下所示。

```
1 ......
2 allprojects {
3     repositories {
4         maven{ url 'https://jitpack.io' }
5     }
6 }
```

```
7  dependencies {
8      implementation 'com.github.PhilJay:MPAndroidChart:v3.0.3'
9  }
```

需要注意的是，修改完build.gradle文件后，在Android Studio窗口上方会出现一条黄色提示信息，提示用户自上次项目同步后，build.gradle文件发生了更改，需要项目同步IDE才能正常工作。此时，只需要点击黄色提示信息右侧的“Sync Now”刷新项目即可。

2. 放置界面控件

在activity_traffic_monitor.xml布局文件中，在属性android:id的值为"@+id/ll_used"的下方添加2个TextView控件与1个BarChart控件，分别用于显示“本月详情（月份）”和“查看详情”文本与柱状图，具体代码如下所示。

```
1  <?xml version="1.0" encoding="utf-8"?>
2  <RelativeLayout xmlns:android="http://schemas.android.com/apk/res/android"
3      ......>
4      ......
5      <LinearLayout
6          android:layout_width="match_parent"
7          android:layout_height="match_parent"
8          android:layout_below="@+id/ll_used"
9          android:background="#fefefe"
10         android:paddingTop="10dp"
11         android:orientation="vertical">
12         <RelativeLayout
13             android:layout_width="match_parent"
14             android:layout_height="wrap_content">
15             <TextView
16                 android:id="@+id/tv_date"
17                 android:layout_width="wrap_content"
18                 android:layout_height="wrap_content"
19                 android:text="本月详情"
20                 android:layout_marginLeft="10dp"
21                 android:textColor="@color/black"/>
22             <TextView
23                 android:id="@+id/view_vdetails"
24                 android:layout_width="wrap_content"
25                 android:layout_height="wrap_content"
26                 android:text="查看详情"
27                 android:layout_alignParentRight="true"
28                 android:layout_marginRight="10dp"
29                 android:textColor="@color/black"/>
30         </RelativeLayout>
31         <com.github.mikephil.charting.charts.BarChart
32             android:id="@+id/bar_chart"
33             android:layout_width="match_parent"
34             android:layout_height="match_parent">
35         </com.github.mikephil.charting.charts.BarChart>
36     </LinearLayout>
37 </RelativeLayout>
```

需要注意的是，在引用第三方BarChart控件时，需要添加com.github.mikephil.charting.charts.BarChart全称，否则引用不到该控件。

流量监控界面的布局代码文件activity_traffic_monitor.xml的完整代码详见【文件9-4】所示。

完整代码：文件 9-4

任务3　实现流量监控界面功能

任务综述

为了实现流量监控界面设计的功能，在界面的逻辑代码中需要创建initView()方法初始化界面控件，创建checkUsagePermission()方法并重写onActivityResult()方法申请使用访问记录权限，创建initData()方法初始化界面数据，创建setData()方法将使用的流量数据显示到柱状图中。接下来，本任务将通过逻辑代码实现流量监控界面的功能。

【知识点】

- NetworkStatsManager类。
- requestPermissions()方法与onActivityResult()方法。

【技能点】

- 使用NetworkStatsManager类获取网络统计信息。
- 通过requestPermissions()方法与onActivityResult()方法申请使用记录的访问权限。

任务3-1　创建获取流量的工具类

由于获取流量信息的方法与代码较多，可以单独抽取出来放在一个工具类中，方便后续调用，因此我们在项目中创建一个工具类NetworkStatsHelper存放这些代码，创建获取流量的工具类的具体步骤如下：

1. 创建工具类NetworkStatsHelper

在com.itheima.mobilesafe.monitor包中创建utils包，在该包中创建一个NetworkStatsHelper类，具体代码如【文件9-5】所示。

【文件9-5】NetworkStatsHelper.java

```
1  package com.itheima.mobilesafe.monitor.utils;
2  ......
3  public class NetworkStatsHelper{
4      private Context context;
5      NetworkStatsManager networkStatsManager;
6      public NetworkStatsHelper(NetworkStatsManager networkStatsManager,Context context) {
7          this.networkStatsManager = networkStatsManager;
8          this.context = context;
9      }
10 }
```

上述代码中，第6~9行代码创建了NetworkStatsHelper类的构造方法，在该方法中传递了2个参数，第1个参数networkStatsManager表示网络管理类的对象，第2个参数context表示上下文的对象。

需要注意的是，Android API 8（Android系统版本2.2）中提供了android.net.TrafficStats

类，该类也可以获取设备重启以来使用的网络流量信息。但是，TrafficStats类无法获取某个时间段耗费的流量，在Wi-Fi连接情况下，无法获取耗费的流量信息，当重启设备后，所有的流量数据都会消失。根据Android系统的API文档可知，在API23（Android系统版本6.0）中，使用NetworkStatsManager类来代替TrafficStats类，NetworkStatsManager类不仅可以获取使用的历史网络统计信息，还可以查询指定时间间隔内的网络统计信息。在本任务中，我们使用NetworkStatsManager类获取网络流量信息。

2. 获取本月流量总值

由于在流量监控界面需要显示本月消耗的总流量，因此在工具类NetworkStatsHelper中创建getAllMonthMobile()方法，用于获取从月初到当前时间耗费的总流量，具体代码如下所示。

```
1  public long getAllMonthMobile(Context context) {
2      NetworkStats.Bucket bucket;
3      try {
4          bucket = networkStatsManager.querySummaryForDevice(
5                  ConnectivityManager.TYPE_MOBILE,                 // 网络类型
6                  getSubscriberId(context, ConnectivityManager.TYPE_MOBILE),// 唯一的用户 ID
7                  getTimesMonthmorning(),          // 开始时间
8                  System.currentTimeMillis());     // 结束时间
9      } catch (RemoteException e) {
10         return -1;
11     }
12     return (bucket.getRxBytes() + bucket.getTxBytes())/1024;
13 }
14 private String getSubscriberId(Context context, int networkType) {
15     TelephonyManager tm = (TelephonyManager)
16                         context.getSystemService(TELEPHONY_SERVICE);
17     if (ActivityCompat.checkSelfPermission(context,
18             Manifest.permission.READ_PHONE_STATE) != PackageManager.PERMISSION_GRANTED){
19         return "";
20     }
21     return tm.getSubscriberId();
22 }
23 // 获得本月第一天 0 点时间
24 public static long getTimesMonthmorning() {
25     Calendar cal = Calendar.getInstance();
26     cal.set(Calendar.DAY_OF_MONTH,1);     // 设置为 1 日，当前日期即为本月第一天
27     cal.set(Calendar.HOUR_OF_DAY,0);      // 将小时设置为 0
28     cal.set(Calendar. MINUTE, 0);         // 将分钟设置为 0
29     cal.set(Calendar.SECOND, 0);          // 将秒设置为 0
30     cal.set(Calendar.MILLISECOND, 0);     // 将毫秒设置为 0
31     return (cal.getTimeInMillis());       // 返回时间的毫秒值
32 }
```

上述代码中，第4~8行代码通过调用querySummaryForDevice()方法创建NetworkStats.Bucket类的对象，在该方法中传递了4个参数。其中，第1个参数ConnectivityManager.TYPE_MOBILE表示网络类型，第2个参数getSubscriberId(context, ConnectivityManager.TYPE_MOBILE)表示唯一的用户ID，第3个参数getTimesMonthmorning()表示开始计算流量的时间，第4个参数System.currentTimeMillis()表示当前时间。

第12行代码通过调用NetworkStats.Bucket对象的getRxBytes()、getTxBytes()方法分别获取下载和上传文件使用的字节，将该字节除以1024计算出单位为K的流量总数据。

第14~22行代码创建了getSubscriberId()方法，在该方法中通过调用TelephonyManager对象的getSubscriberId()方法获取唯一的用户ID。

第24~32行代码创建了getTimesMonthmorning()方法，在该方法中通过调用Calendar对象的set()方法将时间设置为本月的第1天，时、分、秒、毫秒分别设置为0，然后通过getTimeInMillis()方法获取以毫秒为单位的时间数据。

由于在getAllMonthMobile()方法中调用了querySummaryForDevice()方法，该方法存在于Android API23及以上的系统中，因此需要在调用该方法的getAllMonthMobile()方法或者工具类NetworkStatsHelper上方添加注解代码@RequiresApi(api = Build.VERSION_CODES.M)，表示注解目标只能够在指定的版本及以上API运行。由于后续创建的方法也调用了querySummaryForDevice()方法，因此只在工具类NetworkStatsHelper上方添加注解代码即可，具体代码如下所示。

```
@RequiresApi(api = Build.VERSION_CODES.M)
public class NetworkStatsHelper{
}
```

3. 获取今日消耗的流量值

由于流量监控界面需要显示今日耗费的总流量，因此在NetworkStatsHelper类中创建getAllTodayMobile()方法，在该方法中调用querySummaryForDevice()方法，获取从清晨0点到当前时间耗费的总流量，具体代码如下所示。

```
1  public long getAllTodayMobile(Context context){
2      NetworkStats.Bucket bucket;
3      try {
4          bucket = networkStatsManager.querySummaryForDevice(
5                  ConnectivityManager.TYPE_MOBILE,         //网络类型
6                  getSubscriberId(context, ConnectivityManager.TYPE_MOBILE), //唯一用户ID
7                  getTodayTimesmorning(),                   //开始时间
8                  System.currentTimeMillis());              //结束时间
9      } catch (RemoteException e) {
10         return -1;
11     }
12     return (bucket.getTxBytes() + bucket.getRxBytes())/1024;
13 }
14 //获取当天的零点时间
15 public static long getTodayTimesmorning() {
16     Calendar cal = Calendar.getInstance();
17     cal.set(Calendar.HOUR_OF_DAY,0);
18     cal.set(Calendar.SECOND, 0);
19     cal.set(Calendar.MINUTE, 0);
20     cal.set(Calendar.MILLISECOND, 0);
21     return (cal.getTimeInMillis());
22 }
```

4. 获取本日指定时间内耗费的流量数据

由于流量监控界面需显示要本日所耗费的流量数据，当第一次进入该界面时，则需要获取本日第一次进行流量监控的时间到当前时间耗费的流量数据，因此需要在NetworkStatsHelper类中创建getTodayMobile()方法，在该方法中计算本日指定时间内耗费的流量数据，具体代码如下所示。

```
1  public long getTodayMobile(Context context,Long startTime) {
2      NetworkStats.Bucket bucket;
3      try {
```

```
4          bucket = networkStatsManager.querySummaryForDevice(
5                  ConnectivityManager.TYPE_MOBILE,
6                  getSubscriberId(context, ConnectivityManager.TYPE_MOBILE),
7                    startTime,
8                    System.currentTimeMillis());
9      } catch (RemoteException e) {
10         return -1;
11     }
12     return (bucket.getTxBytes() + bucket.getRxBytes())/1024;
13 }
```

5. 获取本月指定时间内耗费的流量数据

由于当程序进行流量监控时，需要计算本月从开始流量监控时间到当前时间耗费的流量数据，因此需要在NetworkStatsHelper类中创建getMonthMobile ()方法，在该方法中获取本月指定时间内耗费的流量数据，具体代码如下所示。

```
1 public long getMonthMobile(Context context,Long startTime) {
2     NetworkStats.Bucket bucket;
3     try {
4         bucket = networkStatsManager.querySummaryForDevice(
5                 ConnectivityManager.TYPE_MOBILE,
6                 getSubscriberId(context, ConnectivityManager.TYPE_MOBILE),
7                 startTime,
8                 System.currentTimeMillis());
9     } catch (RemoteException e) {
10        return -1;
11    }
12    return (bucket.getRxBytes() + bucket.getTxBytes())/1024;
13 }
```

任务3-2　初始化界面控件

由于需要获取流量监控界面的控件并为其设置一些数据，因此需要在TrafficMonitorActivity中创建一个initView()方法，用于初始化界面控件。具体代码如【文件9-6】所示。

【文件9-6】TrafficMonitorActivity.java

```
1 package com.itheima.mobilesafe.monitor.activity;
2 ......//省略导包
3 public class TrafficMonitorActivity extends Activity implements
4                                                   View.OnClickListener {
5     private TextView setting_meal;
6     private SportProgressView sportview;   //自定义控件
7     private TextView month_used,today_used,upper_limit,tv_date;
8     private BarChart mBarChart;
9     @Override
10    protected void onCreate(Bundle savedInstanceState) {
11        super.onCreate(savedInstanceState);
12            setContentView(R.layout.activity_traffic_monitor);
13            initView();
14    }
15    public void initView(){
16        RelativeLayout title_bar = findViewById(R.id.title_bar);
17        title_bar.setBackgroundColor(getResources().getColor(R.color.blue_color));
18        TextView title = findViewById(R.id.tv_main_title);   //标题
19        title.setText("流量监控");
```

```
20          TextView tv_back = findViewById(R.id.tv_back);  //返回键
21          tv_back.setVisibility(View.VISIBLE);
22          tv_back.setOnClickListener(this);
23          sportview = findViewById(R.id.sportview);       //圆形进度条
24          month_used = findViewById(R.id.month_used);     //本月已用
25          today_used = findViewById(R.id.today_used);     //本日已用
26          upper_limit = findViewById(R.id.upper_limit);  //本日流量上限
27          mBarChart = findViewById(R.id.bar_chart);       //第三方柱状图
28          findViewById(R.id.view_vdetails).setOnClickListener(this);//本月详情
29          findViewById(R.id.calibration).setOnClickListener(this);//流量校准
30          tv_date = findViewById(R.id.tv_date);           //本月详情文本
31          setting_meal = findViewById(R.id.setting_meal);
32      }
33      @Override
34      public void onClick(View v) {
35          switch (v.getId()){
36              case R.id.tv_back:              //返回键
37                  finish();
38                  break;
39              case R.id.calibration:// 流量校准，点击该按钮跳转到设置套餐流量界面
40                  break;
41              case R.id.view_vdetails:       //本月流量详情
42                  break;
43          }
44      }
45  }
```

任务3–3 申请使用记录访问权限

由于在获取Android 6.0系统中的流量使用记录时，需要获取使用记录的访问权限，因此在TrafficMonitorActivity中创建checkUsagePermission()方法，在该方法中申请使用记录访问权限，然后重写onActivityResult()方法，在该方法中获取申请使用记录访问权限的结果信息。申请使用记录访问权限的具体步骤如下：

1. 申请使用记录访问权限

在TrafficMonitorActivity中创建checkUsagePermission()方法，在该方法中实现申请使用记录访问权限的功能，具体代码如下所示。

```
1  @Override
2  protected void onCreate(Bundle savedInstanceState) {
3      super.onCreate(savedInstanceState);
4      setContentView(R.layout.activity_traffic_monitor);
5      ......
6      if (Build.VERSION.SDK_INT >= Build.VERSION_CODES.N){  //判断当前API是否大于24
7          if (checkUsagePermission()){    //是否获取使用记录访问的权限
8              initData();                 //初始化数据
9          }
10     }
11 }
12 private boolean checkUsagePermission() {
13     AppOpsManager appOps = (AppOpsManager)
14                             getSystemService(Context.APP_OPS_SERVICE);
15     int mode = 0;
16     mode = appOps.checkOpNoThrow("android:get_usage_stats",
```

```
17                          android.os.Process.myUid(), getPackageName());
18      boolean granted = mode == AppOpsManager.MODE_ALLOWED;
19      if (!granted) {
20          Intent intent = new Intent(Settings.ACTION_USAGE_ACCESS_SETTINGS);
21          startActivityForResult(intent, 1);
22          return false;
23      }
24      return true;
25 }
```

上述代码中，第6~10行代码首先判断当前系统的API是否大于Build.VERSION_CODES.N(24)，如果大于，则调用checkUsagePermission()方法判断当前应用是否允许使用记录访问权限，如果允许，则调用initData()方法，获取手机中使用的流量详情。

第12~25行代码创建了checkUsagePermission()方法，用于判断手机是否允许使用记录访问权限。

第13~14行代码通过getSystemService()方法获取了程序操作管理类AppOpsManager的对象appOps。

第16~17行代码通过调用checkOpNoThrow()方法获取当前应用是否被用户允许使用记录访问权限"android:get_usage_stats"。其中checkOpNoThrow()方法中包含3个参数，第1个参数"android:get_usage_stats"表示权限名称的字符串，第2个参数android.os.Process.myUid()表示用户ID，第3个参数getPackageName()表示包名。

第18行代码判断checkOpNoThrow()方法的返回值mode是否等于AppOpsManager.MODE_ALLOWED，如果等于，则表示该应用已经获取了使用记录访问权限，否则，在第19~23行代码中通过startActivityForResult()方法跳转到设置界面中，让用户手动设置手机卫士程序权限。

2. 重写onActivityResult()方法

在TrafficMonitorActivity中重写onActivityResult()方法，在该方法中获取用户是否赋予手机卫士使用记录访问的权限，如果没有赋予，则提示用户相关信息，如果赋予，则调用initData()方法初始化数据。具体代码如下所示。

```
1  @RequiresApi(api = Build.VERSION_CODES.M)
2  @Override
3  protected void onActivityResult(int requestCode, int resultCode, Intent data) {
4      super.onActivityResult(requestCode, resultCode, data);
5      if (requestCode == 1) {
6          AppOpsManager appOps = (AppOpsManager)
7                              getSystemService(Context.APP_OPS_SERVICE);
8          int mode = 0;
9          mode = appOps.checkOpNoThrow("android:get_usage_stats",
10                         android.os.Process.myUid(), getPackageName());
11         boolean granted = mode == AppOpsManager.MODE_ALLOWED;
12         if (!granted) {
13             Toast.makeText(this, "请开启android:get_usage_stats权限，" +
14                     "否则无法获取程序的应用列表", Toast.LENGTH_SHORT).show();
15         }else{
16             Toast.makeText(this, "已开启android:get_usage_stats权限",
17                                                 Toast.LENGTH_SHORT).show();
18             initData();    //初始化数据
19         }
20     }
```

```
21 }
```

任务3-4　初始化界面数据

由于获取完使用记录访问权限后，需要在流量监控界面显示数据信息，因此在TrafficMonitorActivity中创建一个intiData()方法，用于初始化界面数据，初始化界面数据的具体步骤如下：

1. 设置界面数据

在TrafficMonitorActivity中创建一个initData()方法，在该方法中设置界面数据，具体代码如下所示。

```
1  private int month;
2  private int year;
3  private int day;
4  private NetworkStatsHelper networkStatsHelper;
5  Long startTime;
6  int startMonth;
7  int startYear;
8  int startDay;
9  long monthMobile;
10 long todyMobile;
11 @RequiresApi(api = Build.VERSION_CODES.M)
12 public void initData(){
13     Calendar calendar = Calendar.getInstance();
14     year = calendar.get(Calendar.YEAR);                    // 年份
15     month = calendar.get(Calendar.MONTH)+1;                // 月份
16     day = calendar.get(Calendar.DAY_OF_MONTH);             // 月份中的天数
17     tv_date.setText("本月详情"+"("+month+"月)");           //设置本月详情中的月份
18     NetworkStatsManager networkStatsManager = (NetworkStatsManager)
19                             getSystemService(NETWORK_STATS_SERVICE);
20     networkStatsHelper = new NetworkStatsHelper(networkStatsManager,this);
21     SharedPreferences sp = getSharedPreferences("traffic", 0);
22     startTime = sp.getLong("startTime",-1);  //获取第一次开始记录的时间
23     if (startTime == -1){ //第一次登录等于-1，则将当前第一次登录的时间记录到sp中
24         SharedPreferences.Editor editor = sp.edit();
25         startTime = System.currentTimeMillis();
26         editor.putLong("startTime",startTime);
27         startYear = year;
28         startMonth = month;
29         startDay = day;
30         editor.putInt("startYear",startYear);
31         editor.putInt("startMonth",startMonth);
32         editor.putInt("startDay",startDay);
33         editor.commit();
34         month_used.setText("0.00K");
35         today_used.setText("0.00K");
36     }else{              //不是第一次登录
37         startYear = sp.getInt("startYear",-1);
38         startMonth = sp.getInt("startMonth",-1);
39         startDay = sp.getInt("startDay",-1);
40         if (year != startYear){    //是否是同一年
41             //获取从月初到现在的流量
42             monthMobile  = networkStatsHelper.getAllMonthMobile(this);
43             //获取今日从零点到现在的流量
44             todyMobile = networkStatsHelper.getAllTodayMobile(this);
```

```
45          }else {
46              if (month == startMonth) {    //是否为同一个月份
47                  //获取从开始检测时间到现在流量
48          monthMobile = networkStatsHelper.getMonthMobile(this, startTime);
49                  if (day == startDay) {    //是否为同一天
50                      //获取当天开始监测时间到现在消耗的流量
51          todyMobile = networkStatsHelper.getTodayMobile(this, startTime);
52                  }else{
53                  todyMobile = networkStatsHelper.getAllTodayMobile(this);
54                  }
55              }
56          }
57          //设置已使用的流量
58          month_used.setText(getFormetFlow(monthMobile));
59          //  查询当天的流量，将流量设置到 today_used 中
60          today_used.setText(getFormetFlow(todyMobile));
61      }
62 }
```

上述代码中，第13~17行代码通过get()方法获取了当前时间的年、月、日，并通过调用setText()方法将月份数据显示到界面控件上。

第21~22行代码通过SharedPreferences类的getLong()方法获取本地文件中保存的第一次监控流量的时间startTime。

第23~36行代码用于将第一次监控流量的时间（年、月、日）通过SharedPreferences类保存到本地文件中，并通过setText()方法将本月已用和今日已用的流量数据设置为0.00 K。

第36~61行代码用于设置不是第一次监控流量的时间与流量数据显示到流量监控界面上。

2．格式化流量数据

在TrafficMonitorActivity中创建getFormetFlow()方法，在该方法中将传递过来的流量数据flow转换为带有单位（K、M、G）的数据，具体代码如下所示。

```
1 public static String getFormetFlow(long flow) {
2     String strSpeed = "";
3     if (flow < 1024) {
4         strSpeed =  flow+"K";
5     } else if (flow < 1048576) {
6         strSpeed = flow / 1024+"M";
7     } else if (flow < 1073741824){
8         strSpeed = String.format("%.3f", flow *1.0f/ 1048576) + "G";
9     }
10    return strSpeed;
11 }
```

上述代码中，第8行代码通过format()方法保留数值的小数点后3位。

任务3-5 实现本月详情信息显示功能

由于流量监控界面的本月详情信息主要包含本月中每天耗费的流量数据信息，因此需要在TrafficMonitorActivity中创建setData()方法获取耗费的流量数据，接着创建setBarChart()方法将流量数据显示到界面控件上，实现本月详情信息显示功能的具体步骤如下：

1．将数据设置到柱状图中

在TrafficMonitorActivity中创建一个setData()方法，在该方法中获取本月每天的使用流量，并

将该流量设置到柱状图的Y轴数组中。具体代码如下所示。

```
1  String company = "M";          //流量的单位
2  @RequiresApi(api = Build.VERSION_CODES.M)
3  public  ArrayList<BarEntry>  setData(){
4      ArrayList<BarEntry> yValues = new ArrayList<>();
5      for (int x = 1; x <= getMonthOfDay(year, month); x++){
6          Long mobile = 0l;
7          if (startTime == -1){
8              yValues.add(new BarEntry(x, 0));
9              continue;
10         }
11         if (year != startYear){
12             if (x <= day){
13                 mobile = networkStatsHelper.getAllTodayMobile(this,year,month,x);
14             }
15         }else{
16             if (month != startMonth){
17                 if (x <= day){
18       mobile = networkStatsHelper.getAllTodayMobile(this,year,month,x);
19                 }
20             }else{
21                 if (day != startDay){
22                     if (startDay <= x && x <= day){
23       mobile = networkStatsHelper.getAllTodayMobile(this,year,month,x);
24                     }
25                 }else{
26                     if (x == day){
27              mobile = networkStatsHelper.getTodayMobile(this,startTime);
28                     }
29                 }
30             }
31         }
32         yValues.add(new BarEntry(x, mobile/1024));
33     }
34     return yValues;
35 }
```

上述方法中，第1行代码创建了company变量，该变量表示柱状图中的流量单位为M。

第5~33行代码通过for循环遍历本月每天所消耗的流量。其中，第5行代码通过调用getMonthOfDay()方法获得年（year）和月（month）的天数，第7~10行代码通过if语句判断startTime变量是否为-1，如果为-1，表示第一次进入流量监控界面，则通过BarEntry构造方法将本月中所有天数对应的流量值设置为0。

第11行代码判断当前时间获取的年份year是否等于第一次打开流量监控界面时间获取的年份startYear，如果不等于，则获取小于等于day（当前时间获取的日）的每天消耗的流量值。反之，则执行第16~30行代码（在后续讲述）。

第16行代码判断当前时间获取的月份month是否等于第一次打开流量监控界面时间获取的月份startMonth，如果不等于，则获取小于等于day（当前时间获取的日）的每天消耗的流量值。反之，则执行第21~29行代码（在后续讲述）。

第21行代码判断当前时间获取的日期day是否等于第一次打开流量监控界面的日期startDay，如果不等于，则获取大于startDay和小于等于day的每天消耗的流量值。反之，则执行第26~28行代码，获取从开始时间到当前时间消耗的流量值。

第32行代码通过构造函数BarEntry()将本月日期x和对应消耗的流量值mobile/1024添加到BarEntry对象中，并通过add()方法将该对象添加到yValues集合中。

2. 获取指定年月的天数

在TrafficMonitorActivity中创建getMonthOfDay()方法，在该方法中获取指定日期（年、月）的天数，并返回获取的天数，具体代码如下所示。

```
1  public static int getMonthOfDay(int year,int month){
2      int day = 0;
3      if(year%4==0&&year%100!=0||year%400==0){
4          day = 29;
5      }else{
6          day = 28;
7      }
8      switch (month){
9          case 1:
10         case 3:
11         case 5:
12         case 7:
13         case 8:
14         case 10:
15         case 12:
16             return 31;
17         case 4:
18         case 6:
19         case 9:
20         case 11:
21             return 30;
22         case 2:
23             return day;
24     }
25     return 0;
26 }
```

3. 获取指定时间耗费的流量

在NetworkStatsHelper类中创建getAllTodayMobile()方法，用于获取指定时间耗费的流量，具体代码如下所示。

```
1  public long getAllTodayMobile(Context context,int year,int month,int day) {
2      NetworkStats.Bucket bucket;
3      try {
4          bucket = networkStatsManager.querySummaryForDevice(
5                  ConnectivityManager.TYPE_MOBILE,
6                  getSubscriberId(context, ConnectivityManager.TYPE_MOBILE),
7                  getSpecificTimesMorning(year,month-1,day),
8                  getSpecificTimesNight(year,month-1,day));
9      } catch (RemoteException e) {
10         return -1;
11     }
12     return (bucket.getTxBytes() + bucket.getRxBytes())/1024;
13 }
14 //获取指定时间的零点时间
15 public static long getSpecificTimesMorning(int year,int month,int day) {
```

```
16      Calendar calendar = Calendar.getInstance();
17      calendar.clear();
18      calendar.set(year,month,day);
19      calendar.set(Calendar.HOUR_OF_DAY,0);
20      calendar.set(Calendar.SECOND, 0);
21      calendar.set(Calendar.MINUTE, 0);
22      long millis = calendar.getTimeInMillis();
23      return millis;
24 }
25 //获取当天的23：59:59的毫秒时间
26 public static long getSpecificTimesNight(int year,int month,int day) {
27      Calendar cal = Calendar.getInstance();
28      cal.clear();
29      cal.set(year,month,day);
30      cal.set(Calendar.DAY_OF_MONTH,day);
31      cal.set(Calendar.HOUR_OF_DAY, 23);
32      cal.set(Calendar.SECOND, 59);
33      cal.set(Calendar.MINUTE, 59);
34      return (cal.getTimeInMillis());
35 }
```

上述代码中，第1~13行代码创建了getAllTodayMobile()方法，在该方法中通过调用querySummaryForDevice()方法获取指定时间的流量数据，该指定时间的开始时间是通过getSpecificTimesMorning()方法获取的，结束时间是通过getSpecificTimesNight()方法获取的。

第15~24行代码创建了getSpecificTimesMorning()方法，该方法用于将指定日期的零点时间转换为毫秒值。

第26~35行代码创建了getSpecificTimesNight()方法，该方法用于将指定日期的时间23:59:59转换为毫秒值。

4. 显示柱状图

在TrafficMonitorActivity中创建一个setBarChart ()方法，在该方法中通过调用setData()方法设置了柱状图的数据，还设置了柱状图的样式，具体代码如下所示。

```
1  public void initData(){
2      ......
3      setBarChart();
4  }
5  @RequiresApi(api = Build.VERSION_CODES.M)
6  public void setBarChart() {
7      ArrayList<BarEntry> yValues = setData();        //y 轴数据集
8      // y 轴数据集
9      BarDataSet barDataSet = new BarDataSet(yValues, "单位("+company+")");
10     int color = getResources().getColor(R.color.blue_color);
11     barDataSet.setColor(color);  //设置柱状图的颜色
12     BarData mBarData = new BarData(barDataSet);
13     mBarChart.setData(mBarData); //设置柱状图的数据
14     mBarChart.getDescription().setEnabled(false); //不显示标题
15     mBarChart.setDrawBorders(false);     //不显示边框阴影
16     mBarChart.setEnabled(false);
17     mBarChart.setDoubleTapToZoomEnabled(false);     //关闭双击缩放
18     mBarChart.animateXY(800, 800);        //图表数据显示动画
19     XAxis xAxis = mBarChart.getXAxis(); // 获取 x 轴
20     xAxis.setPosition(XAxis.XAxisPosition.BOTTOM); // 设置 x 轴显示位置
```

```
21      xAxis.setDrawGridLines(false);        // 取消 垂直 网格线
22      xAxis.setLabelRotationAngle(0f);      // 设置 x 轴 坐标旋转角度
23      xAxis.setTextSize(10f);               // 设置 x 轴 坐标字体大小
24      xAxis.setAxisLineColor(Color.GRAY); // 设置 x 坐标轴 颜色
25      xAxis.setAxisLineWidth(1f);           // 设置 x 坐标轴 宽度
26      xAxis.setLabelCount(10);              // 设置 x 轴 的刻度数量
27      YAxis mRAxis = mBarChart.getAxisRight();        // 获取 右边 y 轴
28      mRAxis.setEnabled(false);             // 隐藏 右边 Y 轴
29      YAxis mLAxis = mBarChart.getAxisLeft();         // 获取 左边 Y 轴
30      mLAxis.setDrawAxisLine(false);        // 取消 左边 Y 轴 坐标线
31      mLAxis.setDrawGridLines(false);       // 取消 横向 网格线
32      mLAxis.setEnabled(false);
33      mLAxis.setLabelCount(10);             // 设置 Y 轴 的刻度数量
34      mLAxis.setAxisMinimum(1);
35      mRAxis.setDrawAxisLine(false);
36      mRAxis.setLabelCount(1, false);
37 }
```

5. 添加跳转到流量监控界面的逻辑代码

由于点击首页界面的“流量监控”条目时，程序会跳转到流量监控界面，因此需要找到HomeActivity中的onClick()方法，在该方法中的注释“//流量监控”下方添加跳转到流量监控界面的逻辑代码，具体代码如下所示。

```
Intent netrafficIntent=new Intent(this, TrafficMonitorActivity.class);
startActivity(netrafficIntent);
```

任务4　“设置套餐流量”设计分析

任务综述

设置套餐流量界面主要用于设置本月的套餐流量。在当前任务中，我们通过工具Axure RP 9 Beat设计设置套餐流量界面的原型图，使其达到用户需求的效果。为了让读者学习如何设计设置套餐流量界面，本任务将针对设置套餐流量界面的原型和UI设计进行分析。

任务4-1　原型分析

为了使用户放心使用手机套餐流量，避免出现不必要的损失，我们设计了一个设置套餐流量界面，此界面主要用于输入月套餐总流量数据，输入完信息后，点击界面右上角的“完成”按钮，程序会将设置好的套餐总流量数据信息保存到本地文件中，同时，关闭当前界面，跳转到流量监控界面，并将设置的流量信息显示到流量监控界面。

通过情景分析后，总结用户需求。设置套餐流量界面设计的原型图如图9-15所示。

根据图9-15展示的设置套餐流量界面效果图，分析该图的设计过程，具体如下：

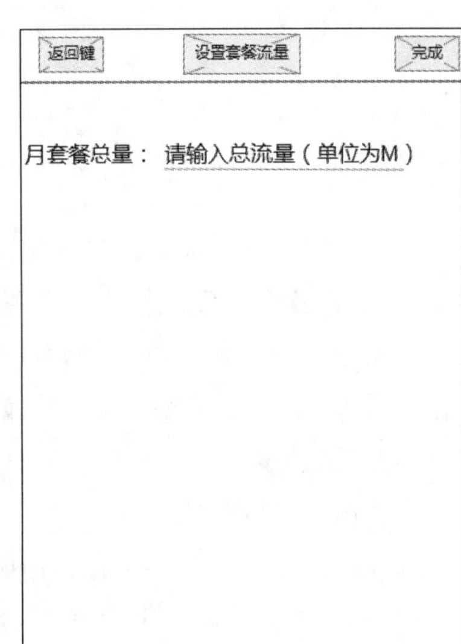

图9-15　设置套餐流量原型图

1. 标题栏设计

标题栏原型图设计如图9-16所示.

2. 总流量输入框设计

总流量输入框原型图设计如图9-17所示。

图9-16　标题栏原型图

月套餐总量：请输入总流量（单位为M）

图9-17　总流量输入框原型图

在设置套餐界面，为了提示输入框中需要输入的信息，我们在输入框左侧设计显示提示文本“月套餐总量”，并在输入框中提示“请输入总流量（单位为M）”。

任务4-2　UI分析

通过原型分析可知设置套餐流量界面具体有哪些功能，需要显示哪些信息，根据这些信息，设计设置套餐流量界面的效果，如图9-18所示。

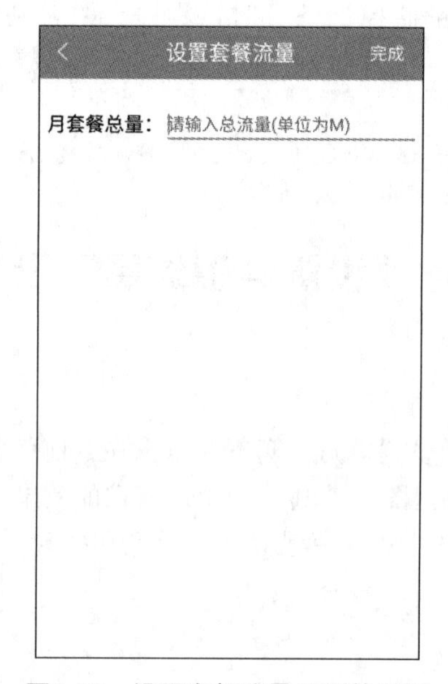

图9-18　设置套餐流量界面效果图

根据图9-18展示的设置套餐流量界面效果图，分析该图的设计过程，具体如下：

1. 设置套餐流量界面布局设计

由图9-18可知，设置套餐流量界面显示的信息有标题栏、“月套餐总量”信息、总流量数据信息。其中，“月套餐总量：”信息由1个文本显示，总流量数据信息是由1个输入框进行输入。

2. 颜色设计

（1）标题栏设计

标题栏UI设计效果如图9-19所示。

（2）总流量输入框设计

总流量输入框显示的UI设计效果如图9-20所示。

图9-19　标题栏UI效果 　　　　图9-20　总流量输入框的UI效果

通常情况下，界面上的文本都设置为黑色，输入框中的提示信息都设置为灰色，因此“月套餐总量”的文本显示为黑色，字体大小设置为18 sp，输入框中的提示信息文本颜色设置为灰色，文本大小为16 sp。

任务5　搭建设置套餐流量界面

为了实现设置密码界面的UI设计效果，在界面的布局代码中使用布局main_title_bar.xml（标题栏）、TextView控件、EditText控件分别组成标题栏、“月套餐总量”文本和总流量输入框等信息。接下来，本任务将通过布局代码搭建设置套餐流量界面的布局。

【知识点】

TextView控件、EditText控件。

【技能点】

- 使用TextView控件显示“月套餐总量”文本。
- 使用EditText控件显示总流量输入框。

本任务需要搭建的设置套餐流量界面的效果如图9-21所示。

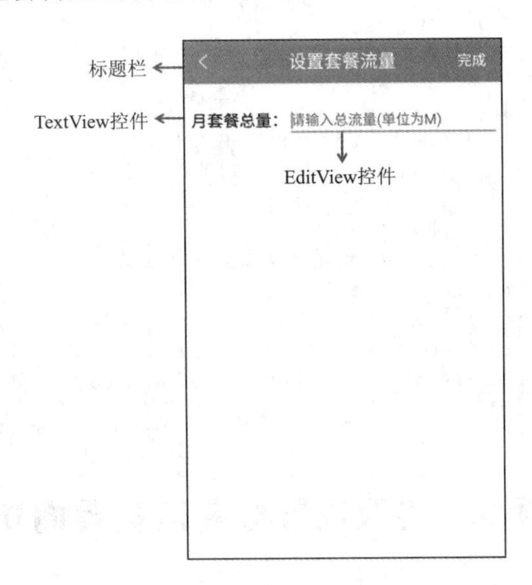

图9-21　设置套餐流量界面

搭建设置套餐流量界面布局的具体步骤如下：

1. 创建设置套餐流量界面

在com.itheima.mobilesafe.monitor.activity包中创建一个Empty Activity类，命名为SettingMeal Activity，并将布局文件名指定为activity_setting_meal。

2. 放置界面控件

在activity_setting_meal.xml文件中，通过<include>标签引入标题栏布局（main_title_bar.

xml），放置1个TextView控件用于显示月套餐总量文本，1个EditText控件用于显示流量输入框，具体代码如【文件9-7】所示。

【文件9-7】activity_setting_meal.xml

```
1  <?xml version="1.0" encoding="utf-8"?>
2  <RelativeLayout xmlns:android="http://schemas.android.com/apk/res/android"
3      android:layout_width="match_parent"
4      android:layout_height="match_parent"
5      android:background="@android:color/white">
6      <include
7          android:id="@+id/title_bar"
8          layout="@layout/main_title_bar"/>
9      <LinearLayout
10         android:id="@+id/ll_total"
11         android:layout_width="wrap_content"
12         android:layout_height="wrap_content"
13         android:layout_below="@+id/title_bar"
14         android:layout_marginTop="20dp"
15         android:layout_marginLeft="10dp"
16         android:layout_marginRight="10dp"
17         android:orientation="horizontal">
18         <TextView
19             android:layout_width="wrap_content"
20             android:layout_height="wrap_content"
21             android:text="月套餐总量："
22             android:textSize="18sp"
23             android:layout_gravity="center"
24             android:textColor="@color/black"/>
25         <EditText
26             android:id="@+id/total_flow"
27             android:layout_width="300dp"
28             android:layout_height="wrap_content"
29             android:ems="10"
30             android:hint="请输入总流量（单位为M）"
31             android:numeric="integer"
32             android:textColor="@color/black"
33             android:textSize="16sp"
34             android:textColorHint="@color/gray"/>
35     </LinearLayout>
36 </RelativeLayout>
```

任务6　实现设置套餐流量界面功能

任务综述

为了实现设置套餐流量界面设计的功能，在界面的逻辑代码中调用initView()方法初始化界面控件，将SettingMealActivity 实现View.OnClickListener接口，并重写onClick()方法，完成界面部分控件的点击事件，通过SharedPreferences类将用户输入的套餐流量保存到本地文件中。接下来，本任务将通过逻辑代码实现设置密码界面的功能。

【知识点】

- View.OnClickListener接口。

- SharedPreferences类。

【技能点】

- 通过View.OnClickListener接口实现控件的点击事件。
- 使用SharedPreferences类实现存储数据的功能。

任务6-1　初始化界面控件

由于需要获取设置套餐流量界面上的控件并为其设置一些数据，因此在SettingMealActivity中创建一个initView()方法，用于初始化界面控件，具体代码如【文件9-8】所示。

【文件9-8】SettingMealActivity.java

```
1  package com.itheima.mobilesafe.monitor.activity;
2  ......
3  public class SettingMealActivity extends Activity{
4      private EditText total_flow;
5      @Override
6      protected void onCreate(Bundle savedInstanceState) {
7          super.onCreate(savedInstanceState);
8          setContentView(R.layout.activity_setting_meal);
9          initView();
10     }
11     private void initView() {
12         RelativeLayout title_bar = findViewById(R.id.title_bar);
13         title_bar.setBackgroundColor(getResources().getColor(R.color.blue_color));
14         TextView title = findViewById(R.id.tv_main_title);
15         title.setText("设置套餐流量");
16         TextView tv_right =  findViewById(R.id.tv_right);
17         tv_right.setText("完成");
18         TextView tv_back = findViewById(R.id.tv_back);
19         tv_back.setVisibility(View.VISIBLE);
20         total_flow = findViewById(R.id.total_flow);
21     }
22 }
```

任务6-2　实现界面控件的点击事件

由于设置套餐流量界面的返回键和“完成”按钮都需要实现点击事件，因此将SettingMealActivity实现View.OnClickListener接口，并重写onClick()方法，在该方法中实现控件的点击事件。实现界面控件点击事件的具体步骤如下：

1. 实现返回键与“完成”按钮的点击事件

将SettingMealActivity实现View.OnClickListener接口，并重写onClick()方法，在该方法中根据被点击控件的Id实现对应控件的点击事件，具体代码如下所示。

```
1  public class SettingMealActivity extends Activity implements View.OnClickListener {
2      ......
3      private void initView() {
4          ......
5          tv_right.setOnClickListener(this);
6          tv_back.setOnClickListener(this);
```

```
7         }
8         @Override
9         public void onClick(View v) {
10            switch (v.getId()){
11                case R.id.tv_right:
12                    String flow = total_flow.getText().toString();
13                    if (flow.isEmpty()){
14                        Toast.makeText(SettingMealActivity.this,"请输入套餐总流量",
15                                                        Toast.LENGTH_SHORT).show();
16                        return;
17                    }
18                   SharedPreferences sp = getSharedPreferences("traffic", 0);
19                    SharedPreferences.Editor editor = sp.edit();
20                    editor.putString("totalFlow",flow);
21                    editor.commit();
22                    Intent intent = new Intent();
23                    intent.putExtra("totalFlow",flow);
24                    setResult(1001,intent);
25                    finish();
26                    break;
27                case R.id.tv_back:
28                    finish();
29                    break;
30            }
31        }
32 }
```

第12~17行代码判断获取的flow是否为空，如果为空，则通过Toast类提示用户“请输入套餐总流量”，否则，第18~21行代码会通过SharedPreferences类将输入的信息保存到本地文件中。

第22~24行代码通过setResult()方法将输入的套餐总流量信息回传到流量监控界面。

设置套餐流量界面的逻辑代码文件SettingMealActivity.java的完整代码详见【文件9-9】。

完整代码：文件 9-9

2. 添加跳转到设置套餐流量界面的逻辑代码

当用户在流量监控界面点击“流量校准”按钮时，程序会跳转到设置套餐流量界面，因此在TrafficMonitorActivity中找到onClick()方法，在该方法中的“//流量校准，点击该按钮跳转到设置套餐流量界面”注释下方添加跳转到设置套餐流量界面的逻辑代码，具体代码如下所示。

```
1  @Override
2  public void onClick(View v) {
3      switch (v.getId()){
4          ......
5          case R.id.calibration:     //流量校准，点击该按钮跳转到设置套餐流量界面
6              Intent settingMealIntent = new Intent(this,SettingMealActivity.class);
```

```
7               startActivityForResult(settingMealIntent,1000);
8               break;
9           ......
10      }
11 }
```

上述代码中，第7行代码通过调用startActivityForResult()方法跳转到设置套餐流量界面，并请求设置套餐流量界面返回用户设置的本月总套餐流量。

由于跳转到设置套餐流量界面时，调用的是startActivityForResult()方法，该方法可以使跳转到的界面回传数据到当前界面，因此在TrafficMonitorActivity中的onActivityResult()方法中接收设置套餐流量界面回传的数据，具体代码如下所示。

```
1  private int remainingDay = 1;
2  @Override
3  protected void onActivityResult(int requestCode, int resultCode, Intent data) {
4      super.onActivityResult(requestCode, resultCode, data);
5      if (requestCode == 1) {
6          ......
7      }else if (requestCode == 1000 & resultCode == 1001){
8          String totalFlow =  data.getStringExtra("totalFlow");
9          if (!totalFlow.isEmpty()){
10             if (Build.VERSION.SDK_INT >= Build.VERSION_CODES.N) {
11                 sportview.setFlow(Long.parseLong(totalFlow),
12                                       Long.parseLong(monthMobile+""));
13             }
14             //当 year 年 month 月有多少天
15             Long remainingFlow = Long.parseLong(totalFlow) * 1024 - monthMobile;
16             int totalDays = getMonthOfDay(year,month);
17             remainingDay = totalDays - day +1;
18             upper_limit.setText(getFormetFlow(remainingFlow/remainingDay));
19         }
20     }
21 }
```

上述代码中，第7~20行代码用于接收设置套餐流量界面返回的数据并将数据设置到界面控件上。

第8行代码通过调用getStringExtra()方法获取设置套餐流量界面回传过来的套餐流量总值totalFlow。

第9~19行代码通过if条件语句判断totalFlow是否为空，如果不为空，则调用setFlow()方法设置圆形进度条的进度与剩余套餐流量，接着通过setText()方法设置今日上限流量数据信息到界面控件上。

3. 初始化界面数据

由于当用户设置完套餐总流量之后，再次进入流量监控界面时，该界面需要显示圆形进度条的进度、剩余流量数据、今日上限流量数据，因此需要找到TrafficMonitorActivity中的initData()方法，在该方法中的语句“setBarChart();”下方添加初始化界面数据的代码，具体代码如下所示。

```
1  public void initData(){
2      ......
3      String totalFlow = sp.getString("totalFlow","");  //总流量
```

```
4      if (!totalFlow.isEmpty()){
5          if (Build.VERSION.SDK_INT >= Build.VERSION_CODES.N) {
6              if (Float.parseFloat(totalFlow) >= monthMobile/1024){
7                  sportview.setFlow(Long.parseLong(totalFlow),
8                                              Long.parseLong(monthMobile+""));
9                  //当year年month月有多少天
10                 Long remainingFlow = Long.parseLong(totalFlow) * 1024 - monthMobile;
11                 int totalDays = getMonthOfDay(year,month);
12                 remainingDay = totalDays - day +1;
13                 upper_limit.setText(getFormetFlow(remainingFlow/remainingDay));
14             }else{
15                 sportview.setFlow(Long.parseLong(totalFlow),
16                         Long.parseLong(totalFlow+""));
17                 upper_limit.setText("0.00K");
18             }
19         }
20     }
21 }
```

上述代码中，第3行代码通过getString()方法获取用户设置的套餐总流量totalFlow。

第4~20行代码通过if条件语句判断totalFlow是否为空，如果不为空，则判断totalFlow是否大于等于本月已使用的流量monthMobile/1024，如果大于等于，则通过setFlow()方法与setText()方法分别设置圆形进度条的进度、剩余流量数据以及今日流量上限数据的显示，否则，通过setFlow()方法与setText()方法分别设置圆形进度条的进度为100%，剩余流量数据为0，今日流量上限数据为0.00K。

流量监控界面的逻辑代码文件TrafficMonitorActivity.java的完整代码详见【文件9-10】。

完整代码：文件 9-10

任务7 “本月详情”设计分析

任务综述

本月详情界面用于显示一个月中每天耗费的移动网络与Wi-Fi流量。在当前任务中，我们通过工具Axure RP 9 Beat设计本月详情界面的原型图，使其达到用户需求的效果。为了让读者学习如何设计本月详情界面，本任务将针对本月详情界面的原型和UI设计进行分析。

任务:7-1 原型分析

在互联网时代，大家每天使用的流量与日俱增，为了让用户了解自己每天耗费的移动网络与Wi-Fi流量的数据信息，我们在流量监控模块中设计了一个本月详情界面，该界面主要用于显示日期、耗费的移动网络数据、耗费的Wi-Fi流量数据。

通过情景分析后，总结用户需求，本月详情界面设计的原型图如图9-22所示。

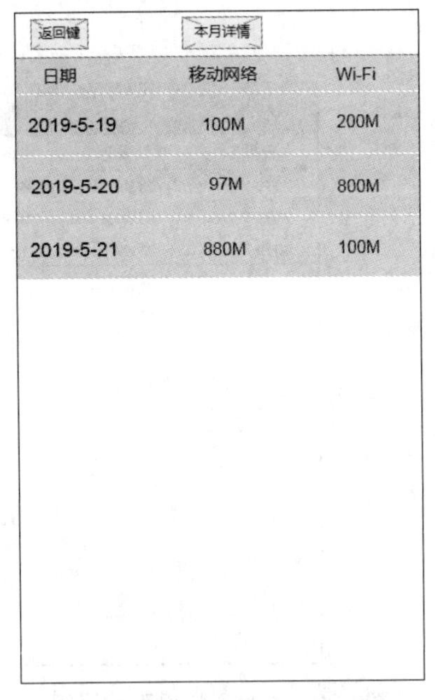

图9-22　本月详情界面原型图

根据图9-22中设计的本月详情界面原型图，分析界面上各个功能的设计与放置的位置，具体如下：

1．标题栏设计

标题栏原型图设计如图9-23所示.

2．标签栏设计

标签栏原型图设计如图9-24所示。

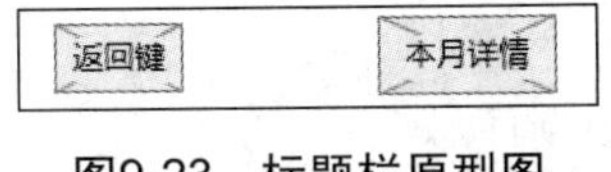

图9-23　标题栏原型图

图9-24　标签栏原型图

为了让用户知道本月详情界面中显示的具体信息，我们设计了一个标签栏，标签栏中包含“日期”、“移动网络”和“Wi-Fi”等信息，在标签栏下方显示标签中对应的具体数据信息。

3．本月详情信息的显示设计

本月详情信息的显示原型图设计如图9-25所示。

本月详情信息中主要包含日期、耗费的移动网络流量、耗费的Wi-Fi流量等具体数据信息，为了让用户可以直观地看到每天耗费了多少移动网络与Wi-Fi流量，每个日期、移动网络流量、Wi-Fi流量等数据可以以条目的形式进行显示，多个条目可以组成一个列表，这样本月详情信息可以通过一个列表的形式进行显示。

2019-5-19	100M	200M
2019-5-20	97M	800M
2019-5-21	880M	100M

图9-25　本月详情信息的显示原型图

任务7–2　UI分析

通过原型分析可知程序锁界面具体有哪些功能，需要显示哪些信息，根据这些信息，设计本月详情界面的效果，如图9-26所示。

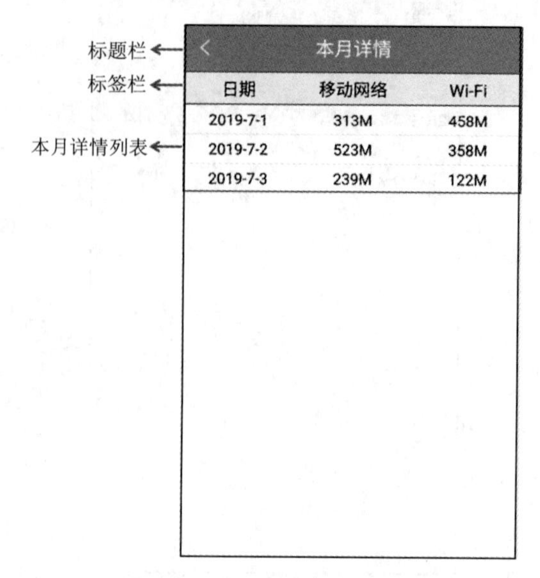

图9-26 本月详情界面效果图

根据图9-26展示的本月详情界面效果图，分析该图的设计过程，具体如下：

1. 本月详情界面布局设计

由图9-26可知，本月详情界面显示的信息有标题、返回键、“日期”、“移动网络”、“Wi-Fi”、本月流量数据信息。根据界面效果的展示，将本月详情界面按照从上至下的顺序划分为3部分，分别是标题栏、标签栏、本月详情列表，接下来详细分析这3部分。

第1部分（标题栏）：由于标题栏的组成在前面任务中已介绍过，此处不再重复介绍。

第2部分（标签栏）：由3个文本组成，分别用于显示“日期”、“移动网络”和“Wi-Fi”等信息。

第3部分（本月详情列表）：由1个列表显示本月流量数据信息。

2. 颜色设计

（1）标题栏设计

标题栏UI设计效果如图9-27所示。

（2）标签栏设计

标签栏的UI设计效果如图9-28所示。

本月详情界面默认的背景为白色，为了突出显示标签栏，我们将标签栏的背景设置为灰色，标签栏中的文本颜色设置为黑色并加粗显示，文本大小设置为18 sp。

（3）本月详情列表设计

本月详情列表的UI设计效果如图9-29所示。

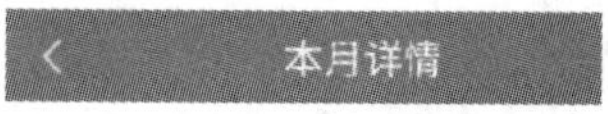

< 本月详情

图9-27 标题栏UI效果

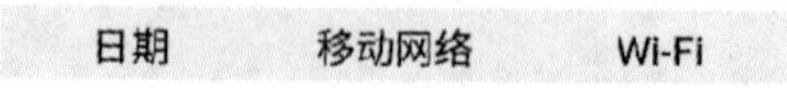

日期 移动网络 Wi-Fi

图9-28 标签栏UI效果

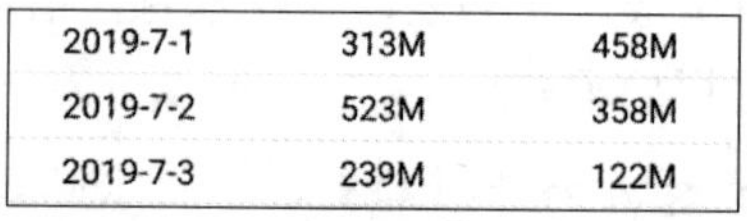

2019-7-1	313M	458M
2019-7-2	523M	358M
2019-7-3	239M	122M

图9-29 本月详情列表UI效果

由于本月详情界面背景为白色，为了让本月详情数据信息显示得更清晰，我们将列表中的文本颜色设置为黑色，文本大小设置为16 sp。

任务8　搭建本月详情界面

任务综述

为了实现本月详情界面的UI设计效果，在界面的布局代码中使用TextView控件、ListView控件完成本月详情界面的“日期”、“移动网络”、“Wi-Fi”、本月详情列表的显示。接下来，本任务将通过布局代码搭建本月详情界面的布局。

【知识点】

- TextView控件。
- ListView控件。

【技能点】

- 通过TextView控件显示界面文本信息。
- 通过ListView控件显示界面列表。

任务8-1　搭建本月详情界面布局

本月详情界面主要由布局main_title_bar.xml（标题栏）、3个TextView控件和1个ListView控件组成标题栏、标签栏（日期、移动网络、Wi-Fi）和流量详情列表等信息，本月详情界面的效果如图9-30所示。

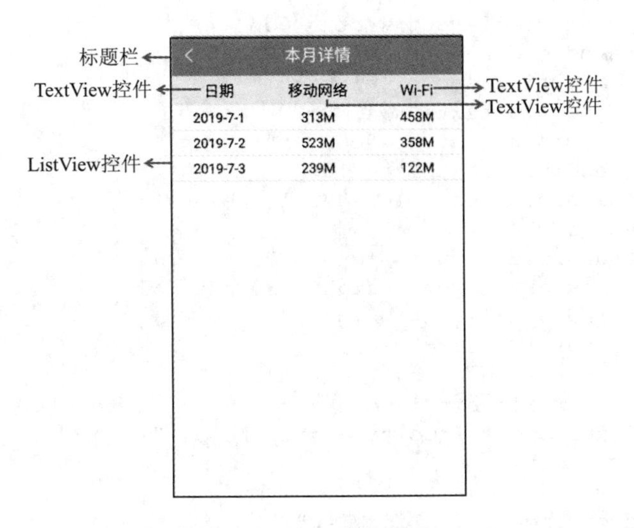

图9-30　本月详情界面

搭建本月详情界面布局的具体步骤如下：

1. 创建本月详情界面

在com.itheima.mobilesafe.monitor.activity包中创建一个Empty Activity类，命名为FlowDetails Activity，并将布局文件名指定为activity_flow_details。

2．放置界面控件

在activity_flow_details.xml文件中，通过<include>标签引入标题栏布局（main_title_bar.xml），放置3个TextView控件分别用于显示日期、移动网络、Wi-Fi等文本信息，1个ListView用于显示本月详情列表，具体代码如【文件9-11】所示。

【文件9-11】activity_flow_details.xml

```
1  <?xml version="1.0" encoding="utf-8"?>
2  <RelativeLayout xmlns:android="http://schemas.android.com/apk/res/android"
3      android:layout_width="match_parent"
4      android:layout_height="match_parent"
5      android:background="@android:color/white">
6      <include
7          layout="@layout/main_title_bar"/>
8      <LinearLayout
9          android:id="@+id/title"
10         android:layout_width="match_parent"
11         android:layout_height="wrap_content"
12         android:background="#f1f1f1"
13         android:layout_below="@+id/title_bar">
14         <TextView
15             android:layout_width="0dp"
16             android:layout_height="35dp"
17             android:layout_weight="1"
18             android:text="日期"
19             android:gravity="center"
20             android:textSize="18sp"
21             android:textColor="@color/black"/>
22         <TextView
23             android:layout_width="0dp"
24             android:layout_height="35dp"
25             android:layout_weight="1"
26             android:text="移动网络"
27             android:gravity="center"
28             android:textSize="18sp"
29             android:textColor="@color/black"/>
30         <TextView
31             android:layout_width="0dp"
32             android:layout_height="35dp"
33             android:layout_weight="1"
34             android:text="Wi-Fi"
35             android:gravity="center"
36             android:textSize="18sp"
37             android:textColor="@color/black"/>
38     </LinearLayout>
39     <ListView
40         android:id="@+id/listView"
41         android:layout_width="wrap_content"
42         android:layout_height="wrap_content"
43         android:layout_below="@+id/title">
44     </ListView>
45 </RelativeLayout>
```

任务8-2　搭建本月详情界面条目布局

由于本月详情界面中用到了ListView控件，因此需要为该控件搭建一个条目界面，该界面主要由3个TextView控件组成，分别用于显示具体日期、使用的移动网络数据、Wi-Fi流量数据等信息，界面效果如图9-31所示。

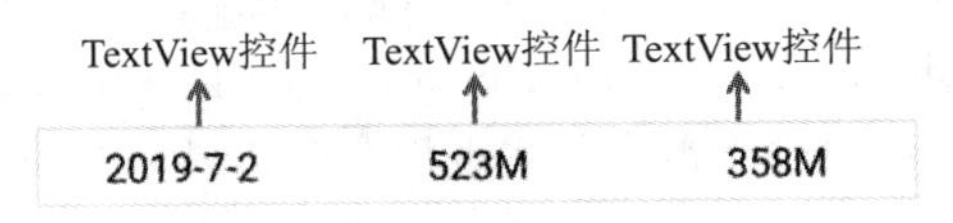

图9-31　本月详情界面条目

搭建本月详情列表条目布局的具体步骤如下：

1. 创建本月详情界面条目布局文件

在res/layout文件夹中，创建一个布局文件item_flow.xml。

2. 放置界面控件

在item_flow.xml文件中，放置3个TextView控件分别用于显示具体日期、使用的移动网络数据、Wi-Fi流量数据等信息，具体代码如【文件9-12】所示。

【文件9-12】item_flow.xml

```
1  <?xml version="1.0" encoding="utf-8"?>
2  <LinearLayout xmlns:android="http://schemas.android.com/apk/res/android"
3      android:layout_width="match_parent"
4      android:layout_height="wrap_content"
5      android:background="@color/color_white">
6      <TextView
7          android:id="@+id/tv_date"
8          android:layout_width="0dp"
9          android:layout_height="30dp"
10         android:layout_weight="1"
11         android:gravity="center"
12         android:textSize="16sp"
13         android:textColor="@color/black"/>
14     <TextView
15         android:id="@+id/tv_mobileNet"
16         android:layout_width="0dp"
17         android:layout_height="30dp"
18         android:layout_weight="1"
19         android:gravity="center"
20         android:textSize="16sp"
21         android:textColor="@color/black"/>
22     <TextView
23         android:id="@+id/tv_wifi"
24         android:layout_width="0dp"
25         android:layout_height="30dp"
26         android:layout_weight="1"
27         android:gravity="center"
28         android:textSize="16sp"
29         android:textColor="@color/black"/>
30 </LinearLayout>
```

任务9　实现本月详情界面功能

任务综述

为了实现本月详情界面设计的功能，在界面的代码逻辑中调用initView()方法初始化界面控件，将FlowDetailsActivity实现View.OnClickListener接口，重写onClick()方法，完成界面部分控件的点击事件。接下来，本任务将通过逻辑代码实现设置密码界面的功能。

【知识点】

- View.OnClickListener接口。
- SharedPreferences类。

【技能点】

- 通过View.OnClickListener接口实现控件的点击事件。
- 通过SharedPreferences类获取与保存第一次进入该模块的日期信息。

任务9-1　封装流量信息实体类

由于本月详情界面中显示的流量信息都有日期、移动网络流量、Wi-Fi流量等属性，因此需要创建一个流量信息的实体类TrafficInfo存放这些属性。

在com.itheima.mobilesafe.monitor包中创建一个entity包，在该包中创建一个TrafficInfo类，具体代码如【文件9-13】所示。

【文件9-13】TrafficInfo.java

```
1 package com.itheima.mobilesafe.monitor.entity;
2 public class TrafficInfo {
3     private String date;
4     private String mobiletraffic;
5     private String wifi;
6     public String getDate() {
7         return date;
8     }
9     public void setDate(String date) {
10        this.date = date;
11    }
12    public String getMobiletraffic() {
13        return mobiletraffic;
14    }
15    public void setMobiletraffic(String mobiletraffic) {
16        this.mobiletraffic = mobiletraffic;
17    }
18    public String getWifi() {
19        return wifi;
20    }
21    public void setWifi(String wifi) {
22        this.wifi = wifi;
23    }
24 }
```

任务9-2　编写本月详情列表适配器

由于本月详情界面的流量信息列表是用ListView控件展示的，因此需要创建一个数据适配器FlowDetilsAdapter对ListView控件进行数据适配。创建适配器FlowDetilsAdapter的具体步骤如下：

1．创建适配器FlowDetilsAdapter

在com.itheima.mobilesafe.monitor包中创建adapter包，在该包中创建一个FlowDetilsAdapter类继承自BaseAdapter类，重写getCount()、getItem()、getItemId()、getView()方法，这些方法分别用于获取条目总数、对应条目对象、条目对象的Id、对应的条目视图。

2．创建ViewHolder类

在适配器FlowDetilsAdapter中创建一个ViewHolder类，在该类中初始化条目布局中的控件，具体代码如【文件9-14】所示。

【文件9-14】FlowDetilsAdapter.java

```
1  package com.itheima.mobilesafe.monitor.adapter;
2  ......
3  public class FlowDetilsAdapter extends BaseAdapter {
4      private List<TrafficInfo> infos;
5      private Context context;
6      public FlowDetilsAdapter(List<TrafficInfo> systemContacts,
7                                  Context context) {
8          super();
9          this.infos = systemContacts;
10         this.context = context;
11     }
12     @Override
13     public int getCount() {
14         return infos.size();
15     }
16     @Override
17     public Object getItem(int position) {
18         return infos.get(position);
19     }
20     @Override
21     public long getItemId(int position) {
22         return position;
23     }
24     @RequiresApi(api = Build.VERSION_CODES.N)
25     @Override
26     public View getView(final int position, View convertView, ViewGroup parent) {
27         ViewHolder holder = null;
28         TrafficInfo info = infos.get(position);
29         if(convertView == null) {
30             convertView = View.inflate(context, R.layout.item_flow, null);
31             holder = new ViewHolder();
32             holder.tv_date = (TextView) convertView
33                     .findViewById(R.id.tv_date);
34             holder.tv_mobileNet = (TextView) convertView
35                                 .findViewById(R.id.tv_mobileNet);
36             holder.tv_wifi = convertView.findViewById(R.id.tv_wifi);
37             convertView.setTag(holder);
38         } else {
```

```
39                holder = (ViewHolder) convertView.getTag();
40            }
41            holder.tv_date.setText(info.getDate());
42            Long mobile = Long.parseLong(info.getMobiletraffic());
43            holder.tv_mobileNet.setText(getFormetFlow(mobile));
44            Long wifi = Long.parseLong(info.getWifi());
45            if (wifi<0){
46                wifi = 0l;
47            }
48            holder.tv_wifi.setText(getFormetFlow(wifi));
49            return convertView;
50        }
51        class ViewHolder {
52            TextView tv_date;
53            TextView tv_mobileNet;
54            TextView tv_wifi;
55        }
56 }
```

上述代码中，第25~50行代码重写了getView()方法，在该方法中通过inflate()方法加载条目布局，并将获取到的数据信息显示到条目界面上。

任务9-3 初始化界面控件

由于需要获取本月详情界面上的控件并为其设置一些数据，因此需要在FlowDetailsActivity中创建一个initView ()方法，用于初始化界面控件。具体代码如【文件9-15】所示。

【文件9-15】FlowDetailsActivity.java

```
1  package com.itheima.mobilesafe.monitor.activity;
2  ......
3  @RequiresApi(api = Build.VERSION_CODES.M)
4  public class FlowDetailsActivity extends Activity implements View.OnClickListener {
5      private ListView listView;
6      @Override
7      protected void onCreate(Bundle savedInstanceState) {
8          super.onCreate(savedInstanceState);
9          setContentView(R.layout.activity_flow_details);
10         initView();
11     }
12      private void initView() {
13         RelativeLayout title_bar = findViewById(R.id.title_bar);
14         title_bar.setBackgroundColor(getResources().getColor(R.color.blue_color));
15         TextView title = findViewById(R.id.tv_main_title);
16         title.setText("本月详情");
17         TextView tv_back = findViewById(R.id.tv_back);
18         tv_back.setVisibility(View.VISIBLE);
19         tv_back.setOnClickListener(this);
20         listView = findViewById(R.id.listView);
21         List<TrafficInfo> infos = setData();
22         FlowDetilsAdapter adapter = new FlowDetilsAdapter(infos,this);
23         listView.setAdapter(adapter);
24     }
25     @Override
26     public void onClick(View v) {
27         switch (v.getId()){
```

```
28                case R.id.tv_back:
29                    finish();
30                    break;
31            }
32        }
33 }
```

任务9-4　获取本月流量数据

由于本月详情界面需要显示一个月的流量数据信息，因此需要在FlowDetailsActivity中创建一个setData()方法，在该方法中获取本月流量的数据信息，获取本月流量数据的具体步骤如下：

1. 获取每天使用的移动网络数据

在FlowDetailsActivity中创建setData()方法，在该方法中获取本月每天使用的移动网络数据信息，具体代码如下所示。

```
1  @RequiresApi(api = Build.VERSION_CODES.M)
2  public List<TrafficInfo> setData(){
3      List<TrafficInfo> infos =  new ArrayList<>();
4      NetworkStatsManager networkStatsManager = (NetworkStatsManager)
5                              getSystemService(NETWORK_STATS_SERVICE);
6      NetworkStatsHelper networkStatsHelper = new
7                          NetworkStatsHelper(networkStatsManager,this);
8      SharedPreferences sp = getSharedPreferences("traffic", 0);
9      Long  startTime = sp.getLong("startTime",-1);
10     int startYear = sp.getInt("startYear",-1);
11     int startMonth = sp.getInt("startMonth",-1);
12     int startDay = sp.getInt("startDay",-1);
13     Calendar calendar = Calendar.getInstance();
14     int year = calendar.get(Calendar.YEAR);
15     int month = calendar.get(Calendar.MONTH)+1;
16     int day = calendar.get(Calendar.DAY_OF_MONTH);
17     int totalDay = 30;
18     for (int x = 1; x <= totalDay; x++){
19         if (startTime == -1){
20             continue;
21         }
22         long mobile = 0l;
23         long wifi = 0l;
24         if (year != startYear){
25             if (x <= day){
26         mobile = networkStatsHelper.getAllTodayMobile(this,year,month,x);
27           wifi = networkStatsHelper.getAllTodayWIFI(this,year,month,x);
28                 String date = year+"-"+month+"-"+x;
29                 TrafficInfo info = new TrafficInfo();
30                 info.setMobiletraffic(mobile+"");
31                 info.setWifi(wifi+"");
32                 info.setDate(date);
33                 infos.add(info);
34             }
35         }else{
36             if (month != startMonth){
37                 if (x <= day){
38                     mobile = networkStatsHelper.getAllTodayMobile(this,year,month,x);
39                     wifi = networkStatsHelper.getAllTodayWIFI(this,year,month,x);
```

```
40                      String date = year+"-"+month+"-"+x;
41                      TrafficInfo info = new TrafficInfo();
42                      info.setMobiletraffic(mobile+"");
43                      info.setWifi(wifi+"");
44                      info.setDate(date);
45                      infos.add(info);
46                  }
47              }else{
48                  if (day != startDay){
49                      if (startDay <= x && x <= day){
50                          mobile = networkStatsHelper.getAllTodayMobile(this,year,month,x);
51                          wifi = networkStatsHelper.getAllTodayWIFI(this,year,month,x);
52                          String date = year+"-"+month+"-"+x;
53                          TrafficInfo info = new TrafficInfo();
54                          info.setMobiletraffic(mobile+"");
55                          info.setWifi(wifi+"");
56                          info.setDate(date);
57                          infos.add(info);
58                      }
59                  }else{
60                      if (x == day){
61                          mobile = networkStatsHelper.getTodayMobile(this,startTime);
62                          wifi = networkStatsHelper.getTodayWIFI(this,startTime);
63                          String date = year+"-"+month+"-"+x;
64                          TrafficInfo info = new TrafficInfo();
65                          info.setMobiletraffic(mobile+"");
66                          info.setWifi(wifi+"");
67                          info.setDate(date);
68                          infos.add(info);
69                      }
70                  }
71              }
72          }
73      }
74      return infos;
75 }
```

上述代码中的逻辑已经在流量监控界面介绍过，此处不再重复介绍。

2. 获取每天使用的Wi-Fi流量数据

在NetworkStatsHelper中创建getAllTodayWIFI()方法，在该方法中获取指定日期的Wi-Fi流量数据，具体代码如下所示。

```
1  public long getAllTodayWIFI(Context context,int year,int month,int day) {
2      NetworkStats.Bucket bucket;
3      try {
4          bucket = networkStatsManager.querySummaryForDevice(
5                  ConnectivityManager.TYPE_WIFI,
6                  getSubscriberId(context, ConnectivityManager.TYPE_WIFI),
7                  getSpecificTimesMorning(year,month-1,day),
8                  getSpecificTimesNight(year,month-1,day));
9      } catch (RemoteException e) {
10         return -1;
11     }
12     return (bucket.getTxBytes() + bucket.getRxBytes())/1024;
13 }
```

3. 获取指定时间间隔内的Wi-Fi流量数据

在NetworkStatsHelper中创建getTodayWIFI()方法，在该方法中获取指定开始时间到现在时间的Wi-Fi流量，具体代码如下所示。

```
1  public long getTodayWIFI(Context context,Long startTime) {
2      NetworkStats.Bucket bucket;
3      try {
4          bucket = networkStatsManager.querySummaryForDevice(
5                  ConnectivityManager.TYPE_WIFI,
6                  "",
7                  startTime,
8                  System.currentTimeMillis());
9      } catch (RemoteException e) {
10         return -1;
11     }
12     return (bucket.getTxBytes() + bucket.getRxBytes())/1024;
13 }
```

4. 添加跳转到本月详情界面的逻辑代码

由于点击流量监控界面的“查看详情”文本时，程序会跳转到本月详情界面，因此需要找到TrafficMonitorActivity中的onClick()方法，在该方法中的注释“//本月流量详情”下方添加跳转到本月详情界面的逻辑代码，具体代码如下：

```
Intent FlowDetailsIntent = new Intent(this,FlowDetailsActivity.class);
startActivity(FlowDetailsIntent);
```

本月详情界面的逻辑代码文件FlowDetailsActivity.java的完整代码详见【文件9-16】所示。

完整代码：文件 9-16

扫码看代码

本 章 小 结

本章主要讲解了手机卫士项目中的流量监控模块，该模块主要通过NetworkStatsManager类获取指定时间间隔内的流量数据，并根据获取到的流量数据显示圆形进度条的进度，以及柱状图和本月详情界面的相关知识。本章中的难点主要为如何使用自定义控件显示圆形进度条，以及如何使用柱状图显示流量详情的功能。希望读者可以认真学习本章内容，争取能够掌握本章涉及的知识，便于后续开发其他类似的项目。

第10章　项目上线

学习目标：

◎ 掌握代码混淆方式以及项目打包流程，实现项目打包。

◎ 掌握第三方加固软件的使用，使用该软件对项目进行加固。

◎ 掌握项目发布到市场的流程，能够将手机安全卫士项目上传到应用市场。

当应用程序开发完成之后，需要将程序放到市场上供用户使用。在上传到应用市场之前需要对程序代码进行混淆、打包、加固等，以提高程序的安全性。所有企业中的项目都必须要经历这一步，因此读者需要认真学习。本章将针对项目上线进行详细讲解。

任务1　代码混淆

为了防止自己开发的程序被别人反编译，保护自己的劳动成果，一般情况下会对程序进行代码混淆。所谓代码混淆（亦称花指令）就是保持程序功能不变，将程序代码转换成一种难以阅读和理解的形式。代码混淆为应用程序增加了一层保护措施，但是并不能完全防止程序被反编译。接下来将对代码混淆进行详细讲解。

任务1-1　修改build.gradle文件

由于需要开启项目的混淆设置，因此需要在build.gradle文件的buildTypes中添加相关属性，具体代码如下所示：

```
buildTypes {
    release {
        minifyEnabled true
        shrinkResources true
        proguardFiles getDefaultProguardFile('proguard-android.txt'),
                'proguard-rules.pro'
    }
}
```

在该段代码中，minifyEnabled用于设置是否开启混淆，默认情况下为false，需要开启混淆时设置为true。shrinkResources属性用于去除无用的resource文件。proguardFiles getDefaultProguardFile用于加载混淆的配置文件，在配置文件中包含有混淆的相关规则。

任务1-2　编写proguard-rules.pro文件

在进行代码混淆时需要指定混淆规则，如指定代码压缩级别，混淆时采用的算法，排除混淆的类等等，这些混淆规则是在proguard-rules.pro文件中编写的，具体代码如【文件10-1】所示。

【文件10-1】proguard-rules.pro

```
1 -ignorewarnings                                      # 抑制警告
2 -keep class com.itheima.mobilesafe.applock.entity.** { *; }  #保持实体类不被混淆
3 -keep class com.itheima.mobilesafe.appmanager.entity.** { *; } #保持实体类不被混淆
4 -keep class com.itheima.mobilesafe.clean.entity.** { *; }  #保持实体类不被混淆
5 -keep class com.itheima.mobilesafe.interception.entity.** { *; } #保持实体类不被混淆
6 -keep class com.itheima.mobilesafe.network.monitor.entity.** { *; } #保持实体类不被混淆
7 -keep class com.itheima.mobilesafe.viruskilling.entity.** { *; }  #保持实体类不被混淆
8 -keep class com.android.internal.telephony.** { *; }
9 -optimizationpasses 5                               # 指定代码的压缩级别
10 -dontusemixedcaseclassnames                        # 是否使用大小写混合
11 -dontpreverify                                     # 混淆时是否做预校验
12 -verbose                                           # 混淆时是否记录日志
13  # 指定混淆时采用的算法
14 -optimizations !code/simplification/arithmetic,!field/*,!class/merging/*
15 # 对于继承Android的四大组件等系统类，保持不被混淆
16 -keep public class * extends android.app.Activity
17 -keep public class * extends android.app.Application
18 -keep public class * extends android.app.Service
19 -keep public class * extends android.content.BroadcastReceiver
20 -keep public class * extends android.content.ContentProvider
21 -keep public class * extends android.app.backup.BackupAgentHelper
22 -keep public class * extends android.preference.Preference
23 -keep public class * extends android.view.View
24 -keep public class com.android.vending.licensing.ILicensingService
25 -keep class android.support.** {*;}
26 -keepclasseswithmembernames class * { #保持 native方法不被混淆
27     native <methods>;
28 }
29 #保持自定义控件类不被混淆
30 -keepclassmembers class * extends android.app.Activity {
31     public void *(android.view.View);
32 }
33 #保持枚举类 enum 不被混淆
34 -keepclassmembers enum * {
35     public static **[] values();
36     public static ** valueOf(java.lang.String);
37 }
38 #保持 Parcelable 的类不被混淆
39 -keep class * implements android.os.Parcelable {
40     public static final android.os.Parcelable$Creator *;
41 }
42 #保持继承自 View 对象中的 set/get 方法以及初始化方法的方法名不被混淆
```

```
43 -keep public class * extends android.view.View{
44     *** get*();
45     void set*(***);
46     public <init>(android.content.Context);
47     public <init>(android.content.Context, android.util.AttributeSet);
48     public <init>(android.content.Context, android.util.AttributeSet, int);
49 }
50 # 对所有类的初始化方法的方法名不进行混淆
51 -keepclasseswithmembers class * {
52     public <init>(android.content.Context, android.util.AttributeSet);
53     public <init>(android.content.Context, android.util.AttributeSet, int);
54 }
55 # 保持 Serializable 序列化的类不被混淆
56 -keepclassmembers class * implements java.io.Serializable {
57     static final long serialVersionUID;
58     private static final java.io.ObjectStreamField[] serialPersistentFields;
59     private void writeObject(java.io.ObjectOutputStream);
60     private void readObject(java.io.ObjectInputStream);
61     java.lang.Object writeReplace();
62     java.lang.Object readResolve();
63 }
64 # 对于 R（资源）下的所有类及其方法，都不能被混淆
65 -keep class **.R$* {
66  *;
67 }
68 # 对于带有回调函数 onXXEvent 的，不能被混淆
69 -keepclassmembers class * {
70     void *(**On*Event);
71 }
```

上述代码中，在proguard-rules.pro文件中需要指定混淆时的一些属性，如代码压缩级别、是否使用大小写混合、混淆时的算法等。同时在文件中还需要指定排除哪些类不被混淆，如Activity相关类、四大组件、自定义控件等，这些类若被混淆，程序打包后运行时将无法找到该类，因此需要将这些内容保持原样不被混淆。

任务2　项目打包

项目开发完成之后，如果要发布到互联网上供别人使用，就需要将自己的程序打包成正式的Android安装包文件，简称APK，其扩展名为“.apk”。接下来将针对Android程序打包过程进行详细讲解。

首先在菜单栏中选择“Build→Generate Signed Bundle/APK”选项，进入到Generate Signed Bundle or APK界面，如图10-1所示。

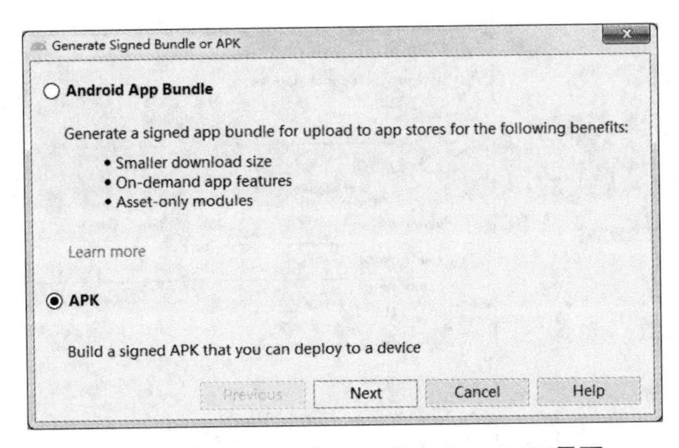

图10-1　Generate Signed Bundle or APK界面

图10-1中有两个选项，分别是Android App Bundle与APK，其中选项Android App Bundle是Google 推出的一种模式，可以使打包后的APK容量大大缩小，选择该选项会生成扩展名为“.aab”的文件，该文件仅支持Android 9.0（Pie：馅饼）及以上版本的手机安装。选择APK选项会生成扩展名为“.apk”的文件，该文件仅支持Android 9.0以下版本的手机安装。

在图10-1中，单击【Next】按钮，进入Generate Signed Bundle or APK界面，在该界面中单击【Create new】按钮，进入New Key Store界面，创建一个新的证书，如图10-2所示。

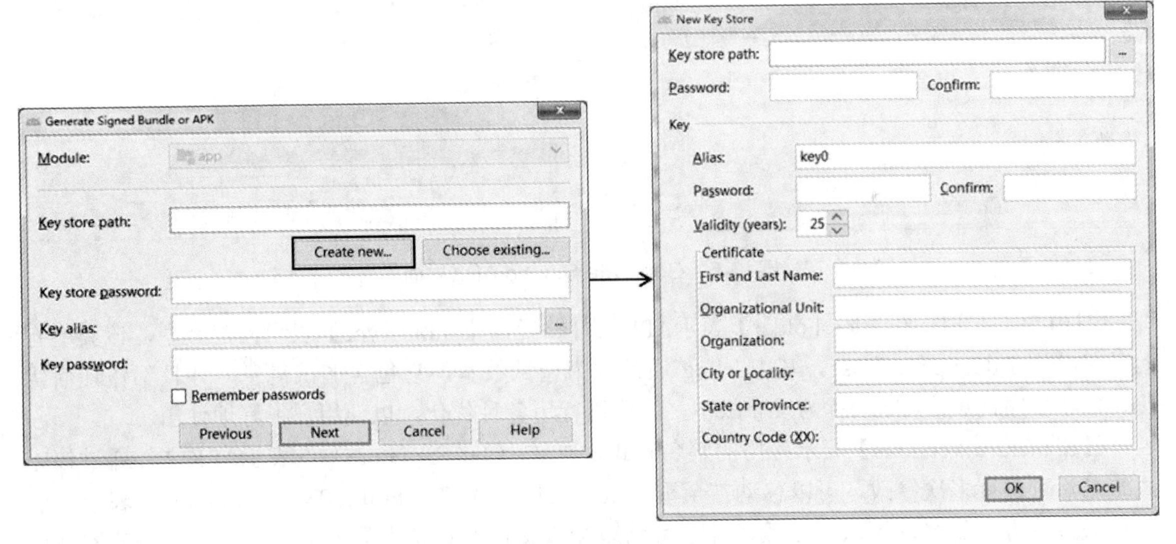

图10-2　创建新的证书

图10-2中，单击【Key store path】项之后的【...】按钮，进入Choose keystore file界面，选择证书存放的路径，并在下方【File name】中填写证书名称，如图10-3所示。

图10-3中，单击【OK】按钮。此时，会返回到New Key Store界面，然后填写相关信息，如图10-4所示。

图10-4中，信息填写完毕之后，单击【OK】按钮，返回到Generate Signed Bundle or APK界面。然后单击【Next】按钮进入选择APK文件的路径以及构建类型，如图10-5所示。

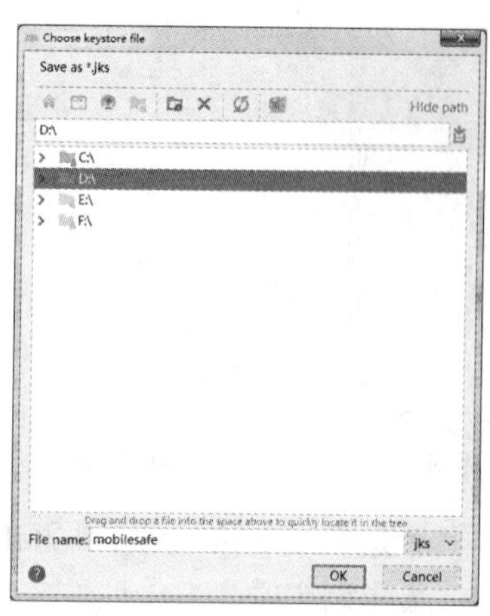

图10-3　Choose keystore file界面

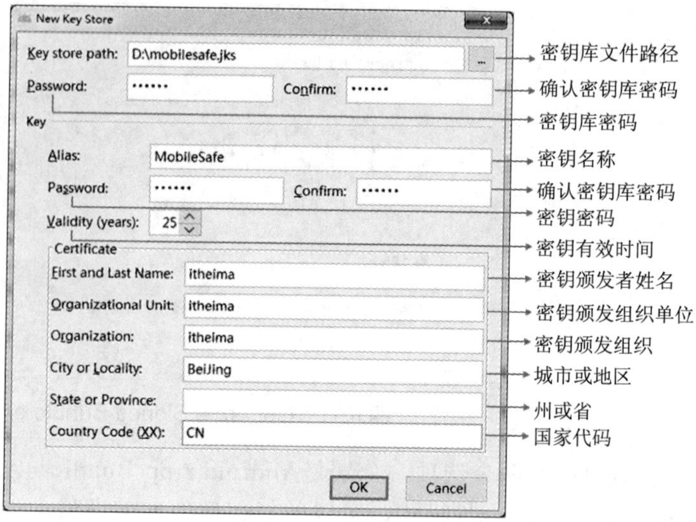

图10-4　New Key Store界面

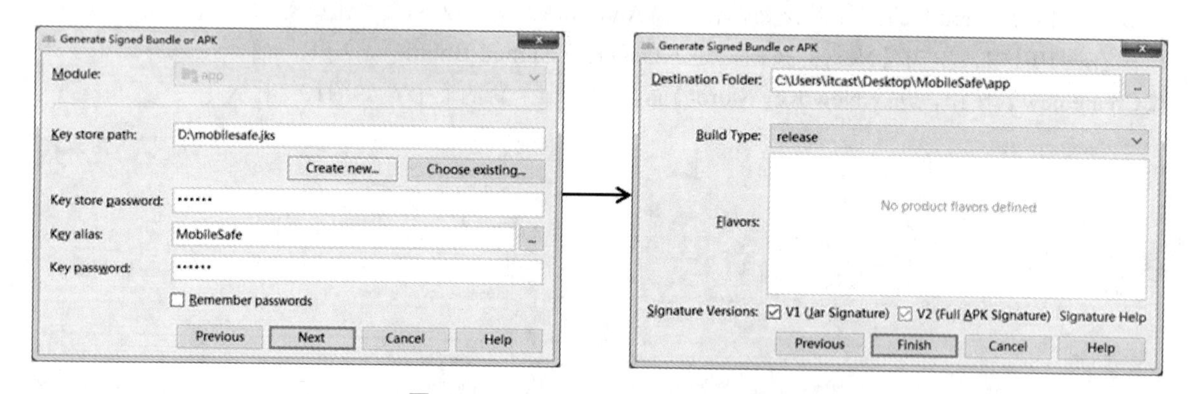

图10-5　Generate Signed APK界面

图10-5中，【Destination Folder】表示APK文件路径，【Build Type】表示构建类型，该类型有两种，分别是debug和release。其中debug 通常称为调试版本，它包含调试信息，并且不作任何优化，便于程序调试。release称为发布版本，往往进行了各种优化，以便用户很好地使用。

【Signature Versions】表示应用的签名方式，“V1（Jar Signature）”表示APK文件通过该方式签名后可进行多次修改，可以移动甚至重新压缩文件。“V2（Full APK Signature）”表示APK文件通过该方式签名后无法再更改，并且可缩短APK文件在设备上的验证时间，从而快速安装应用。只勾选“V1（Jar Signature）”会在Android 7.0系统上出现验证方式不安全的问题。只勾选“V2（Full APK Signature）”会影响Android 7.0系统以下的设备，安装完应用后会显示未安装信息。同时勾选两个选项，在任何版本系统上都没问题。

此处【Build Type】选择release，【Signature Versions】勾选“V1（Jar Signature）”与“V2（Full APK Signature）”，然后单击【Finish】按钮，Android Studio下方的Build窗口中会显示打包的进度信息，如图10-6所示。

图10-6中打包APK成功后，在Android Studio的右下角会弹出一个Generate Signed APK窗口，如图10-7所示。

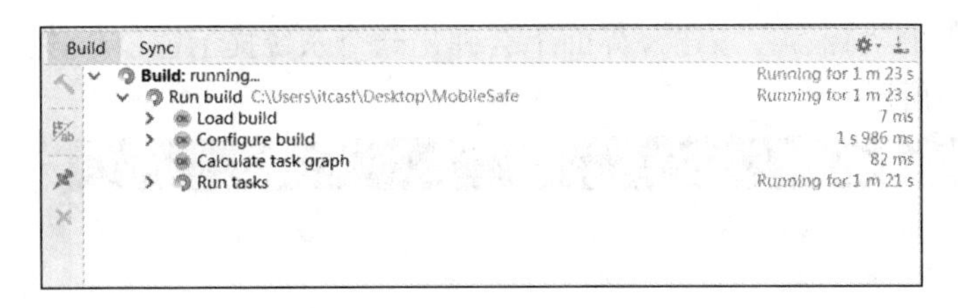

图10-6　Build窗口

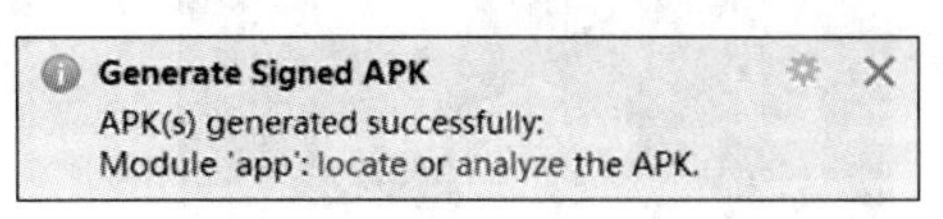

图10-7　Generate Signed APK窗口

图10-7中，单击蓝色文本“locate”或“analyze”都可查看生成的APK文件。以单击“locate”为例，单击后会弹出项目的MobileSafe/app/release文件夹，在该文件夹中可查看生成的APK文件app-release.apk，如图10-8所示。

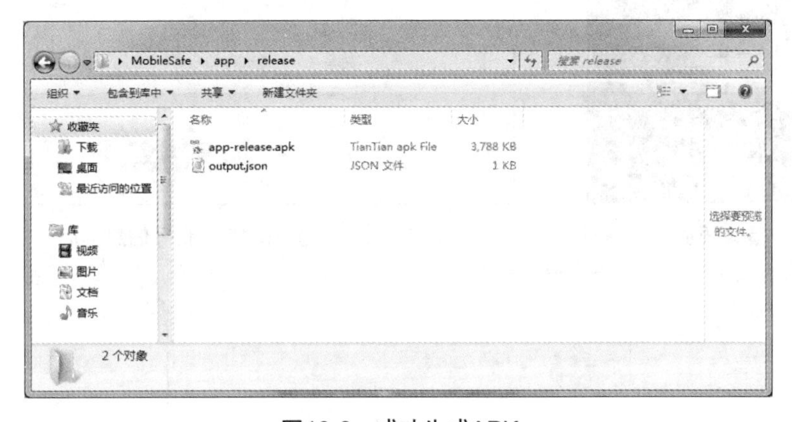

图10-8　成功生成APK

至此，这个项目已成功完成打包，打包成功的项目能够在Android手机上安装运行，也能够放在市场中让他人下载使用，但为了项目更加安全，通常会使用第三方程序进行加固。

注意：

在项目打包的过程中会将代码进行混淆，混淆结果可以在项目所在路径下的\app\build\outputs\mapping\release中的mapping.txt文件中查看。读者可以自行验证，打开该文件会发现项目的类名，方法名等已经混淆成a、b、c、d等难以解读的内容。

任务3　项 目 加 固

在实际开发中，为了增强项目的安全性，增加代码的健硕程度，会根据项目需求使用第三方的加固软件对项目进行加固（加密）。接下来将对第三方加固软件“360加固助手”进行详细地讲解。

1．下载加固助手

首先进入360加固首页，注册登录后，找到“加固助手”的下载页面，选择与操作系统相对应的软件进行下载，本文以Windows版为例。下载完成后进行解压，然后打开360加固助手，如图10-9所示。

输入账号密码，同时勾选登录界面底部的“360加固保软件产品许可使用协议”的复选框，单击登录，会进入账号信息填写界面，如图10-10所示。

填写完账号信息之后，单击界面底部的“保存”按钮，界面上会弹出一个系统提示窗口，该窗口中显示用户信息保存成功，如图10-11所示。

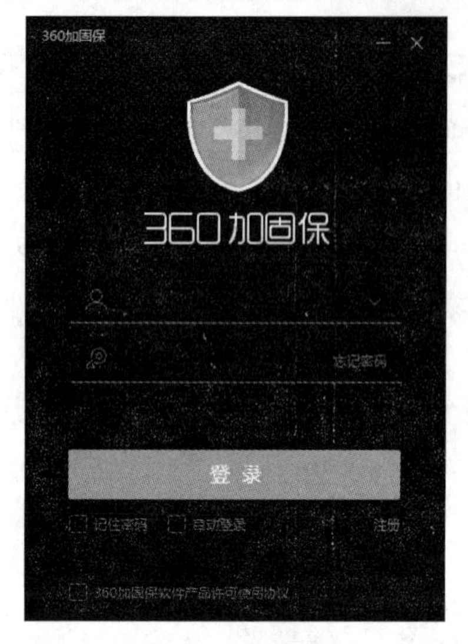

图10-9 登录界面

图10-10 账号信息界面

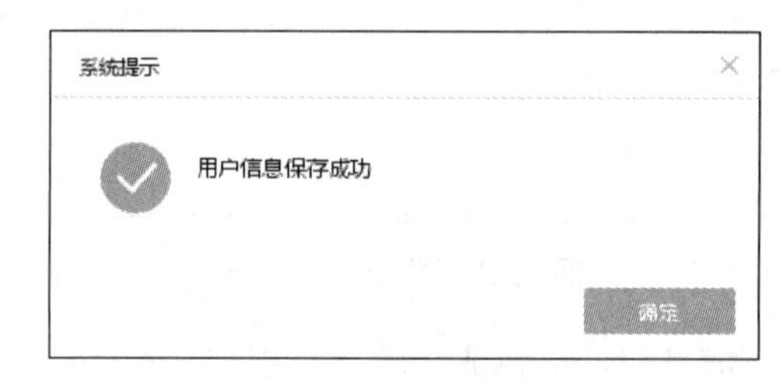

图10-11 系统提示窗口

2. 配置信息

图10-11中，单击“确定”按钮，进入应用加固界面，如图10-12所示。

图10-12 应用加固界面

图10-12中，单击“+添加应用”按钮，会弹出一个“请选择apk文件”的窗口，此时找到打包后的apk文件并选中，如图10-13所示。

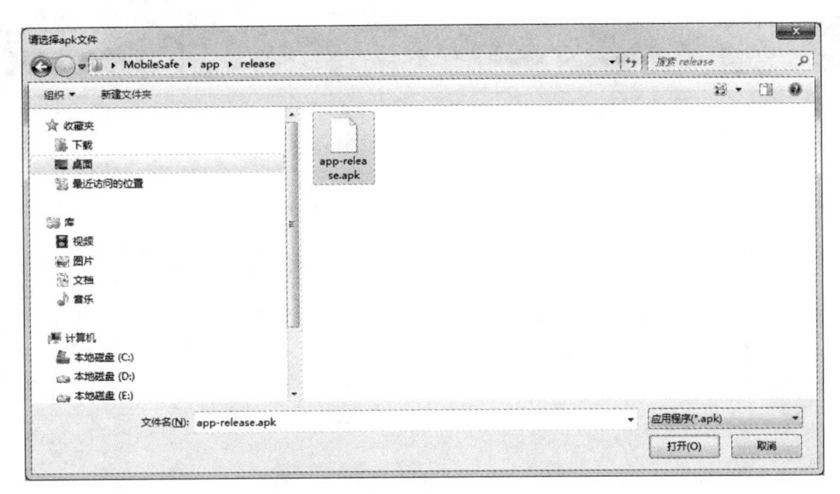

图10-13　选择APK文件界面

图10-13中，单击“打开”按钮，界面上会弹出一个系统提示窗口，在该窗口中提示签名配置中未找到此APK使用的签名的信息，如图10-14所示。

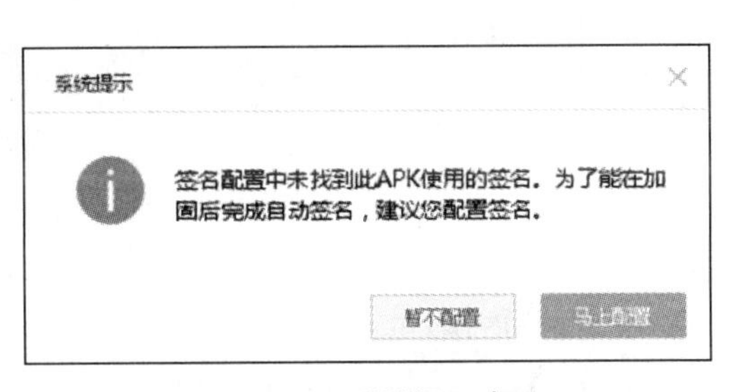

图10-14　系统提示窗口

为了在加固后完成自动签名，图10-14中，单击“马上设置”按钮进入签名设置界面，在该界面中勾选“启用自动签名”即可添加本地的keystore签名文件，选择文件路径（D:\mobilesafe.jks）并输入keystore密码，如图10-15所示。

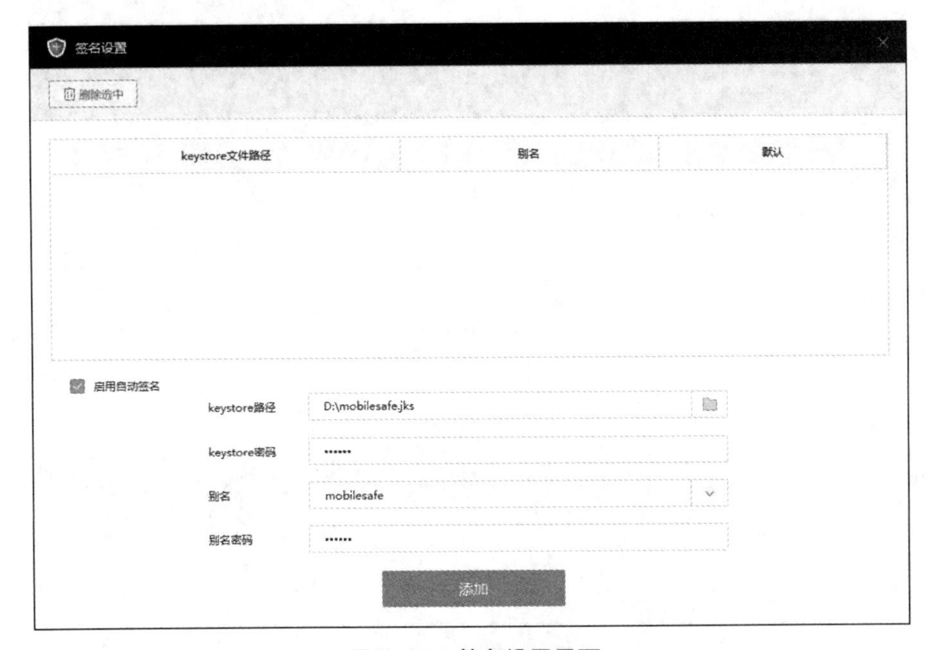

图10-15　签名设置界面

在图10-15中填写完成签名信息后，单击“添加”按钮即可完成签名信息的设置，此时界面上会弹出一个签名已保存的系统提示窗口，如图10-16所示。

图10-16　完成添加签名设置界面

3．加固应用

图10-16中，单击“确定”按钮，会关闭签名设置窗口，返回到应用加固界面，此时发现应用正在加固中，当加固完成后加固状态由“加固中”变成“任务完成_已签名”，如图10-17所示。

图10-17　加固完成

至此，使用第三方工具加固应用程序全部完成，完成加密后的应用程序安全性更高，接下来将应用程序上传至应用市场即可供用户使用。

任务4　项 目 发 布

应用程序发布到市场之后，用户便可以通过市场进行程序下载。应用市场选择也有很多种，如360手机助手应用市场、百度应用市场、小米应用市场等，本节将以360手机助手应用市场为例，接下来将详细讲解如何将加固过后的应用程序上传到应用市场中。

首先访问360移动开放平台，接着通过已注册的账号进行登录操作，登录成功后的部分浏览界面如图10-18所示。

图10-18　360移动平台首页界面

图10-18中，单击图中的“管理中心”，进入“管理中心”首页，如图10-19所示。

图10-19中，单击“创建软件”按钮，进入创建软件界面，在该界面单击“软件”按钮，进入填写应用信息的界面，如图10-20所示。

图10-20中，单击软件安装包后面的“上传”按钮，找到已加固好的apk文件（默认存放在...\360jiagubao_windows_64\jiagu\output\16601138731路径下），分类后的选项选择“常用工具”。如果有纸质软著登记证书或App电子版权认证证书，可任选其中一个并通过“上传”按钮上传相关资料信息。

接着填写资质许可证、支持语言、资费类型、应用简介、当前版本介绍、隐私权限说明（此内容占据空间较大，请读者参考填写应用信息的网页内容）等信息，如图10-21所示。

填写完上述信息之后，向下滚动可以看到“上传图标和截图”界面。在该界面中上传应用的图标以及应用中部分界面的截图（图片按照要求上传），如图10-22所示。

360 移动开放平台
管理中心
首页
360U3139798706
主页
应用列表
开放服务
数据统计
运营管理
财务结算
账户管理
帮助文档
江小白
普通开发者
下载情况
创建应用
创建软件
创建游戏

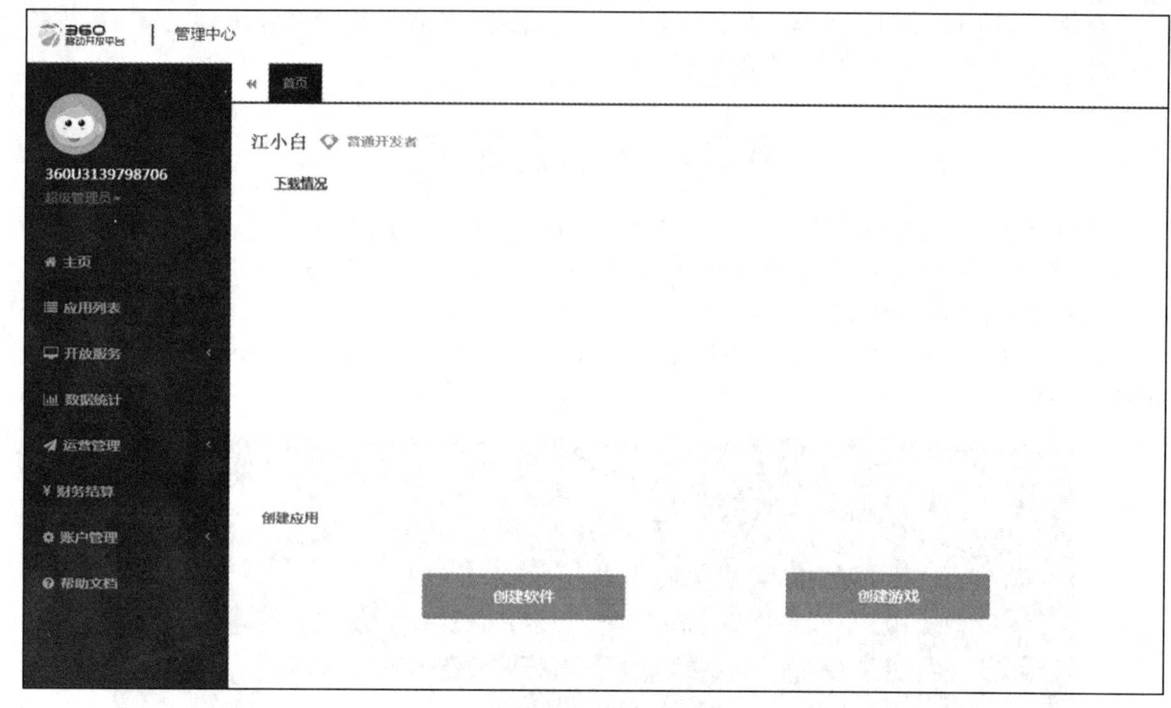

图10-19 管理中心界面

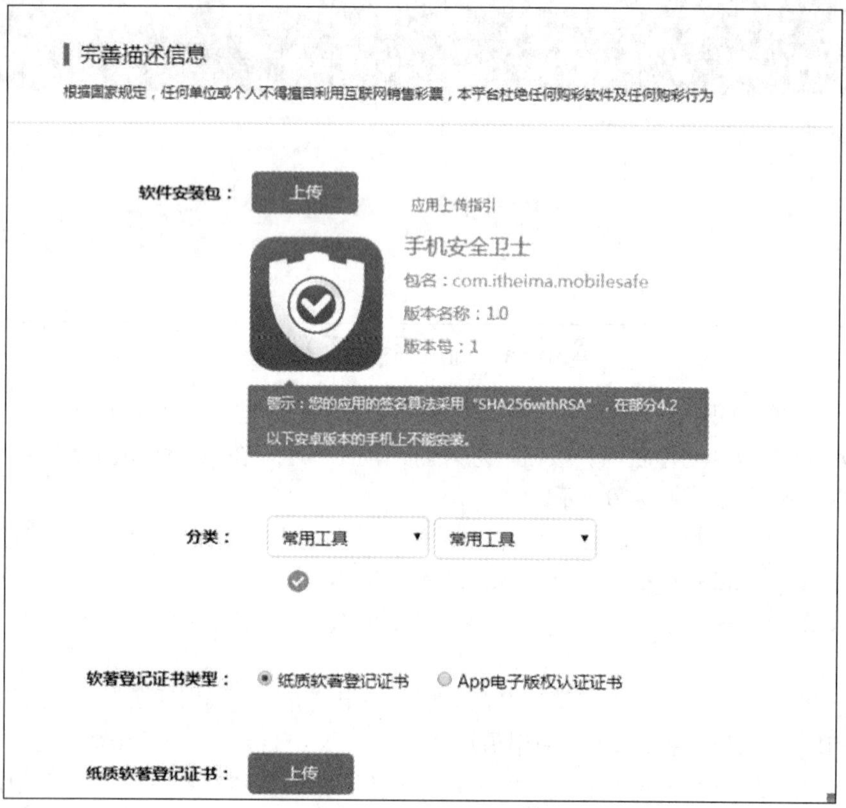

完善描述信息
根据国家规定，任何单位或个人不得擅自利用互联网销售彩票，本平台杜绝任何购彩软件及任何购彩行为
软件安装包：
上传
应用上传指引
手机安全卫士
包名：com.itheima.mobilesafe
版本名称：1.0
版本号：1
警示：您的应用的签名算法采用"SHA256withRSA"，在部分4.2以下安卓版本的手机上不能安装。
分类：
常用工具
常用工具
软著登记证书类型：
纸质软著登记证书
App电子版权认证证书
纸质软著登记证书：
上传

图10-20 填写应用信息界面

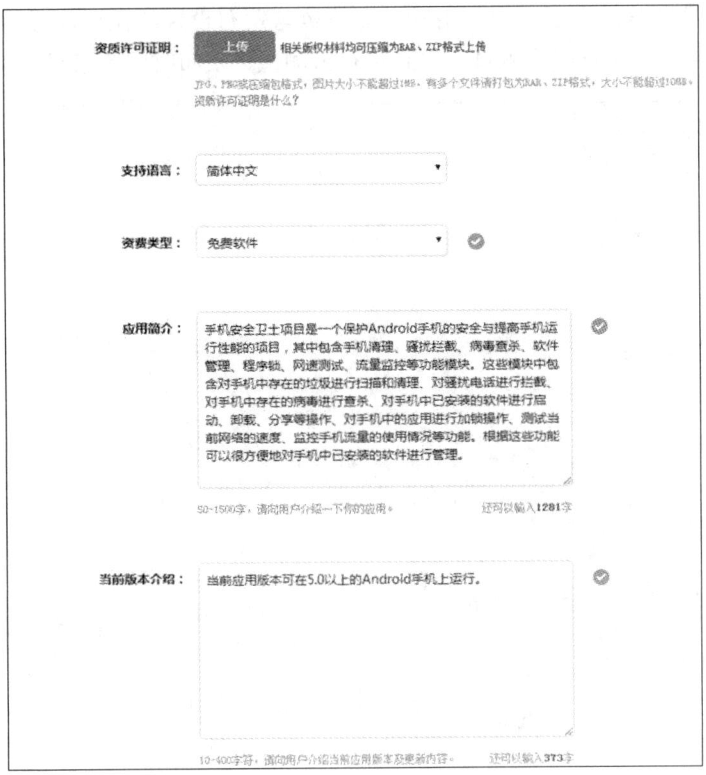

资质许可证明：　上传　相关版权材料均可压缩为RAR、ZIP格式上传

JPG、PNG或压缩包格式，图片大小不能超过1MB，有多个文件请打包为RAR、ZIP格式，大小不能超过10MB。
资质许可证明是什么？

支持语言：　简体中文

资费类型：　免费软件

应用简介：　手机安全卫士项目是一个保护Android手机的安全与提高手机运行性能的项目，其中包含手机清理、骚扰拦截、病毒查杀、软件管理、程序锁、网速测试、流量监控等功能模块。这些模块中包含对手机中存在的垃圾进行扫描和清理、对骚扰电话进行拦截、对手机中存在的病毒进行查杀、对手机中已安装的软件进行启动、卸载、分享等操作、对手机中的应用进行加锁操作、测试当前网络的速度、监控手机流量的使用情况等功能。根据这些功能可以很方便地对手机中已安装的软件进行管理。

50-1500字，请向用户介绍一下你的应用。　还可以输入1281字

当前版本介绍：　当前应用版本可在5.0以上的Android手机上运行。

10-400字符，请向用户介绍当前应用版本及更新内容。　还可以输入373字

图10-21　填写应用信息

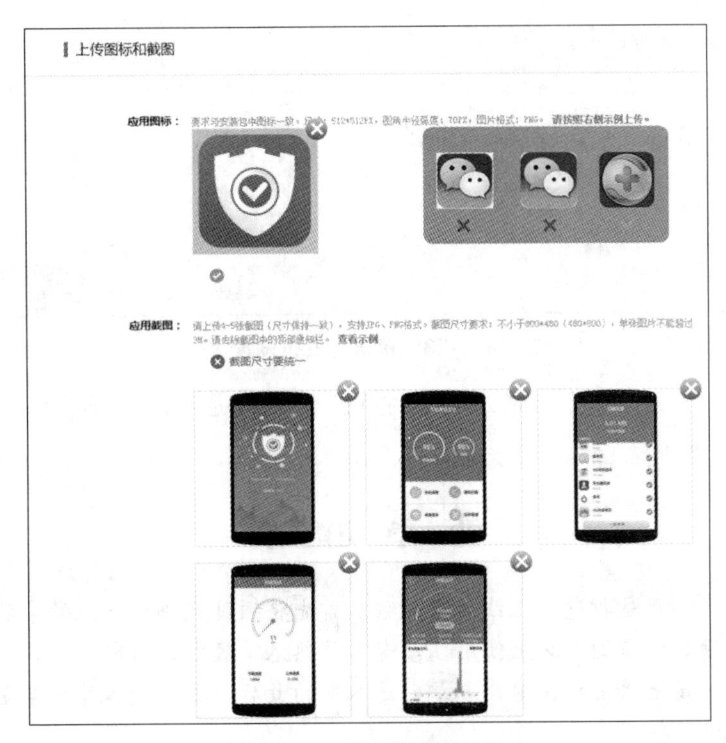

图10-22　上传图标和截图信息

上传完图标与截图信息之后，向下滑动看到审核与发布设置，在该部分需要填写审核辅助说明（选填）、是否进行网络友好度测试、是否进行云测试、发布时间等信息，如图10-23所示。

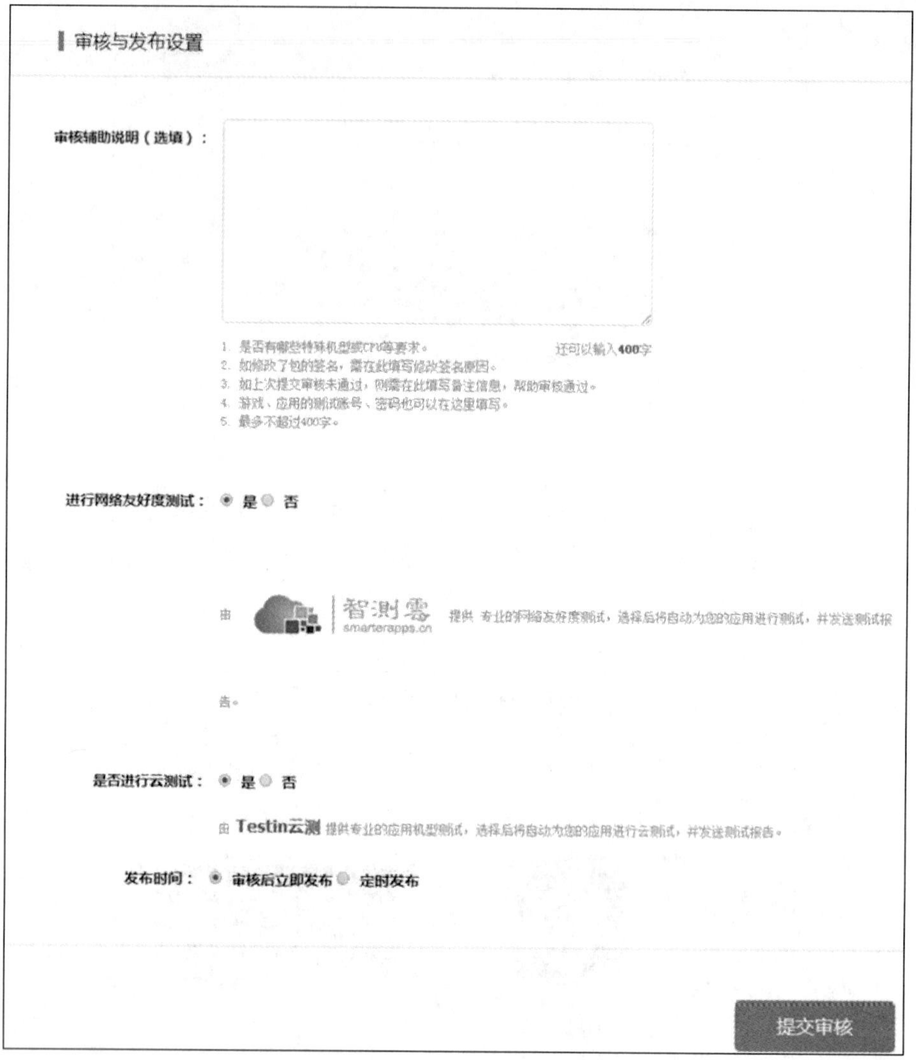

审核与发布设置

审核辅助说明（选填）：

1. 是否有哪些特殊机型或cnd等要求。 还可以输入400字
2. 如修改了包的签名，需在此填写修改签名原因。
3. 如上次提交审核未通过，则需在此填写备注信息，帮助审核通过。
4. 游戏、应用的测试账号、密码也可以在这里填写。
5. 最多不超过400字。

进行网络友好度测试： 是 否

由 智测云 smarterapps.cn 提供 专业的网络友好度测试，选择后将自动为您的应用进行测试，并发送测试报告。

是否进行云测试： 是 否

由 Testin云测 提供专业的应用机型测试，选择后将自动为您的应用进行云测试，并发送测试报告。

发布时间： 审核后立即发布 定时发布

提交审核

图10-23 审核与发布设置

应用信息填写完成后，单击“提交审核”按钮，项目就进入了审核阶段，当审核通过后，即可在市场上进行下载。

本章小结

本章主要讲解了项目从打包到上线的全过程，首先将项目代码进行混淆，然后将代码进行打包、加固，最后将项目发布到市场上使用。读者需要熟练掌握本章内容，因为企业中开发完成的项目都需要发布到市场上供用户使用。本章也是本书的最后一章，相信读者学完本书后在技术上一定有所提高，收获颇丰。